国家科学技术学术著作出版基金资助出版

巷道冲击地压控制理论与技术

鞠文君 等 著

科学出版社

北京

内 容 简 介

冲击地压是威胁我国煤矿安全生产的重大灾害之一,其中巷道冲击地压占80%以上。特别是近年来,冲击地压及其引发的大范围巷道垮落等次生灾害造成了重大伤亡,成为目前煤矿开采领域面临的主要难题。

本书以巷道冲击地压防治为出发点,分析巷道冲击地压发生特点和矿压显现特征,提出巷道冲击地压应力控制理论,阐释冲击地压巷道锚杆支护原理、锚固承载结构抗冲原理等,开发了抗冲击锚杆支护系统及能量校核设计方法、高冲击韧性锚网索吸能减冲技术、"卸-支"协同防控技术等,介绍了我国部分典型矿井巷道冲击地压防治实例。本书成果对我国煤矿开采巷道冲击地压防治和围岩控制具有一定的借鉴意义。

本书可供从事煤矿冲击地压防治及巷道围岩控制研究和技术开发人员参考,也可作为高等院校及研究院所采矿工程、工程力学等专业师生的参考用书。

图书在版编目(CIP)数据

巷道冲击地压控制理论与技术 / 鞠文君等著. -- 北京 :科学出版社,2025.3. -- ISBN 978-7-03-080809-7

Ⅰ. TD324

中国国家版本馆 CIP 数据核字第 2024QC1890 号

责任编辑:焦 健 / 责任校对:何艳萍
责任印制:肖 兴 / 封面设计:无极书装

科 学 出 版 社 出版
北京东黄城根北街 16 号
邮政编码:100717
http://www.sciencep.com

北京中科印刷有限公司印刷
科学出版社发行 各地新华书店经销
*

2025 年 3 月第 一 版 开本:787×1092 1/16
2025 年 3 月第一次印刷 印张:21 3/4
字数:520 000
定价:298.00 元
(如有印装质量问题,我社负责调换)

序

煤炭在我国能源结构中长期占据主导地位，是重要的战略物资，对国家能源安全具有压舱石和稳定器的作用。冲击地压是煤炭开采过程中遇到的十分突出的动力灾害，给煤矿安全高效生产带来巨大挑战。随着煤炭开采深度增加和开采效率的提高，冲击地压问题也更加严重，对煤矿冲击地压的研究将是长期而艰巨的任务。

我国学者对巷道冲击地压防治开展了大量的研究和实践，在发生机理、监测预警和防治技术方面都取得了很大的进步。但我国煤矿开采条件复杂，冲击地压发生机制和类型各异，理论和技术方面都还无法满足实际工程的需要。冲击地压主要发生在巷道，对巷道冲击地压发生理论与防治技术的研究探索具有很强的现实需求。巷道冲击地压的防治需要将巷道变形破坏理论与冲击地压发生理论紧密结合，综合运用巷道支护、围岩加固、应力释放、预测预报等多种技术手段，因矿制宜，灵活施策，系统协同，才能实现科学合理的防治。

近年来，巷道锚杆支护技术的发展为巷道冲击地压防治提供了新手段，实践证明"高强度、高刚度、高预应力"的主动支护方式对巷道冲击地压防治非常有效，针对冲击地压巷道开发的专用支护材料和支护形式在工程中得到应用，坚硬顶板区域压裂技术在冲击地压防治中取得良好效果。但是，煤矿巷道冲击地压灾害还没有得到全面控制，这方面的研究工作仍然任重道远。

该书是作者鞠文君从事巷道支护和冲击地压防治技术研究 30 余年，基于长期的科研实践和深入思考，总结而成。该书从巷道冲击地压发生的机理和显现特征出发，基于巷道支护和围岩应力控制原理，提出了巷道冲击地压防治的技术路线和工程方案。认为地质及采掘原因造成的应力集中和围岩高积聚能量的突然释放是造成巷道强烈冲击破坏的根源，将巷道维护中的应力控制思想用于巷道冲击地压的防治中，提出巷道冲击地压应力控制理论及冲击地压巷道"卸-支"协同防控技术，主张锚杆（索）支护对冲击动载具有良好的适应性、超强的支护能力和对冲击能量的吸收能力，锚杆（索）与围岩结合为一体形成稳定的抗冲击锚固承载结构，锚杆（索）是冲击地压巷道首选的基本支护形式。书中阐释了冲击地压巷道锚杆支护原理、高冲击韧性锚网索吸能减冲原理和锚固承载结构控制原理等，提出了冲击地压巷道"高强度、强让压、整体性"的支护理念，探索了冲击地压巷道"抗冲击锚杆支护系统"的实现路径，建立了冲击地压巷道锚杆支护能量校核设计方法，并对几个典型矿区的巷道冲击地压防治案例进行了分析。

　　该书理论结合实际，实用性较强，对巷道冲击地压灾害防治和巷道围岩控制技术发展具有推动作用，对从事煤矿冲击地压防治和巷道支护相关工作的科研设计人员和现场工程技术人员具有较大的参考价值。

中国工程院院士

2025 年 3 月于北京

前　言

冲击地压是一种煤矿开采引起的矿山压力动力显现，是威胁煤矿安全生产的重大灾害之一。据不完全统计，我国现有冲击地压煤矿 140 座左右，在全国主要产煤区均有分布。随着煤炭资源开采深度和强度的增加，高应力、强采动叠加高水压、高瓦斯压力等因素，冲击地压灾害发生的频次和严重程度还会继续增加，将严重阻碍煤炭资源的安全高效开发和煤炭行业的高质量发展。

巷道冲击地压在冲击地压事故中的占比最大，80%以上的冲击地压发生在巷道中，尤其是在受采动影响和存在断层、褶曲等地质构造的区域。冲击地压会造成巷道破坏、设备损毁、人员伤亡，甚至造成大范围巷道闭合，还容易诱发次生灾害，对煤矿安全生产危害极大。因此，巷道冲击地压是冲击地压防治工作的重点所在。

巷道冲击地压的控制途径，主要从优化采掘时空布置和工艺参数、开采区域应力调控、加强巷道支护三个方面着手。前两个方面侧重于改善应力环境，降低能量积聚水平，从而调控巷道冲击地压的发生的力源因素；第三个方面的重点在于增强巷道自身稳定性和提升巷道抵抗冲击的能力。在以往的研究及工程实践中，对于冲击地压发生机理、采掘时空布置、局部卸压解危、监测预报等所做工作较多，但对巷道支护在冲击地压防治中的作用认识不足，研究工作相对较少。

20 世纪 90 年代，笔者在甘肃华亭煤矿推广巷道锚杆支护的过程中遇到巷道冲击地压支护的问题，随即开展这方面的研究工作，从工程实践中发现锚杆支护对冲击地压巷道的特有有效性和良好适应性，提出冲击地压巷道锚杆主动吸能支护、抗冲击锚杆支护系统等概念和锚杆支护能量校核设计方法，结合早期应力控制理论维护巷道的研究成果，初步建立冲击地压巷道支护的框架体系。在后期指导博士、硕士研究生论文研究的过程中，又相继提出冲击地压巷道锚固承载结构理论、冲击地压巷道"卸-支"协同防控技术，冲击地压巷道条带卸压技术等。

本书是在前人研究成果的基础上，根据笔者在巷道支护技术方面多年的研究成果与工程实践完成的。本书根据巷道冲击地压发生机制及显现特点，从巷道围岩应力调控和巷道支护的角度提出：应力控制是减少巷道冲击地压的根本途径；巷道支护是防控冲击地压的重要手段；锚杆支护是冲击地压巷道最适合、最有效、最基本的支护形式。

本书分析了应力控制维护巷道的基本原理，重点阐述了锚杆支护在巷道冲击地压防治中的优越性、设计方法及控制原理。全书共分 11 章。第一章介绍了冲击地压和巷道支护技术的发展以及冲击地压巷道支护技术的新进展；第二章和第三章分别介绍了巷道冲击地压应力控制理论和锚固承载结构理论；第四至第七章分别介绍了冲击地压巷道锚杆支护技术和材料、"卸-支"协同防控技术、监测和预警技术；第八至第十一章为工程案例，分别介绍了华亭、义马、潞安、蒙陕、新疆等矿区的巷道冲击地压防治和支护工程实践。

本书由作者及所指导研究生的科研成果和学位论文成果总结而成，整体构思、统稿和审定由鞠文君完成。第一章由鞠文君、褚晓威、卢志国编写；第二章由鞠文君、郑建伟、卢志国编写；第三章由鞠文君、焦建康编写；第四章由鞠文君编写；第五章由付玉凯、李中伟、范明建编写；第六章由鞠文君、孙刘伟编写；第七章由夏永学编写；第八章由鞠文君、李文洲、吴志刚编写；第九章由付玉凯、焦建康、王书文编写；第十章由王书文、潘俊锋编写；第十一章由杜涛涛、夏永学编写。此外，中煤科工开采研究院巷道分院和采矿分院的部分人员也参加了部分章节的编写。

衷心感谢中煤科工开采研究院康红普院士、黄忠勘察设计大师、吴拥政首席科学家等专家和同事的关心和支持，同时感谢华亭煤业集团有限责任公司、河南能源义马煤业集团股份有限公司、山西潞安集团余吾煤业有限责任公司、国家能源集团新疆能源化工有限公司、中煤西北能源化工集团有限公司等单位和朋友的大力支持。

本书的编写，参阅了大量文献资料，难以一一列出或注明，敬请见谅指正，并在此向各位作者表示感谢。本书得到国家科学技术学术著作出版基金资助，感谢基金委和评审专家的认可！

煤矿地质和生产条件复杂多变，巷道冲击地压防治及支护技术还在不断发展。本书提出许多关于巷道冲击地压方面的新想法和新观点，有待于更加深入细致的研究。由于作者水平有限，书中难免存在不足和疏漏，敬请读者不吝赐教。

作　者
2025 年 3 月

目　　录

第一篇

巷道冲击地压防控理论

第一篇

第1章　巷道冲击地压概述

冲击地压是指井巷或回采工作面周围煤岩体，由于弹性变形能的瞬时释放而产生突然、剧烈破坏的动力现象，常伴有煤岩体抛出、巨响及气浪等，具有很强的破坏性，是煤矿重大灾害之一。

自 1933 年抚顺胜利煤矿发生冲击地压以来，我国有统计的冲击地压矿井数量超过 200 座，还在生产的冲击地压矿井数量 140 多座，冲击地压矿井分布遍及全国 20 个省及自治区[1]。随着近年来我国煤矿开采深度和开采强度的不断增大，动力灾害的发生频次和破坏程度显著增加，越来越多的矿井将面临冲击地压等动力灾害威胁。对全国数十个典型矿区的冲击地压事故情况统计分析表明，煤矿发生的冲击地压 85%以上发生在回采巷道，尤其是回采巷道迎头 70 m 范围内，在强冲击载荷作用下，支护结构突然失稳破坏，造成了大量的人员伤亡和财产损失[2-4]。

冲击地压危害巨大，并且具有越来越严重的趋势，世界范围内针对冲击地压的研究不断深入，如今已形成了比较系统的理论技术体系，总体来说可分为三个方面：发生机制、预警方法和防治技术。

在冲击地压发生机制方面，相关研究工作非常活跃，取得了诸多理论成果，如强度理论[5]、刚度理论[6]、能量理论[7]、冲击倾向理论[8]、"三准则"理论[9]、"三因素"理论[10]、变形系统失稳理论[11,12]、冲击地压启动理论[13]和扰动响应理论[14]等，进而衍生出诸如弱化减冲理论[15]与应力控制理论[16]等防控型理论成果。这些理论从不同角度揭示了冲击地压发生机理，对指导巷道冲击破坏灾害防治发挥了积极作用。

在冲击地压巷道的预警方面，一些新兴测试手段和预测技术被引入到冲击地压监测预警中来，形成较完整的监测预警系统[17-19]。冲击地压监测方法主要有直接监测法和地球物理方法两类。直接监测法包括钻屑法、钻孔应力法、矿压观测法等，主要以监测冲击地压发生前围岩变形、受力等特征为主[20-22]；地球物理方法主要包括电磁辐射法、微震法、地音法、震波 CT（计算机断层扫描）探测技术、电荷感应监测等[23-28]。地音和微震都是通过接收煤岩体破坏时发出的能量信号来确定破坏的位置和能量级别，区别在于接收震动事件的频率范围不同，地音接收高频低能事件，而微震接收低频高能事件。电荷感应监测和电磁辐射监测法均用以测定煤岩内应力集中的程度。震波 CT 探测技术是利用震动波反演煤岩体内应力分布情况。上述各方法中，钻屑法、微震法和地音法是较常用的冲击地压监测手段，目前广泛应用于我国冲击地压矿井冲击灾害的监测预警中。

在冲击地压防治技术方面，控制高应力产生和加强巷道抗冲击能力是最根本的策略，近年来冲击地压巷道支护理念的创新、巷道支护技术的发展和岩石水力压裂技术的运用对冲击地压防治技术起到重要推动作用。巷道冲击地压主要防治方法可概括为三类：一是通过优化开采布局避免冲击地压，包括无煤柱开采、合理布置巷道、宽巷掘进、解放层开采、预掘卸压巷、充填开采等[29-31]；二是对具有煤岩冲击突出危险的区域进行卸压解危，包括顶板区域水力压裂、坚硬顶板深孔爆破、大钻孔卸压法、煤层卸载爆破、煤层高压注水、底板切槽法等[32-37]；三是主动、被动支护相结合，刚性、柔性支护相搭配的支护方法，即增大支护强度或改善支护方式提高支护体抵抗冲击能力，如高强度高冲击韧性锚杆支护法、刚柔蓄能支护法、门式（或垛式）液压支架法、恒阻大变形锚杆（索）支护法等[38-43]。对于冲击地压巷道支护，国外主要采用巷帮充填和架后充填配套技术和工艺，国内主要采用高强锚杆支护、架棚、注浆和大吨位支架进行联合支护。

新中国成立 75 年来，特别是改革开放 46 年来，尽管我国在冲击地压理论与技术上取得了很多成果，但还存在诸多问题需要解决。冲击地压发生机理研究深入程度不够，对许多冲击现象解释不清，无法有效支撑冲击地压防治技术的需要；冲击地压监测技术需要进一步完善，在微震、应力、应变等传感器的精度、灵敏度及可靠性等方面尚不能完全满足工程的需要，监测信息的可视化、智能化与综合预警方面还有很长的路要走；冲击地压防治措施的针对性、有效性有待进一步提高。

1.1 冲击地压发生机理及防治技术的发展

有记载的冲击地压，以英国最早，发生于 1738 年，此后南非、苏联、德国、英国等 20 多个国家相继发生冲击地压事故。中国记载最早的冲击地压 1933 年发生在抚顺胜利煤矿，改革开放以前只有为数不多的几个煤矿发生过冲击地压事故，20 世纪 80 年代前后，因开采深度的增加和"三硬（硬煤、硬顶、硬底）"条件煤层开采，冲击地压成为当时煤矿安全生产的主要灾害之一，冲击地压防治问题引起政府、企业和研究单位的重视。进入 21 世纪以后，煤矿开采深度不断增加，机械化水平大幅提高，煤矿开采强度显著加大，这些因素导致冲击地压灾害大幅增加，国家和企业加大对冲击地压治理的投入，冲击地压研究队伍大大增强，在理论、技术、装备和防治技术各方面都得到快速发展。

1.1.1 冲击地压理论

冲击地压发生机理是冲击地压研究中的最主要、最根本的内容。最早提出的冲击地压发生机理的是库克，库克于 1951 年提出了强度理论，其后又提出了刚度理论、能量理论、冲击倾向性理论等，从而奠定了冲击地压的理论基础。我国对冲击地压的系统研究始于改革开放，先后提出了"三准则"理论、变形系统失稳理论和"三因素"理论等，进入 21 世纪后，又提出了强度弱化减冲理论、应力控制理论、冲击启动理论和冲击扰动响应失稳理论等。

1. 强度理论

强度理论基于材料所受的应力达到其强度极限就会开始破坏这一认识，认为冲击地压是因煤岩体局部应力超过其强度而发生的，以此为基础逐步发展到以"矿体-围岩"系统为研究对象。近代冲击地压强度理论中，具有代表性的是布霍依诺提出的夹持煤体理论，认为煤体处于顶底板夹持之中，夹持特性决定了煤体-围岩系统的力学特性，产生冲击地压强度的条件是：煤体-围岩交界处和煤体本身达到极限平衡条件。在单轴抗压试验和矿山生产实践过程中，均出现试块或煤岩体承载应力超过其强度但并未发生冲击的情况。因此，强度理论只能从理论上解释煤岩体破坏的原因，并不能真正反映冲击地压发生的内在机理。为修正这一错误，近代强度理论提出了应力与强度之比的概念，指出煤岩体发生破坏的决定因素不仅是应力大小，同时与该比值密切相关。

2. 能量理论

能量理论认为，发生冲击地压的基本前提是矿山开采中围岩力学系统平衡状态破坏后释放的能量大于所消耗的能量。60 年代中期库克等人总结了南非 15 年冲击地压的研究情况后提出，随着采掘范围的不断扩大，围岩应力升高，储存能量增加，当矿体-围岩系统在其力学平衡状态破坏时，储存的部分能量得到释放，同时围岩破坏也会吸收能量，当所释放的能量大于消耗能量时，即产生冲击地压。以能量守恒的观点来看，煤岩体中所积聚的能量，一部分用于破坏煤岩体，另一部分则将破坏的煤岩体抛出。因此，用能量理论描述冲击地压发生原因是正确的，但早期的能量理论只能定性描述冲击地压发生机理，煤岩体积聚的能量和破坏所消耗的能量很难进行精确计算，因此能量理论可操作性不强。

3. 刚度理论

刚度理论是库克等人在 60 年代基于刚性压力机进行单轴压缩试验时产生的现象提出的，认为试件的刚度大于试验机构的刚度时，破坏是不稳定的，煤岩体呈现突然的脆性破坏。70 年代布莱克将此理论完善化，并用于分析美国加利纳矿的冲击地压问题。该理论认为，矿山结构（矿体）的刚度大于矿山负荷系（围岩）的刚度，是产生冲击地压的必要条件。近年来，佩图霍夫提出的冲击地压机理模型中也引入了刚度条件，并进一步将矿山结构的刚度明确为达到峰值强度后其载荷-变形曲线下降段的刚度。刚度理论，实际上也是一种能量理论，揭示了促使破坏煤岩体失稳的能量的来源。

4. 冲击倾向性理论

实践表明，同一矿井在几乎相同的自然地质和开采技术条件下，有些煤层会发生冲击地压，有些不发生。这说明产生冲击地压的煤岩体一般都具有一定的物理力学特性，决定于产生冲击破坏的能力。这种能力是煤岩介质的固有属性，称为冲击倾向性。冲击倾向性理论认为，煤岩体的冲击倾向性是冲击地压发生的内在因素，也是冲击地压发生的一种必要条件。

冲击倾向采用相应的指标或指标组加以度量即冲击倾向度，产生冲击倾向的条件是介质实际的冲击倾向度大于所规定的极限值。关于冲击倾向的理论和指标较多，主要有弹性变形能指数、脆性系数、脆性破坏系数、有效冲击能指数、极限能比、极限刚度比、破坏速度指数、应力应变时间特性指数、最大塑性变形速度等。

我国冲击倾向研究始于 1978 年，比国外晚了二三十年，但近二十多年来进展迅速，取得了一批高水平的科研成果，目前我国已建立了较实用的冲击倾向鉴定方法与指标。

5. "三准则"理论

根据强度理论、能量理论和冲击倾向性理论,李玉生等总结提出了冲击地压发生的"三准则"理论。该理论认为,强度准则是煤岩体的破坏准则,能量准则和冲击倾向性准则是煤岩体突然破坏的准则,只有当这三个准则同时满足才会发生冲击地压。

6. "三因素"理论

从冲击地压的致灾主导因素出发,齐庆新提出了冲击地压"三因素"理论,认为冲击地压发生过程实质上是具有冲击倾向性的煤岩体在高应力(包括自重应力、构造应力)的作用下首先发生变形,在采动应力的扰动下,沿煤岩结构弱面或接触面发生黏滑并释放大量能量的动力现象。该理论认为,冲击倾向性是"内在因素"、高度的应力集中或高度的能量储存与动态扰动是"力源因素"、煤岩体中软层的存在是"结构因素",这三个因素是导致冲击地压发生最为主要的因素。之后齐庆新等又提出了冲击地压防治的应力控制理论,认为控制冲击地压灾害的实质就是改变煤岩体的应力状态或控制高应力的产生。

7. 变形系统失稳理论

基于冲击地压是材料失稳的思想,章梦涛提出了变形失稳理论。认为冲击地压是煤岩体内高应力区的介质局部形成应变软化与尚未形成应变软化的介质处于非稳定状态时,在外界扰动下发生动力失稳的过程,并发展为冲击地压变形系统失稳理论。

8. 扰动响应失稳理论

潘一山在变形失稳理论的基础上提出了冲击地压扰动响应失稳理论,明确了煤岩体变形系统控制量、扰动量和响应量的概念,分析了冲击地压扰动响应的失稳机理及条件,认为冲击地压是煤岩变形系统在扰动下响应趋于无限大而发生的失稳,若系统处于非稳定平衡状态,则无论扰动增量大小,都会导致系统失稳。

9. 强度弱化减冲理论

窦林名等提出了冲击地压的强度弱化减冲理论,通过松散煤岩体,降低强度和冲击倾向性,应力高峰区向岩体深部转移,并降低应力集中程度,使发生冲击地压的强度降低,煤岩体中所积聚的弹性应变能达不到最小冲击能,从而防止冲击地压的发生。其实质是煤帮卸压,降低巷道里层围岩应力。

10. 冲击启动理论

潘俊锋等提出了冲击地压启动理论,对冲击地压发生的过程和条件进行了描述,指出冲击地压发生将经历三个阶段,依次为冲击启动阶段、冲击能量传递阶段和冲击地压显现阶段。该理论认为,采动围岩近场系统内集中静载荷的积聚是冲击启动的共同内因;采动围岩远场系统外集中动载荷对静载荷的扰动和加载是冲击启动的外因。采场、巷道冲击启动实质是极限平衡区静载荷集中,外界动载荷起到促进作用,底板、煤壁只是能量传递与释放的载体。

1.1.2　冲击地压防治技术

防治冲击地压，最根本的途径就是控制煤岩体的应力状态或降低煤岩体高应力的产生。从生产实践角度看，冲击地压的防治技术为两类：一类是区域防范技术[44-46]；另一类是局部解危技术[47]。

1. 区域防治技术

代表性的区域防范技术包括合理开拓、开采布置和保护层开采等。近两年广泛应用于石油开采的水力压裂技术引入煤矿坚硬顶板碎裂化处理中，开辟了改造坚硬顶板防治冲击地压新途径技术。另外，兼顾矿山固废处理的充填开采技术对于冲击地压防治也是一条非常有益的技术途径。

1）合理布置开拓、开采方式

回采工作面开采方式、煤柱留设等不合理往往会造成工作面附近形成局部应力高度集中，导致煤岩体内积聚大量的弹性能，易发生冲击地压事故。因此冲击地压煤层开采设计应遵循：①优先采用无煤柱开采技术，避免遗留煤柱；②优化回采和掘进接替，避免采掘应力叠加；③开拓或准备巷道、永久硐室、上下山等布置在底板岩层或无冲击危险煤层；④采用垮落法管理顶板保证其及时垮落，尽量保持工作面匀速推进；⑤采用充填开采工艺。

2）开采保护层

保护层开采是在煤层群开采条件下，首先开采无冲击危险性或冲击危险性较小的煤层，由于其采动影响，使其他有冲击危险的煤层应力卸载，降低采掘过程中发生冲击的可能性。在我国冲击地压比较严重的矿井中，新汶华丰煤矿自 1992 年首次发生冲击地压以后，经过十多年的深入研究和实践探索，通过实施保护层开采技术，实现了矿井冲击地压的有效防治。

3）区域水力压裂技术

据不完全统计，我国 80%以上的冲击地压事故都发生在具有厚层坚硬顶板的煤层巷道内，该类冲击地压已成为我国煤炭深部开采阶段冲击地压的主体类型。厚层坚硬顶板在采煤工作面回采过程中易形成大面积悬顶结构，加剧采场局部围岩的应力集中程度，其突然断裂更是瞬间释放强烈动载，从而造成群死群伤的恶性冲击地压事故。为有效降低开采期间厚层坚硬顶板的悬顶面积和来压强度，从根本上消除下方煤层开采期间面临的严重冲击地压隐患，中煤科工开采研究院等开发了地面压裂厚层坚硬顶板治理冲击地压的新技术，采用水平井体积压裂技术，从地面打钻至煤层上方高位厚层坚硬岩层位置实施压裂，区域性改造坚硬顶板力学特性，从而实现对冲击地压的有效防治。该技术可以对距煤层上方 50 m 以上、厚度大于 30 m 的厚层坚硬顶板实施压裂半径不小于 100 m、走向长度 1000 m 左右的大范围水力预裂，是解决此类冲击地压问题的有效途径。

2. 局部解危技术

局部性防治是可以对井下局部区域起到解危或消除危险的一些防治方法，属于暂时的局部性措施。在煤层开采中，往往由于生产地质条件极为复杂，人们对冲击地压发生条件不能完全掌握，不可避免地形成局部的冲击地压危险区域。因此，在煤层开采过程中必须对这些区域进行及时处理，以保证安全生产。局部解危技术主要有煤层大直径钻孔卸压、煤层爆破卸压、顶板深孔断裂爆破、顶板水压致裂等技术。

1）煤层大直径钻孔卸压法

煤层大直径钻孔卸压技术是指在煤岩体内应力集中区域或可能形成应力集中的煤层中实施直径通常大于 95 mm（目前小于 150 mm）的钻孔，通过排出钻孔周围破坏区煤体变形或钻孔冲击所产生的大量煤粉，使钻孔周围煤体破坏区扩大，从而使钻孔周围一定应力区域煤岩体的应力集中程度下降或者高应力转移到煤岩体的深处，实现对局部煤岩体进行解危的目的。采用煤体钻孔可以释放煤体中聚集的弹性能，消除应力升高区，在钻孔周围形成一定的破碎区卸压，通过煤层卸压，释放能量，清除冲击危险。

这种方法就是在煤岩体未形成高应力集中或不具有冲击危险之前，实施卸压钻孔，使煤岩体不再形成高应力集中或冲击危险区域。这种方法目前在我国几乎所有的冲击地压煤矿都得到了推广应用，主要是在巷道掘进过程中实施或在支承压力影响区以外的工作面巷道中实施。

2）煤层爆破卸压法

针对煤层硬度为中硬及以上、煤层局部夹矸或变质导致高应力、评价监测为强冲击危险等情况，对巷道两帮煤层实施爆破卸压，是比较常用的冲击地压解危方法。爆破使煤体内部产生大量裂隙，刚度降低，应力释放，弹性能减少，解除了冲击地压生成的条件。

3）顶板深孔断裂爆破法

厚坚硬顶板的存在是造成冲击地压发生的主要原因，顶板深孔断裂爆破技术就是通过在巷道对顶板进行爆破，人为地切断顶板，进而促使采空区顶板冒落，削弱采空区与待采区之间的顶板连续性，减小顶板来压时的强度和冲击性，达到防治冲击地压的目的。这种方法对防治冲击地压是一种较为有效的方法，但由于近年来我国加强了对炸药的管理，使得炸药无法满足实际工程需要，导致这种方法的应用范围受到限制。

4）顶板水压致裂法

井下水力压裂技术与顶板深孔断裂爆破的作用相似，通过钻孔水力施压在冲击危险地段的顶板厚硬岩层中形成人工预裂隙，从而起弱化顶板和卸压的作用。水压致裂技术为处理坚硬顶板提供了一种简单有效的改变岩石物理属性的方法，而且成本较低，利用定向压裂技术把坚硬顶板分层或切断，破坏岩层和围岩的结构及其完整性，消除大面积悬顶现象，有效控制了冲击地压发生的应力条件和能量条件。近年来，由于炸药不能满足工程实际需要，顶板水压致裂技术在冲击地压矿井得到推广应用。

1.1.3 抗冲击支护技术

冲击地压巷道支护系统不仅要提供足够的支护阻力，还要具备抵抗冲击载荷的能力和适应大变形的特性，支护形式和支护参数都需要有针对性地进行设计，相对常规巷道支护表现出以下几方面的转变：

（1）刚性支护向柔性支护转变。过去巷道支护采用的梯形木棚、梯形铁棚，都属刚性支护。冲击地压发生后，出现折断、冒顶、堵塞巷道。改为 U 型钢可缩支架，如在厚煤层中的巷道要用强力可缩性全封闭型金属支架，冲击地压发生后支架连接处滑动收缩，使巷道保持一定的断面，不被摧垮，为人员脱险和恢复生产提供了保证。

（2）被动支护向主动支护转变。采用锚网支护，提高锚杆、锚索的初始预紧力。试验证明，在锚固端不损坏移动的情况下，初始预紧力较高的锚杆、锚索在承受能量事件冲击后，其工作阻力（轴力）损失比例较低，对于控制浅部围岩产生移动、松散起到较好的抑制作用，有效地保持围岩整体性。

（3）帮顶支护向全断面支护转变。过去架棚支护无论是梯形还是拱形，都是对巷道帮顶的支护，主要目的是防止冒顶。但进入深部后尤其是冲击地压区，周边来压，底鼓占巷道收缩率的一半以上。主要就是底板承压力低，并且没有支护。现改用圆形支护，首先把巷道掘成圆形，再打上锚网，给上"O"形棚，使巷道成为一个加固圆筒，受压均匀，大大提高了支护强度。经过冲击地压后观察，巷道收缩率大大降低。

（4）锚杆支护材料向高端化转变。解决冲击载荷作用下巷道锚杆破断带来的锚固体失稳，应优先选用高强度、高冲击韧性、高延伸率的热处理材质锚杆，此类锚杆峰值强度和位移大，破断耗散能高，抗冲击能力强。配合使用与高强度、高冲击韧性锚杆杆体匹配的大托板、钢带及金属网，可以满足冲击载荷作用下巷道支护要求。

（5）棚式支架结构向重型化转变。冲击危险巷道采用强力支护材料加固，如大立柱、移步支架、门式支架等。为了抵御日益严重的冲击地压，保证巷道畅通，在高压力部位如四岔口、三岔口处采用重型钢梁，配以液压单体支柱进行"超强支护"，或采用巷道垛式液压支架支护。

（6）单一支护向复合支护转变。针对冲击危险性高的巷道，采用锚网索+36U"U"形棚复合支护，再辅以棚间铁拉杆和大立柱、门式支架等强化措施，抗冲击能力大大加强。针对冲击载荷作用下高地应力、低强度围岩，在巷道开挖前或开挖后对围岩进行注浆加固，提高围岩自身的承载能力，然后对注浆圈内的围岩进行强力支护，使注浆巷道围岩形成稳定的锚固体。

1.1.4 冲击地压预测预报技术

冲击地压的监测对有效防治冲击地压至关重要。我国冲击地压的监测技术与装备是在学习和借鉴波兰和苏联等国家的技术基础上，伴随着我国冲击地压研究和生产实践的增强而发展起来的。最初的冲击地压监测方法只有矿压监测法、流动地音法和钻屑法，1982 年从波兰引进 SAK 地音监测系统和 SYLOK 微震监测系统，在此基础上进行改造，如今我国冲击地压监测已经走上了系统化的发展道路。

冲击地压监测预警方法复杂多样，并且不断有新方法推出，从监测对象与原理上可分为两类：岩石力学方法和地球物理方法。

（1）岩石力学方法主要以监测冲击地压发生前围岩变形、离层、应力变化、动力现象等特征为主，属于直观接触式监测方法，主要包括煤粉钻屑法、钻孔应力计法、支架载荷法、围岩变形测量法等。

（2）地球物理方法主要根据煤岩破坏时会释放出弹性波、地音、电磁波等信号，通过捕捉这些信号来预警冲击地压，属于非接触式、远程监测方法。地球物理方法主要有：微震法、地音法、电磁辐射法等。

冲击地压预警方法众多，对于不同矿区，可能采用一种方法，也可能采用几种方法进行综合监测，因此形成了不同的预警模式。

（1）单一人工探测式。采用钻屑法、钻孔应力监测、顶板离层观测、巷道变形观测中的一种方法。这种模式由于人员工作量较大，单一的监测结果缺乏验证、比较，因此预警可靠度最低，甚至不能警示灾害的发生。单一人工探测式主要在一些以前未出现过、目前有冲击地压迹象的省份或矿区应用。

（2）综合矿压观测式。将岩石力学方法中的几种方法组合起来使用，例如钻屑法、顶板离层观测、巷道变形观测、钻孔应力监测，甚至将采场的支架、巷道的立柱工作阻力监测组合进来。这种模式主要在一些已经出现，但是冲击地压显现较轻的省份或矿区应用，虽然能将监测结果进行横向比较，相互验证，但是都是近距离监测，监测结果往往难以满足指导冲击地压防治的要求。

（3）单一物探监测式。采用电磁辐射仪、微震监测系统、地音（声发射）监测系统中的一种来监测预警冲击地压。这种模式以监测煤岩中的集中动载荷源为目标，忽视了围岩近场集中静载荷是冲击启动的内因，主要应用在冲击地压事件较多、已经出现过破坏性冲击地压的矿井，虽然考虑到了采掘活动空间远场围岩的破坏对冲击启动的促进作用，但是由于各自监测原理及有效监测半径的不同，使用效果差异较大，并且单一方法缺乏验证。

（4）多参量综合监测式。将岩石力学方法与地球物理方法相组合的一种监测预警模式。这种模式投入的人力、物力相对较大，是我国典型的冲击地压矿井主要应用模式。该模式考虑到了各种手段的局限性，采用综合的思想，多种监测手段同时用，实际应用表明冲击地压监测预警仍然是重大难题。

1.2　巷道支护技术的发展

1.2.1　巷道支护理论

对于巷道支护理论的研究，至今已有百年历史，支护理论的研究与岩土力学的发展密切相关。巷道支护理论解决的问题就是如何使得支护体能够满足作用荷载的要求，因此，支护理论的发展也离不开地压理论和岩石力学理论的发展。巷道支护理论的发展可划分为三个阶段：20 世纪 20 年代之前的支护理论主要属于古典压力理论，此阶段的支护理论主要基于支护体上方的承重载荷进行研究；20 世纪 60 年代的研究主要是散体理论研究阶段，此阶段的研究主要是将围岩体作为松散体处理，上部作用荷载为松散体塌落部分的松散体重量；60 年代以来的研究主要形成了近现代支护理论，此阶段主要是将支护和围岩的共同作用作为一个整体系统考虑。认为围岩应力作用使得支护体处于稳定，而支护体使得围岩体不垮塌。

国外学者在巷道支护理论方面开展的研究工作比较早，影响力较大的理论有：

（1）压力拱理论，又称普氏理论，该理论认为在矿山任何深度的岩层中（除流沙层外）

开挖巷道，巷道上部会形成压力拱（自然平衡拱），承受拱上部的覆盖岩层重量，使巷道支护处于减压状态，巷道支护上的最大载荷由拱内的岩石重量来确定，从巷道到地表的全部岩石重量的作用力将转移到免压拱的拱脚处，侧向压力按土力学原理计算。由普罗托奇耶柯诺夫于 1908 年提出。

（2）弹塑性理论，是指在弹性岩体中开掘巷道后，由于应力集中，一定范围内的围岩将因应力超出弹性极限而进入塑性状态。塑性区的大小决定于原岩应力、围岩性质、巷道几何形状及支护条件。若塑性区继续发展，岩石强度参数逐渐降低，巷道失稳破坏。所以，在巷道破坏前应采取人工支护，限制塑性区的扩展。弹塑性地压理论既考虑了上述围岩性质转化和支护作用，又将弹塑性理论用于地压研究，便于建立地压问题的解析解，因此应用较广。

（3）新奥法，即新奥地利隧道施工方法的简称（New Austrian Tunnelling Method），新奥法概念是奥地利学者拉布西维兹教授于 20 世纪 50 年代提出的，它是以隧道工程经验和岩体力学的理论为基础，将锚杆和喷射混凝土组合在一起，作为主要支护手段的一种施工方法，经过一些国家的许多实践和理论研究，于 20 世纪 60 年代取得专利权并正式命名。20 世纪 60 年代新奥法引入我国，70 年代末 80 年代初得到迅速发展。新奥法强调充分利用围岩的自承能力和开掘面的空间约束作用，及时对围岩进行加固，约束围岩的松弛和变形，并通过对围岩和支护结构的监控、测量来指导地下工程的设计与施工。

（4）支护体能量理论。20 世纪 70 年代，沙拉蒙提出了支护体能量理论，认为支护体可有效调节围岩与支护的吸能能力，通过围岩和支护体的协调变形来吸收能量，从而有效控制巷道的失稳破坏。

我国开展巷道支护理论方面的研究始于 1958 年，比国外晚约 30 年，自 80 年代以来取得了较好的发展，主要理论与技术有：

（1）联合支护理论。1987 年，冯豫、陆家梁、郑雨天等人针对软岩巷道支护提出了联合支护理论，认为支护需要采用"先柔后刚、先让后抗、柔让适度、稳定支护"的原则。

（2）围岩松动圈理论。1994 年，董方庭等人认为坚硬的巷道围岩松动圈接近于零，不需要做任何支护，围岩越软，松动圈越大越不易支护，支护目的在于减少围岩的危害变形。

（3）高预应力强力支护理论。2007 年，康红普等人提出了高预应力锚杆强力支护理论，复杂困难巷道应该采用 "先刚后柔再刚、先抗后让再抗"的支护原则，秉持"高强度、高刚度、高预紧力、低支护密度"的"三高一低"支护概念，强调"主动支护"和"一次性支护"对于保持巷道围岩稳定性的重要性。

上述支护理论对于解决相应的巷道支护问题起到了很好的指导作用，但是对于冲击地压巷道的支护问题，目前还没有相应的支护理论可以借鉴，这主要由于冲击地压巷道支护理论还没有形成理论体系，还缺乏对冲击地压巷道围岩与支护体相互作用机理全面、系统的研究。

1.2.2　巷道围岩稳定性影响因素

1. 地应力

地应力是客观存在于地层中的天然应力，它是引起采矿等地下工程变形与破坏的根本驱动力。煤矿井下采场、巷道与硐室的稳定性与地应力的大小、方向密切相关。随着煤矿开采深度不断增加，地应力对围岩变形与破坏的影响越来越突出。

2. 围岩力学特性

围岩力学特性对巷道围岩变形有重要影响，表征围岩力学特性的物理量主要有：围岩强度、弹性模量、剪切模量、内摩擦角、内聚力等。煤岩体力学参数是影响煤岩变形破坏的最基本的参数，是矿井开拓部署、巷道布置与支护、煤炭开采及冲击地压、煤与瓦斯突出等灾害防治必不可少的基础参数。煤岩体力学参数可通过实验室试验或现场原位测试得到，在实际的地质力学环境中测试，原位测试所得数据更接近实际。

3. 围岩结构

煤岩体中一般存在多种结构面，控制着煤岩体的力学性质及其变形与破坏特征，而且，在很多情况下，结构面对煤岩体力学性质的控制作用远大于煤岩材料本身。因此，了解煤岩体中层理、节理、裂隙等结构面的分布及其力学特性，对研究围岩的稳定性，煤岩体工程设计、施工及安全等有重要作用。

煤岩体结构参数包括：节理、层理、裂隙等结构面的空间分布特征及力学参数。结构面的几何特征参数包括：结构组数、密度，结构面走向、倾角、延展长度与张开度，结构面与巷道、硐室、采煤工作面等地下空间轴线的夹角，结构面充填物、粗糙度及起伏度等。结构面力学参数包括：法向刚度、切向刚度、凝聚力与内摩擦角等。

在围岩岩性一定的情况下，结构面发育程度越高，分层厚度、节理裂隙间距越小，结构面强度越低，则围岩越容易发生离层、滑动，导致围岩变形大、松动范围大、稳定性差。

4. 水

水对围岩有软化、溶蚀等作用，能显著降低围岩强度。特别当围岩含膨胀性黏土时，如含水量增加，围岩膨胀变形更大，一般支护难以适应。在软岩等地质条件下掘进揭露围岩时，应及时封闭揭露的围岩，防止巷道内的水、潮湿空气长时间侵蚀围岩表面和进入围岩节理、裂隙中，造成岩石遇水膨胀。

5. 瓦斯

相关研究表明，瓦斯的参与会大大改变煤岩体固相的力学属性以及发生失稳时的显现形态。在一些含瓦斯煤层中出现的兼具冲击地压、煤与瓦斯突出两种灾害特征的动力灾害现象，瓦斯的不同参与程度导致了不同的动力灾害显现特征，瓦斯参与动力灾害的程度可由瓦斯压力或瓦斯含量来表征。在低瓦斯压力下，瓦斯膨胀能量也具有与煤岩体变形能相当的数量级。

6. 动载荷

在具有冲击倾向性及脆性较强的煤岩体环境中，采动产生的能量积聚易导致煤岩发生破坏进而产生冲击动载波。动载的传播对巷道围岩造成较大的影响，煤岩的动态响应与静态呈现完全不同的特征，煤岩的变形破坏及失稳更加严重，整体失稳风险大大增加。

7. 采掘环境

地应力场在采掘活动的扰动下产生采动应力场，采动应力场对地下工程围岩稳定起着决定性作用。采动应力场取决于巷道与相邻采掘工作面在时间与空间上的关系，称为采掘时空关系。相同的地质环境，在不同的采掘时空关系下巷道的应力环境和煤岩体的应力路径完全不同，因此煤岩体变形破坏和巷道失稳的规律也完全不同。

在空间上，最关键的参数是煤柱的尺寸。在其他条件相同的情况下，实体煤巷道围岩变形量小于煤柱护巷；沿空掘巷比窄煤柱护巷的围岩变形量小；受回采工作面一侧采动影响的巷道围岩变形量小于受两侧采动影响的巷道；受一次采动影响巷道的变形量明显小于受二次、多次采动影响的巷道。

在时间上，比如沿已稳定的采空区边缘掘进巷道，其变形量与破坏程度要远远小于沿未稳定的采空区或正在回采的工作面边缘掘进的巷道。

8. 巷道参数

巷道参数包括巷道断面和尺寸、巷道支护形式和参数等。

巷道断面形状与尺寸对围岩变形与稳定性有明显影响。在各种形状的断面中，椭圆形巷道最稳定，拱形次之，矩形巷道容易在周边产生高集中应力和拉应力，稳定性最差。巷道断面尺寸越大，越不利于巷道的稳定。

在一定的地应力条件下，巷道高宽比不同会在围岩中产生不同的应力，对巷道围岩变形与稳定性产生影响。回采巷道断面一般为矩形或梯形，巷道宽度对顶板离层与下沉影响较大。巷道高度对煤帮的变形与稳定影响明显。

巷道支护形式与参数对围岩变形有显著影响。合理的巷道支护设计能够有效控制围岩变形与破坏，保持围岩稳定与安全；反之，如果巷道支护形式与参数不合理，不仅支护效果差，围岩变形得不到有效控制，而且增加巷道维护成本，影响矿井正常生产与安全。

1.2.3　巷道支护基本原则和方法

1. 基本原则

根据蔡美峰院士关于维护岩石地下工程稳定的基本原则，提出以下煤矿巷道支护控制基本原则。

1）合理利用并充分发挥煤岩自身强度

巷道围岩自身是承载的主体，应充分利用自身的条件提高承载能力，主要体现在以下几点：①在可以选择的情况下，尽可能选择岩性较好、强度较大的层位布置巷道；②尽可能采用对煤岩体损伤较小的掘进方式和施工技术，比如采用掘进机施工代替爆破、减少软岩巷道水的使用并及时排水等措施；③采用锚固、注浆等方式加固煤岩，提高其力学特性和承载能力。

2）改善围岩的应力条件

围岩应力环境是影响围岩破坏范围和程度的另一个决定性因素，应尽可能给围岩创造好的应力环境，降低或减缓破坏，主要包括以下几个方面：①选择合理的巷道断面形状，避免或减小巷道边界应力集中，满足要求的前提下，尽量减小巷道尺寸，提高稳定性；②选择合理的位置和方向，比如尽量将巷道布置在低应力区域（沿空掘巷、沿空留巷等）、尽量减小最大主应力和巷道轴向方向的夹角等；③采用卸压法进行卸压，从卸压槽、卸压孔、卸压巷、爆破卸压，到近几年快速发展的水力压裂切丁卸压、大范围超前弱化卸压等。

3）科学合理的支护

科学合理支护包括支护形式、支护强度、支护刚度、支护密度、支护的时机等，也要考虑施工效率和经济性。合理支护是改善围岩局部应力状态、保证围岩自承载能力的基础，同时也是失稳发生后巷道安全保障的最后一道防线。

4）监测和反馈

煤岩等地质体是复杂多变的，特别是煤矿巷道受采动等因素影响，巷道围岩力学特性和应力环境等是实时变化的，因此巷道支护工程应及时开展监测，通过监测和反馈，获得围岩和支护体的变化规律以及相互作用，评估围岩和支护的稳定性，评价支护的科学性。若发现不稳定的征兆信息，应及时采取加固等措施，避免围岩灾变；同时通过监测，获得该工程条件下巷道矿压显现及稳定性演化规律，为类似条件工程提供参考。

2. 支护方法

近年来，巷道围岩控制技术发展快速，根据巷道地质与生产条件，开发出多种巷道围岩控制技术，包括：

（1）支护法。支护力作用在巷道围岩表面的方法，如型钢支架、喷射混凝土、砌碹等；

（2）加固法。深入围岩内部保持或提高围岩自承能力的方法，如锚杆、锚索支护，注浆加固等；

（3）应力控制法。减小或转移巷道周围高应力的方法，如卸压开采、将巷道布置在应力降低区和水力压裂、深孔爆破、切槽、钻孔等各种人工卸压法；

（4）耦合支护法。两种或多种巷道围岩控制方法联合使用，如锚喷与注浆、锚杆与支架、卸压与补强等。

1.2.4　巷道支护基本技术

煤矿巷道支护经历了木支护、砌碹支护、型钢支护到锚杆支护的发展过程。国内外实践经验表明，锚杆支护是煤矿巷道目前最经济、有效的支护形式，已成为我国煤矿巷道最主要的支护方式。对于复杂困难条件下的巷道，常辅以注浆、卸压等巷道维护技术，特定条件下还会联合棚式支架等支护形式，形成复合支护体系。

1. 锚杆支护技术

自 1912 年德国谢列兹矿最先在井下采用锚杆支护巷道以来，锚杆支护技术用于巷道支护已有一百多年的历史。我国于 20 世纪 50 年代开始在煤矿岩巷中试用锚喷支护技术，80

年代开始在煤巷支护中应用锚杆支护，90 年代引进澳大利亚成套锚杆支护技术，之后经过近 30 年不断研究探索，我国的锚杆支护技术在支护理念、支护材料、设计方法、监测技术等方面均取得了重大进展，煤巷锚杆支护的比重已经达到了 90%以上。锚杆支护技术的发展提升了我国煤矿巷道支护的整体水平，使巷道支护效果明显改善，解决了大量复杂困难条件下的巷道支护难题，工人劳动强度明显降低，回采工作面推进速度得到了释放，取得了巨大的技术经济效益。

锚杆支护近年来发展的一个关键点是支护理念的提升，更加明晰了"高强度、高刚度、高可靠性、低支护密度"的"三高一低"支护概念，强调"主动支护"和"一次性支护"对于保持巷道围岩稳定性的重要性；另一个关键点是锚杆支护材料的发展，经历了从无到有、从弱到强、从单一到多样化的发展过程，使锚杆支护的能力和适用性大大提高；同时，锚杆机具、监测技术等也得到了相应的发展；颁布了《煤巷锚杆支护技术规范》（MT/T 1104—2009），锚杆支护技术开始走向规范化。

2. 注浆加固技术

早在 20 世纪 50 年代我国煤矿就开始试验与应用注浆技术，经过近 70 年的发展，形成了具有中国特色的巷道注浆加固技术。

（1）注浆加固理论。注浆理论是在流体力学与固体力学的基础上建立起来的。根据注浆作用的不同，提出渗透注浆理论、压密注浆理论及劈裂注浆理论等。根据被注围岩条件的不同，将围岩分为拟连续介质、孔隙介质、裂隙介质及孔隙与裂隙双重介质进行研究。随着注浆加固理论逐步接近工程实际，对注浆工程的指导意义也越来越大。

（2）注浆加固材料。早期的注浆材料主要是石灰、黏土、水泥等无机材料，后来发展到脲醛树脂、聚氨酯、聚亚胶脂、环氧树脂等高分子化学材料，再后来到有机无机复合注浆材料。水泥基注浆材料属于颗粒型材料，应用最为广泛。为了改善水泥的物理力学性质，开发了多种外加剂；为了提高水泥浆液的可注性与渗透性，研制出多种超细水泥，最大粒径＜20 μm，平均粒径 3～5 μm，比表面积＞1000 m^2/kg。高分子材料属于溶液型材料，具有黏度低、渗透性强、固化速度快等优势，在巷道和采煤工作面超前加固等工期要求紧的工程中得到广泛应用。为了解决水泥基材料与高分子材料存在的问题，又开发出无机有机复合材料，如煤炭科学研究总院开采研究分院研制出硅酸盐改性聚氨酯注浆材料；河南理工大学开发出微纳米无机有机复合注浆新材料。在提高注浆效果的同时，大幅降低了注浆成本。

（3）注浆加固工艺与参数。注浆加固有多种工艺和分类方法。按浆液注入方式分为单液注浆与双液注浆；按被注围岩条件可分为充填、渗透、挤压、劈裂注浆及高压喷射注浆等。注浆加固参数包括钻孔参数（间排距、直径、深度、角度等）和注浆参数（压力、时间、注浆量等）。在井下实施注浆工程前，应根据巷道围岩条件，弄清注浆加固机制与作用，选择合理的注浆材料，确定合理的注浆参数，配套合理的工艺与设备，才能达到注浆加固的预期目标。

（4）注浆效果检测。注浆效果检测方法主要有钻心取样、钻孔壁观察、超声波及地质雷达及数字钻进测试等。在注浆围岩中钻取岩心分析注浆效果是最早的方法，也可采用钻孔窥视仪观察钻孔壁上结构面分布、浆液充填情况。另外，可采用物探方法，如超声波法、地质雷达等。超声波法通过测量超声脉冲波在围岩中传播的声学参数（声时、声速、波幅、频率等）的相对变化，分析评价注浆密实度与效果；地质雷达通过向注浆围岩发射高频电磁波，并接收介质反射电磁波，根据介质电性差异分析、解释注浆加固效果。除上述方法外，还提出利用数字钻进理论和测试系统原位获取注浆岩体强度的方法，通过钻速、转速、钻压和扭矩等随钻参数反演岩体力学参数，实时分析注浆前后围岩等效强度，定量评价注浆加固效果，指导注浆参数设计。

3. 棚式支护技术

棚式支架是煤矿巷道传统的支护方式，从新中国成立初期到 20 世纪末，一直是煤矿巷道主体支护方式。到目前为止，仍有一部分巷道采用棚式支架。支架材料经历了从木支架、混凝土支架、型钢支架到约束混凝土支架的发展过程。支架力学性能也发生了很大变化：工作特性从刚性支架发展到可缩性支架，支架架型从梯形、矩形、拱形等底板敞开式，发展到圆形、马蹄形、环形等全封闭型，以适应不同巷道围岩条件。

矿用工字钢大多用于制作刚性梯形、矩形支架。矿用工字钢已形成系列，有 9 号、11 号及 12 号三种规格。可缩性支架主要采用 U 型钢制成，由 3～5 节或更多节搭接并用连接件连接而成。U 型钢主要有 25U、29U、36U 等型号。近年来开发的钢管混凝土支架、方钢约束混凝土支架及 U 型钢约束混凝土支架等，由钢约束与核心混凝土组成。一方面，在钢约束材料内充填混凝土，可增强其稳定性；另一方面，钢约束可使核心混凝土柱处于三向受压状态，提高混凝土的承载能力。这类支架适用于高应力、软岩巷道，特别是围岩整体挤出变形严重的巷道支护与维修。

支架的支撑能力、稳定性与其同巷道表面的接触状态有很大关系。两者接触不良会引起支架受力状态差、支撑能力大幅下降，同时不能及时支护围岩，被动承载。壁后充填是改善支架受力状况、提高承载能力的有效方法。淮南、铁法等矿区的深部、软岩巷道采用传统的 U 型钢可缩性支架，围岩变形大，需要多次翻修。实施支架壁后充填，支架阻力提高了 5 倍，巷道变形量下降 90%。

4. 联合支护技术

以上介绍了三大类巷道围岩控制技术，不仅可单独使用，而且可两种或多种形式联合使用，构成更多的围岩控制方式，以满足不同条件巷道的要求。联合控制的原则是能够充分发挥每种控制方式的作用，实现优势互补。常用的巷道围岩联合控制技术是以锚杆、锚索作为基本支护，与喷射混凝土、金属支架、支柱、注浆、充填、砌碹及卸压等联合使用，构成锚喷、锚架、锚注、锚砌、锚卸、锚架注、锚架充、锚注卸、锚架注卸等多种联合方式。如果围岩不适合采用锚杆支护，也可采用其他联合方式，如架喷（充）、架注、架卸、砌注（充）及架注卸等。

巷道围岩联合控制技术多用于复杂困难巷道，如深部软岩巷道、破碎围岩巷道、强采动巷道、冲击地压巷道等。康红普院士近年针对淮南矿区深部软岩巷道条件，提出"应力状态恢复改善、围岩增强、破裂固结与损伤修复、应力转移与承载圈扩大"的深部岩巷围岩稳定控制方法，采用高预应力、高强度锚杆与锚索，高抗弯刚度喷射混凝土，高强度、高韧性注浆等联合控制技术，取得良好效果。在新集矿区采用锚杆与锚索及喷浆、36U 型钢可缩性支架及架后充填混凝土联合支护方式，有效控制了千米深井软岩巷道强烈变形，巷道基本不需要维修，可长期保持稳定。

1.3　冲击地压巷道支护技术的发展

巷道破坏主要有两种形式：一种为动力冲击破坏，另一种为通常的静态冒落与变形破坏。冲击破坏作为一种极端的破坏形式，遵循巷道破坏的基本规律，同时有其特殊性。巷道冲击地压的治理也要同时借助巷道支护技术的发展和冲击地压理论技术的进步。随着对冲击地压认识的不断深入，加之巷道支护理论与技术、支护材料的不断进步，冲击地压巷道支护技术得到长足发展。

南非学者 Ortlepp[48] 最早提出了冲击地压巷道的基本支护构想：支护系统不仅要有静态巷道要求的支护抗力，还要有一定的屈服让压特性以吸收能量，这为冲击地压巷道支护技术的发展指明了方向。

20 世纪 70 年代我国开始在抚顺、新坟等矿区在冲击地压巷道实施煤巷锚网支护，证实了锚网索支护具有很好的抗冲能力。20 世纪末煤炭部组织煤炭科学研究总院等单位开展煤巷锚杆支护研究与推广，形成我国煤矿锚杆支护成套技术。21 世纪初康红普院士等提出了"三高一低"高预应力强力支护理论和原则，锚杆及配套构件材料和力学性能大幅提升，为巷道冲击地压防治提供有力支撑。

2008 年，中国矿业大学高明仕、窦林名团队[49-51] 提出了冲击地压巷道围岩控制"强弱强"3S 结构模型，后续又进行了一些冲击地压巷道围岩控制理论研究和现场支护实践，分析了冲击震动波在"强弱强"结构中传递过程的应力、能量效应，提出通过减小外界震源载荷、合理设置弱结构、提高支护强度的措施来防范巷道冲击地压的工程对策。

2009 年鞠文君[33,52-54] 针对华亭矿区急倾斜特厚煤层水平分层开采巷道冲击地压成因与防治技术研究进行了系统研究，制定了降低开采强度、断顶爆破卸压和加强支护为主的防治技术方案。主张锚杆支护作为一种内在的主动支护，具有良好的柔性支护特性和自稳特征，易实现高支护强度，对冲击载荷和大变形具有很好的适应能力，是冲击地压巷道最适合、最基本的支护形式。提出了冲击地压巷道"高强度、强让压、整体性"的支护理念，并设计了以全断面支护为特征的"抗冲击锚杆支护系统"，建立了基于剩余能量原理的冲击地压巷道锚杆支护能量校核设计方法。

2015 年康红普院士等[38] 分析了冲击地压巷道的破坏形式，提出了冲击地压巷道高预应力、高强度、高伸长率、高冲击韧性"四高"锚杆（索）支护技术，给出了"锚杆锚索支护优先、及时主动支护、全断面支护、锚-支相结合、支-卸相结合、支护构件相互匹配"的冲击地压巷道支护原则。

潘一山、王爱文等[41-43,55-58] 从 2010 年开始持续开展了冲击地压巷道吸能耦合支护、巷道防冲液压支架等研究，认为提高支护刚度和快速吸能让位支护是冲击地压巷道支护的两个设计思路，设计研发了多种形式的巷道防冲液压支架，其中适用圆形或拱形巷道的三柱拱形防冲液压支架，工作阻力可达 4150 kN，吸能可达 800 kJ 以上。

2020 年潘一山、齐庆新等[59-61]提出了"冲击地压巷道三级支护理论与技术"，主张冲击地压巷道支护需考虑"启动—破坏—停止"全过程，采取按支护强度需求分级支护的形式：一级支护采用锚杆或吸能锚杆；二级支护采用锚杆＋"O"形棚；三级支护采用锚杆＋"O"形棚＋液压支架联合支护。

2020 年付玉凯等[62]在义马常村煤矿典型冲击地压巷道开展了高冲击韧性锚杆（索）防冲试验研究，结果表明高冲击韧性锚杆（索）强度高、吸能能力强，对冲击能量缓冲效果好，防止了脆性断裂失效，有效控制了冲击地压巷道的失稳破坏。

2021 年吴拥政等[39]针对巷道防冲手段和支护系统不协调的问题，提出了深部冲击地压巷道"卸压-支护-防护"协同防控原理与技术，通过远近场卸压降低巷道围岩峰值应力和冲击震源能量，利用"四高"锚杆（索）结合套管和注浆技术重塑围岩，利用钢棚、缓冲垫层及防护支架为一体的复合结构提高阻尼和吸能作用，有效吸收冲击能，抑制围岩震动。

2021 年焦建康[63]提出了巷道锚固承载结构的概念，并建立了动静载荷作用下巷道锚固承载结构稳定模型，得出了动载扰动冲击地压巷道锚固承载结构破坏的力学判据和能量判据，并给出了实例验证。

巷道冲击地压具有来压剧烈、发生突然和破坏性巨大等特征，冲击地压巷道的支护形式必须与其破坏特征相适，需要具备更高的承载能力、良好的韧性、高度的自稳性和结构的整体性。我国冲击地压巷道的现行的支护形式主要有锚杆（索）支护、巷内棚式支架、防冲液压支架等。锚杆（索）支护是冲击地压巷道最基本的支护形式，不同的支护形式和支护材料性能都必须与巷道冲击地压来压和破坏特征相适应。

鞠文君等[64]在对近年来冲击地压巷道支护技术全面分析的基础上，提出坚持辩证的巷道冲击地压防治思维，标本兼治、"支-卸"协同，从降低围岩应力和改善围岩支护体力学特性两个方面入手，区域防治与局部解危相结合，卸压与支护相协调，提高围岩支护结构强度、刚度与降低其冲击危险性相统一。还指出加强冲击地压巷道支护实用技术研究，提出分类分区综合治理、精准施策，发展智能采掘支护技术等防治思路。

参 考 文 献

[1] 鞠文君, 卢志国, 高富强, 等. 煤岩冲击倾向性研究进展及综合定量评价指标探讨[J]. 岩石力学与工程学报, 2021, 40(9): 1839-1856.

[2] 康红普, 高富强. 煤矿采动应力演化与围岩控制[J]. 岩石力学与工程学报, 2024, 43(1): 1-40.

[3] 姜耀东, 赵毅鑫. 我国煤矿冲击地压的研究现状: 机制、预警与控制[J]. 岩石力学与工程学报, 2015, 34(11): 2188-2204.

[4] 齐庆新, 李一哲, 赵善坤, 等. 我国煤矿冲击地压发展 70 年: 理论与技术体系的建立与思考[J]. 煤炭科学技术, 2019, 47(9): 1-40.

[5] Cook N G W. The failure of rock[J]. International Journal of Rock Mechanics and Mining Sciences & Geomechanics Abstracts, 1965, 2(4): 389-403.

[6] Petukhov I M, Linkov A M. The theory of post-failure deformations and the problem of stability in rock

mechanics[J] . International Journal of Rock Mechanics and Mining Science & Geomechanics Abstracts, 1979, 16(2): 57-76.

［7］ Calder P N, Madsen D, Bullock K. High frequency precursor analysis prior to a rockburst[C]//Proceedings of the 2nd International Symposium on Rockbursts and Seismicity in Mines, Minneapolis, 1990: 177-181.

［8］ Singh S P. Burst energy release index[J] . Rock Mechanics and Rock Engineering, 1988, 21(2): 149-155.

［9］ 李玉生. 冲击地压机理探讨[J]. 煤炭学报, 1984, 8(3): 1-10.

［10］ 齐庆新. 层状煤岩体结构破坏的冲击矿压理论与实践研究[D]. 北京: 煤炭科学研究总院, 1996.

［11］ 章梦涛. 冲击地压失稳理论与数值模拟计算[J]. 岩石力学与工程学报, 1987, 6(3): 197-204.

［12］ 章梦涛. 冲击地压机制的探讨[J]. 阜新矿业学院学报, 1985, 4(增 1): 65-72.

［13］ 潘一山. 煤矿冲击地压扰动响应失稳理论及应用[J]. 煤炭学报, 2018, 43(8): 5-12.

［14］ 潘俊锋, 宁宇, 毛德兵, 等. 煤矿开采冲击地压启动理论[J]. 岩石力学与工程学报, 2012, 31(3): 586-596.

［15］ 窦林名, 陆菜平, 牟宗龙, 等. 冲击矿压的强度弱化减冲理论及其应用[J]. 煤炭学报, 2005, 30(6): 690-694.

［16］ 齐庆新, 欧阳振华, 赵善坤, 等. 我国冲击地压矿井类型及防治方法研究[J]. 煤炭科学技术, 2014, 42(10): 1-5.

［17］ 袁亮, 姜耀东, 何学秋, 等. 煤矿典型动力灾害风险精准判识及监控预警关键技术研究进展[J]. 煤炭学报, 2018, 43(2): 306-318.

［18］ 窦林名, 巩思园, 刘鹏, 等. 矿震冲击灾害远程在线预警平台 [J]. 煤炭科学技术, 2015, 43(6): 48-53.

［19］ 鞠文君, 潘俊锋. 我国煤矿冲击地压监测预警技术的现状与展望[J]. 煤炭开采, 2012, 17(6): 1-5.

［20］ 曲效成, 姜福兴, 于正兴, 等. 基于当量钻屑法的冲击地压监测预警技术研究及应用[J]. 岩石力学与工程学报, 2011, 30(11): 2346-2351.

［21］ 谭云亮, 郭伟耀, 赵同彬, 等. 深部煤巷帮部失稳诱冲机理及 "卸-固" 协同控制研究[J]. 煤炭学报, 2020, 45(1): 66-81.

［22］ 窦林名, 李振雷, 张敏. 煤矿冲击地压灾害监测预警技术研究[J]. 煤炭科学技术, 2016, 44(7): 41-46.

［23］ 王恩元, 刘晓斐, 何学秋, 等. 煤岩动力灾害声电协同监测技术及预警应用 [J]. 中国矿业大学学报, 2018, 47(5): 942-948.

［24］ 李楠, 王恩元, Mao-chen GE. 微震监测技术及其在煤矿的应用现状与展望 [J]. 煤炭学报, 2017, 42 (S1): 83-96.

［25］ 姜福兴, 姚顺利, 魏全德, 等. 矿震诱发型冲击地压临场预警机制及应用研究 [J]. 岩石力学与工程学报, 2015, 34 (S1): 3372-3380.

［26］ 吕进国, 姜耀东, 赵毅鑫, 等. 冲击地压层次化监测及其预警方法的研究与应用 [J]. 煤炭学报, 2013, 38 (7): 1161-1167.

［27］ 刘金海, 翟明华, 郭信山, 等. 震动场、应力场联合监测冲击地压的理论与应用[J]. 煤炭学报, 2014, 39(2): 353-363.

［28］ 袁瑞甫, 李化敏, 李怀珍. 煤柱型冲击地压微震信号分布特征及前兆信息判别 [J]. 岩石力学与工程学报, 2012, 31 (1): 80-85.

［29］ 何满潮. 无煤柱自成巷开采理论与 110 工法[J]. 采矿与安全工程学报, 2023, 40(5): 869-881.

[30] 姜福兴, 陈洋, 李东, 等. 孤岛充填工作面初采致冲力学机理探讨[J]. 煤炭学报, 2019, 44(1): 151-159.

[31] 潘俊锋, 康红普, 闫耀东, 等. 顶板"人造解放层"防治冲击地压方法、机理及应用[J]. 煤炭学报, 2023, 48(2): 636-648.

[32] 郑凯歌, 袁亮, 杨森, 等. 基于分区弱化的复合坚硬顶板冲击地压分段压裂区域防治研究[J]. 采矿与安全工程学报, 2023, 40(2): 322-333.

[33] 鞠文君. 急倾斜特厚煤层水平分层开采巷道冲击地压成因与防治技术研究[D]. 北京交通大学, 2009.

[34] 潘俊锋, 刘少虹, 高家明, 等. 深部巷道冲击地压动静载分源防治理论与技术[J]. 煤炭学报, 2020, 45(5): 1607-1613.

[35] 谭云亮, 郭伟耀, 辛恒奇, 等. 煤矿深部开采冲击地压监测解危关键技术研究[J]. 煤炭学报, 2019, 44(1): 160-172.

[36] 朱斯陶, 姜福兴, 史先锋, 等. 防冲钻孔参数确定的能量耗散指数法[J]. 岩土力学, 2015, 36(8): 2270-2276.

[37] 刘金海, 杨伟利, 姜福兴, 等. 先裂后注防治冲击地压的机制与现场试验[J]. 岩石力学与工程学报, 2017, 36(12): 3040-3049.

[38] 康红普, 吴拥政, 何杰, 等. 深部冲击地压巷道锚杆支护作用研究与实践[J]. 煤炭学报, 2015, 40(10): 2225-2233.

[39] 吴拥政, 付玉凯, 何杰, 等. 深部冲击地压巷道"卸压-支护-防护"协同防控原理与技术[J]. 煤炭学报, 2021, 46(1): 132-144.

[40] 何满潮, 王炯, 孙晓明, 等. 负泊松比效应锚索的力学特性及其在冲击地压防治中的应用研究[J]. 煤炭学报, 2014, 39(2): 214-221.

[41] 潘一山, 肖永惠, 李忠华, 等. 冲击地压矿井巷道支护理论研究及应用[J]. 煤炭学报, 2014, 39(2): 222-228.

[42] 潘一山, 吕祥锋, 李忠华. 吸能耦合支护模型在冲击地压巷道中应用研究[J]. 采矿与安全工程学报, 2011, 28(1): 6-10.

[43] 吕祥锋, 潘一山. 刚-柔-刚支护防治冲击地压理论解析及试验研究[J]. 岩石力学与工程学报, 2012, 31(1): 52-59.

[44] 潘俊锋, 陆闯, 马小辉, 等. 井上下煤层顶板区域压裂防治冲击地压系统及应用[J]. 煤炭科学技术, 2023, 51(2): 106-115.

[45] 郑凯歌, 袁亮, 杨森, 等. 基于分区弱化的复合坚硬顶板冲击地压分段压裂区域防治研究[J]. 采矿与安全工程学报, 2023, 40(2): 322-333.

[46] 郭文斌. 煤矿冲击地压区域卸压槽爆破防治技术[J]. 煤炭科学技术, 2010, 38(3): 15-17.

[47] 段克信. 矿井动力现象的危险性预测和局部解危方法的试验研究[J]. 煤炭科学技术, 1993, (2): 32-36.

[48] Ortlepp W D, Stacey T R. Performance of tunnel support under large deformation static and dynamic loading[J]. Tunneling and Underground Space Technology, 1998, 13(1): 15-21.

[49] 高明仕, 窦林名, 张农, 等. 冲击矿压巷道围岩控制的强弱强力学模型及其应用分析[J]. 岩土力学, 2008, (2): 359-364.

[50] 高明仕, 张农, 窦林名, 等. 基于能量平衡理论的冲击矿压巷道支护参数研究[J]. 中国矿业大学学报,

2007, (4): 426-430.

[51] 高明仕, 郭春生, 李江锋, 等. 厚层松软复合顶板煤巷梯次支护力学原理及应用[J]. 中国矿业大学学报, 2011, 40(3): 333-338.

[52] 鞠文君. 冲击矿压巷道锚杆支护原理分析[J]. 煤矿开采, 2009, 14(3): 59-61.

[53] 鞠文君. 冲击矿压巷道支护能量校核设计法[J]. 煤矿开采, 2011, 16(3): 81-83.

[54] 鞠文君, 郑建伟, 魏东, 等. 急倾斜特厚煤层多分层同采巷道冲击地压成因及控制技术研究[J]. 采矿与安全工程学报, 2019, 36(2): 280-289.

[55] 潘一山, 肖永惠, 李国臻. 巷道防冲液压支架研究及应用[J]. 煤炭学报, 2020, 45(1): 90-99.

[56] 潘一山, 王凯兴, 肖永惠. 基于摆型波理论的防冲支护设计[J]. 岩石力学与工程学报, 2013, 32(8): 1537-1543.

[57] 潘一山, 高学鹏, 王伟, 等. 冲击地压矿井综采工作面两巷超前支护液压支架研究[J]. 煤炭科学技术, 2021, 49(6): 1-12.

[58] 王爱文, 潘一山, 赵宝友, 等. 防冲吸能锚杆(索)的静动态力学特性与现场试验研究[J]. 岩土工程学报, 2017, 39(7): 1292-1301.

[59] 齐庆新, 潘一山, 李海涛, 等. 煤矿深部开采煤岩动力灾害防控理论基础与关键技术[J]. 煤炭学报, 2020, 45(5): 1567-1584.

[60] 潘一山, 齐庆新, 王爱文, 等. 煤矿冲击地压巷道三级支护理论与技术[J]. 煤炭学报, 2020, 45(5): 1585-1594.

[61] 王爱文, 潘一山, 齐庆新, 等. 煤矿冲击地压巷道三级吸能支护的强度计算方法[J]. 煤炭学报, 2020, 45(9): 3087-3095.

[62] 付玉凯, 鞠文君, 吴拥政, 等. 深部回采巷道锚杆(索)防冲吸能机理与实践[J]. 煤炭学报, 2020, 45(S2): 609-617.

[63] 焦建康. 动载扰动下巷道锚固承载结构稳定性影响因素分析[J]. 河南理工大学学报(自然科学版), 2021, 40(4): 19-27.

[64] 鞠文君, 杨鸿智, 付玉凯, 等. 煤矿冲击地压巷道支护技术发展与展望 [J]. 煤炭工程, 2022, 54(11): 1-6.

第 2 章　巷道冲击地压应力控制理论与技术

巷道破坏是巷道围岩对其所受外载响应的显现行为,巷道是否失稳破坏受控于外因(承受的应力)与内因(围岩及支护体的物理力学性能)的相对关系[1,2]。根据岩石力学强度理论,在一定的采矿条件下,巷道围岩应力不超过其破坏极限即可保持巷道的稳定,所以通过控制巷道围岩应力水平即可达到维护巷道稳定的目的,即为应力控制法维护巷道的基本原理。

巷道的破坏通常有两种基本形式,即缓慢变形破坏和冲击破坏,应力控制方法对两种破坏形式都适用,但冲击破坏有特殊的条件和显现形式,也可以说冲击地压是巷道破坏的一种极端形式。

在工程上,通过人为干预措施,可实现对巷道围岩应力的某种程度的控制[3]。应力控制的途径大致分为四种:"应力避让""应力解除""应力均化"和"应力抵御"。

2.1　巷道冲击地压应力控制的概念

矿山采掘活动造成巷道围岩应力重新分布,当新生成的围岩应力过高时就会导致巷道的变形破坏。巷道围岩既是加载系统也是承载系统,其加载载荷主要来自于原始地应力和采掘活动引起的附加应力,其承载系统由围岩本身和人工支护系统耦合而成[4]。巷道发生冲击地压灾害是具有冲击性能的煤岩体在外部载荷作用下突发破坏的显现结果,其实质为煤岩结构体在外部高应力环境或局部高应力集中作用下,趋于极限非稳定动态平衡状态,因较高的附加应力或冲击载荷作用下而诱发的结构体动力失稳。因此可以认为巷道具有冲击特质也就是说巷道围岩具有冲击倾向性是发生冲击地压的内因,外部载荷也就是巷道围岩中经过演变后而赋存的外部应力是外因。

冲击地压的发生倚重于内、外因条件,所以防控冲击地压可以从控制内因和外因两条途径着手。巷道围岩通常为天然形成的具有记忆性的自然岩体,其物理力学特性已经基本上处于固定状态,也就说大范围地改变煤的冲击倾向性比较困难。巷道围岩应力造成巷道破坏最活跃的主动因素,因此应力控制就成为能够解决巷道冲击地压问题的最根本最有效的技术途径。以调控巷道围岩应力场为切入点,改善巷道过载破坏的力源条件,即可避免巷道围岩由于承受过高载荷而突然发生冲击式破坏。

巷道围岩应力场的变化主要受到周围采掘活动的影响,煤体采出引起顶板岩层的剧烈活动产生巷道围岩应力升高,优化采掘方案可从空间和时间上调配巷道围岩应力。巷道支护可从一定程度上改变巷道周边围岩的应力状态。通过巷帮(或底板)钻孔、开槽等人工干预措施调整巷道围岩所处的应力环境,也是通常采用的巷道防冲措施。

基于导致巷道围岩变形失稳的应力源,分别从"应力卸除""应力转移""应力避让""应力转变"四个方面来进行应力控制,依据不同的控制理念分析了相应的应力控制措施，通过不同应力控制技术的单独或者联合使用可以有效地从时间-空间上改善巷道围岩的应力环境，保障巷道在使用过程中的安全稳定。

2.2 巷道围岩应力源分析

巷道是赋存在距离地表一定深度地质体中的功能性开掘空间，巷道出现的冲击破坏是其围岩煤岩体受到应力作用而呈现的响应显现。导致巷道出现冲击破坏的力源可以分为静载荷和动载荷两大类[5]，其中静载荷又可以分为原岩应力、开掘应力和采动应力，动载荷则主要是处于沉寂状态的地质构造受采动影响而突然"活化"释放的动态应力、采场上覆岩层形成的结构突然破断释放的动态应力、爆破等工程措施释放的动态应力这三大类。

2.2.1 原岩应力

原岩应力[6-8]是指存在于地质体内部未受工程扰动的天然应力，在地质体宏观层面上原岩应力是内应力非外部施加的载荷。巷道在开挖之前和开挖过程中均受到原岩应力的作用，开挖之后的最终应力状态也是初始应力和次生应力叠加形成的复合应力（工程应力）。依据地应力对井工巷道作用的影响，重点分析地应力中的自重应力和构造应力。

自重应力是由地球自重力场所引起的岩石应力分量，其中自重应力是垂直应力的重要组成部分。1912 年 Heim[9] 提出来地应力的静水压力假说，认为垂直应力与水平应力相等，且均可用上覆岩层的重量来度量，如公式（2.1）所示，式中 $\rho(z)$ 为上覆不同岩性岩层的密度；H 为巷道竖直方向上至地表距离；g 为研究区域的重力加速度：

$$\sigma_1 = \sigma_2 = \sigma_3 = g\int_0^H \rho(z)\mathrm{d}z \tag{2.1}$$

1926 年金尼克[10] 基于弹性力学提出自重应力场假说（垂直应力等于自重应力），垂直应力引起的水平应力分量可以由侧向不发生变形的约束条件确定，如公式（2.2）所示，式中 γ 为上覆岩层的容重；μ 为岩体的泊松比。

$$\sigma_1 = \gamma H \geqslant \sigma_2 = \sigma_3 = \frac{\mu}{1-\mu}\gamma H \tag{2.2}$$

1982 年 McCutchen[11] 提出球壳模型，通过球壳模型的力学分析得到球壳内部的应力分布如公式（2.3）所示，式中 σ_r 为球壳内部的垂直应力；σ_θ 为球壳内的水平应力；x 为球壳内部任一点的半径 r 与外半径 R 的比值；H 为球壳内一点至地表的深度；A、B 均为边界条件决定的积分常数：

$$\begin{cases} \sigma_r = \dfrac{\gamma R}{4}[-4(1-\beta)x + (3-4\beta)A - \dfrac{4\beta B}{x^3}] \\[2mm] \sigma_\theta = \dfrac{\gamma R}{4}[-2(2-3\beta)x + (3-4\beta)A + \dfrac{2\beta B}{x^3}] \\[2mm] x = 1 - \dfrac{H}{R} \\[2mm] \beta = \dfrac{1-2\mu}{2(1-\mu)} \end{cases} \tag{2.3}$$

1994 年 Sheorey[12] 考虑了地幔中可能出现的位移等因素，对球壳模型进行修正。随着水力压裂法、应力解除法等测量方法的广泛使用，不同区域内不同深度原岩应力实测数据的收集和汇总，结果显示垂直应力不等于自重应力，地球的动力运动和其他因素均会导致垂直应力的变化，但是在一般的工程设计过程中，将垂直应力等效为自重应力所带来的误差是可以接受的，可以依据 $\sigma_v=0.027H$ 来对垂直应力进行简单理论描述。

构造应力是由于地壳构造运动在岩体中引起的应力，是由近代地质构造和古构造运动残留应力共同作用而形成的，主要是呈近水平状态的压应力。地质构造运动过程中地层遭受相当大的外力作用，致使地层产生很大的弹性和塑性变形，形成了各种地质构造，如向斜、背斜、褶皱等，以及由于地层断裂形成的断层、节理等。构造应力残存于地质构造区域，具有明显的方向性，最大水平主应力和最小水平主应力往往差别很大。构造应力的大小是地球的近代运动和古代运动和温度、水等地质环境的综合体现，随着时间和区域的不同而不断变化的，为了详细掌握研究区域的构造应力必须开展地应力测量工作，尤其是在地质构造复杂地区。

2.2.2　巷道开掘应力

巷道开掘过程中，会引起围岩应力重新分布，在巷道周围形成新的应力场，称为开掘应力。巷道尚未开挖之前，煤岩层处于三向受力状态而保持原始平衡，巷道开掘时部分煤岩被取出，应力平衡随即被打破，其附近一定范围内地应力的重新分布，巷道周边径向应力减小，切向应力增加，当重新分布后的应力超过巷道围岩的强度极限后，围岩体破坏，再次引起围岩煤岩体应力的二次分布，直到重新分布后的应力小于煤岩体的极限强度而停止，达到一种动态极限平衡状态。

巷道围岩应力场表达以弹塑性理论最为经典。20 世纪 50 年代，芬纳（Fenner）和卡斯特奈（Kastner）[13] 采用莫尔-库仑破坏准则，将弹塑性模型理想化，研究得到了描述圆形隧道围岩弹塑性区应力和半径的 Kastner 公式。基于弹塑性理论，巷道的开掘后围岩应力与所处地层的原岩应力状态、围岩的力学特性、开掘与支护工艺、巷道断面的尺寸与形状密切相关。巷道开掘后生成的新应力与原岩应力的比值称为应力集中系数，巷道应力集中系数越大、围岩体强度越低，巷道破坏的可能性越大。巷道应力集中系数与巷道断面尺寸正相关，巷道断面的宽高比对应力集中系数影响很大，当高宽比与侧压系数相近时巷道更不易破坏。不同巷道断面形状对外部载荷的响应有明显的区别，边界应力集中系数和边界曲率呈正相关，所以圆形、椭圆形巷道受力状态更好。

工程设计中，当巷道维护难度较大时，在满足生产和安全的条件下尽量采用小的巷道断面，选择圆形、拱形断面形状，增加最大主应力方向上的尺寸可以一定程度上改善边界应力的分布。

2.2.3　采动应力

煤层及上下岩层均是典型的呈层状赋存的沉积岩脉，在回采工作面未回采前处于三向应力状态中，保持静态平衡。当煤层的大规模回采后，破坏了这种应力平衡状态，在煤层采出空间及周围形成应力降低区和应力升高区。我国煤矿一般采用长壁开采方式，垮落法管理顶板，当煤层上方顶板强度较低时，随着工作面的推进，直接顶悬顶面积增大达到其破断极限而发生冒落，工作面继续推进，直接顶上方岩层逐层或者相邻较薄的几层岩层组一起发生破断，破断的上覆岩层形成一定的覆岩空间结构，且该覆岩空间结构形态随着回采工作面的不断推进而逐渐变化，上覆岩层结构的动态平衡及失稳会改变采场围岩煤岩体内部的应力分布，采空区应力先降低而后部分回升，采空区周围煤体上产生动态应力集中现象[14]。长壁开采的下顺槽巷道一般沿采空区布置，其间留有护巷煤柱，巷道受力及变形如图 2.1（a）所示。多煤层开采的情况下，上部煤层遗留的煤柱引起的应力集中会向下传递，对下部煤层一定范围内的巷道应力状态产生影响，如图 2.1（b）所示。下部煤层临空巷道受上部覆残余煤柱和本层相邻采空区结构的叠加影响，为巷道受力最为复杂的情况，极易造成巷道围岩的失稳破坏，如图 2.1（c）所示。

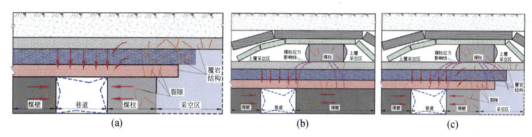

图 2.1　巷道受采动应力作用示意图

采动应力对巷道的稳定性影响巨大，不仅对巷道围岩造成附加载荷，而且在一定程度上劣化了巷道围岩煤岩体的完整性和结构强度，降低其承载能力。采动应力与采出煤层厚度和强度及倾角、上覆岩层强度与结构、巷道与开采工作面的时空关系、工作面推进速度等密切相关。

采动应力分为回采工作面超前采动应力、采空区侧向采动应力：超前采动应力随工作面推进不断前移，峰值位于工作面前方 4～8 m 的位置，应力集中系数可达 3 以上；侧向采动应力位于采空区倾斜方向两侧，在工作面推过一段时间后稳定下来，应力峰值位置距采空区边缘 15～20 m，应力集中系数小于超前采动应力[15]。

2.2.4　动态应力

动态应力主要指冲击载荷在巷道围岩中产生的应力波，动态应力与静态应力叠加容易诱发巷道冲击地压的发生，对巷道的破坏性极大。按照冲击载荷发生力源，可分为断层等地质构造受采动影响而突然"活化"释放的动态应力、采场上覆坚硬岩层形成的结构突然破断释放的动态应力、爆破等工程措施释放的动态应力这三大类。整体来看，这三类动态载荷都可以近似简化为一定位置释放的携带大量能量的冲击波，以煤岩体为介质传递至巷道围岩，造成巷道动静载荷作用下的破坏。

以爆破释放的动态应力为例，爆破产生的冲击波携带巨大能量以超声速进行传播，传播过程中能量值衰减较快，随着在岩体中传播距离增大冲击波衰减为以声速传播的压缩波，此时压缩波的能量衰减速率减缓，传播过程中压缩波携带的能量进一步降低，逐渐衰减为应力波，继续向外做有损传播，演化过程如图 2.2 所示。

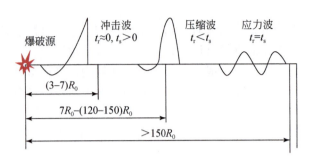

图 2.2　单元体力学模型

R_0 装药半径；t_r 应力增加到峰值的上升时间；t_s 峰值应力下降至零时的下降时间

　　动态应力往往与静态应力叠加共同作用造成巷道的冲击破坏，叠加应力达到巷道围岩强度阈值是巷道破坏的条件。具体工程中动静载荷的比例不确定，往往静载是基础性的，动载的诱发作用明显。当巷道所承受的静载荷等级不高，较高的动载荷叠加会造成冲击地压事故如图 2.3（a）所示；当静载荷等级较高，较小的动载荷叠加之后同样会触发冲击地压事故，如图 2.3（b）所示；当静载级别较低，多频次的小级别动载作用也会造成巷道破坏，但不一定发生冲击破坏。断层构造带、坚硬顶板大面积悬顶、深部开采、高强度开采都会存在高的静态应力，对动态应力更加敏感。

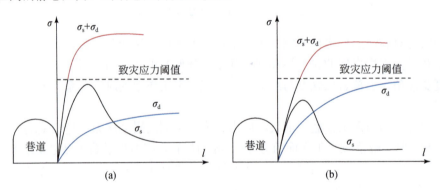

图 2.3　动静应力叠加冲击破坏示意图[16]

2.3　巷道冲击地压致灾力学分析

　　当巷道的承受的叠加应力大于巷道围岩煤岩体的极限强度时，巷道围岩内部裂隙增加，巷道周边煤岩体破裂，一定范围煤岩体产生塑性变形，巷道的几何边界扩张。此时巷道围岩中形成典型的三区：破碎区、塑性区和弹性区，破碎区内围岩裂隙高度发育纵横交错，块体间可以自由转动，如果没有外力约束则会自由脱离母体；塑性区内有一定发育程度的裂隙，裂隙间并没有充分交错，具有一定的承载能力；弹性区内多为原生裂隙，且未受到巷道开挖的影响。已有的冲击地压巷道力学模型大多基于完整巷道围岩煤岩体而建立起来的，首先并没有考虑到巷道围岩受外部载荷形成的差异变形区（三区）内煤岩体的真实赋存形态，其次缺乏对巷道三向应力的综合考虑，因此本书将从这两点出发对已有的冲击地压巷道力学模型进行一些改进，提出冲击地压巷道板裂破坏力学模型。

2.3.1　冲击地压巷道板裂破坏力学模型

在巷道开挖后，靠近巷道表面的破碎区内裂隙纵横交错发育，煤岩体呈非连续状的块体结构，块体之间自由度大，呈点或者面接触，整体来看属于非连续状态。处于较高应力等级的巷道开挖完成后，煤岩体中原赋存的裂隙和节理在切向应力峰值作用下沿着切向应力方向扩展、发育直到贯通破裂，形成平行于巷道环向的破裂面；新破裂面的出现可以认为是形成了新的巷道自由边界，但是与原巷道边界相比，此时新边界内部会存在一定量级的"支护反力"，同样在外部载荷作用下，在巷道内部新自由边界会不断出现，由于"支护反力"的存在和围岩三向受力状态的恢复，间隔破碎区的范围减小；从整体来看当巷道所处的应力等级较高时，巷道围岩内部会多次形成多层不连续的破裂面，但是受到巷道深部应力的挤压作用而呈现连续状态；因此可以认为巷道围岩塑性区范围内煤岩体整体呈现出受挤压的"完整岩板+破裂面+完整岩板+破裂面……"的循环状态，且为主承载区。随着至巷道原边界距离变远，由圣维南原理可知巷道开挖造成的影响越来越低，因此开挖影响范围外的弹性区内围岩又恢复成原赋存状态，呈现出连续状态，巷道围岩内部三区煤岩体赋存示意如图 2.4 所示。

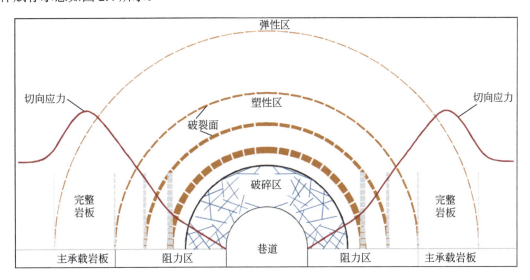

图 2.4　巷道围岩三区划分示意图[16]

2.3.2　冲击地压巷道板裂破坏的应力判据

综上所述，破碎区内煤岩体裂隙发育充分，被裂隙切割的煤岩体呈松散状态被巷道护表构件所约束而不至于发生大量位移；塑性区内煤岩体整体呈现出受挤压的"完整岩板+破裂面+完整岩板+破裂面……"的循环状态；弹性区内煤岩体则基本保持原赋存状态呈现出较为完整和连续的形态。已有文献及现场实勘资料表明，巷道发生冲击地压主要的表征就是巷道围岩煤岩体突然大量涌向巷道，且伴随巨大响声和气浪；进一步对冲击显现进行分析，就是指巷道阻力区内围岩煤岩体在极短时间内的大量位移，声响和气浪都是煤岩体运动过程中的伴生特征。

巷道开挖一段时间后围岩的塑性区内形成了 n 层"岩板+破裂面"的循环结构，当第 n 层岩板结构在外部载荷的作用下达到其挠曲的极限，则突然发生破坏，此时产生向外的推力为 f_p；阻力区（破碎区和部分塑性区）内煤岩体维持巷道围岩稳定而形成的阻力为 f_s；巷道人为支护系统提供的阻力为 f_b；塑性区内其他岩板提供的阻力 $\sum (f_{s1}+f_{s2}+\cdots+f_{sn-1})$；当满足公式（2.4）时，则巷道内不会出现明显的冲击显现，如果此时第 n 层岩板释放的能量较大则会在巷道内出现明显的煤炮现象，此时的煤炮声低而沉闷，巷道表面可能会出现掉渣等小型的能量释放；如果释放的能量相对较小则对巷道表面几乎没有影响，煤炮声不明显；当满足公式（2.5）时，则巷道内部会出现明显的冲击显现。

$$f_s = f_b + \sum (f_{s1} + f_{s2} + \cdots + f_{sn-1}) \geqslant f_p \tag{2.4}$$

$$f_s = f_b + \sum (f_{s1} + f_{s2} + \cdots + f_{sn-1}) < f_p \tag{2.5}$$

由公式（2-4）和公式（2-5）可知，巷道冲击地压的发生主要与处于极限状态的岩梁破坏时释放的推动力和阻力范围（DBZ 和部分 CDZ 范围）内的煤岩体提供的阻力有直接关系，其中 f_s 和 f_p 是动态变化的，是与时间有关的函数，且随着时间的增加，f_s 和 f_p 逐渐降低，用公式（2.6）表示 f_s 和 f_p 与时间的关系：

$$\begin{cases} f_{st} = (1 - D_s t) f_s \\ f_{pt} = (1 - D_p t) f_p \end{cases} \tag{2.6}$$

式中，f_{st} 是指在 t 时刻阻力区煤岩体所能提供的阻力；D_s、D_p 是指阻力区煤岩体所提供的阻力随时间降低的平均程度和承载岩梁破裂时提供的推力随时间降低的平均程度，且与煤岩体所处的力学环境、煤岩体自身物理力学特性以及人为支护措施效果有直接关系。当煤岩体处于较高应力环境中，所形成的破碎区范围较大裂隙发育，空气和水对于范围内的煤岩体的劣化程度随着时间增加而增加；如果煤岩体自身强度较弱，则在外部应力环境中自身完整性和强度衰减程度也是随着时间的增加而增加；如果人为支护的效果较差，则增加煤岩体与空气和水的接触的程度，同样随着时间的增加，阻力衰减程度增加。同时 f_p 是指岩梁结构突然发生破坏时产生的向外的推力，因此可以认为 f_p 是与岩梁几何特征（a 表示岩梁的高度；b 为岩梁的厚度；l_w 为岩梁的宽度）、岩体物理力学特性（E 表示岩梁的弹性模量）、外部载荷（σ_x、σ_y、σ_z、σ_d 分别表示岩梁所承受的三向应力和由外部应力引起的动载增量）等级有直接关系的函数，用公式（2.7）表示：

$$f_p = \Phi\left(a, b, h, E, \sigma_x, \sigma_y, \sigma_z, \sigma_d\right) \tag{2.7}$$

综上所述，巷道开挖形成后，阻力区煤岩体所提供的阻力在时间的作用下逐渐降低，假设承载岩梁所承受的载荷不变，在 t 时刻，岩梁的承载能力降低，阻力区提供的阻力降低至小于承载岩梁破裂提供的推力，则会引起巷道冲击地压的显现，这种类型的冲击地压的显现往往伴随着前期巷道围岩较长时间、较大程度的变形出现，哪怕没有其他动载的作用同样会诱发巷道冲击显现。当在 t 时刻阻力区提供的阻力降低至一定程度，但是承载岩梁突然受到其他来源的应力的作用，导致岩梁突然破裂所提供的推动力大于此时阻力区提供的阻力则也会引起巷道冲击地压的显现，典型的就是承载岩梁受到"动载荷+静载荷"的作用而突然发生破断，将阻力区的煤岩体"挤出去"而形成巷道冲击显现。

2.3.3　冲击地压巷道板裂破坏的能量判据

以塑性区内承载岩板为研究对象，分析岩板在外部载荷下的稳定性，依据能量理论[17]可知，岩板的总势能 Π 是岩板的弹性体应变能 E 与外部载荷势能 V 之差，如公式（2.8）所示，假设岩板变形后的挠曲如公式（2.9）所示。

$$\Pi_s = E - V \tag{2.8}$$

$$y = a_0 \sin\frac{\pi x}{a} \tag{2.9}$$

公式（2-9）中 a_0 表示岩板中点处的挠度，当 $y=0$ 时，$f(y)=0$，当 $y=a_0$ 时，$f(y)=1$。依据岩板弯曲理论可知，单块岩板的弯曲应变能 E 如公式（2.10）所示。

$$E = \int_0^s \frac{M^2}{2\mathrm{EI}}\mathrm{d}s = \frac{D}{2}\int_0^a \left(\frac{\mathrm{d}^2 a}{\mathrm{d}x^2}\right)^2 \left[1 + 0.5\left(\frac{\mathrm{d}a}{\mathrm{d}x}\right)^2\right]\mathrm{d}x = \frac{D\pi^4 a_0^2}{4a^3} + \frac{D\pi^6 a_0^4}{32a^5} \tag{2.10}$$

式中，$D = \dfrac{Eb^3}{12(1-\mu^2)}$，表示单位宽度的岩板的抗弯刚度；$s$ 为岩板在外部载荷作用下的弧长；M 为岩板的弯矩；EI 为岩板的抗弯刚度，E 为岩板的弹性模量；μ 为岩体的泊松比。

依据本模型中所示，单块岩板的外力势能 V 可以由三部分组成，分别为 x 方向有效应力（σ_x）、y 方向有效应力（σ_y）和 z 方向水平有效应力（σ_z），单块岩板力学模型如图 2.5 所示。

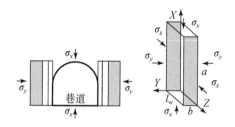

图 2.5　单块岩板力学模型

单块岩板在 x、y、z 方向有效应力所形成的势能分别为 V_x、V_y 和 V_z，且如公式（2.11）～（2.13）所示。

$$V_x = \frac{1}{2}\int_0^a \sigma_x f(b)\left(\frac{\mathrm{d}y}{\mathrm{d}x}\right)^2 \mathrm{d}x = \frac{\pi^2 \sigma_y f(b)}{4a}a_0^2 \tag{2.11}$$

$$V_y = \int_0^a \sigma_y a a_0 \mathrm{d}x = \frac{2a^2 \sigma_y}{\pi}a_0 \tag{2.12}$$

$$V_z = \frac{1}{2}\int_0^a \sigma_z f(l_w)\left(\frac{\mathrm{d}z}{\mathrm{d}x}\right)^2 \mathrm{d}x = \frac{\pi^2 \sigma_z f(l_w)}{4a}a_0^2 \tag{2.13}$$

联立公式（2.8）～（2.13）可得到公式（2.14）：

$$P_s = E - V == E + V_y - V_x - V_z$$

$$= \frac{D\pi^6}{32a^5}a_0^4 + \left(\frac{D\pi^4}{4a^3} - \frac{\pi^2\sigma_x f(b)}{4a} - \frac{\pi^2\sigma_z f(l_w)}{4a} \right)a_0^2 + \frac{2a^2\sigma_y}{\pi}a_0 \qquad (2.14)$$

分析公式（2.14）认为该方程可以用尖点突变理论模型来进行分析，尖点突变模型示意如图 2.6 所示。

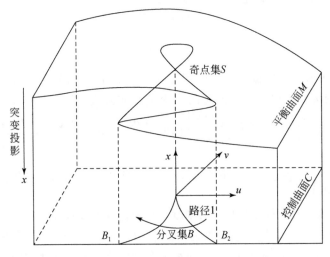

图 2.6　尖点突变模型示意图

基于此，改写公式（2.14），可以进一步得出单块岩板的突变标准方程，令

$$x = \left(\frac{D\pi^6}{32a^5} \right)^{\frac{1}{4}} a_0 \qquad (2.15)$$

$$u = \left(\frac{D\pi^4}{4a^3} - \frac{\pi^2\sigma_x f(b)}{4a} - \frac{\pi^2\sigma_z f(l_w)}{4a} \right) \left(\frac{D\pi^6}{32a^5} \right)^{-\frac{1}{2}} \qquad (2.16)$$

$$v = \frac{2a^2\sigma_y}{\pi} \left[\left(\frac{D\pi^6}{32a^5} \right)^{-\frac{1}{4}} \right] \qquad (2.17)$$

式中，x 为突变理论标准方程中的与挠度相关的状态变量，u 是与 x 方向应力和 z 方向应力相关的控制变量，v 是与 y 方向应力相关的控制变量。结合公式（2.15）～（2.17），将公式（2.14）化写成标准的尖点型突变表达如公式（2.18）所示，式中 $V_{(x)}$ 为系统储存的能量：

$$V_{(x)} = x^4 + ux^2 + vx \qquad (2.18)$$

当该单块岩板系统处于平衡态时，则 $V'_{(x)} = 0$，可得到其平衡曲面表达式如公式（2.19）所示。

$$V''_{(x)} = 4x^3 + 2ux + v = 0 \qquad (2.19)$$

当 $V''_{(x)} = 0$，可得到其奇点表达式及其分叉集方程分别如公式（2.20）与（2.21）所示，公式（2.21）也是岩板突变破断的充分条件：

$$V'_{(x)} = 12x^2 + 2u = 0 \tag{2.20}$$

$$\Delta = 8u^3 + 27v^2 = 0 \tag{2.21}$$

将公式（2.16）与（2.17）代入公式（2.21），可得公式（2.22）：

$$\Delta = 8\left(\frac{D\pi^4}{4a^3} - \frac{\pi^2\sigma_x f(b)}{4a} - \frac{\pi^2\sigma_z f(l_w)}{4a}\right)^3 \left(\frac{D\pi^6}{32a^5}\right)^{-\frac{3}{2}} + 27\left(\frac{2a^2\sigma_y}{\pi}\right)^2 \left(\frac{D\pi^6}{32a^5}\right)^{-\frac{1}{2}} \tag{2.22}$$

结合图 2.6 与公式（2.22）分析可知，当 $\Delta \leqslant 0$ 时，系统会发生不同状态之间的跳跃（充分条件），岩板系统发生突变与岩板的力学性质、尺寸和外部作用力有直接关系，当 x、z 方向应力（σ_x）增加或者 y 方向应力（σ_y）减小，特征值 Δ 可以逐渐从正数变为负数使单块岩板系统发生突变失稳；如果及时对巷道进行支护或者在破碎区进行注浆加固则意味着增加了巷道 y 方向上的有效应力，同样降低 x、z 方向上的有效应力也可以起到防止岩板突然失稳的目的。

当 $\Delta=0$，$u=0$ 时，公式（2.22）的解均为 0，也就是 $x_1=x_2=x_3=0$；当 $\Delta=0$，$u<0$ 时，公式（2.22）有解，且包含一个二重根，如公式（2.23）所示：

$$\left\{ \begin{array}{l} x_1 = x_2 = \dfrac{1}{2}\left\{ -\dfrac{2}{3}\left(\dfrac{D\pi^4}{4a^3} - \dfrac{\pi^2\sigma_x f(b)}{4a} - \dfrac{\pi^2\sigma_z f(l_w)}{4a}\right)\left(\dfrac{D\pi^6}{32a^5}\right)^{-\frac{1}{2}} \right\}^{\frac{1}{2}} \\[4mm] x_3 = -\left\{ -\dfrac{2}{3}\left(\dfrac{D\pi^4}{4a^3} - \dfrac{\pi^2\sigma_x f(b)}{4a} - \dfrac{\pi^2\sigma_z f(l_w)}{4a}\right)\left(\dfrac{D\pi^6}{32a^5}\right)^{-\frac{1}{2}} \right\}^{\frac{1}{2}} \end{array} \right. \tag{2.23}$$

此时可以用突变前后系统的能量变化来计算岩板失稳时释放出的能量[18]，如公式（2.24）所示。

$$\Delta V = \frac{3}{4}u^2 + \frac{3v}{2}\left(-\frac{2u}{3}\right)^{\frac{1}{2}} \tag{2.24}$$

联立公式（2.23）和（2.24）可以得到宽度为 l_w 的岩板失稳时释放的能量 ΔE 如公式（2.25）所示。

$$\begin{aligned} \Delta E = l_w \Delta V &= \frac{3l_w u^2}{4} + \frac{3vl_w}{2}\left(-\frac{2u}{3}\right)^{\frac{1}{2}} \\ &= \frac{3l_w}{64}\left(\frac{D\pi^4}{a^3} - \frac{\pi^2\sigma_x f(b)}{a} - \frac{\pi^2\sigma_z f(l_w)}{a}\right)^2 \left(\frac{D\pi^6}{32a^5}\right) + \\ &\quad \frac{3a^2 l_w \sigma_y}{\pi}\left[\left(\frac{D\pi^6}{32a^5}\right)^{-\frac{1}{4}}\right]\left(-\frac{2}{3}\right)^{\frac{1}{2}}\left(\frac{D\pi^4}{4a^3} - \frac{\pi^2\sigma_x f(b)}{4a} - \frac{\pi^2\sigma_z f(l_w)}{4a}\right)^{\frac{1}{2}}\left(\frac{D\pi^6}{32a^5}\right)^{-\frac{1}{4}} \end{aligned} \tag{2.25}$$

假设当巷道顶板有一处（源点处）集聚的弹性能（W_0）释放，以应力波的形式向外传播能量，平均衰减系数为 $-\eta_0$，能量从主承载岩板到巷道表面传播距离内的平均衰减系数为 $-\eta_1$；塑性区处主承载的岩板至源点处的距离为 d_0，则传递至主承载岩板处一部分能量转化为动载增加岩板垂直应力的等级进而诱发主承载岩板的突变，此时岩板失稳释放的能量为 ΔE，则主承载岩板失稳时刻，系统内释放的能量为 E_p，可以由公式（2.26）所示：

$$E_p = \Delta E + W_0 \left(d_0^{-\eta_0}\right)^{-\eta_1} \tag{2.26}$$

由上述分析可知，处于破碎区范围内的煤岩体被裂隙切割，如果没有支护就会垮落，且该破碎区范围内主要是人工支护提供阻力，因此破碎区范围内所能吸收的能量为 E_b，如公式（2.27）所示[17,19,20]。塑性区内靠近巷道边界范围内块体提供的阻力所消耗的能量为 E_s，如公式（2.28）所示。

$$E_b = \sum E_{bi} = \sum \left[\frac{M \cdot (N \cdot L \cdot K)}{(A \cdot B)}\right] \tag{2.27}$$

$$E_s = \sum \left(f_{s1}d_{s1} + f_{s2}d_{s2} + \cdots + f_{sn-1}d_{sn-1}\right) \tag{2.28}$$

式中，f_{s1}、f_{s2}、f_{sn-1} 分别表示塑性区范围内岩板提供的阻力；d_{s1}、d_{s2}、d_{sn-1} 分别表示各岩板移动的距离；M 表示支护杆件的吸能率（0.2～0.8）；N 表示单位长度内锚杆（索）的排数；L 表示锚杆（索）的可变形长度；K 表示吸能指数（K=1）；B 表示巷道的高度；d_s 表示主承载岩板距离破碎区边界的距离；综上所述当满足公式（2.29）所表示的能量判定准则时，巷道会发生冲击地压。

$$E_p - E_s - E_b = \Delta V + W_0 \left(d_0^{-\eta_0}\right)^{-\eta_1} - \sum \left(f_{s1}d_{s1} + f_{s2}d_{s2} + \cdots + f_{sn-1}d_{sn-1}\right) - \sum \left[\frac{M \cdot (N \cdot L \cdot K)}{(A \cdot B)}\right] > 0 \tag{2.29}$$

2.4　巷道冲击地压应力控制技术途径

围岩应力是巷道冲击地压的重要致灾因素，通过控制围岩应力可以实现对冲击地压灾害的有效防治[21-23]。有针对性地采取一系列工程措施，降低或抵消部分作用在巷道围岩上的静载荷，消减动载荷的生成和传递，就可以实现控制巷道围岩应力的目标。因为巷道围岩应力随空间位置不同和时间推移而变化，所以控制围岩应力的策略就是避开高应力区域和时段布置和开掘巷道，通常采取的巷道应力控制技术手段包括：巷道优化布置、坚硬顶板预裂爆破、顶板区域压裂、巷旁爆破卸压、巷帮钻孔卸压、预应力支护等，从应力控制的角度可分为"应力避让""应力解除""应力均化"和"应力抵御"四种方式。

2.4.1　应力避让

应力避让是指通过在空间上对巷道的布置位置选择、在时间上对开掘和支护时机进行选择，以"躲避"高应力对巷道围岩的作用时长和作用强度。煤矿井下地应力场受地质构造和开采活动的影响呈现非均匀和动态变化的特点，在选择巷道位置时充分考虑高应力区的分布范围和时效特性，设法避开高应力对巷道的作用。应力避让工程方法主要方法有：在低应力区布置巷道、无煤柱开采和巷道布置方位优化等。

1. 低应力区布置巷道

我们知道煤矿井下的地应力分布是非均匀的，比如在断层带、向背斜轴部往往最大水平应力畸高，在巷道布设时就要设法避开这些区域。

采煤工作面开采后，在采空区周围引起应力重新分布，形成应力升高区和应力降低区，在采空区外侧煤体中形成一定范围的采动应力集中区，相邻工作面布置巷道时尽量避开应力集中峰值区，否则势必导致巷道承受较大的载荷。选择沿空侧回采巷道的位置实质上既是煤柱合理留设的问题，一般来说大煤柱和小煤柱可以获得好的应力环境，但还要和煤炭回收率等其他因素综合考虑。巷道位置不当，可能导致巷道围岩处于应力极限状态时，会失稳、破坏甚至产生强烈的动力灾害。

上下相邻煤层开采时，上层煤开采残留的煤柱会在底板一定范围内形成集中应力影响区，下层煤开采布置巷道应尽量避开强上层传递集中应力影响区域。如图 2.7 所示，上覆煤柱对下部煤层造成一定的应力影响范围，图中 I 区域（无影响区）、II 区域（弱影响区）、III 区域（强影响区）内煤柱应力影响程度依次增加，因此应该将煤层内的巷道优先布置在 I 区，也就是说在上煤层采空区下布置巷道最有利。

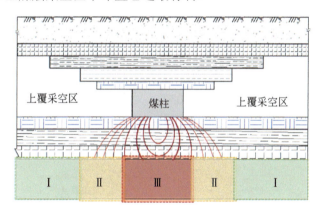

图 2.7　煤柱应力集中应力影响范围

将巷道布置在低应力区还需要考虑时间因素，让巷道错过采动应力的强显现时间阶段。比如为避开超前采动应力的影响，相邻工作面的巷道掘进待上个工作面回采完成再行开掘。

2. 无煤柱护巷技术

如上所述，煤体采出后遗留的煤柱会产生应力集中，对巷道布置产生不利影响，所以无煤柱开采技术在巷道维护方面显示出其优越性。无煤柱护巷技术通常包括沿空留巷、沿空掘巷、小煤柱护巷、断顶成巷等技术。从力学角度分析，上回采工作面两端边缘煤岩体经过采动应力的影响，煤岩体宏细观结构发生不同程度的变化，煤岩体内部裂隙扩展发育，有效承载能力降低，导致上覆岩层形成的空间结构的支承点向煤体深部移动，从而工作面两端边缘一定范围内煤岩体承载的外部载较低，会形成明显的应力降低区，无煤柱设计的核心是将巷道布置在采空区的边缘应力降低区内，实现巷道围岩对集中

（高）应力避让的目的。

　　沿空掘巷是指在上回采完成工作面采空区稳定之后沿着采空区边缘开凿供下工作面使用的巷道。

　　沿空留巷则是指将上回采工作面的回采巷道保留下来供下工作面回采使用，这需要在上工作面回采同时构筑一条人工墙体作为留巷外帮。随着现代机械设备和材料科学的进步，人工构筑墙体在一些地区逐步开始进入大规模的应用阶段，主要包括柔模混凝土墙体、高水材料墙体、预置矸石充填带等工艺，其核心的原理是一致的，即将巷道布置在采空区边缘的应力降低区内，达到躲避高应力的目的。

　　小煤护巷是在上一回采工作面采空区边缘的应力降低区内掘进下一工作面巷道，留设3～5 m宽度的小煤柱，留设的小煤墙尺寸较小且强度较低，不能起到为巷道提供足够支承力的作用，小煤柱的主要作用是隔离采空区，防止采空区内的有毒有害气体涌入和氧气进入采空区引起发火。

　　切顶成巷（110工法）技术是在回采侧顶板沿回采方向实施定向预裂爆破，利用矸石的碎胀特性进行采空区充填，通过巷帮挡矸支护形成巷帮，进而形成下工作面的巷道。

3. 巷道布置方位优化

　　基于最大水平主应力理论，巷道掘进方向影响巷道顶板的破坏程度和破坏位置。不同方向角（巷道走向与最大水平地应力方向夹角）条件下矩形巷道变形如图 2.8 所示，当巷道掘进方向平行地质体中最大水平应力时，对巷道围岩的稳定性控制最有利，随应力角增大，巷道变形会越来越大，应力角等于 90°时，对巷道稳定最不利。因此在矿井设计时尽量将主要巷道走向平行于最大水平主应力方向，可以避开高地应力对巷道的作用，有利于巷道的维护。

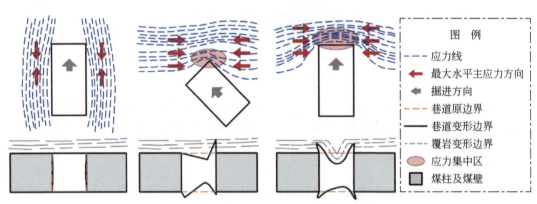

图 2.8　不同方向角对巷道破坏模式的影响

2.4.2　应力解除

　　应力解除是指巷道不可避免处于高应力状态下，采用人工措施释放部分应力，使巷道围岩避免过载而破坏。应力解除方法主要解决巷道坚硬顶板岩层对巷道围岩应力的不利影响和巷帮高应力集中问题；通过改变煤层顶板空间结构的形态，有效控制侧向采动应力和超前采动应力对巷道围岩应力的影响；通过对巷帮局部围岩卸压可以一定程度上解除巷道冲击破坏危险。应力解除通常采用的方式有三种：巷帮弱化卸压、坚硬顶板预裂断顶和区域顶板碎裂卸压。

1. 巷帮弱化卸压

巷帮弱化卸压是在巷道周边围岩特定位置进行局部弱化处理，目的在于释放巷道周边附近煤岩体的过高的垂向集中应力，使巷道免遭过载破坏。巷道开挖后，周边煤岩体处于双向受力的应力状态，深部煤岩体处于三向受力状态，根据弹性莫尔-库仑准则，三向应力状态下煤岩体的强度更高，因此深部围岩具备较高承载能力。通过对巷道围岩采取弱化措施，释放部分巷道周边围岩应力，将高应力向围岩深部转移，达到维护巷道稳定的目的，这就是巷旁卸压的基本原理。巷旁卸压措施主要包括：松动爆破、大直径钻孔和水力冲孔等。

松动爆破是指充分利用爆破能量，使爆破对象成为裂隙发育体，不产生抛掷现象的一种爆破技术。松动爆破是冲击地压解危常用的技术措施，通过设计孔间排距的变化和装药量来一定程度改变煤岩体的变形参数，局部煤岩体强度弱化、弹性能释放、应力降低。通常利用多孔不同间排距、不耦合装药、布设控制孔来实现松动爆破，沿巷道轴向形成松动卸压条带。如图 2.9 所示为松动爆破卸压的断面示意图，松动爆破后，应力集中峰值转移到了巷道深部，巷道破坏风险降低。

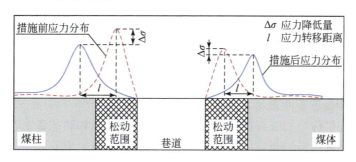

图 2.9　松动爆破卸压机制

大直径钻孔卸压是指在巷道围岩内布置较为密集的钻孔来局部弱化巷道围岩体，给围岩变形预置空间，实现巷道围岩赋存的高应力向深处转移从而降低巷道附近围岩的应力，钻孔的直径和布设根据现场条件决定，现今最大的煤层钻孔直径达到 300 mm。从物理角度来说，巷道围岩形成钻孔降低巷道围岩煤岩体的完整性，增加巷道围岩的孔隙率，相当于对巷道围岩进行了局部范围的物理改性。从力学角度分析，如果将巷道围岩假设为具有原生裂隙的岩石，钻孔可以当成人工裂隙，在高应力的作用下钻孔应力场发生改变，引起距离钻孔一定范围的煤岩体松动甚至破裂，形成大于钻孔孔径的破碎区和塑性区。钻孔附近形成的破碎区和人工裂隙的存在更进一步地弱化了围岩的强度，使高应力朝深部转移。合理的卸压钻孔设计可以在保证巷道围岩承载结构发生较小降低的情况下将应力朝着巷道深部位置进行转移，从而起到优化巷道围岩应力环境的目的，钻孔卸压机制如图 2.10 所示。

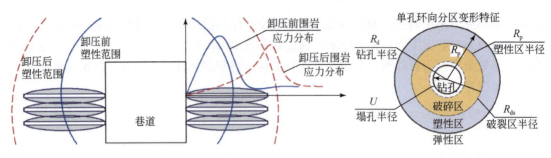

图 2.10　钻孔卸压机制

水力冲孔卸压是指利用高压水射流在高应力巷道帮部钻孔内冲出煤体形成空洞，以造成煤体卸压，消除冲击破坏危险的方法。在钻孔内运用高压水射流冲击煤岩体表面，岩屑（煤屑）从表面剥落形成新界面，剥落的岩屑随着水流被带离钻孔，钻孔内部在高压水流的作用下裂隙继续扩展，形成不断扩大的孔洞。高压水射流的作用改变了裂隙一定范围内的应力场的分布，裂隙在尖端产生集中应力作用下扩展和发育，裂隙扩展和发育会整体改变顶板岩层措施区域的连续性和空间结构，增加孔隙率而降低强度。因此可以认为高压水射流冲孔弱化了围岩层的完整程度，与钻孔卸压机制相同。

2. 坚硬顶板预裂断顶

具有坚硬顶板的岩层，工作面回采过后通常会形成悬臂梁岩层结构，导致下方煤柱应力集中程度升高，威胁沿空巷道安全。通过改变顶板悬臂结构的长度，可有效控制侧向采动应力对巷道围岩的影响，通常在距离巷道顶部一定距离的深部坚硬岩层采取预先断裂措施，减小顶板悬顶长度，以降低顶板悬臂岩梁造成的应力集中传递和断裂时产生的冲击载荷。预裂断顶通常超前回采工作面 200 m 左右实施，目的是防止应力解除作业对回采工序和超前支护段巷道产生负面影响。坚硬顶板预裂的方法通常有：炸药爆破断顶、水力压裂断顶、液态 CO_2 相变致裂断顶等。

炸药爆破是煤矿传统的破岩技术，通过布置合理的钻孔和装药量在巷道外侧顶板形成预制裂隙，控制坚硬顶板的断裂位置并通过震动释放围岩内聚集的部分应变能。但爆破对巷道内支护结构也会产生不良影响，所以要控制好爆破强度以及爆破的位置和时机。近年来炸药的使用受到管制，预裂爆破有被水力压裂替代的趋势。

水力压裂技术最早是应用在地应力测量中，后来引入到石油天然气行业现已被广泛使用。利用高压水产生的强高压迫使围岩内部处于不利方位的裂隙端部产生高度应力集中，促使裂纹端部的扩展，从而达到增加岩体的孔隙率的目的。水压致裂卸压与爆破卸压针对的目标与目的是一致的，都是为了改变空间结构形态而降低巷道围岩的受力等级，但水力压裂技术避免炸药爆破产生的震动和声响、无有害气体排放、安全性好，所以近年来得到大面积推广。

液态 CO_2 相变致裂断顶是利用 CO_2 气液固三相转换释放出的能量来对煤岩体进行致裂的物理爆破技术。液态 CO_2 相变产生的冲击波遇到孔壁边界时发生反射，转变为拉伸波，形成的拉应力大于煤岩体的极限抗拉强度时，煤体将被破坏产生裂隙，同时在这个过程中反射拉伸波和径向裂隙尖端处的应力场相互叠加,可以使径向裂隙和环向裂隙进一步扩展。在冲击应力波作用的同时,CO_2 气体进入煤岩体的原生裂隙,在气楔作用下可以促进冲击波导致的径向裂隙或煤岩体内部的原生裂隙进一步扩展,从而产生或者促进较大范围裂隙网络的形成和扩展。液态 CO_2 相变致裂断顶的目标与上述两种技术相同,都是为了改变顶板岩层的悬臂形态,从而达到巷道围岩的稳定性控制的目的。

3. 区域顶板碎裂卸压

据不完全统计,我国 80%以上的冲击地压事故都发生在具有厚层坚硬顶板的煤层巷道内,厚层坚硬顶板在采煤工作面回采过程中易形成大面积悬顶结构,加剧采空区边界的应力集中程度,其突然断裂更是瞬间释放强烈动载,从而造成冲击地压事故。为解决厚层坚硬顶板的悬顶问题,科研人员开发了区域顶板碎裂技术和装备,采用定向钻孔和水力压裂技术对开采区域的煤层顶板采前预先压裂,降低厚层坚硬岩层的强度和完整性,当煤层采出后,坚硬顶板可以及时垮落,避免了大面积突然失稳断裂时对采场围岩形成强烈的动载扰动,使煤体应力始终处于冲击地压发生的临界应力之下,从而实现对冲击地压的有效控制。区域水力压裂由于压裂工程量大,现阶段主要在地面建立压裂站,采用水平井体积压裂技术从地面打钻至煤层上方高位厚层坚硬岩层,利用高压泵通过钻孔向顶板岩层挤注压裂液形成高压力,当这种压力超过岩层的破裂压力时,岩层将被压开裂缝形成块体,回采期间不发生大面积失稳冒落,采动应力和动态应力都会大大降低。

2.4.3　应力均化

应力均化主要指通过支护设计调节巷道周围岩体的应力状态,实现施载力与承载力的稳态平衡的状态。应力均化主要包含两方面的措施:一是通过巷道断面几何形状的设计避免巷道断面边界拉应力和畸高应力的出现;二是通过主动支护来改善巷道围岩整体强度和应力场均衡性。

1. 巷道断面优化

巷道的开挖影响其附近一定范围内地质体赋存的原岩应力的分布,造成应力的重新分布。不同巷道断面的几何形态在巷道边界上会形成不同的应力类型及应力集中系数。不同巷道断面边界上关键部位切向应力集中系数如表 2.1 所示。以圆形巷道为例,当 $\lambda=1/3$ 时,在 A 点的应力为 0;当 $\lambda<1/3$ 时,A 点出现拉应力;当 $\lambda>1/3$ 时 A 点为压应力,且对着侧压系数的增加压应力的值增大。煤岩体材料具有典型的抗压不抗拉特性,因此避免拉应力的出现或者拉应力强度小于煤岩体的极限抗拉强度对于巷道围岩的维护具有明显的意义。上述分析是基于断面形状所展开的讨论,对巷道围岩建模的时候进行大量的理想化处理,虽不能直接应用到实际工程当中,但是其可以为工程起到一定的指导作用。

2. 非对称支护

通常情况下巷道顶底板煤岩体的力学特性要强于两帮煤体的力学特性,即顶底板通常具有更高的极限承载能力,此时,如果巷道垂直应力大于水平应力,则巷道两帮的变形量会明显高于巷道顶底板的变形量；如果巷道两帮煤体的极限强度高于顶底板煤岩体的极限强度，且巷道垂直应力小于水平应力，则巷道顶底板的变形量会明显高于巷道两帮的变形量。支护的目的是通过及时对巷道进行支护来达到控制巷道围岩变形量的目的，避免巷道顶底板或者两帮出现较大的差异变形，从而导致围岩应力不均匀程度增加进一步恶化巷道围岩煤岩体的承载能力。针对巷道顶底板变形量与两帮变形量差异化，相应支护设计可以得到以下启发。

表 2.1　不同巷道断面边界上关键部位切向应力集中系数

序号	巷道断面形态	数理表达	应力集中系数		
			关键点	应力集中系数 α	应力集中系数 β
1	圆形断面，上方 A，右方 B	$\sigma_0=\alpha p+\beta\lambda p$	A	-1	3
			B	3	-1
2	椭圆形断面，长半轴 a，短半轴 b，上方 A，右方 B	$\sigma_0=\alpha p+\beta\lambda p$	A	$2b/a+1$	-1
			B	-1	$2a/b+1$
3	矩形断面，a、b，$40°$ 角，A、D、C、B	$\sigma_0=\alpha p+\beta\lambda p$	A	$2b/a+1$	-1
			B	-1	$2a/b+1$
			C	0.265	4.230
			D	4.230	0.265
4	矩形断面，$a/b=3.2$，b、a，上方 A，右方 B	$\sigma_0=\alpha p+\beta\lambda p$	A	1.4	-1
			B	-0.8	2.2
5	矩形断面，$a/b=5$，b、a，上方 A，右方 B	$\sigma_0=\alpha p+\beta\lambda p$	A	1.2	-0.95
			B	-0.8	2.4

注：λ、p 分别为侧压系数和垂直应力。

（1）当巷道处在水平应力大于垂直应力的情况下，巷道顶底板的变形量大于两帮的变形量，此时需要重视对于巷道顶（底）板的支护，通过提高顶（底）板的支护强度来控制巷道变形量；当巷道处在水平应力小于垂直应力的情况下，巷道两帮的变形量大于顶底板的变形量，因此需要重视对于巷道两帮的支护；如上所述的重视两帮支护并不是指可以忽略或者降低顶（底）板的支护强度，而是指在保障顶（底）板的支护强度的基础上，适当地采取有效的支护设计（参数）来提高两帮的支护强度，具体的可以针对不同的应力条件，在需要进行重点支护的两帮增设锚索、调整锚杆长度以及锚固方式、选用更高力学性能的锚杆、局部注浆、优化间排距、提高预紧力、增设钢护板等护表构件等措施，通过上述措施来更好地控制两帮的变形量，从而在一定程度上促进巷道两帮和顶底板实现均匀变形；反之如果需要对顶（底）板进行重点支护，同样可以采取上述措施来达到控制巷道顶（底）板变形量的目的，且可以依据特定情况来判断是否对底板进行支护，如底板岩层强度低且易变形时则需要对底板进行支护，如果底板条件较好则可以简化或者取消对底板的支护。

（2）具体的实践中，针对沿空留巷、小煤柱巷道等侧向临空巷道进行支护时，因为临近采空区，则可以认为作用在巷道帮部的水平应力的等级发生了一定的降低，假设作用在巷道的垂直应力不变，可知两帮的变形量要大于此种条件下顶底板的变形量，因此针对此类特殊巷道要重视对于两帮的支护；当巷道处于回采工作面超前支承应力影响范围内时，可以认为巷道围岩所承受的垂直应力增大，假设作用在巷道围岩上的水平应力保持不变，则同样由上述巷道力学模型分析可以给出在超前支承应力影响范围内巷道整体变形量增加且两帮变形量要大于顶底板变形量的内在力学解释，针对超前支承应力影响范围内的巷道在对顶板提供必要的支撑的前提下，也应该对巷道两帮进行支护；针对上覆采空区范围下的巷道，由于上覆采空区的形成可以认为垂直应力得到一定的释放，从而降低了垂直应力的等级，假设在水平应力不变的情况下，此类巷道的顶底板更容易发生变形，因此要重视对于巷道顶（底）板的支护，来减小巷道顶（底）板的变形量。

（3）在无特殊地质构造影响条件下，垂直应力随着测量位置深度的增加总体上呈线性增加，水平应力随着测量位置深度的增加具有增大的趋势（离散性显著），在埋深较浅的地层内地应力的类型为 $\sigma_H > \sigma_h > \sigma_V$，因此处于浅埋条件的巷道所承受的水平应力为最大主应力，此时顶底板变形量较大，要重视对于巷道顶（底）板的支护；随着巷道埋深增加，地层内地应力的类型则会改变为 $\sigma_V > \sigma_H > \sigma_h$，巷道所承受的垂直应力会逐渐转变为最大主应力，在此过程中就需要逐步重视对于巷道两帮的支护。

2.4.4　应力抵御

应力抵御是指通过一定的人工支护措施给巷道围岩施加主动支撑力，以抵消部分高围岩应力的破坏作用，达到维护巷道稳定的目的。最为典型的应力抵御技术是巷道高预应力锚杆支护技术，锚杆预应力在锚固围岩体内形成支护应力场，支护应力场可以削弱巷道围岩集中应力的强度和分布形态，改善围岩体受力状态，避免其过载破坏。预应力锚杆与围岩形成预应力承载拱结构，起到主动支护的作用，阻止围岩变形的同时为围岩提供反作用力，为围岩体平衡稳定提供有利条件。

经典压力拱理论、塌落拱理论均形象地论述了地质体中开凿孔洞之后在一定的情况下会达到自稳。巷道自稳后断面的形状是由巷道所承受外力及巷道围岩的材料属性共同决定的。在应力水平不是很高的条件下，围岩强度较大的巷道可以基本保持巷道原始形状满足工程需要，在高应力，低围岩强度的情况下巷道会产生变形破坏甚至发生冲击破坏，这就需要通过人工支护补强来维护巷道的稳定。人工补强支护能够对巷道围岩一定范围内的煤岩体施加约束，改变作用范围内围岩的应力状态，使岩表面从二向应力状态转变为三向应力状态，从而提高围岩煤岩体的强度和承载能力，在一定程度上改变巷道围岩的应力分布特征。根据现场及数值模拟研究，人工对巷道围岩施加的支护应力等级与地应力等级相比相对较小，但是在实际应用过程中却能较好地实现巷道围岩的维护的目的，究其原因是人工支护在巷道围岩内形成了一定的支护应力结构，从而实现支护应力场、地应力场和采动应力场之间的"三场协同"机制，补强支护形成的支护应力结构示意如图2.11所示。

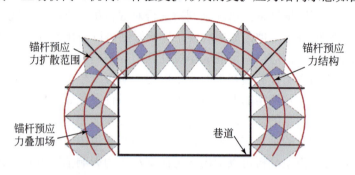

图2.11　支护形成的支护应力结构[24]

　　人工支护设计的目的就是为巷道围岩提供适时、适量的支护阻力，在巷道围岩内部形成一定的支护应力场改变围岩的应力环境，通过支护应力场构建一定的围岩承载结构来利用围岩的自承载能力，从而降低巷道围岩的施载属性。例如预应力锚杆支护系统中，单根锚杆施加的预紧力在巷道围岩中扩散形成锥形的应力扩散场使围岩处于受压状态，多根锚杆共同作用时扩散应力场相互叠加形成应力场叠加结构，应力场叠加结构的出现有利于增强结构范围内煤岩体的强度和承载能力，减小围岩拉应力区的出现范围，在有效控制锚固区围岩的离层等扩容破坏的基础上，较好地利用了围岩的自承载能力，从而实现巷道围岩的稳定性控制。预应力锚杆和预应力锚索的共同使用可以进一步强化支护系统在巷道围岩中实现支护应力场的扩散形成应力承载结构，强化支护系统的主动支护作用。

参 考 文 献

[1] 俞茂宏, 昝月稳, 范文, 等. 20世纪岩石强度理论的发展——纪念Mohr-Coulomb强度理论100周年[J]. 岩石力学与工程学报, 2000, (5): 545-550.

[2] 周小平, 钱七虎, 杨海清. 深部岩体强度准则[J]. 岩石力学与工程学报, 2008, (1): 117-123.

[3] 欧阳振华. 煤矿冲击地压区域应力控制技术[J]. 煤炭科学技术, 2016, 44(7): 146-152.

[4] 鞠文君. 冲击矿压巷道锚杆支护原理分析[J]. 煤矿开采, 2009, 14(3): 59-61.

[5] 潘俊锋, 齐庆新, 刘少虹, 等. 我国煤炭深部开采冲击地压特征、类型及分源防控技术[J]. 煤炭学报, 2020, 45(1): 111-121.

[6] 蔡美峰, 何满潮, 刘东燕. 岩石力学与工程[M]. 北京:科学出版社, 2015.

[7] 董方庭, 宋宏伟, 郭志宏, 等. 巷道围岩松动圈支护理论[J]. 煤炭学报, 1994, (1): 21-32.

[8] 康红普, 伊丙鼎, 高富强, 等. 中国煤矿井下地应力数据库及地应力分布规律[J]. 煤炭学报, 2019, 44(1): 23-33.

[9] Heim A. The concept of hydrostatic pressure in rock stress[J]. Geologische Rundschau, 1912, 3(2): 129-142.

[10] 金尼克. 基于弹性力学的自重应力场假说[J]. 地质学报, 1926, 14(3): 215-228.

［11］ McCutchen H E. Stress distribution within spherical shells: A mechanical analysis[J]. Journal of Geophysical Research, 1982, 87(B4): 2975-2985.

［12］ Sheorey P R. Modifications of the spherical shell model considering mantle displacements and other factors[J]. Tectonophysics, 1994, 230(1-2): 1-14.

［13］ Fenner R T, Kastner R. The determination of stress and displacement distributions around underground openings in elastic-plastic rock[J]. International Journal of Rock Mechanics and Mining Sciences & Geomechanics Abstracts, 1950, 1(1): 49-64.

［14］ 佩图霍夫. 煤矿冲击地压[M]//王佑安译. 北京: 煤炭工业出版社, 1980.

［15］ 钱鸣高, 石平五, 许家林. 矿山压力与岩层控制[M]. 北京: 中国矿业大学出版社, 2010.

［16］ 郑建伟. 顶板条带弱化法防治巷道冲击地压技术研究[D]. 北京: 煤炭科学研究总院, 2021.

［17］ 鞠文君. 冲击矿压巷道支护能量校核设计法[J]. 煤矿开采, 2011, 16(3): 81-83.

［18］ 左宇军, 李夕兵, 赵国彦. 洞室层裂屈曲岩爆的突变模型[J]. 中南大学学报(自然科学版), 2005, (2): 311-316.

［19］ 高明仕, 窦林名, 严如令, 等. 冲击煤层巷道锚网支护防冲机理及抗冲震级初算[J]. 采矿与安全工程学报, 2009, 26(4): 402-406.

［20］ 王爱文, 潘一山, 齐庆新, 等. 煤矿冲击地压巷道三级吸能支护的强度计算方法[J]. 煤炭学报, 2020, 45(9): 3087-3095.

［21］ 蔡美峰. 深部开采围岩稳定性与岩层控制关键理论和技术[J]. 采矿与岩层控制工程学报, 2020, 2(3): 5-13.

［22］ 景锋. 中国大陆浅层地壳地应力场分布规律及工程扰动特征研究[D]. 中国科学院武汉岩土力学研究所, 2009.

［23］ 张剑, 康红普, 刘爱卿, 等. 山西西山矿区井下地应力场分布规律[J]. 煤炭学报, 2020, 45(12): 4006-4016.

［24］ 郑建伟, 鞠文君, 张镇, 等. 等效断面支护原理与其应用[J]. 煤炭学报, 2020, 45(3): 1036-1043.

第3章 冲击地压巷道锚固承载结构理论

预紧力锚杆支护系统与其作用范围内围岩共同形成锚固承载结构，锚固承载结构是抵抗动静载荷的中坚力量，对巷道的安全与稳定至关重要。本章采用数值模拟方法分析了动载扰动作用下巷道锚固承载结构动载响应特征及冲击破坏演化过程，提出了动载扰动下锚固承载结构冲击破坏准则和判据。

3.1 冲击地压巷道锚固承载结构及特征

3.1.1 锚固承载结构的概念

锚杆支护理论由传统的悬吊理论[1,2]、组合梁理论[3]和压缩拱理论[4]，逐步发展到新奥法[5]、松动圈支护理论[6]、围岩强度强化理论[7]、高预应力强力支护理论[8]，虽然这些锚杆支护理论是针对静载条件，且具有各自的优缺点和适应条件，但锚杆对于锚固范围内围岩岩体及结构面的力学特性、岩体力学参数改善作用已形成基本共识。锚固系统通过预紧力作用与巷道浅部围岩形成具有一定承载能力的锚固结构体，如图 3.1 所示，锚固结构体具备特有的强度特征和变形特性，与深部围岩结合成一体，共同抵抗外来载荷，控制巷道变形破坏。围岩强度及完整性、锚杆（索）及其附属构件的力学性能及设计参数、锚杆（索）预紧力对锚固结构的性能具有决定性的作用。

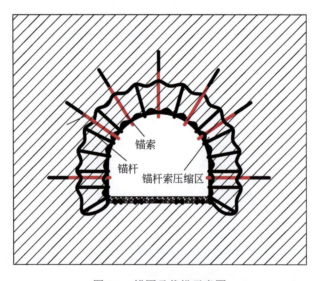

图 3.1　锚固承载拱示意图

冲击地压巷道要求支护系统具备高强度、大延伸率、整体性好等特点，对锚固承载结构的力学性能有更高要求。冲击载荷作用下的巷道围岩处于压-拉应力场作用，根据材料力学可知，若能使抗压强度高的围岩承受压应力场，使抗拉强度高的材料承受拉应力场，这样可以实现支护结构的优化。那么为了使煤岩体和高冲击韧性锚杆材料各自的优良力学性能都能得到充分发挥，需采用一种合理的支护方式，来改善支护体的受力性能。由于煤岩体的抗压强度相对较高，承受压应力时，煤岩体的力学性能可以得到充分发挥，但当冲击应力波在围岩自由面产生拉应力时，煤岩体材料易发生失稳破坏。所以，采用一种高抗拉强度、高冲击韧性的支护材料（高冲击韧性锚杆）进行支护，并施加高的预紧力，使高冲击韧性锚杆与围岩组成一个高抗冲击体，高抗冲击体不但可以承受压应力场，还可以承受拉应力场，具有良好的抗冲击性能，还有很强的抵抗裂纹扩展的能力。高抗冲击体属于围岩浅层控制，浅层控制的巷道围岩稳定性会随着冲击载荷的增大迅速降低，当冲击载荷较大时，浅部控制的围岩易发生整体性失稳破坏。因此，采用锚索进行深部控制，在巷道围岩中布置高强锚索，高强锚索与高抗冲击体形成复合抗冲击体，与高抗冲击体相比，复合抗冲击体的承载厚度和强度明显增加，复合抗冲击体使围岩、锚杆及锚索三者的位移和变形协调一致，从而有效提高了支护体的抗冲击性能。总而言之，高冲击韧性锚杆形成的高抗冲击体和高强度锚索形成的复合抗冲击体均具有高抗拉强度、高冲击韧性和高延展性等良好的力学性能。高抗冲击体和复合抗冲击体支护结构见图 3.2 所示。

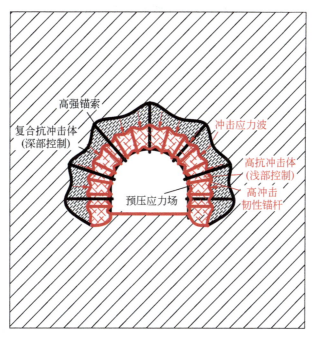

图 3.2　高冲击韧性锚杆支护结构抗冲击示意图

3.1.2　锚固承载结构的力学特征

由"锚杆+锚索"组成的预应力杆架系统与周边煤岩体融为一体形成承载结构，充分体现了围岩-支护相互协调、共同作用的承载特征，主要体现在以下几个方面：

1. 高预应力特征

合理的锚杆预紧力可以增加围岩围压，有效改变围岩的应力状态，改善被锚固岩体的力学性能，从而有利于保持巷道围岩稳定。当巷道围岩受到冲击载荷作用时，围岩先承受压应力，压应力在围岩自由面反射生成拉应力，由于围岩抗压强度通常较大，而抗拉强度较低，所以围岩承受压应力时不易破坏，承受拉应力时易发生层裂式失稳破坏。预应力支护结构的抗冲击原理为：安装锚杆初期，对锚杆施加合理的预紧力，使支护结构形成压应力场，当支护结构受到冲击时，冲击应力波在围岩自由表面产生的拉应力必须先抵消部分预压应力，然后才能使围岩受拉，进而发生破坏。所以，对巷道围岩施加预压应力可以有效改善煤岩体的抗冲击性能，提高煤岩体因受拉应力冲击波而发生失稳破坏的能力，使支护体在冲击载荷下不发生失稳破坏或减弱破坏的程度。预应力对提高支护体抗冲击性能主要有下面三个作用。

1）预应力使煤岩体成为"弹性材料"

如图 3.3 所示，预应力使煤岩体成为"弹性材料"这是一种理想状态，无预应力煤岩体是一种抗拉强度弱，抗压强度强的材料，通过施加预应力使煤岩体成为一种既能承受抗拉，又能承受抗压的理想弹性材料。煤岩体受到冲击时，主要承受两个载荷，内部预应力和外部冲击载荷，施加的预应力部分或者全部抵消掉冲击拉应力，使煤岩体一直处于压应力工作状态，保持弹性工作性能。

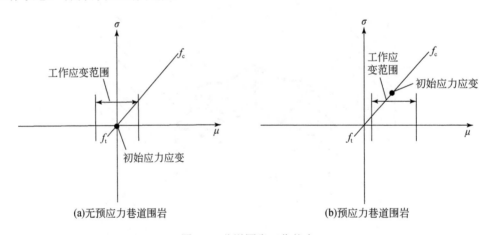

图 3.3 巷道围岩工作状态

2）预应力使高冲击韧性锚杆与围岩共同承载

对锚杆施加预应力，预应力使高冲击韧性锚杆充分拉伸，以达到锚杆和围岩共同工作，协同控制冲击载荷的效果。同时当围岩受到冲击载荷时，预应力能充分利用高冲击韧性锚杆的屈服吸能特性，让高冲击韧性锚杆先于围岩产生较大的变形，这样围岩才不至于开裂破坏。总之，施加高预应力有助于充分利用高冲击韧性锚杆的吸能特性，而又使围岩能抵抗较高的冲击载荷。

3）预应力使支护体表现出明显的成拱效应

对于拱形巷道，锚杆呈拱形布置，在高预应力作用下，压应力区呈现出拱形结构，拱形结构有利于抵抗上部冲击载荷。

预应力从上述三个方面提高了支护体的抗冲击性能，当冲击载荷较小时，围岩处于"弹性材料"状态，"弹性材料"状态可以抵消掉冲击拉应力；当冲击能量较大时，高冲击韧性锚杆与巷道围岩共同承载来抵抗冲击应力波作用；静载时，预应力围岩呈现出明显的拱效应，可以承受上部岩石的径向载荷。总而言之，预应力对提高支护体抗冲击性能的三个方面不是相互分离的，而是相互统一体，共同抵抗冲击载荷的作用。

2. 高强度特征

高抗冲击体主要承受较大的压应力和拉应力作用，这就要求高抗冲击体的强度要高，不但要有高的抗压强度，还要有高的抗拉强度。通过采用高冲击韧性锚杆，并施加合理的预应力，可以很好地使高抗冲击体具有高强度的特征。复合抗冲击体使高抗冲击体与深部围岩共同承载，通过锚索的高预应力，进一步抵消应力波所产生拉应力的破坏效应，从而提高煤岩体的抗冲击能力。

3. 调和应力特征

巷道开挖后，围岩将产生二次应力分布，应力重新分布将使巷道四周围岩的径向应力减小，切向应力增大，这种应力分布状态将导致巷道围岩产生压剪破坏。通过构建高抗冲击体（高预紧力和高冲击韧性锚杆）和复合抗冲击体，使围岩的径向应力得到显著的提高，径向应力的增大使应力分布趋于均匀，应力集中减缓，围岩的二次应力分布得以改善，从而提高岩体的承载能力。

4. 协同变形特征

巷道围岩稳定性控制的前提就是必须使支护体具有一定的变形特征，高冲击韧性锚杆与围岩组成的高抗冲击体整体强度较高，在冲击震动过程中，高抗冲击体将向巷道自由空间整体刚性移动，表现出与静载下巷道变形相同的移动规律，高强锚索可有效调节和控制高抗冲击体的整体移动，使高抗冲击体与深部围岩在高强度、高刚度及协调下变形，避免因不协调变形而产生离层或失稳破坏。由于高冲击韧性锚杆的高约束力，锚杆锚固范围内的煤岩体变形不大，很好地保持了高抗冲击体内部围岩的完整性，有效抵抗了冲击余能的震动破坏作用。由此可见，高抗冲击体支护结构，在变形特征上表现出整体高强度、高刚度及协调变形，避免煤岩体因过大的变形出现节理、裂隙等有害变形，从而保持围岩的稳定。

5. 能量耗散特征

支护结构的能量耗散主要包括两部分：复合抗冲击体的整体让压吸能和高抗冲击体内部的塑性变形吸能。复合抗冲击体强度高、变形刚度大，当受到冲击载荷作用时，高抗冲击体整体向自由空间移动，从而吸收大量的冲击能量，复合抗冲击体吸能减冲不是单独靠变形来实现的，而是基于围岩高强度、高刚度，使围岩只产生一定量的永久变形来实现冲击能量的耗散。煤岩体受到冲击载荷时，内部会发生损伤，从而产生塑性流动，高抗冲击体内部煤岩体的塑性流动也会吸收部分冲击能量，这部分能量最终将被高冲击韧性锚杆所吸收。

3.2　动载扰动下巷道锚固承载结构的力学响应

巷道冲击破坏是采动动载与采动静载叠加诱发产生的一种瞬时、剧烈的动力破坏现象，且往往表现为锚固承载结构的破坏。本节以发生过冲击破坏的某矿回采巷道为原型，建立动静载联合作用下锚固巷道数值模型，采用 FLAC3D 内置动力模块模拟动静载联合作用下巷道锚固承载结构动载响应特征及冲击破坏过程。

3.2.1　数值模型的建立

根据某煤矿 13230 运输巷断面和实际地质条件情况进行建模，地层简化为水平地层。模型为平面应变模型，长×高=80 m×80 m，巷道为直墙半圆拱，直墙高度为 1 m，半圆拱半径为 3.75 m。为保证计算的速度和精度，对巷道周边网格细化，模型共划分为 15072 个单元，23082 个节点，最终所建模型，如图 3.4 所示。

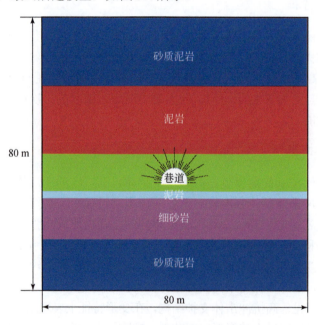

图 3.4　数值模型

巷道采用锚杆（索）支护，采用端部锚固。锚杆（索）采用 CABLE 单元模拟，通过赋予自由段与锚固段不同的属性来模拟预紧力锚杆（索）。锚杆长度 2.4 m，锚固长度 1.5 m，锚索长度 6.3 m，锚固长度 1.8 m。锚杆（索）物理力学参数见表 3.1。树脂黏结剂的黏结力 20 MPa，树脂黏结剂的内摩擦角 31.89°，树脂黏结剂刚度 88 GPa，钻孔直径 28 mm，树脂黏结剂的外圈周长 0.08796 m。

表 3.1　锚杆（索）物理力学参数

杆体类型	尺寸/mm	横截面积/cm²	屈服强度/MPa	极限强度/MPa	弹性模量/GPa	预紧力/kN
锚杆	$\Phi22\times2400$	3.8	500	700	200	50
锚索	$\Phi17.8\times6300$	1.91	1720	1860	195	200

模型的静力边界条件为：四周水平位移约束，底部为固定边界，上部为应力边界。动力边界采用静态边界，力学阻尼为瑞利阻尼。模型动静载边界条件如图 3.5 所示。

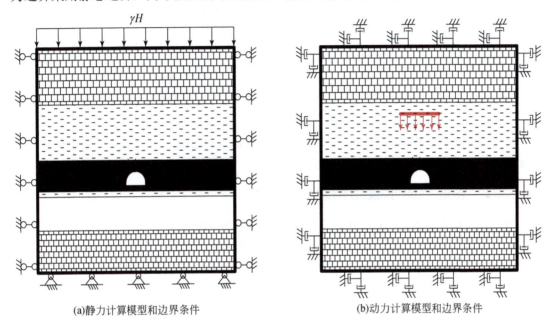

(a)静力计算模型和边界条件　　　　　　(b)动力计算模型和边界条件

图 3.5　模型动静载边界条件

计算模型采用莫尔-库仑模型，经实验室测定和折算[9-10]，各煤岩层岩性、平均厚度及物理力学参数见表 3.2。

表 3.2　各岩层物理力学参数

岩性	模型厚度/m	体积模量/GPa	剪切模量/GPa	内聚力/MPa	抗拉强度/MPa	内摩擦角/(°)
砂质泥岩	20.0	5.4	2.7	1.25	1.2	31.0
泥岩	20.0	3.03	1.56	1.51	1.5	28.0
2-3 煤	11.0	1.30	0.28	1.10	0.5	25.0
泥岩	2.0	3.03	1.56	1.51	1.5	28.0
细砂岩	12.0	5.56	4.17	2.00	2.5	35.0
砂质泥岩	15.0	3.46	1.84	1.25	1.6	30.0

模拟过程为：

（1）施加静力边界，计算原岩应力平衡；

（2）开挖巷道，计算围岩应力重分布平衡；

（3）在巷道顶板正上方施加应力波，边界设置为动力边界，动力计算时间为 0.20 s。

静力计算阶段：上覆岩层重力用均匀分布的应力载荷取代，根据埋深，静载荷大小取 15 MPa，根据耿村矿水力压裂地应力测试结果，侧压系数取 0.9。

动力计算阶段：动载荷采用界面震源，为便于分析，把动载应力波简化为正弦简谐波一段，根据震源距离不同，施加在巷道正上方不同位置，振动频率 20 Hz，振动周期为 0.05 s，通过调整震源峰值振动速度 v_{max} 实现不同的动载强度，根据震源峰值振动速度与震源强度的线性关系，取 v_{max}=5.58 m/s，对应的动载强度为 60 MPa，其波形函数如式（3.1）。

$$v(t)=\begin{cases} v_{max}\left[\dfrac{1}{2}-\dfrac{1}{2}\cos(2\pi\omega t)\right] & (t>1/\omega) \\ 0 & (t>1/\omega) \end{cases} \tag{3.1}$$

式中，v_{max} 为动荷载峰值振动速度，m/s；ω 为振动频率，Hz；t 为动荷载作用时间，取 0.20 s。

动载扰动作用下，巷道锚固承载范围内围岩失去承载能力是冲击破坏的前提，本部分重点分析锚固承载结构动载响应特征，包括顶板动载在巷道围岩中传播规律，动载扰动下锚固承载结构径向位移（差）、锚杆（索）索轴力变化趋势。

3.2.2　巷道锚固承载结构的应力形态

图 3.6（a）为间距 0.6 m，预紧力 100 kN 时，单纯锚杆支护形成的预应力场。可以看出，由于预紧力的施加，单根锚杆在巷道围岩形成形似"纺锤体"的支护压应力区，在锚固自由段形成压应力集中区，在锚固段形成拉应力区。压应力区是形成锚固承载结构的关键。单根锚杆形成的压应力区域范围有限，当锚杆预紧力足够高或锚杆间排距足够小时，多根锚杆形成的压应力区相互叠加、连成一体，在拱形巷道顶板及两帮形成压缩拱结构。

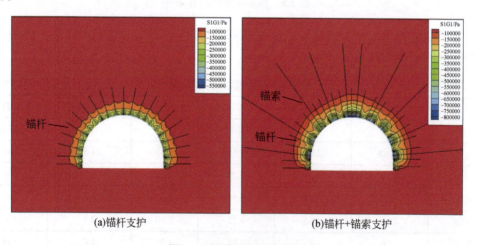

图 3.6　锚固承载结构特征

图 3.6（b）为锚杆+锚索支护形成的预应力场。由图可知，锚索除了对原来的锚固承载拱具有强化作用外，还能给锚杆承载拱施加侧向力，进一步提高锚固围岩的整体承载

能力。当锚索的间排距足够小，也可形成与锚固支护类似的锚固承载结构，提高锚固围岩和锚固系统的承载能力，并将锚杆承载结构上的部分应力向深部转移，进一步稳固巷道围岩。

3.2.3　动载传播规律

为了体现顶板动载传播特点，由动载强度与质点振动速度的线性关系，对计算过程进行提取，以动力计算时间为间隔，质点振动速度云图为代表，分析研究动载传播演化规律，如图 3.7 所示。

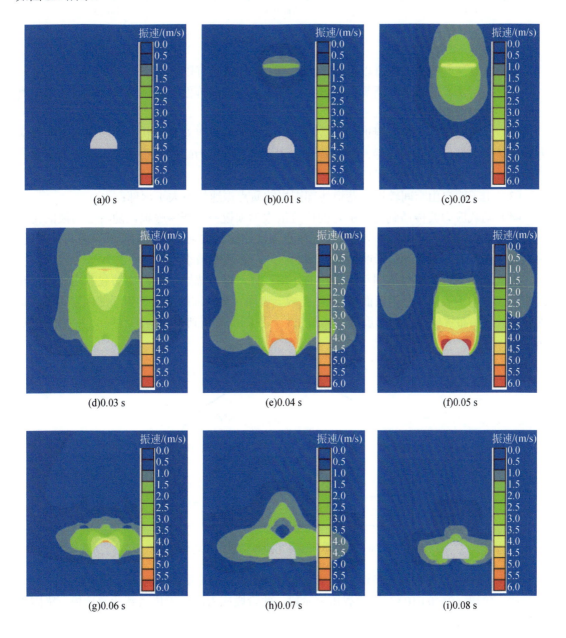

(a)0 s　　　　　　　　　(b)0.01 s　　　　　　　　　(c)0.02 s

(d)0.03 s　　　　　　　　(e)0.04 s　　　　　　　　(f)0.05 s

(g)0.06 s　　　　　　　　(h)0.07 s　　　　　　　　(i)0.08 s

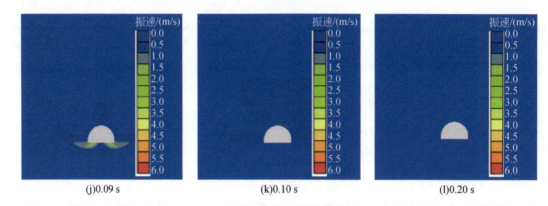

(j)0.09 s　　　　　　(k)0.10 s　　　　　　(l)0.20 s

图 3.7　动载扰动下质点振动速度云图

分析质点速度传播过程可以看出，动载应力波传播具有以下特点：

（1）采动诱发的岩体破断等面震源，近震源处动载波阵面形似椭球状，随着传播距离增大，动载趋向于球形扩散；

（2）传至巷道表面围岩附近，动载应力波阵面形似呈"双耳"状，说明应力波的高应力区传播效果较好，衰减较慢，易与巷道实体煤帮支承压力峰值区叠加产生高应力集中，造成巷道围岩弹性能的突然释放；

（3）由于距自由空间较近，巷道浅部围岩的质点振速峰值大于深部；

（4）动载应力波传播到巷道围岩的位置依次为顶板→两帮→底板，随着应力波的传播衰减、绕射和相互干涉，不同巷道方位的质点振动速度从大到小依次为顶板＞两帮＞底板，说明迎波侧巷表围岩受动载影响最大，侧向次之，背波侧最小。

为反映动载应力波对锚固承载结构的作用过程，以及锚固承载结构动载响应规律，在锚固承载结构下表面（巷道表面）、承载结构上表面（锚杆锚固内端）和深部围岩（锚索锚固内端）分别布置质点振动速度测点（图 3.8），各测点监测到的径向质点振动速度如图 3.9所示。

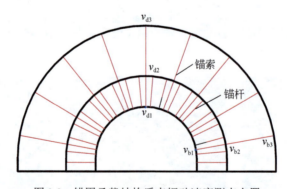

图 3.8　锚固承载结构质点振动速度测点布置

根据深浅围岩质点振速差异，锚固承载结构质点振动速度曲线可分为四个阶段：

第 Ⅰ 阶段（0～0.010 s）为静载压缩阶段，此阶段应力波还未传播到巷道顶板，锚固承载结构单纯静载压缩作用，此时$|v_{d1}|=|v_{d2}|=|v_{d3}|=0$；

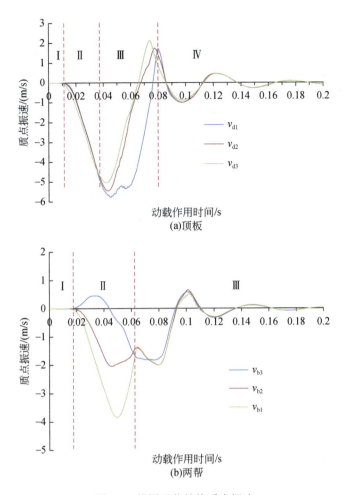

(a)顶板

(b)两帮

图 3.9　锚固承载结构质点振速

第Ⅱ阶段（0.010～0.035 s）为动载压缩阶段，此阶段各监测点都做负向振动（负值表示指向巷道空间），且 $|v_{d1}|<|v_{d2}|<|v_{d3}|$，说明锚固承载结构上表面动载受力大于下表面，受动载压缩作用；

第Ⅲ阶段（0.035～0.078 s）为动载拉伸阶段，此阶段各监测点继续做负向振动，达到峰值速度峰值后回到原点，浅部质点振速超过深部，即 $|v_{d1}|>|v_{d2}|>|v_{d3}|$，此时锚固承载结构外表面动载受力小于内表面，受动载拉伸作用；

第Ⅳ阶段（0.078～0.20 s）为动载结束阶段，此阶段由于波的反射，各监测点都做正负相交替的往复振动（正值表示远离巷道空间），此过程中浅部质点振速略大于深部，由于围岩损伤耗能，质点振速较小，最终趋于零，动载作用结束。

总体上看，顶板动载对顶板锚固承载结构作用过程为：静载压缩阶段→动载压缩阶段→动载拉伸阶段→动载结束阶段，在反复的压拉过程中，极易造成锚固岩体破坏或锚固失效，导致锚固承载结构破坏。

由于受顶板变形、应力波的衍射和叠加的影响，巷帮质点振动速度较为复杂，巷帮质点振动速度曲线整体上大致可分为三个阶段：

第Ⅰ阶段（0～0.015 s）为静载压缩阶段，此阶段应力波还未传播到巷道巷帮，巷道围岩受单纯静载压缩作用，此时 $v_{b1}=v_{b2}=v_{b3}=0$；

第Ⅱ阶段（0.015～0.062 s）为动载压缩阶段，此阶段受顶板瞬时变形挤压和应力波切向压缩作用，靠近巷道自由空间的锚固承载结构内外监测点（v_{b1}、v_{b2}）都做负向振动，曲线呈双峰特征，且 $|v_{b1}|>|v_{b2}|$，达到峰值速度峰值后回到原点；深部围岩质点 v_{b3} 先期（0.015～0.043 s）做正向振动，此后做负向振动，此阶段锚固承载结构总体上受动载压缩作用；

第Ⅲ阶段（0.062～0.20 s）为动载结束阶段，此阶段质点振速较小，深浅振速差别较小，方向一致，对围岩变形影响较小。由于波的反射，各监测点都做正负相交替的往复振动（正值表示背向巷道空间），由于围岩损伤耗能，质点振速较小，最终趋于零，动载作用结束。

总体上看，顶板动载对巷帮锚固承载结构作用过程为：静载压缩阶段→动载压缩阶段→动载结束阶段。

3.2.4 径向位移响应

为反映动载应力波作用下锚固承载结构的变形破坏过程，锚固承载结构下表面（巷道表面）、承载结构上表面（锚杆锚固内端）和深部围岩（锚索锚固内端）分别布置径向位移测点，监测动载扰动过程中深部围岩和锚固承载结构变形特征，测点布置如图 3.10。监测得到不同测点位移-时程曲线，如图 3.11 所示。

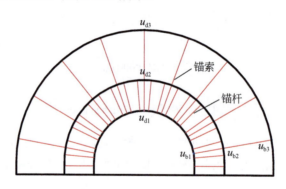

图 3.10　围岩位移测点布置

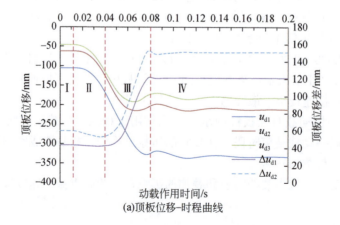

(a)顶板位移-时程曲线

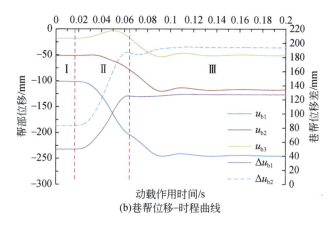

图 3.11　巷道位移-时程曲线

总体来看，顶板和巷帮位移-时程曲线在形态上相似，趋势上相同，在动力计算时间内，巷道顶板和巷道帮部位移都是不可恢复的，且顶板位移大于帮部。这说明，动载荷作用下锚固巷道围岩受动载影响不同，迎波侧（顶板）受动载荷作用影响较大，侧向（巷帮）位置次之。

由图 3.11（a）可知，顶板动载荷作用下，巷道顶板深部位移始终小于浅部。根据深部和浅部围岩位移差 Δu_{d1}（$\Delta u_{d1}=|u_{d1}-u_{d2}|$）和 Δu_{d2}（$\Delta u_{d2}=|u_{d1}-u_{d3}|$），可将顶板位移分为四个阶段：

第 I 阶段（0～0.010 s）为静载压缩稳定变形阶段，对应上述顶板的静载稳定作用阶段，在这个阶段各测点位移为静载作用下巷道围岩位移，且 $|u_{d1}|>|u_{d2}|>|u_{d3}|$，锚固承载结构呈静载扩容变形。

第 II 阶段（0.010～0.035 s）为动载"压扁"变形阶段，对应上述顶板的动载压缩阶段，此阶段内应力波自上而下传播，巷道深部围岩（u_{d3}）、锚固承载结构外表面（u_{d2}）、锚固承载结构内表面（u_{d1}）先后产生瞬时径向位移，造成深部围岩动载瞬时位移大于浅部，位移差 Δu_{d1} 和 Δu_{d2} 变小。

第 III 阶段（0.035～0.078 s）为动载拉伸扩容变形阶段，对应上述顶板的动载拉伸阶段，此阶段应力波到达巷道表面时产生透射和折射，在巷道表面产生拉应力，浅部围岩位移变化趋势大于深部，深浅部围岩位移差 Δu_{d1} 和 Δu_{d2} 变大，巷道围岩扩容变形。

第 IV 阶段（0.078～0.20 s）为动载回弹稳定变形阶段，对应上述顶板的动载结束阶段，顶板围岩各监测点在首次负向位移（指向巷道空间）后均会产生正向位移（背向巷道空间），由于围岩损伤虽然各测点都有正向位移也回不到静载位移点，此阶段位移差 Δu_{d1} 和 Δu_{d2} 基本保持不变。

上述分析表明，应力波作用产生的动载应力差，是巷道顶板锚固承载结构变形的主导因素。

由图 3.11（b）知，顶板动载荷作用下，巷道帮部深部位移始终小于浅部。根据深浅围岩位移差 Δu_{b1}（$\Delta u_{b1}=|u_{b1}-u_{b2}|$）和 Δu_{b2}（$\Delta u_{b2}=|u_{b1}-u_{b3}|$），可将巷帮围岩曲线分为三个阶段：

第 I 阶段（0～0.015 s）为静载压缩扩容变形稳定阶段，变形特征同顶板。

第Ⅱ阶段（0.015～0.062 s）为动载压缩扩容变形阶段，此阶段顶板动载荷作用下，帮部围岩锚固承载结构内外表面围岩的径向位移始终指向巷道空间，而深部围岩在深部质点位移先期（0.015～0.043 s）远离巷道空间，与质点运动方向相一致。在顶板动载作用下，巷帮围岩受动静切向应力的压缩作用，深部围岩向深部移近，浅部锚固承载结构范围内围岩向巷道空间移近。压缩过程中，深部围岩损伤破坏，在深部围压下，最终产生负向位移（0.043～0.092 s），向巷道空间扩容变形。锚固承载结构内围岩性质较差，且临近巷道自由空间，只向巷道空间扩容变形。

第Ⅲ阶段（0.062～0.200 s）为动载回弹稳定变形阶段，变形特征同顶板。

上述分析表明，不同深度围岩动态响应差异是巷帮锚固承载结构变形的主导因素。另外由于对应力波响应和变形机制不同，巷帮深浅部位移差要大于顶板，即巷帮锚固承载结构变形量大于顶板，更易于破坏失稳。

3.2.5　锚杆（索）轴力响应

为分析顶板动载扰动下锚杆（索）轴力变化规律，以及其与锚固承载结构变形之间动态耦合关系，在巷道顶板和巷帮锚杆（索）自由段设置锚杆（索）轴力测点，如图 3.12 所示。监测得到的锚杆（索）轴力-围岩位移差动态曲线如图 3.13 所示。

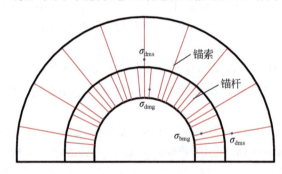

图 3.12　锚杆（索）轴力测点布置图

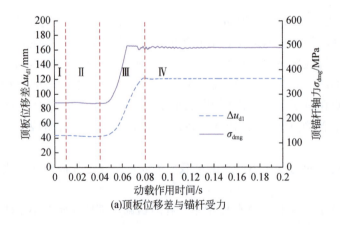

(a)顶板位移差与锚杆受力

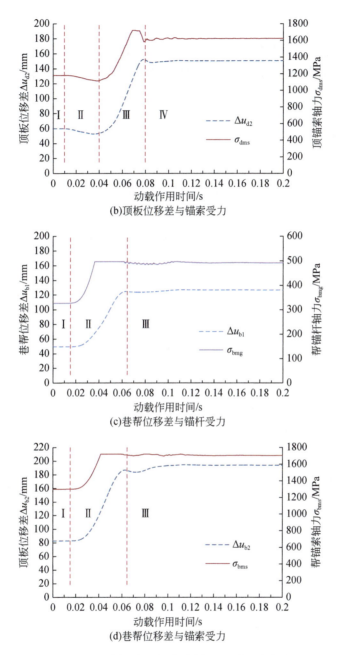

图3.13　锚杆（索）轴力-围岩位移差动态曲线

在 FLAC3D 模拟中，动载作用下端锚锚杆（索）受力包括：① 由于施加预紧力而产生的轴应力 σ_{my}；②静载作用下围岩变形产生的附加应力 σ_{mj}；③ 动载下锚杆震动的动应力 σ_{md1}；④动载下围岩变形引起的附加应力 σ_{md2}。

如图 3.13（a）和图 3.13（b），动载扰动作用下，顶板锚固承载结构锚杆（索）在静载拉伸阶段（第Ⅰ阶）锚杆（索）受力　$\sigma_{dm}=\sigma_{my}+\sigma_{mj}$；动载压缩阶段，此阶段锚杆受力 $\sigma_{dm}=\sigma_{my}+\sigma_{mj}+\sigma_{md1}+\sigma_{md2}$，由于此阶段内 Δu_{d1}、Δu_{d2} 呈减小趋势，造成锚杆（索）受力持续降

低，加上动载直接作用在锚杆上径向动载应力 σ_{d1} 为压缩应力，锚杆（索）受力减小的幅度大于围岩深浅部位移差；动载拉伸阶段（第Ⅲ阶段）锚杆（索）受力 $\sigma_{dm}=\sigma_{my}+\sigma_{mj}+\sigma_{md1}+\sigma_{md2}$，由于此阶段内 Δu_{d1}、Δu_{d2} 呈增大趋势，锚杆（索）受力迅速增高，加上动载直接作用在锚杆（索）上的径向拉伸应力 σ_{d1}，锚杆（索）受力持续上升并超过其屈服强度，锚杆（索）短暂屈服；动载稳定阶段（第Ⅳ阶段）段动载作用结束后，$\sigma_{md1}=0$，锚杆（索）轴力下降，经过小幅度的震荡后趋于稳定。

如图 3.13（c）和图 3.13（d），对于巷帮锚杆（索），动载作用方向锚杆近垂直，作用于锚杆（索）横截面上的有效径向分量几乎为零，因此可以忽略锚杆（索）震动产生的动应力（$\sigma_{md1}=0$）。此外，动载下支护结构有一个压缩扩容的趋势，导致巷帮位移差明显偏大，这表明巷帮锚杆（索）受力不是动载下锚杆震动的动应力引起的，而是动载下深部围岩与表面围岩的不协调变形导致锚杆受力，在静载拉伸阶段（第Ⅰ阶段），锚杆受力 $\sigma_{bm}=\sigma_{my}+\sigma_{mj}>0$，锚杆受拉；动载拉伸阶段（第Ⅱ阶段），此阶段锚杆受力 $\sigma_{bm}=\sigma_{my}+\sigma_{mj}+\sigma_{d1}+\sigma_{d2}$，由于此阶段内 $u_{d1}>u_{d2}$，动载下围岩变形引起的锚杆附加应力 $\sigma_{d2}>0$，锚杆（索）受力持续上升并超过其屈服强度，锚杆（索）短暂屈服；动载稳定阶段（第Ⅲ阶段），随着巷道围岩回弹，径向位移差小幅下降，锚杆（索）轴力下降，经过小幅度的震荡后趋于稳定。

综上，动载扰动下，顶板锚杆（索）受力先降后增，主要受围岩不协调变形和锚杆震动引起的轴向应力升高的影响；巷帮锚杆（索）受力在静载拉伸基础上持续上升，主要受动载下深部围岩与表面围岩的不协调变形控制。由于锚索锚固范围大，锚固范围内围岩位移差 Δu_{d2}、Δu_{b2} 大于锚杆锚固范围内围岩位移差 Δu_{d1}、Δu_{b1}，且锚索的延伸率远小于锚杆，在动载作用下更容易屈服破断。

需要指出的是 FLAC3D 中 CABLE 结构单元无法模拟动载下围岩或结构单元损伤而导致的轴力损失的问题。而在现场动载作用下锚杆材料、煤岩体和锚固界面损伤都会导致锚杆轴力损失量大于巷道围岩变形引起的轴力增加量。因此，上述锚杆轴力变化末期（第Ⅲ阶段）可能表现为轴力突降。

3.3　巷道锚固承载结构冲击破坏演化

3.3.1　应力场演化

理论研究表明[11]，巷道围岩切向应力对巷道围岩承载性能变化反应敏感，切向应力变化趋势可以为研究巷道锚固围岩稳定性提供重要参考依据。为了研究动载扰动下锚固承载结构冲击破坏过程，对计算过程进行提取，以动力计算时间为间隔，以巷帮切向应力为代表，再现巷道周围应力场分布特征随震源扰动持续时间动态演化过程，如图 3.14 所示。

图 3.14 中可以看出，顶板动载产生时，在震源处形成应力值较高的应力场环境，动载应力波自上而下传播，到达巷道顶板围岩（0.03 s），致使巷道顶板围岩很快屈服变形。此后高应力向巷道两侧转移，塑性区围岩承载能力弱，易受动载扰动破坏，表现为切向应力降低，弹性高应力区动载传播效果较好，衰减较慢，与巷道实体煤帮叠加产生高应力集中，应力集中区冲击破坏，造成巷道帮部围岩屈服破坏而向巷道空间快速移动，最终导致巷道

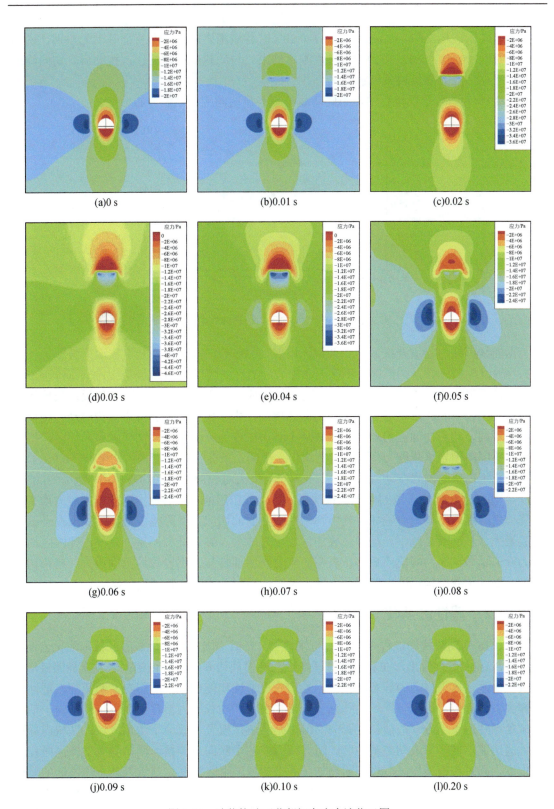

图 3.14　动载扰动下巷帮切向应力演化云图

锚固围岩冲击破坏。与 $t=0.10$ s 相比，$t=0.20$ s 时巷道围岩应力分布特征基本无差别，说明在计算时间 $t=0.10$ s 内，应力调整过程基本结束。与动载扰动前相比，扰动后，切向峰值区明显后移，应力峰值稍微增加。

图 3.15 为动载扰动过程中，不同动载时刻巷帮切向应力动态分布曲线。

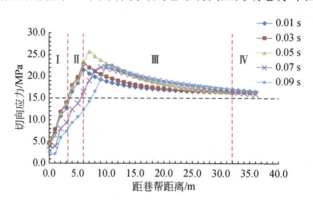

图 3.15　巷帮切向应力动态分布曲线

由曲线可知，巷道开挖后，受动载作用前（0.01 s），围岩由表及里依次为破裂区（Ⅰ区）、塑性区（Ⅱ区）、弹性区（Ⅲ区）和原岩应力区（Ⅳ区）。破裂区应力低于原岩应力，锚杆支护后形成锚固承载结构。塑性区与弹性区应力高于原岩应力。随着顶板动载传播到巷道周边围岩（0.03 s），巷帮切向应力随之增高，由于应力环境和围岩结构对动载传播影响程度不同，巷帮切向应力增高的幅度从小到大依次为：破裂区＜塑性区＜弹性区，但是破裂区范围内围岩承载能力弱且靠近巷道自由空间，首先变现为切向应力降低（0.05 s），说明此范围内锚固围岩在动载扰动下首先破坏，失去对深部围岩的约束作用，随后（0.05～0.09 s）塑性区和弹性区范围内围岩依次破坏。动载作用前后，巷道围岩的切向应力均有所下降，表明承载结构均有破坏，其中弹塑性交界面的切应力下降幅度最大，原因在于该处静载最大，且动载衰减小，动静载叠加后总应力最大，破坏最为严重。此外，弹性区切向应力峰值稍微升高，峰值点后移，表明高应力向深部转移，围岩破坏范围增大。巷帮切向应力在锚固承载结构范围内有明显下降，表明该锚固承载结构破坏较明显。

3.3.2　塑性区演化

图 3.16 为动载扰动过程中，不同动载时刻，巷道锚固围岩塑性屈服区范围演化云图。

图 3.16 中可以看出，在巷道掘进开挖后，巷道周边 6 m 范围内的围岩发生屈服破坏，形成塑性区，这里称之为静态塑性区，受顶底板岩性和侧压系数的影响，两帮静态塑性区范围大于顶底板，这也与现场钻孔窥视结果相吻合。动载应力波自上而下传播，由于动力波源处于巷道正上方，故最初受影响的范围是巷道顶板及顶板两个边角区域，区域内静态塑性区迅速扩展，形成动态塑性区。随着应力波的不断向下传播，两帮静态塑性区面积急速扩展，同时底板塑性区域也不断增加。静态塑性区瞬时扩张，或者是动态塑性区的恶性扩展会引起应力峰值区附近积累的弹性能瞬间释放，造成巷道围岩产生不同规模爆炸式的破坏，形成冲击地压。在 0.10 s 之内巷道围岩由于冲击载荷作用产生的塑性破坏的面积占

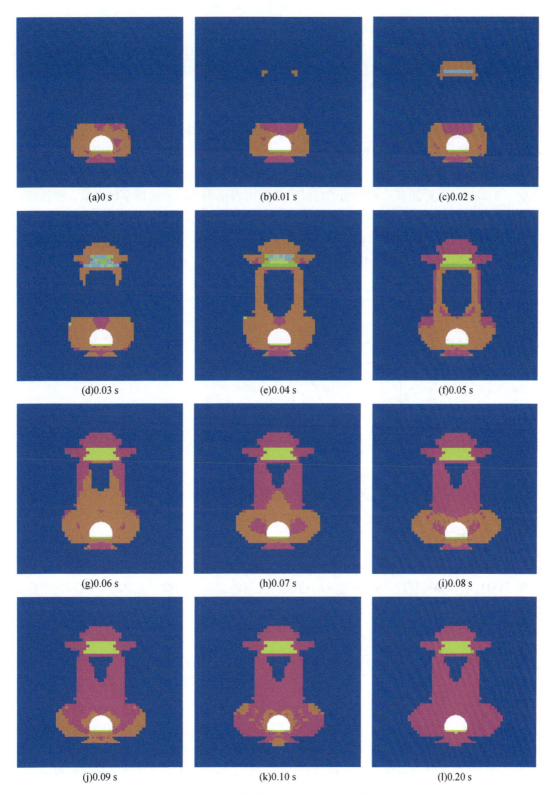

图 3.16　动载扰动下塑性区演化云图

整个计算时间内动力破坏面积的大部分,这是由于巷道围岩应力场在动载荷扰动施加 0.10 s 内已经调整结束,围岩所受动载荷扰动响应基本结束,巷道围岩的塑性屈服区面积都不再发生明显变化,此时围岩塑性区面积基本上与 0.10 s 时相比基本无明显差别。动载作用前后,巷道顶板、两帮的塑性区范围大于巷道底板。这表明震源位置对巷道围岩塑性区的扩展也有一定的影响。

图 3.17 为动载作用过程中,巷帮动态塑性区深度发展趋势图。在受动载扰动之前(0.03 s),巷帮塑性区深度基本保持不变。随着动载作用对围岩的损伤,塑性区范围呈线性增加(0.03~0.05 s),由 6 m 增长为 9 m 左右。由于锚杆索的约束作用,塑性区范围短暂稳定(0.05~0.06 s)。此后随着动载作用的持续,巷道围岩损伤加剧,锚固系统失效,塑性区范围又呈线性增加(0.06~0.10 s),深度由 9 m 增长到 12 m。上述分析说明,动载扰动下围岩损伤会导致锚固系统锚固性能降低或失效,锚固系统失效会减弱对巷道深浅部围岩的约束作用,为巷道围岩冲击破坏提供前提条件。

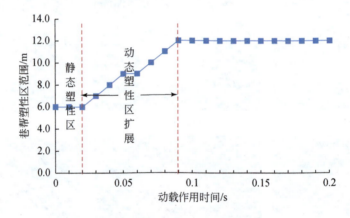

图 3.17　巷帮动态塑性区发展趋势

3.3.3　能量场演化

冲击地压机理研究表明,能量的积聚与释放是巷道围岩冲击破坏的根源。利用 FLAC3D 内嵌 FISH 语言编写程序,提取巷道周边围岩应变能密度,即微单元体在三向应力下应变比能,如式(3.2):

$$U_e = \frac{1}{2E}\left[\sigma_1^2 + \sigma_2^2 + \sigma_3^2 - 2\nu(\sigma_1\sigma_2 + \sigma_2\sigma_3 + \sigma_1\sigma_3)\right] \qquad (3.2)$$

式中,σ_1、σ_2、σ_3 分别为巷道围岩最大、中间、最小主应力,MPa;E、ν 围岩弹性模量与泊松比。

得到动载扰动下巷道围岩弹性能分布动态演化云图如图 3.18 所示。

可以看出,动载扰动前,巷道周边弹性能分布呈圆环状分布,巷道锚固承载结构范围内破碎围岩体应力量值低,积聚的弹性能小,应力峰值区(距巷帮 6 m)应力量值高,积聚的弹性能大,形成弹性能量核。矿震发生时,在震源处形成很高的能量场,矿震能量自上而下传播,高应力区能量传播效果较好,衰减较慢,与弹性能量核相叠加,形成极高的

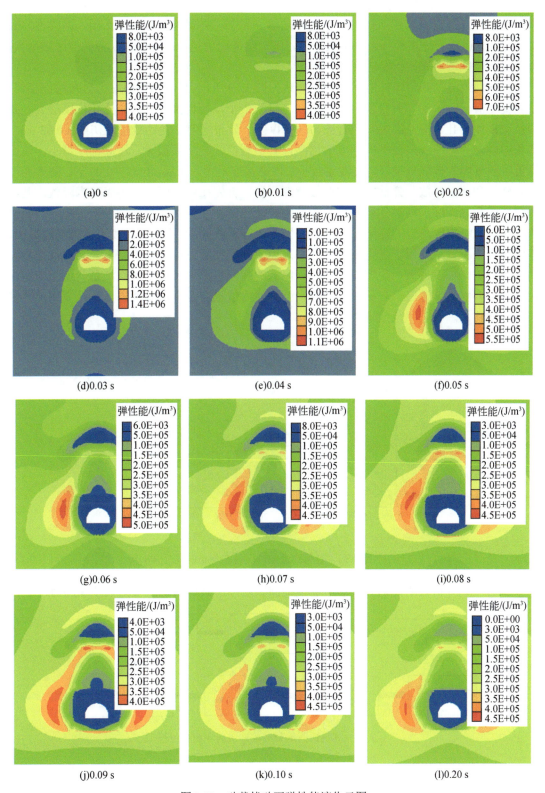

图 3.18　动载扰动下弹性能演化云图

弹性能量场，当锚固承载结构范围内围岩破坏，失去对高聚能区域约束作用，高弹性能瞬间释放，巷道围岩冲击破坏。冲击破坏后，由于巷道周边能量的释放，低弹性能区域增大，弹性能量核区域后移。

不同动载时刻巷帮弹性能动态分布曲线如图 3.19 所示。与巷帮切向应力分布特征相似，动载扰动前（0.01 s），弹性能在破碎区（Ⅰ区）最小，塑性区（Ⅱ区）变化梯度最大，弹塑性交接处（Ⅱ、Ⅲ）最大，原岩应力区（Ⅳ区）分布均匀。受动载扰动初期（0.03 s），巷帮弹性能分布曲线呈现不同程度的增高，其中塑性区衰减系数大，增高幅度最小，应力峰值区附近围岩传能效果好，衰减系数小，增高幅度最大。随后（0.05～0.09 s），随着巷道围岩破坏和能量释放，弹性能分布曲线逐渐后移，首先在破碎区范围内表现为降低，其次为塑性区和弹性区。动载作用前后，巷道围岩破碎区和弹塑性交界处均有所下降，表明破碎区和应力峰值区附近的弹塑性区围岩弹性能均有所释放，其中破碎区积聚的弹性能最少，下降幅度最小，主要用于产生新裂隙及扩展原有裂隙使煤体破碎块度减小，弹塑性交界面的弹性能下降幅度最大，说明应力峰值区附近的弹塑性围岩释放的弹性能是巷道围岩冲击破坏的主要能量来源之一。此外，弹性区弹性能峰值稍微升高，峰值点后移，表明弹性能向深部转移，围岩破坏范围增大。

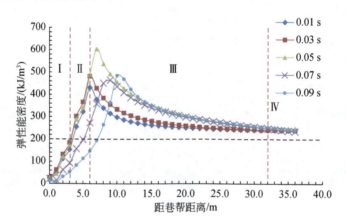

图 3.19　巷帮弹性能密度动态分布曲线

综合上述分析表明，动载扰动下巷道锚固围岩冲击破坏演化过程为如图 3.20 所示。

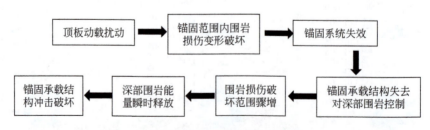

图 3.20　巷道锚固承载结构冲击破坏演化过程

3.4　锚固承载结构冲击破坏准则

3.4.1　巷道围岩应力及强度

采矿工程中，地下采掘空间对周围岩体内的原岩应力场产生扰动，使得原岩应力重新分布，一般认为，巷道开挖后围岩应力重新分布，围岩经由弹性、塑性、破坏过程后应力调整达到新的稳定平衡状态。由极限平衡理论可知，稳定后的应力分布如图 3.21 所示。

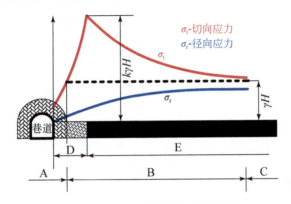

图 3.21　围岩应力分布与围岩分区

γH 为原岩应力；$k\gamma H$ 为应力峰值为 k 倍的原岩应力，k 为应力集中系数。A. 减压区；B. 增压区；C. 原岩应力区；D. 极限平衡区；E. 弹性区

根据莫尔-库伦准则，围岩极限强度是最小主应力的线性函数，那么极限平衡区（D 区）内围岩的理论强度应随径向应力增加而同比例增加（σ_c）。实际上切向应力的增长速度显著大于径向应力，这是因为煤体开挖后首先在自由面产生较高切向应力集中，可达 2～3 倍原岩应力，同时径向应力降低，导致切向应力超过煤体强度使煤体破坏，之后该处煤体应力降低，应力朝远离自由面方向转移，最终达到某一平衡，因此，极限平衡区内煤体受力并不是处于三轴压缩下应力应变曲线的峰值强度位置，而是位于应力应变曲线峰值后的某一点，即该范围煤体的实际强度（σ_c）及受力要小于理论计算的峰值强度（σ_c'），如图 3.22 所示。

煤岩体受力 σ_t 与三轴应力应变曲线的对应关系为：破裂区（D_1 区）内围压较低，煤体受力处于曲线残余强度阶段，如点 a 和 a'；塑性区（D_2 区）内随远离自由面，围压逐渐增高，煤体受力处于曲线峰后阶段并逐渐靠近曲线峰值点，如点 b 和 b'；支承压力峰值点煤体受力对应曲线峰值点，但围压并不是最大，如点 c 和 c'；弹性区内随远离自由面，围压继续增高，煤体受力处于曲线峰前阶段并逐渐远离峰值点，如点 d 和 d'。

支承压力峰值附近的增压区（B 区），应力梯度大，煤岩体储存能量高，易受采动影响向非稳定材料转变而发生突然破坏释放能量。因此，支承压力峰值区附近的应力升高区是围岩冲击破坏的潜在区域，是释放弹性应变能的主要来源。破裂区（D_1 区）对应三轴应力应变曲线的残余阶段 DE，是锚杆支护作用的主要区域。该区域内煤岩体处在峰后残余强度的末端，与预应力锚固系统形成锚固承载结构，极易受开采扰动而产生破坏。

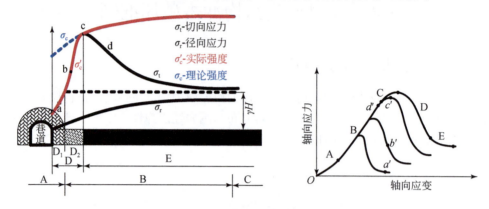

图 3.22　巷道围岩应力与强度分布关系

γH 为原岩应力。A. 减压区；B. 增压区；C. 原岩应力区；D. 极限平衡区；E. 弹性区；D_1. 破碎区；D_2. 塑性区

与煤样冲击破坏类似，巷道围岩锚固承载结构若要冲击破坏必须首先破坏，有剩余能量转化为冲击煤岩体的动能。但煤样冲击破坏与巷道围岩锚固承载结构的冲击破坏又有显著的差异，该差异表现在锚固承载结构的受力状态、强度特征、能量特征以及与周边围岩的相对空间位置。

锚固承载结构范围内的煤岩体巷道距自由空间最近，如图 3.23 所示，基本处在围岩破裂区，该区域内煤岩体强度处于应力-应变曲线的残余强度阶段，受各种扰动导致其强度很低，很难再有弹性能释放，若冲击破坏仍需要消耗大量能量用于产生新裂隙及扩展原有裂隙使煤体破碎块度减小，该部分能量必然来自远离自由空间的深部煤岩体；内部塑性区或弹性区的煤体若要向自由空间冲出，则必须首先促使锚固承载结构破坏冲出以提供其冲击破坏所必需的自由空间。可见，锚固承载结构范围内的煤岩体不能为冲击破坏贡献弹性能却需消耗大量能量，对冲击的发生起阻碍作用。极限应力平衡区中的塑性区破坏过程中会释放一部分能量，同时消耗一部分能量。支承压力峰值区附近的弹性区和塑性区是围岩冲

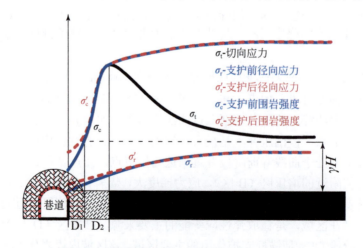

图 3.23　锚固承载结构与周边围岩空间位置关系

击释能的潜在区域。

3.4.2　锚固承载结构冲击破坏准则

巷道开挖稳定后，巷道周边应力分布如 σ_t 和 σ_r，如图 3.24 所示。顶板断裂、断层滑移、远场矿震、爆破以及其他采掘活动引起的震动波传播到巷道周边围岩时，引起围岩切向应力 σ_t 突然升高（σ_t'）。锚固承载结构范围内的围岩强度较低，且临近巷道自由空间，最容易受动载扰动而破坏，而失去对深部围岩的约束，导致冲击破坏潜在区域（支承压力峰值区域）的煤岩体 M 冲击破坏，释放弹性能。由于能量的释放，切向应力 σ_t 向深部围岩转移变成 σ_t''。根据矿震能量大小、冲击破坏区 M 的范围、强度降与锚固承载结构强度关系，顶板动载扰动对锚固承载结构产生的后果有以下两种：

（1）矿震能量较小，产生的瞬时动载和能量较小，与静载应力叠加的应力 σ_t' 小于锚固承载结构的强度 σ_{mc}，锚固承载结构稳定。M 冲击破坏范围及煤岩体峰后强度降较小（释放的弹性能小），煤岩体经应力调整与转移可再次平衡，M 释放的弹性能用于自身破坏及锚固承载结构变形消耗，现场表现为煤炮和小能量的震动。该过程仅会对锚固承载结构产生损伤破坏。

（2）矿震能量较大，产生的瞬时冲击动载和矿震余能较大，与静载应力叠加的瞬时应力 σ_t' 大于锚固承载结构的强度 σ_{mc}，锚固承载结构破坏。诱使周边煤体受力相继达到各自强度而短时间内连续破坏，M 破坏范围及煤岩体峰后强度降较大，若释放的弹性能与矿震余能叠加小于锚固承载结构破坏的消耗，则锚固承载结构只产生稳定破坏。若释放的弹性能足以克服锚固体破坏的消耗，且提供发生冲击时煤岩体弹射或抛出所需要的动能，则发生锚固承载结构冲击破坏，冲击地压显现。

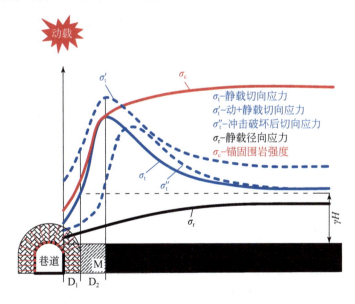

图 3.24　动载扰动下锚固承载结构冲击破坏准则

γH 为原岩应力。M. 煤岩体；D_1. 破碎区；D_2. 塑性区

动载扰动下巷道锚固承载结构的冲击破坏是在采动静载和动载驱动下的力学破坏过程，伴随着能量的消耗、释放与转化。通过上述分析，冲击地压巷道锚固承载结构的冲击破坏条件为

$$\begin{cases} \sigma_{\mathrm{j}} + \sigma_{\mathrm{d}} > \sigma_{\mathrm{mc}} \\ U_{\mathrm{d}} + U_{\mathrm{e}} \geqslant U_{\mathrm{xh}} + U_{\mathrm{v}} \end{cases} \quad (3.3)$$

式中，σ_{d} 为作用在锚固承载结构的顶板动载；σ_{j} 为作用在锚固承载结构上的静载，σ_{mc} 为锚固承载结构强度；U_{d} 为作用在锚固承载结构上的矿震余能；U_{e} 为围岩可释放的弹性应变能；U_{xh} 为锚固承载结构形变、摩擦、破坏、失稳耗能，U_{v} 为锚固围岩抛出时动能。

上述条件可表述为：

（1）锚固承载结构处于应力超载状态，锚固承载结构冲击破坏的前提条件为围岩对锚固承载结构施加的基础静载和动载大于锚固承载结构的强度；

（2）有盈余能量并可转化为机械能，即锚固承载结构冲击破坏要求传播来的矿震余能与围岩可释放的弹性应变能之和大于锚固承载结构冲击破坏耗能，且能提供围岩冲击破坏所需要的动能。简言之，巷道锚固承载结构冲击破坏要求动静载叠加超过锚固承载结构强度，诱发深部围岩冲击破坏，能量释放，导致锚固承载结构处于力学和能量的双重"超载"状态，故将上式称为锚固承载结构的超载冲击破坏准则。

上述准则体现了动载影响下锚固承载结构破坏准则和动力抛出准则，体现了动载扰动下锚固承载结构的冲击破坏过程，能很好解释锚固承载结构的冲击破坏现象并为冲击地压巷道围岩锚固承载结构的稳定性控制提供有益的指导。

3.5　锚固承载结构冲击破坏力学判据

根据动载冲击地压巷道锚固承载结构超载冲击破坏准则，巷道围岩系统冲击破坏的必要条件是在动静载作用下锚固承载结构发生超载破坏。本节建立动载和静载联合作用下锚固承载结构的稳定性力学模型，研究动载冲击地压巷道围岩锚固承载结构破坏的力学判据和条件。

3.5.1　巷道锚固承载结构力学模型的建立

为了简化研究，作以下假设：

（1）巷道围岩均质，各向同性，无蠕变或黏性行为；

（2）原岩应力为各向等压状态；

（3）巷道埋深远大于巷道尺寸；

（4）断面为半圆形，采用平面应变模型，轴向长度取 1，锚固承载结构视为承载拱模型；

（5）顶板震源在巷道正上方 L 处，震动波在围岩中的传播符合在弹性介质中的传播规律，动载均匀作用在承载拱上。

基于以上假设建立的动静载作用下巷道顶板锚固承载结构力学模型如图 3.25 所示。

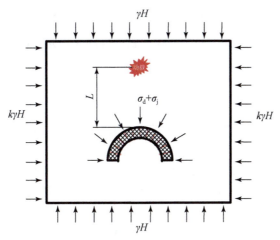

图 3.25　动载冲击地压巷道锚固承载结构力学模型

γH 为原岩应力；$k\gamma H$ 为应力峰值为 k 倍的原岩应力，k 为应力集中系数

3.5.2　锚固承载结构受力分析

1. 静载作用分析

根据弹塑性力学，圆形巷道周边极限平衡区的应力和范围为

$$
\begin{cases}
\sigma_r = c \cot \varphi \left[\left(\dfrac{r}{r_0} \right)^{\frac{2\sin\varphi}{1-\sin\varphi}} - 1 \right] \\[4mm]
\sigma_t = c \cot \varphi \left[\left(\dfrac{1+\sin\varphi}{1-\sin\varphi} \right)\left(\dfrac{r}{r_0} \right)^{\frac{2\sin\varphi}{1-\sin\varphi}} - 1 \right] (r_0 < r < R) \\[4mm]
R = r_0 \left[\dfrac{\left(\gamma H + c\cdot\cot\varphi\right)\left(1-\sin\varphi\right)}{c \cot} \right]^{\frac{1-\sin\varphi}{2\sin\varphi}}
\end{cases}
\tag{3.4}
$$

式中，σ_r 为巷道围岩径向应力，Pa；σ_t 为巷道及采场围岩切向应力，Pa，其增高部分称为支承压力；c 为煤岩体的内聚力，Pa；φ 为内摩擦角，(°)；r_0 和 R 为巷道和塑性区半径，m；r 为极限平衡区内所研究点的半径，m；γ 为覆岩体积力，N/m^3；H 为巷道埋深，m。

锚固承载结构处于极限平衡区，由式（3.4）可得锚固承载结构上静载受力为

$$
\begin{cases}
\sigma_{jr} = c_b \cot \varphi_b \left[\left(\dfrac{r_0 + b}{r_0} \right)^{\frac{2\sin\varphi_b}{1-\sin\varphi_b}} - 1 \right] \\[4mm]
\sigma_{jt} = c_b \cot \varphi_b \left[\left(\dfrac{1+\sin\varphi_b}{1-\sin\varphi_b} \right)\left(\dfrac{r_0 + b}{r_0} \right)^{\frac{2\sin\varphi_b}{1-\sin\varphi_b}} - 1 \right]
\end{cases}
\tag{3.5}
$$

式中，σ_{jr} 为锚固承载结构所受静载径向应力，Pa；σ_{jt} 为锚固承载结构所受静载切向应力，Pa；b 为锚固承载结构厚度，m；φ_b 为锚固承载结构内摩擦角，(°)；c_b 为锚固承载结构内聚力，Pa。

2. 动载作用分析

巷道锚固围岩冲击破坏过程除了受采动引起的静载应力外，另一个重要的因素为矿震引起的动载应力扰动，其对巷道围岩的作用方式为震动波[12,13]。矿震产生的本质是煤岩受力超过其强度而破坏，释放的弹性能以震动波的形式在围岩中传播，主要表现形式为顶底板破断、煤炮、断层滑移、煤与瓦斯突出、采煤机割煤、爆破等。矿震引起的动载可用式（3.6）表示[14,15]：

$$\begin{cases} \sigma_{dP} = \rho C_P v_{Pp} \\ \sigma_{ds} = \rho C_S v_{Sp} \end{cases} \tag{3.6}$$

式中，σ_{dP}、σ_{ds} 分别为矿震在震源处引起的法向和切向应力，Pa；ρ 为介质密度，kg/m³；C_P、C_S 分别为 P 波和 S 波在介质中的传播速度，岩体的纵、横波波速取 4300 m/s 和 2300 m/s；v_{Pp}、v_{Sp} 分别为 P 波和 S 波传播时的质点振动速度，m/s，随矿震能量的增大而增大。

通过现场微震监测，结合式（3.6），计算得到的矿震能量对应的震源边界质点峰值速度、瞬时法向、切向应力见表 3.3[16]。

表 3.3　矿震震源处动载应力范围

序号	矿震能量/J	质点最大速度/（m/s）	法向应力/MPa	切向应力/MPa
1	2.96E+02	0.13～0.40	1.30～4.00	0.75～2.30
2	4.00E+02	0.18～0.66	1.80～6.60	1.04～3.80
3	8.95E+02	0.20～0.65	2.00～6.50	1.15～3.74
4	1.24E+03	0.20～0.84	2.00～8.40	1.15～4.83
5	8.27E+03	0.34～1.00	3.40～10.00	1.96～5.75
6	2.26E+04	0.79～3.44	7.90～34.40	4.54～19.78
7	2.71E+04	0.44～3.50	4.40～35.00	2.53～20.13
8	5.04E+04	0.50～3.27	5.00～32.70	2.88～18.80
9	1.03E+05	1.23～3.65	12.30～36.50	7.07～20.99
10	3.97E+06	8.45～12.27	84.50～122.70	48.59～70.55

现场实测表明，震动波在煤岩介质中的传播呈幂函数衰减规律，质点振动速度的衰减规律可表示为

$$v = v_0 L^{-\eta} \tag{3.7}$$

式中，v 为震动波传播处的质点峰值振动速度，m/s；v_0 为震源边界处的质点峰值振动速度，m/s；L 为距震源边界的距离，m；η 为峰值速度衰减系数，与传播介质有关，完整岩体、完整煤体、裂隙煤体的衰减系数 2η 分别为 1.151、1.734 和 2.131[17]。

结合式（3.6）和式（3.7），可得震动波传播到锚固承载结构上表面引起的动载扰动：

$$\sigma_{\mathrm{d}} = \rho C v_0 L^{-\eta} \tag{3.8}$$

由式（3.8）知，震动波动载扰动在煤岩体中传播呈幂函数衰减规律，在震源边界达到最大，远离震源一定距离后迅速减小。

3.5.3　锚固承载结构承载强度

如图 3.26 所示，对于圆环形压缩拱，截面上受到外部均布载荷 q，垂直载荷 F_{n}，支护强度 p_{i} 作用，要保证锚固承载拱稳定性，应保持垂直方向上力学平衡。

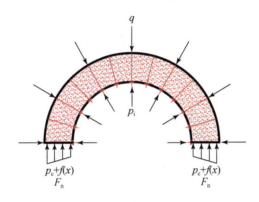

图 3.26　锚固承载拱结构受力分析

1. 锚固承载拱受到的垂直载荷 F_{n}

在极限平衡作用条件下，支护后的围岩仍遵循库仑强度准则，则在巷道表面上有：

$$p_{\mathrm{c}} = p_{\mathrm{i}} \frac{1 + \sin \varphi_{\mathrm{b}}}{1 - \sin \varphi_{\mathrm{b}}} + 2 c_{\mathrm{b}} \frac{\cos \varphi_{\mathrm{b}}}{1 - \sin \varphi_{\mathrm{b}}} \tag{3.9}$$

式中，p_{c} 为锚固承载结构巷道表面的切向应力，Pa。

支护强度 p_{i} 由锚杆和锚索的支护强度组成，可由式（3.10）表示：

$$p_{\mathrm{i}} = \frac{Q_{\mathrm{m}}}{D_{\mathrm{a}} + D_{\mathrm{b}}} + \frac{Q'_{\mathrm{m}}}{D'_{\mathrm{a}} + D'_{\mathrm{b}}} \tag{3.10}$$

式中，Q_{m}、Q'_{m} 分别为锚杆、锚索拉拔力，N；D_{a}、D_{b} 分别为锚杆间距和排距，m；D'_{a}、D'_{b} 锚索间距和排距，m。

则式（3.10）可表示为

$$p_{\mathrm{c}} = \left(\frac{Q_{\mathrm{m}}}{D_{\mathrm{a}} + D_{\mathrm{b}}} + \frac{Q'_{\mathrm{m}}}{D'_{\mathrm{a}} + D'_{\mathrm{b}}} \right) \frac{1 + \sin \varphi_{\mathrm{b}}}{1 - \sin \varphi_{\mathrm{b}}} + 2 c_{\mathrm{b}} \frac{\cos \varphi_{\mathrm{b}}}{1 - \sin \varphi_{\mathrm{b}}} \tag{3.11}$$

假设拱径向应力增量函数 $f(x)$ 服从线性分布，即 $f(x) = kx$，其中 k 为径向应力增加斜率，则锚固承载拱受到的垂直载荷 F_{n} 为

$$F_n = \left(p_i \frac{1 + \sin\varphi_b}{1 - \sin\varphi_b} + 2c_b \frac{\cos\varphi_b}{1 - \sin\varphi_b} \right)b + \int_0^b f(x)\mathrm{d}x$$

$$= \left(p_i \frac{1 + \sin\varphi_b}{1 - \sin\varphi_b} + 2c_b \frac{\cos\varphi_b}{1 - \sin\varphi_b} \right)b + \frac{1}{2}kb^2 \tag{3.12}$$

在不稳定破碎岩体锚固中 $k = 0$，上式可简化为

$$F_n = \left(p_i \frac{1 + \sin\varphi_b}{1 - \sin\varphi_b} + 2c_b \frac{\cos\varphi_b}{1 - \sin\varphi_b} \right)b \tag{3.13}$$

2. 覆均布载荷垂直分量 F_q 计算

为了计算承载拱覆均布载荷 q 的垂直分量 F_q，需利用图 3.27 微分关系：

$$\mathrm{d}s = (r_0 + b)\mathrm{d}\alpha \tag{3.14}$$

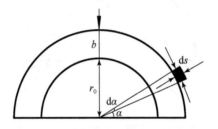

图 3.27 微分关系

式中，$\mathrm{d}s$ 为承载拱外弧微分长度单元，$\mathrm{d}\alpha$ 为承载拱沿巷道中心的角度微分单元。

则承载拱上覆均布载荷垂直分量为

$$F_q = \int_s q\sin\alpha \mathrm{d}s = \int_0^\pi q(r_0 + b)\sin\alpha \mathrm{d}\alpha = 2q(r_0 + b) \tag{3.15}$$

3. 平衡方程

该承载拱在极限状态下，由垂直方向的力学平衡 $F_q = 2F_n$：

$$2q(r_0 + b) = 2\left(p_i \frac{1 + \sin\varphi_b}{1 - \sin\varphi_b} + 2c_b \frac{\cos\varphi_b}{1 - \sin\varphi_b} \right)b \tag{3.16}$$

结合式，解得锚固承载拱的极限承载强度：

$$q = \frac{b}{(r_0 + b)}\left(p_i \frac{1 + \sin\varphi_b}{1 - \sin\varphi_b} + 2c_b \frac{\cos\varphi_b}{1 - \sin\varphi_b} \right) \tag{3.17}$$

锚固承载拱承载能力与巷道围岩力学性质、巷道尺寸、支护强度相关。

3.5.4 锚固承载结构冲击破坏力学判据

根据锚固承载结构冲击破坏力学条件，锚固承载结构破坏前提是动静载叠加超过锚固承载结构的承载强度，结合式（3.5）、式（3.8）和式（3.17）可得锚固承载结构破坏力学

判据为

$$c_b \cot \varphi_b \left[\left(\frac{r_0 + b}{r_0} \right)^{\frac{2\sin \varphi_b}{1-\sin \varphi_b}} - 1 \right] + \rho C v_0 L^{-\eta} > \frac{b}{(r_0 + b)} \left(p_i \frac{1+\sin \varphi_b}{1-\sin \varphi_b} + 2c_b \frac{\cos \varphi_b}{1-\sin \varphi_b} \right) \quad (3.18)$$

则锚固承载结构稳定性力学系数为

$$\delta_\sigma = \frac{\dfrac{b}{(r_0 + b)} \left(p_i \dfrac{1+\sin \varphi_b}{1-\sin \varphi_b} + 2c_b \dfrac{\cos \varphi_b}{1-\sin \varphi_b} \right)}{c_b \cot \varphi_b \left[\left(\dfrac{r_0 + b}{r_0} \right)^{\frac{2\sin \varphi_b}{1-\sin \varphi_b}} - 1 \right] + \rho C v_0 L^{-\eta}} \quad (3.19)$$

稳定性力学系数 δ_σ 越高，锚固承载结构稳定性越高。当 $\delta_\sigma > 1$ 时，锚固承载结构处于力学稳定状态；$\delta_\sigma = 1$ 时，锚固承载结构处于破坏临界状态；$\delta_\sigma < 1$ 时，锚固承载结构处于力学破坏状态。

由上式可知，从力学角度分析，锚固承载结构稳定性与锚固围岩体参数、支护强度、所受静载大小和动载荷特征（震源强度、震源距离、衰减系数）相关。

参 考 文 献

［1］陈炎光, 陆士良. 中国煤矿巷道围岩控制[M]. 徐州: 中国矿业大学出版社, 1994.

［2］陆士良, 汤雷, 杨新安. 锚杆锚固力与锚固技术[M]. 北京: 煤炭工业出版社, 1998.

［3］Fairhurst C, Signh B. Roof bolting in horizontally laminated rock[J]. Engineering and Mining Journal, 1974, 185: 80-90.

［4］Lang T A. Theory and practice of rock bolting[J]. Trans Amer. Inst Min Engrs, 1961, 220, 333-348.

［5］Kaiser P K, Maloney S, Morgenstem N R. Time-dependent behavior of tunnels in highly stressed rock[A]. //Proe 5h Cong Intern Soc Rock Mech. Rotterdam: Balkema A A, 1983, D: 329-335.

［6］董方庭, 宋宏伟, 郭志宏, 等. 巷道围岩松动圈支护理论及测试技术[J]. 煤炭学报, 1994, 19(1): 21-32.

［7］侯朝炯, 勾攀峰. 巷道锚杆支护围岩强度强化机理研究[J]. 岩石力学与工程学报, 2000, 19(3): 342-345.

［8］康红普, 王金华, 林健. 高预应力强力支护系统及其在深部巷道中的应用[J]. 煤炭学报, 2007, 32(12): 1233-1238.

［9］蔡美峰, 何满潮, 刘东燕. 岩石力学与工程[M]. 北京: 科学出版社, 2013.

［10］Mohammad N, Reddish D, Stace L. The relation between in situ and laboratory rock properties used in numerical modelling [J]. Int J Rock Mech Min Sci, 1997, 34(2): 289-297.

［11］Li Z L, Dou L M, Wang G F, et al. Risk evaluation of rock burst through theory of static and dynamic stresses superposition [J]. J Cent South Univ, 2015, 22(2): 676-683.

［12］Brady B H G, Brown E T. Energy, mine stability, mine seismicity and rockbursts. Rock Mechanics for Underground Mining, 3rd edn [M]. Dordrecht: Kluwer Academic Publishers, 2004, 271-311.

［13］何江. 煤矿采动动载对煤岩体的作用及诱冲机理研究[D]. 徐州: 中国矿业大学, 2013.

［14］曹安业. 采动煤岩冲击破裂的震动效应及其应用研究[D]. 徐州: 中国矿业大学, 2009.

［15］He J, Dou L M, Cai W, et al. In situ test study of characteristics of coal mining dynamic load[J]. Shock Vib. 2015, 121053: 1-8.

［16］李振雷. 厚煤层综放开采的降载减冲原理及其工程实践[D]. 徐州: 中国矿业大学, 2016.

［17］高明仕, 窦林名, 张农, 等. 岩土介质中冲击震动波传播规律的微震试验研究[J]. 岩石力学与工程学报, 2007, 26(7): 1365-1371.

第二篇

巷道冲击地压防治技术

第 4 章　冲击地压巷道锚杆支护技术

冲击地压的发生就其主要方面来讲，就是在一定的地质因素和开采条件下，煤（岩）受外力引起变形，发生突然破坏的力学过程。巷道冲击地压的控制途径，主要从优化采掘时空布置和工艺参数、开采区域应力调控、加强巷道支护三个方面着手。前两个方面侧重于改善应力环境，降低能量积聚水平，从而调控巷道冲击地压的发生的力源因素；第三个方面的重点在于增强巷道自身稳定性和提升巷道抵抗冲击的能力。在以往的研究[1-15]及工程实践中，对于冲击地压发生机理、采掘时空布置、局部卸压解危、监测预报等所做工作较多，但对巷道支护在防治冲击地压中的作用认识不足，研究工作相对较少。本章基于冲击地压巷道的破坏特征，分析了锚杆支护对于冲击地压巷道支护的适用性和作用原理，提出了冲击地压巷道支护的应遵循的理念和原则，构建了冲击地压巷道支护体系，建立了基于剩余能量原理的冲击地压巷道锚杆支护设计方法。

4.1　冲击地压巷道破坏特征及其支护特性

4.1.1　冲击地压巷道破坏特征

我国煤矿的冲击地压主要发生在回采巷道，冲击地压作用下巷道的破坏与受静载作用的巷道不完全相同，冲击地压是一种复杂的矿山动力现象，通常具有如下特征：

（1）来压的剧烈性。常常是几十米的巷道顷刻被毁，几吨到几百吨的煤岩体被抛出，断面严重收缩甚至完全堵塞，记录到的最大矿山震级已超过里氏地震级 5 级。

（2）发生的突然性。来压前没有明显征兆，突然发作，如同爆炸一般，巷道围岩的破坏过程在几秒到几十秒内就完成了。

（3）巨大的破坏性。冲击地压发生时伴随着大量冲击能量的释放，造成巷道破坏、设备损毁、人员伤亡等，严重威胁着矿井的安全和生产。

（4）底鼓破坏比较普遍。冲击地压巷道的破坏形式是多样的，与煤层及其顶底板的结构和物理力学特性、围岩应力场的分布、巷道支护等多种因素有关，通常表现为四面来压，顶、底、两帮都可能会产生破坏，但突破口往往来自巷道围岩最薄弱的环节。比如，顶底板岩层完整的情况下，两帮煤体最易被"挤出"；在留有底煤或底板岩层强度低而没有支护的情况下，容易发生激烈的底鼓。

4.1.2　冲击地压巷道对支护的特殊要求

针对冲击地压巷道的破坏特征，巷道的支护必须与其相适应。冲击地压是岩体破坏的一种特殊形式，常规支护的功能都是必需的，此外还有其特殊的要求：

（1）更高的承载能力。基于冲击地压巷道来压猛烈的特征，冲击地压巷道的支护必须能提供足够的支护强度。不然，无法有效控制巨大冲击造成的变形和破坏。

（2）良好的柔性。冲击地压巷道变形大，要求支护能与此相适应，必须具备足够的可缩量，在与围岩同步变形过程中保持一定的工作阻力。

（3）良好的稳定性。冲击地压发生时围岩从静止状态瞬间加速到每秒几米到几十米，产生的冲击能很大，要求支护结构稳定性好，在巷道围岩激烈变形过程中不易失稳。

（4）良好的整体性。冲击地压巷道破坏一般是在支护的薄弱环节突破，多数冲击地压巷道都会有严重的底鼓，巷道底板不支护是重要原因。所以，冲击地压巷道支护应该是全断面支护，并且需要支护体之间、支护体与围岩之间要相互联结，形成一个连续的支护整体结构。

4.2　锚杆支护对冲击地压的适应性

我国现行的巷道支护形式主要有锚杆（索）支护、巷内棚式支架、巷道液压支架等。棚式支架主要有木棚、工字钢支架、U 型钢可缩支架、专用防冲支架等。木棚、工字钢支架为一梁两腿的支撑结构，支护强度低，不具备可缩性，在受到外载后，梁和腿比较容易弯曲或折断，从而导致整架失稳，不适合用于冲击地压巷道的支护。U 型钢可缩支架是由几段搭接而成，可以做成封闭的环状，靠搭接段的滑动可以有一定的缩量，其相对于其他棚式支架有较高的强度和一定的可缩量，在国内外某些困难巷道条件下使用取得较好支护效果，在可缩性棚式支架与巷道表面之间填充吸能缓冲垫层，可以起到吸收冲击能和均化支护应力的作用。近年来新研制的巷道门式防冲支架、巷道防冲液压支架工作阻力大、自身稳定性好、架设方便，但对井下生产技术条件要求较高，造价也比较高，还没有大面积推广应用。

冲击地压巷道的支护形式必须与其破坏特征相适，需要具备更高的承载能力、良好的韧性、高度的自稳性和结构的整体性。锚杆支护具有良好的力学性能和简便灵活的施工工艺，具备冲击地压巷道对支护型式的特定要求，目前阶段仍然是冲击地压巷道最基本的支护形式。

锚固技术是 20 世纪 40 年代发明的一种支护方式，其支护原理与传统的棚式支护不同，它是一种高强度的主动支护形式，具备良好的自身稳定性和变形协调性，通过施加预紧力可以实现早期承载，与围岩结为一体，提高围岩的整体强度，符合有效利用围岩的自承能力的现代支护理念。锚杆支护具备以下特征。

4.2.1　锚杆支护的自稳性特征

锚杆安装在钻孔中，和围岩锚固成一体，作为一种内在的支护形式，有非常好的自身稳定性。这使它不会像棚式支架那样受到冲击载荷后轻易失稳，锚杆在与围岩协调变形中持续地发挥着支护作用。

4.2.2　锚杆支护的高强度特征

锚杆主要利用了金属杆件的抗拉性能，而棚式支架主要应用了金属梁的抗弯性能，而金属构件的抗拉性能是远远高于其抗弯性能的,在同样用钢量下,锚杆支护的效率是棚式支架的几倍。近年来研究成功的超高强锚杆、强力锚索等支护材料使锚杆支护可以达到很高的支护强度,锚杆、锚索的支护能力远远超过棚式支架。

4.2.3　锚杆支护的柔性特征

所谓柔性是指支架有一定可伸缩性,在一定的变形下不会失稳,相对于石材、型钢支架,它的可缩量为其几倍到几十倍,图 4.1 给出了不同支护形式的工作特性曲线[16]。由于锚杆所具有柔性特征,其对于冲击载荷有良好的适应能力,锚杆对于冲击载荷不是硬顶,而是让压,在保护自身不被破坏的前提下始终给围岩一定约束力,控制围岩变形和进一步的破坏。

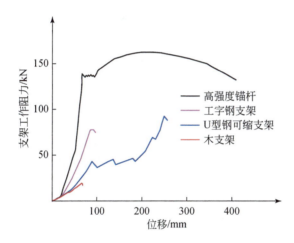

图 4.1　不同支护形式的工作特性曲线

4.2.4　锚杆支护的主动性特征

主动支护是锚杆支护的一大优势,通过给锚杆施加预紧力与巷道围岩形成预应力承载结构。我国现行《煤矿巷道锚杆支护技术规范》(GB/T 35056—2018)要求锚杆安装预紧力必须达到其破断力的 30%以上,锚杆预紧力的施加有效控制了巷道的初期变形,提升了巷道支护体的整体刚度和强度,增强了巷道抗变形破坏能力和抗冲击能力。

4.2.5　锚杆支护的结构整体性特征

锚杆支护由金属网、钢带、托盘等支护附件与锚杆、锚索一起形成了一个立体的支护体系:锚固剂、锚杆、锚索与围岩黏结成一体,形成一定厚度和强度的锚固体;由金属网、钢带、托盘等在巷道表面形成了一个封闭的柔性金属护表层。柔性金属护表层可以控制围岩变形,阻止围岩的破碎和抛射,即使巷道受到较强烈的冲击,仍能保持一定的空间。不像棚式支架那样,受冲击后立即失稳,破碎煤岩失控可能使巷道被全部堵死。锚杆支护的整体性,对于减轻冲击地压对人员伤害,保证巷道发生冲击地压后人员的撤出极为重要。

抚顺老虎台、新汶华丰、河南义马等矿区在冲击地压巷道中试验锚杆支护收到了良好的效果[17]。甘肃华亭煤电股份有限公司的砚北煤矿在急倾斜特厚煤层首采工作面开采过程中,回采巷道曾采用 29 号 U 型钢支架,巷道变形严重,并多次发生冲击地压,采用锚杆支护后支护状况大大改善,再没有发生冲击地压[18]。这些实例都说明,锚杆支护对冲击地压巷道有良好的适应性。

4.3　冲击地压巷道锚杆支护作用原理

锚杆支护作用机理分析是锚杆支护技术发展应用的基础,相关研究由来已久并不断深入。锚杆的作用必须与围岩统一起来考虑,二者相互依存、相互作用、结为一体。对于冲击地压巷道,锚杆支护对冲击能量的影响是必须考虑的因素。冲击地压巷道锚杆支护的作用可以归结为:对围岩体的强化作用、围岩应力状态的改良作用、对围岩变形的约束作用、冲击能量的吸收作用。

4.3.1　锚杆支护对围岩体的强化作用

国内外学者对锚杆锚固前后岩体力学性能的变化进行了多种形式的试验和理论研究,研究结果表明:岩体锚固后可不同程度地提高其强度、弹性模量、内聚力和内摩擦角等力学参数。对于结构岩体,锚杆的主要作用是改善岩体中结构面的力学性能,提高岩体的整体强度。对于完整的岩石,锚杆的主要作用是控制其破坏后强度的迅速降低,提高其残余强度[19]。有无锚杆约束时岩石应力-应变曲线如图 4.2 所示。可见,锚杆显著增加了岩石的残余强度,使岩石的破坏后仍具备一定的承载能力。

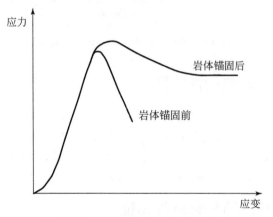

图 4.2　岩体锚固前后强度变化曲线

锚杆支护的强化作用,将锚固范围内的围岩组合成一个整体,形成了一个相当于钢筋混凝土的承载结构。由于这种结构的生成,大大增强了巷道的稳定性和抗冲击能力。对于中级以下的冲击,锚杆支护可以有效抵抗,对于强烈的冲击,可以减少其破坏性。

4.3.2　锚杆支护对围岩应力状态的改良作用

巷道开挖以后,应力状态发生很大变化,会出现受拉和受剪的区域,巷道围岩中的拉应力和剪应力区域最容易发生破坏。通过锚杆给围岩施加一定的压应力，改善围岩应力状态：对于受拉区域，可抵消部分拉应力；对于受剪区域，通过压应力产生的摩擦力，提高围岩的抗剪能力。所以锚杆有消除围岩不良应力区的作用。

从围岩本身来看，巷道开掘后受力状态由原来的三向受力变为平面受力，甚至出现单向受力的情况，这对围岩的稳定是不利的。预应力锚杆等于给巷道围岩施加了一个表面应力，使它又恢复了三向受力的状态。曾有多位学者进行过受力状态与强度影响的试验，图4.3为不同围压下大理岩三轴试验的轴向应力-应变全过程曲线。大量的试验表明，随着围压的增加，岩石的峰值强度大幅增加，并且破坏形式由脆性向延性过渡。

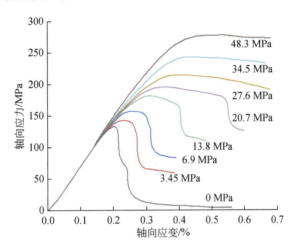

图 4.3　大理岩三轴试验的轴向应力-应变全过程曲线

锚杆支护作为一种主动支护形式，可以施加足够的预紧力，与实验室岩石三轴试验原理相同，预应力锚杆改变了围岩的受力状态和变形特性，提高了巷道围岩的承载能力。

4.3.3　锚杆支护对围岩变形的约束作用

巷道围岩冲击破坏时，主要是沿弱面及节理的错动，使其强度迅速降低。锚杆加固的围岩，在锚杆的纵向约束和横向抗剪作用下，可以一定程度上阻止结构面的张开、错动和滑移，抑制煤岩生成新的破坏面，保持围岩整体性和自身强度。锚杆支护对煤岩体施加的工作阻力，可有效地抑制围岩的变形和移动，阻止破坏区域的形成和扩大，避免巷道的进一步破坏失稳。

锚杆与托板、钢带、金属网一起组成柔性护表层，可有效地抑制煤块的抛射和破碎煤体的冒空，保持巷道表层破碎围岩的稳定，避免巷道局部破坏而导致整个支护系统失稳。

4.3.4　锚杆支护对冲击能量的吸收作用

根据冲击地压能量理论，巷道围岩中储存能量大于巷道变形破坏时吸收的能量是发生巷道冲击地压的必要条件。从能量角度看，冲击地压就是由于煤岩体破坏时释放的能量大于其吸收能量所致，即剩余能量的释放是冲击地压发生的根本原因。如果巷道支护体能吸收全部剩余能量，那么就有可能抑制冲击地压的发生，由此看来支护构件的吸能作用非常重要。支护构件吸收的能量就等于其工作阻力对变形量的积分，锚杆支护的高强度和良好柔性，使其具有很好吸收变形能量的能力，锚杆支护相比其他支护型式吸收冲击能的特性优势明显。

已有研究给出了金属矿山常用材料的吸能参数，见表 4.1。

表 4.1　金属矿山典型支护构件荷载及吸能参数

支护条件	峰值载荷/kN	极限位移/mm	能量吸收
16 mm×2 m 长机械锚杆	70～120	20～50	2～4 kJ
16 mm 砂浆光滑锚杆	70～130	50～100	4～10 kJ
19 mm 树脂锚杆	100～170	10～30	1～4 kJ
16 mm 锚索	160～240	20～40	2～6 kJ
39 mm 管缝或锚杆	50～100	80～200	5～15 kJ
让压胀管式锚杆	80～90	100～150	8～12 kJ
优质让压胀管式锚杆	180～190	100～150	18～25 kJ
16 mm 锥形锚杆	90～150	100～200	10～25 kJ
6 号线焊接金属网	20～30	100～200	1.5～2.5/(kJ/m²)
4 号线焊接金属网	30～45	150～200	2.5～4/(kJ/m²)
8 号线焊接金属网	30～35	350～450	3～4/(kJ/m²)
喷射混凝土+焊接金属网	峰值载荷可达到金属网的 2 倍，吸能能力是金属网的 3～5 倍，但极限位移小于金属网		

4.4　冲击地压巷道锚杆支护理念与原则

基于前述分析得出锚杆支护是冲击地压巷道目前最为理想的支护形式。但是用于冲击地压巷道的锚杆支护还必须有一些特殊的要求，为此提出了"抗冲击锚杆支护系统"的概念。所谓抗"抗冲击锚杆支护系统"是指用于冲击地压巷道的锚杆支护整体技术，包括支护理念、锚杆材料、支护参数等。

4.4.1　冲击地压巷道锚杆支护理念

巷道支护的设计理念对于巷道支护设计是非常重要的，"抗冲击锚杆支护系统"遵循的设计理念是"高强度""强让压""整体性"。

（1）"高强度"是指锚杆支护系统给围岩提供较高的支护抗力，包括使用高性能、大直径的金属锚杆，配套适合的树脂锚固剂、托盘、钢带、金属网等，还必须施加足够的预紧力，才能达到要求的支护强度。具体的支护材料和支护参数根据巷道条件进行设计。

（2）"强让压"是指支护系统具有较大的变形能力，有很强的柔性，在巷道受到冲击载荷作用时，不是硬性抵抗，而是与围岩一起变形而不致破坏，在变形的过程中对围岩变形加以限制，降低其破坏程度，尽可能保持其稳定性，在巷道收敛超过 50%时仍能保持一定支护能力不被摧毁。

（3）"整体性"是指支护与围岩一起形成一个封闭的完整支护体系。冲击地压巷道底鼓问题比较突出，往往是底板没有支护或支护薄弱所致。基于抗冲击锚杆整体性的要求，冲击地压危险巷道底板也需要进行锚杆支护，与帮、顶支护构成一个完整的统一体。"整体性"还有另一层含义为锚杆支护系统与巷道围岩的统一性：在巷道表面由金属网、钢带和托盘等构成一个疏密有致、刚柔相济的金属护表层，可以防止局部破碎煤岩掉落，可以有效扩散和传递锚杆、锚索的预紧力，在巷道受到冲击时，避免煤岩抛出，保持一定空间，减小灾害程度；在锚固体内，锚杆与围岩有效结合成支护结构；锚杆与金属护表层（托板、钢带、金属网）及围岩紧密相连，互为表里，协调作用。

基于国内锚杆支护技术的发展水平和抗冲击锚杆支护系统的要求，确定抗冲击锚杆支护系统的最基本支护形式为：高强度预应力树脂锚固高强度、高冲击韧性锚杆，配以预应力树脂锚固锚索、钢带及金属网等构件，必要时采用特别的让压构件；对巷道的顶、帮、底全面支护。

4.4.2 冲击地压巷道锚杆支护原则

遵循冲击地压巷道支护理念，在巷道支护设计和施工中应坚持以下原则：

（1）锚杆支护优先原则。基于锚杆与锚索支护性能的先进性和对于冲击地压巷道的适用性，锚杆与锚索支护是冲击地压巷道最基本的支护形式，宜优先选用，必要时增加其他支护形式给予补充。

（2）强力支护原则。冲击地压巷道支护必须保证足够的强度和刚度，高强度通过提高锚杆、锚索的力学性能和增加支护密度来实现，高刚度通过施加较大的预应力来实现，并通过托板、钢带等构件实现预应力扩散。

（3）及时、主动支护原则。巷道开挖后围岩一旦揭露，无论从空间还是时间上都应立即进行锚杆支护，有效保护围岩的自身承载能力不被破坏。同时要给锚杆、锚索施加较大的预应力，主动控制围岩变形破坏。预应力主要作用在于控制锚固区围岩的离层、滑动、裂隙张开、新裂纹产生等扩容变形，使围岩处于受压状态，抑制围岩变形破坏的出现，在锚固区内形成刚度较大的预应力承载结构。

（4）构件匹配原则。各种支护构件，包括锚杆、锚索、金属支架及支柱等的力学性能应相互匹配，避免一点击破导致系统失效，最大限度发挥锚杆支护体系的整体作用。

（5）全断面支护原则。多数冲击地压巷道围岩变形与破坏是全方位的，特别是底板冲击破坏严重。因此，冲击地压巷道应进行全断面支护，不仅要支护顶板、两帮，更重要的是控制底板变形与破坏。

（6）"刚-柔"相济原则。针对冲击地压巷道强震动、大变形的特点，支护形式不仅需要足够的支护强度与刚度，同时支护系统应具有足够的延展性，适应巷道围岩有较大的连续变形，使冲击能量释放过程中自身不被摧毁。

（7）"锚-架"互补原则。虽然锚杆支护是冲击地压巷道的主体支护形式，但不是唯一，当单独采用锚杆、锚索支护不能有效控制冲击地压巷道围岩变形时，将锚杆、锚索与防冲支架等联合使用，可提高支护效果，确保安全。

（8）"卸-支"协同原则。高应力与冲击载荷是冲击地压巷道围岩变形、破坏的根本驱动力，因此，采用有效的卸压措施降低围岩应力和冲击载荷，能起到各种支护无法实现的作用。煤层爆破等卸压技术是我国冲击地压灾害局部防治最为普遍的方法，但爆破可能导致巷道周边围岩强度降低、承载结构破坏、锚杆锚固力降低甚至失效。当采取煤层爆破卸压进行冲击地压防治时，需合理设计爆破和支护参数，在达到卸压防冲的同时，保证巷道的承载能力满足要求。爆破与支护需要统筹考虑，达到协同双效，不可顾此失彼。

4.5　抗冲击锚杆支护系统的构成

冲击地压巷道对锚杆材料提出更高要求。锚杆材料不仅应能承受较大的静载荷，同时应能承受较强的动载荷，这就要求锚杆材料不但具有较高的强度，还需要良好的延展性和抗冲击性能。锚杆支护材料组合起来构成抗冲击锚杆支护系统，包含锚杆（索）杆体、托板及螺母、锚固剂、钢带、金属网及锚索等构件，抗冲击锚杆支护系统与巷道围岩融为一体，形成抗冲击承载结构。

根据冲击地压巷道锚杆支护作用的分析及巷道支护原则，提出适合冲击地压巷道的锚杆支护形式为：全长预应力锚固、高强度、高伸长率、高冲击韧性锚杆与锚索联合支护。

（1）高预应力锚杆。巷道开挖后立即进行锚杆支护，并施加高预应力，才能有效控制围岩扩容变形，保持围岩的完整性。锚杆预应力应达到杆体屈服力的30%～50%。

（2）全长预应力锚固。该种锚固方式有3个优势：①既能使锚杆预应力有效扩散，又兼有全长锚固的特点，锚固体刚度高，可充分发挥围岩自承能力，增加锚固体整体抗冲击性能；②改善了锚杆受力状态，减少了锚杆破断的可能性；③避免了锚杆钻孔存在自由面，减少冲击载荷对锚杆孔围岩和锚固体的破坏作用。

（3）预应力有效扩散的护表构件。采用与高强度、高冲击韧性锚杆杆体匹配的大托板、钢带及金属网，增大护表面积与强度，将锚杆预应力与工作阻力有效扩散到围岩中。

（4）高预应力短锚索。实践证明，高预应力的短锚索支护效果明显优于低预应力的长锚索。锚索预应力应达到索体屈服力的50%以上，锚索长度一般控制在4～6 m。

（5）加强两帮与底板支护。冲击地压不仅来自顶板，而且频繁出现在两帮与底板。应采用锚索进行帮、底加强支护，控制帮、底变形。

目前，适用于冲击动压巷道的支护材料主要包括以下几种形式。

4.5.1　高强度、高冲击韧性锚杆

煤矿巷道锚杆不仅受到静载荷的作用，而且受到爆破、冲击地压等动载荷作用，因此，除强度、伸长率外，对锚杆钢材的冲击韧性也有较高的要求。冲击韧性是用来描述材料在冲击载荷作用下对塑性变形功和断裂功吸收能力的一个指标，通常采用冲击吸收功衡量材料的冲击韧性。冲击吸收功取决于材料的塑性与强度，当材料强度相同时，冲击吸收功越小则材料脆性越高，抗冲击性能越差。冲击吸收功一般用夏比冲击试验（摆锤冲击试验）来测定，影响冲击吸收功大小的主要是材料的强度和塑性。所以，高冲击韧性锚杆（索）必须同时具有高冲击韧性、高强度和高延伸率特性。

我国目前还没有对锚杆冲击韧性的相关规定，中煤科工集团开采研究院对锚杆动态力学特性及冲击韧性进行了研究，对国内不同生产厂家锚杆进行冲击韧性试验[20]，与厂家合作开发出室温下冲击功达到 100 J 以上的超高强热处理锚杆[21-23]，其冲击吸收功是普通热轧锚杆的数倍。提高钢材冲击韧性的途径主要有 3 种：成分控制、气体和夹杂物控制及轧制工艺控制。对于 BHRB500，BHRB600 型钢材，改进了钢材组分与配方，有效降低了夹杂物含量；对于 BHRB700 型钢材，主要采用热处理方法，并优化了加工工艺。上述方法显著提高了钢材的冲击韧性，冲击吸收功最小为 40 J，最大达到 120 J。研究认为冲击地压巷道锚杆的屈服强度不低于 500 MPa，锚杆的冲击吸收功不低于 40 J。

根据冲击地压巷道锚杆支护让压性的要求，锚杆需要有很好的延伸性。按照《煤矿巷道锚杆支护技术规范》（GB/T 35056—2018），高强度锚杆的延伸率要求在 17% 以上，对于冲击地压巷道，大延伸率的锚杆更适合。通过改变锚杆钢的材质和轧制工艺，可以使延伸率达到 40%，但过高的延伸率会增加成本，损失其强度值，延伸率在 20% 以上的锚杆材料，基本上可以满足让压的需要。

冲击地压巷道宜采用左旋无纵筋螺纹钢杆体，公称直径一般为 22～25 mm，长度一般不低于 2.5 m，屈服强度不低于 500 MPa，破断力不低于 300 kN，预紧力不低于 100 kN，螺母、球形垫、减摩垫圈等配件强度不低于杆体。

4.5.2　预应力强力锚索

锚索由索体、锚具、托板等组成，索体由具有一定弯曲柔性的钢绞线截割制成，里端用树脂锚固剂与钻孔壁黏接，外端由锁具锁定压紧托盘控制巷道表面围岩变形移动。与锚杆相比，锚索的特点是锚固深度大、承载能力高、可以施加更大的预应力（200 kN 以上），锚杆与锚索的联合支护可显著提高锚固区内的压应力值，扩大有效压应力区，形成一个大范围的主动支护区。

我国自 20 世纪 60 年代引进锚索加固技术，多年来得到长足的发展。特别是 1996 年研制成功小孔径树脂锚固预应力锚索后，锚索的安装使用更加方便快捷，在煤矿中得到大面积推广应用，成为冲击地压等困难巷道补强加固的主要手段。现用的小孔径树脂锚固预应力锚索主要包括索体、锚具和托板，索体材料一般采用矿用钢绞线，新型 1×19 根结构钢绞线的柔性和延伸率都有提高，公称直径分别为 18 mm、20 mm、22 mm，拉断载荷分别为 408 kN、510 kN、607kN，伸长率均为 7%。锚具、锚索托板、调心球垫与锚索相匹配。

4.5.3　吸能让压结构锚杆（索）

吸能让压结构锚杆（索）一般通过特殊设计的结构增加其延伸性能，在冲击地压巷道支护中，能在保持锚杆较高支护阻力的条件下持续变形吸收冲击能量，比如恒阻大变形锚杆[24]、套管膨胀式让压锚杆[25]、杆体可延伸让压锚杆等。

恒阻大变形锚杆也称负泊松比结构锚杆，是一种典型的吸能锚杆，恒阻装置基本工作原理是锥形体在拉伸过程中使套筒产生拉胀效应，整体称之为负泊松比材料。当载荷超过某一定值，工作荷载通过锥形体相对于套筒体的摩擦力来实现，从而吸收变形能，如图 4.4 所示。恒阻大变形锚杆的优点是工作荷载高，伸长率可达 300～1000 mm，在动静载荷作用下状态下都能保持恒定的工作。

图 4.4　负泊松比结构锚杆原理图

套管膨胀式让压锚杆的核心部位是梅花管，柱台挤压梅花管之后，梅花管壁产生塑性变形，抵抗外部围岩所释放的能量，如图 4.5 所示。在小变形范围内主要由杆体的弹性变形提供支护阻力；当巷道受到冲击地压作用，在锚杆柱台的挤压下梅花管产生恢复其圆形截面的塑性变形，随着柱台逐渐挤入，梅花管与柱台之间接触面积不断变大，整体所受摩擦力增加，当柱台完全进入梅花管后，通过恒阻让压来吸收岩体大变形释放出的能量。

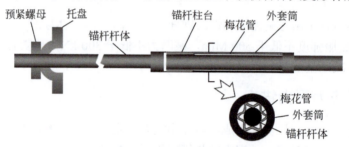

图 4.5　套管膨胀式让压锚杆

杆体可延伸让压锚杆通过改变锚杆杆体形状，在巷道围岩产生大变形时某些部位先达到屈服状态，在轴向拉力作用下伸长变形。巷道冲击地压发生时，提供足够大的让压距离，同时仍能保持锚杆主体的支护能力，如蛇形锚杆（如图 4.6 所示）、Garford 锚杆、D-bolt 锚杆等。针对冲击地压巷道的来压特点，许多学者在此基础上进行了结构改良和优化。

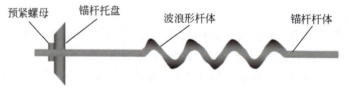

图 4.6　蛇形锚杆

除了以上介绍的锚杆外，国内吸能让压锚杆的种类还有很多，但是能广泛应用于现场工程实践的却很少。因此，在新型吸能让压锚杆研发中，在原材料上应采用工业级的锚杆材料，结构设计和加工工艺简单，降低生产成本。同时，施工工艺也应该简化，这样才能促进吸能让压锚杆在冲击地压巷道支护中的推广和应用。

4.5.4　锚杆（索）吸能构件

除了增加锚杆本身的吸能特性外，增加与锚杆匹配的吸能构件，也可以增加支护体在冲击作用下的吸能让压性能，如让压管、劈裂式吸能构件等。

让压管构件安装在锚杆的螺母和托盘之间，当锚杆受到拉力作用时，让压构件首先被压缩，为了使让压构件在让压同时提供足够的工作阻力，满足冲击地压巷道高支护阻力的要求，让压管大部分采用金属材质，如图 4.7 所示。

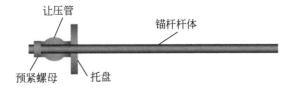

图 4.7　让压管锚杆结构图

锚杆受力达到一定值后，让压管首先屈服，被压缩，直至被压死，之后工作阻力进一步提高，达到杆体屈服强度，杆体进入塑性拉伸阶段，锚杆总体延伸量是让压管压缩量和杆体延伸量之和，如图 4.8 所示。让压管的工作特性曲线必须与杆体相适应，其屈服强度低于杆体屈服强度10%左右，否则让压管作用尚未发挥作用，锚杆就先屈服。让压管与高强锚杆杆体配合，就可形成强力抗冲击锚杆。

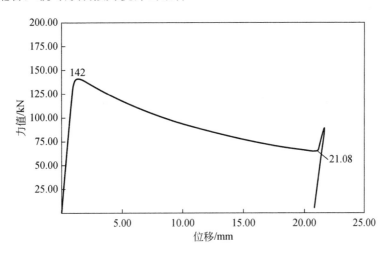

图 4.8　D40-20 让压管工作特性曲线

劈裂式吸能构件结构简单且成本低廉，通过在厚壁圆形钢管上预制裂缝加工而成，安装在锚杆的尾部，如图 4.9 所示。当受力达到一定值，构件产生扩径变形，整个过程经历塑性变形、撕裂、形成螺旋板条摩擦来耗散能量并提供工作荷载，吸能效率和工作阻力随着材质的改变发生变化。实验室和现场试验表明，此构件能实现恒定轴力稳定吸能，适用于围岩大变形和冲击地压巷道锚杆支护。

4.5.5　锚杆（索）托板

托板是锚杆（索）的重要组成构件，锚杆（索）的预应力和工作阻力通过托盘扩散到锚杆周围的煤岩体中，抑制围岩离层，实现锚杆（索）的主动、及时支护作用。

图 4.9　轴向劈裂式吸能构件

煤矿锚杆常用的托板为拱形托板，合理的托板形状和尺寸可保证托板既有较高的承载力，又有一定的变形能力。托板的承载能力应与锚杆（索）杆体及围岩条件相匹配，承载能力不小于杆体强度，托板钢厚度一般为 6 mm、8 mm、10 mm，冲击地压巷道应选用较厚的钢板。托板底面形状大多为正方形，常用尺寸有 100 mm×100 mm、120 mm×120 mm、150 mm×150 mm 等。托板拱高必须达到一定值，如对于 10 mm 厚、150 mm×150 mm 的拱形托板，拱高应不小于 34 mm，拱底圆直径与底边长的比值应为 0.7 左右，拱应为圆弧拱，有一定的曲率半径，拱与底面过渡曲率应尽量小，球窝参数应与球形垫圈匹配。

锚索托板推荐使用拱形方托板，钢板厚度和面积足够大（如 300 mm×300 mm×16 mm）。

4.5.6　钢带

钢带是锚杆支护系统中的重要构件，对提高锚杆支护整体支护效果、保持围岩的完整性起着重要作用。钢带将数根锚杆连接在一起，可均衡锚杆受力，共同形成组合支护系统，提高整体支护能力。钢带将锚杆预应力和工作阻力扩散，形成更大范围的有效压应力带。钢带，按断面形状分为 平钢带、W 形钢带、M 形钢带及其他形状的钢带，W 形钢带是国内煤矿广泛使用的钢带形式，它是用薄钢板经多道轧辊连续进行冷弯、滚压成型的型钢产品，W 形钢带的几何形状和力学性能使其具有较好的支护效果，是一种性能比较优越的锚杆组合构件。冲击地压巷道钢带的选用应与强力锚杆力学性能匹配，适当加大钢带的力学性能和尺寸。

4.5.7　金属网

金属网用来维护锚杆间的围岩，避免围岩破坏从表面发展到深部，逐渐破碎、松散，失去强度，导致锚杆失效。金属网还可提供一定的支护力，将锚杆之间岩层的载荷传递给锚杆，形成整体支护系统。煤矿常用金属网主要有菱形网、经纬网和钢筋网，钢筋网强度高、刚度大，吸能能力强，为冲击地压巷道优先选用。

4.5.8　锚固剂

锚固剂的主要作用是将钻孔壁岩石与杆体黏结在一起，同时锚固剂也具有一定的抗剪与抗拉能力。采用高分子树脂材料，做成不同规格的药卷，在钻孔中搅拌后固化。树脂锚固剂黏结强度大，固化快，安全可靠性高。树脂锚固剂根据需要可制成超快、快速、中速、慢速等不同固化时间的锚固剂，井下进行加长或全长锚固时，需要不同固化时间的锚固剂搭配使用。对于冲击地压巷道，为提高锚固力和可靠性，适当加强锚固长度，推荐使用加长锚固形式。

4.5.9　垫圈

垫圈在锚杆（索）支护中起到关键作用，可调解锚杆（索）受力状态和提升锚杆预紧力转化效率。垫圈有两种形式：一种是用于调心的球形垫圈，另一种是减摩垫圈。球形垫圈置于托板的球窝中，当锚杆（索）钻孔与巷道表面成一定角度时，调节锚杆（索）安装角度，减小锚杆（索）尾部的弯曲变形，改善锚杆（索）的受力状态。球形垫圈力学性能、形状与参数（高度、外径、内径、外部弧形曲面等）与托板、减摩垫圈、螺母及锚杆杆体匹配。球形垫圈硬度必须足够，避免出现严重的挤压变形。球形垫圈的曲率应与托板球窝匹配，保证两者为面接触，避免发生自锁。减摩垫圈置于螺母与球形垫圈之间，用于减小螺母断面与球形垫圈的摩擦力，提高锚杆预应力转化系数。减摩垫圈的性能与其材质、厚度及直径等有关，不同减摩材料的摩擦系数相差悬殊，应根据需要选择合理的减摩垫圈材质与尺寸。

4.5.10　螺母

螺母是锚杆支护不可或缺的构件，具有施加和传递支护应力的作用。螺母螺纹规格、牙型结构与参数应与杆尾螺纹匹配，螺母的形状与参数应与球形垫圈、减摩垫圈匹配，螺母承载能力不低于杆体。

4.6　冲击地压巷道锚杆支护能量校核设计方法

国内外锚杆支护设计方法主要分为四大类：工程类比法、理论计算法、数值模拟法和工程监测法。

工程类比法以围岩分类技术为基础，根据已有的巷道工程，通过类比提出新建工程的支护设计。这种方法简单适用，但受人为因素影响大，可靠性不足，只适用于简单工程设计。

理论计算法基于某种锚杆支护理论，如悬吊理论、组合梁理论及加固拱理论，计算得出锚杆支护参数。由于各种支护理论都存在着一定的局限性和适用条件，而且计算所需的一些参数很难准确获取，因此，设计结果很多情况下只能作为参考。

随着数值计算方法在采矿工程中的大量应用，采用数值模拟法进行锚杆支护设计得到较快发展。与其他设计方法相比，数值模拟法具有多方面的优点，如可模拟复杂围岩条件、边界条件和各种断面形状巷道的应力场与位移场；可快速进行多方案比较，分析各因素对巷道支护效果的影响；模拟结果直观、形象，便于处理与分析等。

工程监测法是针对岩土工程的不确定性，边施工边测量边修改设计的一种设计方法。这种方法最接近工程实际，需要具备一定的监测手段，但不能用于尚无监测资料的初期设计。

中煤科工集团开采研究院总结国内外先进经验，提出锚杆支护动态信息设计法[26]。该设计方法分四个步骤：巷道围岩地质力学评估、锚杆支护初始设计、井下工程监测、信息反馈与修正设计。围岩地质力学评估包括围岩强度、围岩结构、地应力、井下环境评价及锚固性能测试等内容，为初始设计提供可靠的基础参数；初始设计以数值计算方法为主，结合已有经验和实测数据确定出比较合理的初始设计；将初始设计实施于井下，进行围岩位移和主要支护构件受力监测；根据监测结果判断初始设计的合理性，必要时修正初始设计。

上述方法已广泛应用于常规静态载荷巷道的设计，对于冲击地压巷道，由于其发生机理以及对支护的要求都有别于静态载荷作用下的巷道，至今尚未有适合的设计方法。吸收已有设计方法的合理成分，基于冲击地压能量理论，提出了冲击地压巷道能量校核设计法[27]。

4.6.1　能量校核设计法理论基础

1. 围岩能量分布

能量不能凭空产生和消失，只能发生不同物体间转移或不同形式能量间转换，因此，明确能量来源及其演化过程是冲击地压预测预警及解危措施制定的关键和基础。巷道冲击能量来源主要包括以静态或准静态储存于巷道围岩近场的弹性应变能，以及位于围岩远场，由于地质构造活动、爆破或岩层断裂等矿震产生的动态能量输入，如图 4.10 所示。

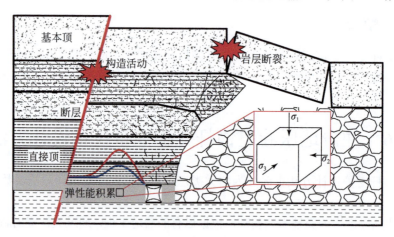

图 4.10　巷道围岩能量分布

弹性变形分为体积弹性变形与剪切弹性变形，因此材料弹性变形能积累包括体积弹性应变能和剪切弹性应变能。为计算巷道近场围岩弹性能量积累，自巷道围岩取一微元。为便于分析，在主应力空间进行讨论，遵循岩土力学，定义压缩为正。则任一微元储存弹性应变能为

$$E_e = E_{eV} + E_{eS} = \frac{\sigma^2}{2K} + \frac{\sum_{i=1}^{3}(\sigma_m \cdot \sigma_i^d)}{4G} \tag{4.1}$$

式中，E_{eV} 为微元发生体积弹性变形而积蓄体积弹性应变能；E_{eS} 为微元发生剪切弹性变形而积蓄体积弹性应变能；σ_i（$i=1$，2，3）为三个方向主应力；σ_m 为主应力均值，即 $\sigma_m = (\sigma_1 + \sigma_2 + \sigma_3)/3$；$\sigma_i^d$ 为各主应力与均值之差，即 $\sigma_i^d = \sigma_i - \sigma_m$；$K$ 为体积模量，$K = \dfrac{E}{2(1-2\mu)}$；G 为剪切模量，$G = \dfrac{E}{2(1+\mu)}$；E 为材料弹性模量；μ 为材料泊松比。

将三个方向主应力、弹性模量及泊松比代入式（4.1），任一微元弹性应变能积累量为

$$E_e = \frac{\left[\sigma_1^2 + \sigma_2^2 + \sigma_3^2 - 2\mu(\sigma_1\sigma_2 + \sigma_1\sigma_3 + \sigma_2\sigma_3)\right]}{2E} \qquad (4.2)$$

巷道开挖后应力场重新分布，围岩在静载作用下，弹性应变能积累接近极限状态，采掘作业对远场顶板或构造产生扰动，顶板断裂或构造活化释放能量成为远场震源，如图 4.11 所示。能量以应力波形式从震源传播至巷道围岩表面，该过程中发生透射和反射，假设 η 为传导介质能量衰减指数，则震源初始能量 E_{d0} 在围岩介质中发生衰减后，传导至巷道表面时能量 E_d 为

$$E_d = E_{d0}(d - r)^{-\eta} \qquad (4.3)$$

式中，d 为震源与巷道中心距离；r 为巷道等效半径。

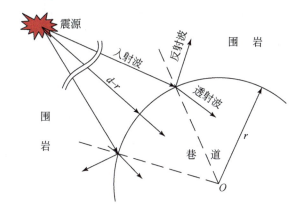

图 4.11　矿震引力波传导示意图

巷道围岩失稳所释放能量来自近场围岩弹性能量积累与远场矿震能量输入。综上，巷道围岩失稳释放能量 E_r 为

$$E_r = E_e + E_d \qquad (4.4)$$

2. 围岩能量演化

由能量平衡理论可知，无论近场围岩弹性变形积累能量还是远场矿震传递能量不能凭空消失，只能向其他物体或其他形式转移或转化。从冲击地压预警与防治角度，将能量演化分为静态耗散与动态释放两种形式。其中，能量静态耗散有利于巷道防冲，能量动态释放形成冲击地压。

随巷道服务时间推移，围岩变形破坏并发生相对位移，宏观表现为顶板下沉、底鼓及两帮收缩。巷道变形进一步导致支护材料的变形与破坏，例如围岩沿巷道径向变形导致支护体拉伸或单体柱压缩变形，岩层错动致使锚杆（索）剪切变形甚至破断，围岩破碎挤出形成网兜等，如图 4.12 所示。

1）巷道围岩能量耗散

围岩与支护结构的缓慢变形伴随能量静态（或准静态）耗散。浅部围岩自巷道开挖后受力由三向迅速变为双向甚至单向，根据最小能量原理，单位体积煤岩破坏能量耗散 E_{C1} 为

$$E_{C1} = \frac{\sigma_c^2}{2E} \tag{4.5}$$

式中，σ_c 为煤岩体单轴抗压强度；E 为煤岩体弹性模量。

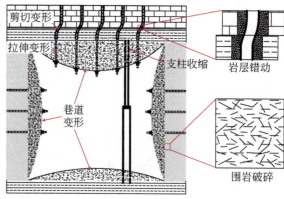

| (a)巷道变形现场实拍 | (b)巷道变形破坏示意 |

图 4.12　巷道变形破坏

巷道围岩层间相对错动主要克服层间摩擦力而做功，摩擦力由锚杆（索）预紧力与岩层摩擦系数决定，设层间摩擦系数为 μ，锚杆（索）预紧力为 f_a，岩层错动相对位移为 l_a，则岩层错动能量耗散 E_{C2} 为

$$E_{C2} = \mu \cdot f_a \cdot l_a \tag{4.6}$$

巷道服务期间，变形过程中发生的物理、力学行为一般都具有不可逆性，因而产生不可逆的能量演化，即产生能力耗散，如岩体发生塑性变形及黏性流动、原生节理扩展或节理面相对滑移、伴随围岩变形全程的温度变化及声发射等。这些能量的定量计算较复杂，且单项能量损耗较小，但各项能量的总和不可忽略，总计为其他能量耗散 E_{C3}。

综上，巷道围岩缓慢变形过程消耗能量 E_C 为

$$E_C = \sum_{i=1}^{n} E_{Ci} \tag{4.7}$$

2）巷道支护系统能量吸收

在巷道有支护的情况下，支护构件随围岩变形过程而吸收的能量称为支护构件吸能指数。支护构件多为刚度大且延伸性能好的金属材料，因此吸能能力突出，锚杆（索）支护是冲击巷道最有效支护方式，给出各支护构件吸能指数，查表计算单位面积锚杆（索）吸收能量 E_{Z1} 为

$$E_{Z1} = a \cdot b \cdot L \cdot K \tag{4.8}$$

式中，a 为锚杆（索）密度，即单位面积安装锚杆（索）数量；b 为吸能效率系数；L 为锚杆（索）可伸缩段长度；K 为吸能指数。

部分巷道由于变形严重需搭设单体支柱，单棵支柱变形能量耗散 E_{Z2} 为

$$E_{Z2} = f_b \cdot l_b \tag{4.9}$$

式中，f_b 为支柱工作阻力；l_b 为支柱变形量。

金属网、钢带等构件在变形过程中也会消耗部分能量，可根据相关文献，查表计算，分别记为 E_{Z3}、E_{Z4} 等。支护系统吸能为各支护构件吸能总和，即

$$E_Z = \sum_{i=1}^{n} E_{Zi} \tag{4.10}$$

需要注意的是，巷道围岩在垂直方向的变形会引起重力势能的变化，巷道底鼓，围岩中积累能量转化为重力势能；顶板下沉，重力势能转化为围岩破坏能量积累，加剧破碎围岩动态破坏。

巷道围岩积蓄能量静态耗散量 E_S 为通过各种渠道耗散量的总和，可表示为

$$E_S = E_C + E_z + E_g \tag{4.11}$$

式中，E_g 为巷道顶底板变形过程中重力势能变化量。

3）能量冲击动态释放

当近场围岩积蓄弹性能量与远场矿震传递能量之和大于围岩与支护结构静态耗散时，剩余能量 E_b 主要以动能形式突然释放，表现为巷道围岩震动及破碎煤岩体向自由空间高速抛出，形成冲击事件或冲击地压灾害。其间伴随有剧烈声响，以声能等方式释放部分能量，但其占比较小。

冲击地压发生抛出煤岩体动能 U_d 为

$$U_d = 0.5 \cdot m \cdot v^2 = 0.5 \cdot V \cdot \rho \cdot v^2 \tag{4.12}$$

式中，m 为抛出煤岩体质量，可由抛出煤岩体体积 V 与密度 ρ 相乘得到；v 为煤岩体抛出速度。

3. 巷道冲击失稳能量判据

煤层未采出时，围岩处于三向应力状态，煤层-围岩是一个稳定系统。煤层采出后，岩体应力状态迅速变为二向，甚至单向，煤层-围岩力学平衡系统达到极限后，发生失稳破坏，集聚能量得到释放，岩体破坏同时伴随能量耗散。冲击地压能量理论认为，当能量释放速度高于耗散速度时，剩余能量转化为破碎煤岩体动能，抛向自由空间，形成冲击地压，如式（4.13）所示。

$$\frac{dU_s}{dt} + \frac{dU_m}{dt} \geqslant \frac{dU_p}{dt} \tag{4.13}$$

式中，U_s、U_m 分别为围岩和煤体内能量释放量；U_p 为矿体-围岩系统破坏过程能量耗散量；分别对时间求导得到各自释放与耗散速度。

巷道冲击地压的本质为巷道围岩破坏时剩余能量的突然释放。当围岩所受载荷超过其极限承载能力后，有稳态屈服和冲击失稳两种趋势，当单位时间内围岩系统破坏释放能量大于矿体-围岩-支护系统变形消耗能量，即剩余能量释放率大于 0 时，煤岩发生冲击破坏。动载作用下的冲击地压巷道破坏，表现为一定体积的煤岩体被猛烈地抛出，抛出煤岩体的质量和速度取决于围岩破坏时释放能量和吸收能量的差值（即剩余能量），如果巷道中的支护结构能够吸收剩余能量，就可以保持巷道不被破坏。

冲击巷道支护系统具有高刚度、良好延伸率等特性，变形过程的吸能作用突出。考虑

支护系统吸能作用，修正式（4.13）得到巷道冲击失稳判据：

$$\frac{\mathrm{d}E_\mathrm{b}}{\mathrm{d}t} = \frac{\mathrm{d}E_\mathrm{r}}{\mathrm{d}t} - \frac{\mathrm{d}E_\mathrm{S}}{\mathrm{d}t} \geqslant 0 \qquad\qquad (4.14)$$

式中，$\dfrac{\mathrm{d}E_\mathrm{b}}{\mathrm{d}t}$ 为剩余能量释放速率；$\dfrac{\mathrm{d}E_\mathrm{r}}{\mathrm{d}t}$ 为围岩系统积蓄能量释放速率；$\dfrac{\mathrm{d}E_\mathrm{S}}{\mathrm{d}t}$ 为矿体-围岩-支护系统能量消耗速率。

为更直观理解巷道冲击地压能量演化，以便于巷道冲击地压防治措施制定，将式（4.4）与（4.11）代入式（4.14）得

$$\frac{\mathrm{d}E_\mathrm{b}}{\mathrm{d}t} = \frac{\mathrm{d}E_\mathrm{e}}{\mathrm{d}t} + \frac{\mathrm{d}E_\mathrm{d}}{\mathrm{d}t} - \frac{\mathrm{d}E_\mathrm{C}}{\mathrm{d}t} - \frac{\mathrm{d}E_\mathrm{Z}}{\mathrm{d}t} - \frac{\mathrm{d}E_\mathrm{g}}{\mathrm{d}t} \geqslant 0 \qquad\qquad (4.15)$$

式中，$\dfrac{\mathrm{d}E_\mathrm{e}}{\mathrm{d}t}$ 为巷道围岩弹性能释放速率；$\dfrac{\mathrm{d}E_\mathrm{d}}{\mathrm{d}t}$ 矿震应力波输入能量速率；$\dfrac{\mathrm{d}E_\mathrm{C}}{\mathrm{d}t}$ 为围岩系统变形过程能量消耗速率；$\dfrac{\mathrm{d}E_\mathrm{Z}}{\mathrm{d}t}$ 为支护系统能量耗散速率；$\dfrac{\mathrm{d}E_\mathrm{g}}{\mathrm{d}t}$ 为巷道顶底板变形移动过程中重力势能变化速率。

逐项分析式（4.15）可知，从能量角度出发，巷道冲击地压控制应从以下四方面入手：①改善巷道应力环境，降低围岩弹性应变能积累；②降低远场矿震能量等级，增加传导介质能量衰减指数，阻断应力波传导；③增加围岩变形过程能量消耗；④合理选择支护方式和参数，改进支护材料，使支护系统与围岩协调变形，增加支护系统能量吸收。

因此，基于冲击地压能量理论，遵循新奥法动态监测施工的理念，从支护的角度提出了冲击地压巷道能量校核设计法。能量校核设计法的设计流程为：首先根据巷道的地质条件和生产技术条件对巷道的冲击危险性进行预测；基于工程类比提出初步设计，并采用数值模拟方法对各参数进行优化；最后根据冲击地压能量理论对支护系统的吸能指标进行校核。具体设计程序如下：

（1）预测巷道冲击的强度级别；

（2）计算巷道冲击的能量演化；

（3）根据冲击巷道能量控制原理制定冲击巷道控制方法；

（4）提出初步设计参数；

（5）支护系统吸能校核。

4.6.2 巷道冲击地压危险性预测

冲击地压危险性预测就是针对煤层的具体条件对冲击地压发生的可能程度做出判断，准确的冲击地压预测对冲击地压的防治十分重要，也是冲击地压巷道支护设计的基础。冲击地压危险性预测是建立在煤层冲击倾向性鉴定和开采环境的分析基础上的。

冲击地压危险性预测方法也有多种，主要有综合指数法、数值模拟法、钻屑法、微震法、电磁辐射法等。其中综合指数法更适合于巷道支护设计。

综合指数法是在分析已发生的各种冲击地压灾害的基础上，分析各种采矿地质因素对冲击地压的影响，确定各种因素的影响权重，然后将其综合起来，建立冲击地压危险性评

价模型并预测冲击危险性的一种方法。

冲击地压危险状态可通过分析岩体的应力、岩体特征、煤层特征等地质因素和开采技术因素来确定。危险性指数分为地质因素评价的指数和开采技术条件评价的指数，综合两者来评价区域的冲击危险程度。

根据表 4.2，用式（4.16）来确定采掘工作面周围采矿地质条件对冲击地压危险状态的影响程度以及确定冲击地压危险状态等级评定的指数 W_{t1}。

$$W_{t1} = \frac{\sum_{i=1}^{n_1} W_i}{\sum_{i=1}^{n_1} W_{i\max}} \tag{4.16}$$

式中，W_{t1} 为采矿地质因素确定的冲击地压危险指数；$W_{i\max}$ 为表 4.2 中第 i 个地质因素中的最大指数值；W_i 为采掘工作面周围第 i 个地质因素的实际指数；n_1 为地质因素的数目。

表 4.2　地质条件影响冲击地压危险状态的因素与指数

序号	因素	危险状态的影响因素	影响因素的定义	冲击地压危险指数
1	W_1	发生过冲击地压	该煤层未发生过冲击地压	-2
			该层发生过冲击地压	0
			采用同种作业方式在该层和煤柱中多次发生过冲击地压	3
2	W_2	开采深度	<500 m	0
			500~700 m	1
			>700 m	2
3	W_3	顶板硬厚岩层距煤层的距离（R_c≥60 MPa）	>100 m	0
			50~100 m	1
			<50 m	3
4	W_4	开采区域内的构造应力集中度	>10%正常	1
			>20%正常	2
			>30%正常	3
5	W_5	顶板岩层厚度特征参数 L_{st}/m	<50	0
			≥50	2
6	W_6	煤的抗压强度	R_c≤16 MPa	0
			R_c>16 MPa	2
7	W_7	煤的冲击能量指数 W_{ET}	W_{ET}<2	0
			2≤W_{ET}<5	2
			W_{ET}≥5	4

根据表 4.3，用式（4.17）来确定采掘工作面周围开采技术条件对冲击地压危险状态的影响程度及冲击地压危险状态等级评定的指数 W_{t2}。

$$W_{t2} = \frac{\sum\limits_{i=1}^{n_2} W_i}{\sum\limits_{i=1}^{n_2} W_{i\max}}$$

（4.17）

式中，W_{t2} 为开采技术因素确定的冲击地压危险指数；$W_{i\max}$ 为表 4.3 中第 i 个开采技术因素的危险指数最大值；W_i 为采掘工作面周围第 i 个开采技术因素的实际危险指数；n_2 为开采技术因素数目。

表 4.3　开采技术条件影响冲击地压危险状态的因素与指数

序号	因素	危险状态的影响因素	影响因素的定义	冲击地压危险指数
1	W_1	工作面距残留区或停采线的垂直距离	>60 m	0
			30~60 m	2
			<3.0 m	3
2	W_2	未卸压的煤层厚	留顶煤或底煤层度大于 1.0 m	3
3	W_3	未卸压一次采全高的煤层厚	<3.0 m	0
			3.0~4.0 m	1
			>4.00 m	3
4	W_4	两侧采空，工作面斜长	>300 m	0
			300~150 m	2
			<150 m	4
5	W_5	沿采空区掘进巷道	无煤柱或煤柱宽小于 3 m	0
			煤柱宽 3~10 m	2
			煤柱宽 10~15 m	4
6	W_6	接近采空区的距离小于 50 m	掘进工作面	2
			采煤工作面	3
		接近煤柱的距离小于 50 m	掘进工作面	1
			采煤工作面	3
7	W_7	掘进头接近老巷的距离小于 50 m	老巷已充填	1
			老巷未充填	2
		采面接近老巷的距离小于 30 m	老巷已充填	1
			老巷未充填	2
		采面接近分叉的距离小于 50 m	掘进或采煤工作面	3
8	W_8	采面接近落差大于 3 m 断层的距离小于 50 m	接近上盘	1
			接近下盘	2
9	W_9	采面接近煤层倾角剧烈变化的褶曲距离小于 50 m	>15°	2

续表

序号	因素	危险状态的影响因素	影响因素的定义	冲击地压危险指数
10	W_{10}	采面接近煤层侵蚀复合层部分	掘进或采煤工作面	2
11	W_{11}	开采过上或下保护层，卸压程度	弱	-2
			中等	-4
			好	-8
12	W_{12}	采空区处理方式	充填法	2
			垮落法	0

以上给出了采掘工作面周围地质因素和采矿技术因素对冲击地压的影响程度，以及冲击地压危险状态等级评定指数 W_{t1} 和 W_{t2} 的具体表达式，根据这两个指数，用式（4.18）可确定采掘工作面周围冲击地压危险状态等级评定的综合指数 W_{t}。

$$W_{t} = \max\{W_{t1}, W_{t2}\} \tag{4.18}$$

冲击地压危险状态评定综合指数与冲击地压强度的对应关系如表 4.4 所示，由此表可以找出对应的震级 M_{L} 值。

表 4.4　冲击地压程度分级表

等级	抛出煤量/t	破坏半径/m	震级 M_{L}	震动持续时间/s	综合评定指数
1 微弱或无	0~5	0~6	1.0~1.6	≤2.5	<0.3
2 弱	5~10	0~20	1.7~2.0	2.0~4.0	0.3~0.5
3 中等	10~15	20~40	2.0~2.4	4.0~6.0	0.5~0.7
4 较强	15~20	30~60	2.4~2.8	5.0~10.0	0.7~0.9
5 强烈	20~25	50~80	2.6~3.2	10.0~30.0	0.9~1.1
6 极强烈	≥25	≥80	≥3.0	≥30.0	>1.1

4.6.3　锚杆支护参数设计

冲击地压巷道锚杆支护初步设计采用工程类比与数值模拟相结合的办法。根据类似矿井的经验及设计人员的分析提出初始设计；然后对巷道重要参数进行数值模拟研究：分析巷道围岩位移、应力及破坏范围分布，支护构件受力状况，不同因素对巷道围岩变形与破坏的影响，不同支护参数对支护效果的影响，通过方案比较，确定比较合理的初始支护参数。

初始设计要考虑以下因素：

（1）巷道围岩岩性和强度。包括煤层及其顶底板岩层的厚度、倾角、强度等。

（2）地质构造和围岩结构。巷道周围比较大的地质构造，如断层、褶曲等的分布，对巷道的影响程度。巷道围岩中不连续面的分布状况，如分层厚度和节理裂隙间距的大小，不连续面的力学特性等。

（3）地应力。包括垂直主应力和两个水平主应力，其中最大水平主应力的方向和大小对锚杆支护设计尤为重要。

（4）采动影响。巷道与采掘工作面、采空区的空间位置关系，层间距大小及煤柱尺寸，巷道掘进与采动影响的时间关系（采前掘进、采动过程中掘进、采动稳定后掘进）；采动次数（一次采动影响、二次或多次采动影响）等。

（5）黏结强度测试。采用锚杆拉拔计确定树脂锚固剂的黏结强度。该测试工作必须在井下施工之前完成。

（6）冲击地压危险状态评定综合指数。这是冲击地压巷道支护设计着重考虑的参数，根据冲击地压危险状态评定综合指数选择支护材料和参数，保证支护的强度、让压性和整体性。

锚杆支护主要参数确定：

（1）锚杆几何参数。锚杆长度和直径应保证锚固区内形成一个稳定的承载结构，具有足够的承载能力。锚杆长度太短，锚固区厚度过小，不能保证顶板稳定；如果锚杆长度达到一定值后，再加长锚杆对锚固体承载能力已无明显影响，但会增加成本。对于冲击地压巷道，围岩扰动范围大，选择锚杆长度要 2 m 以上、直径不小于 22 mm。

（2）锚杆力学参数。锚杆力学参数包括杆体的屈服强度、拉断强度、抗剪强度和延伸率等。选择屈服强度 500 MPa 以上、延伸率大于 20% 的高强度或超高强度锚杆，必要时增加让压管。

（3）锚固参数。锚固参数包括锚固剂的型号、规格、锚固长度等。

锚固剂直径应与钻孔直径和锚杆直径相匹配。比较合理的锚固剂直径是比钻孔直径小 3～5 mm，杆体直径和钻孔直径之差应控制在 4～10 mm 之间。如 28 mm 直径的钻孔，采用 23 mm 直径的锚固剂。

锚杆锚固长度主要分为端部锚固、加长锚固和全长锚固。端部锚固的锚杆锚固长度小于 500 mm 或小于钻孔长度的 1/3；全长锚固的锚杆锚固长度不小于钻孔长度的 90%；加长锚固的锚杆锚固长度介于端部锚固和全长锚固之间。

端部锚固锚杆，锚杆拉力除锚固端外，沿长度方向是均匀分布的。在锚固范围内，任何部位岩层的离层都均匀地分散到整个杆体的长度上，杆体不易出现局部受力过大破断的情况，对围岩的大变形和离层适应性比较强，可以充分发挥锚杆的吸能作用；另外锚杆自由段长，锚杆预应力作用范围较大，形成的压应力区厚度较大，锚杆主动支护的作用可有效发挥。所以冲击地压巷道优先选用端锚形式，但前提是锚固段达到足够的黏结强度，保证锚固力大于锚杆的破断力，否则需加大锚固长度。

（4）锚杆、锚索的预应力。预应力是锚杆支护中的关键参数，对支护效果起着决定性作用。一般可选择锚杆预应力为杆体屈服载荷的 30%～60%。

锚索与锚杆相比，具有长度大、破断载荷高等特点，因此锚索的预应力应更大。锚索越长、直径越大、强度越高，施加的预应力应越大。根据我国煤矿巷道条件、现有锚索规格及张拉设备，锚索预应力一般应为其拉断载荷的 40%～60%。

（5）锚杆布置参数。布置参数主要指锚杆的密度，即间距与排距。在一定预应力条件下，锚杆间距过大，单根锚杆形成的压应力区彼此独立，锚杆之间出现较大范围的近零应力区，不能形成整体支护结构，主动支护效果较差；随着锚杆间距缩小，单根锚杆形成的压应力区逐渐靠近、相互叠加，锚杆之间的有效压应力区扩大，并连成一体，形成整体支护结构，锚杆预应力扩散到大部分锚固区域；当锚杆密度增加到一定程度，再增加支护密度，对有效压应力区扩大、锚杆预应力的扩散作用变得不明显，支护密度有一合理的值。

（6）钢带与网的参数。W 形钢带厚度为 3～5 mm，钢带宽度一般为 180～280 mm。实际应用时，可根据锚杆预应力、直径和强度等参数选择相适应的钢带参数。网选用菱形金属网，10 号铅丝，网格尺寸不大于 50 mm。

（7）锚索参数。小孔径树脂锚固预应力锚索参数主要包括锚索长度、直径，锚固长度、外露长度，锚索间、排距，锚索安装角度，预紧力与破断力，锚索组合构件形式、规格和强度等。

a. 锚索长度。锚索应将锚杆支护形成的预应力承载结构与深部围岩相连，发挥深部围岩的承载能力，提高预应力承载结构的稳定性。因此，锚索应锚固在围岩深部相对较稳定的岩层中。锚索长度的选取应与锚索的预应力相匹配，锚索越长，施加的预应力应越大。低预应力的长锚索支护效果比高预应力的短锚索差。

b. 锚索直径。考虑到锚索索体直径与钻孔直径（一般为 28 mm）的差值控制在 4～10 mm 之内有利于树脂药卷锚固效果的发挥，应优先选用直径 22 mm 锚索。

c. 锚固长度。考虑到岩性和施工等影响因素及安全系数，确定树脂锚固长度最小为 1.0 m，一般应为 1.5～2.5 m。

d. 锚索密度。锚索间、排距应结合锚索预应力选取，以与锚杆形成骨架网状预应力结构。但是，锚索支护密度不宜过大，否则会显著增加巷道支护成本，影响成巷速度。每 2～3 排锚杆布置 1～2 根大吨位锚索，基本能满足支护要求。

4.6.4　锚杆支护系统吸能校核

如前文所述，锚杆支护具有吸能作用，如果所设计的支护系统能吸收全部或部分冲击能，那么就有可能消除或减弱冲击灾害程度。

基于这一原理，对锚杆支护初始设计的吸收能量能力进行校核，考察支护吸收能量 E_Z 是否足够大以使剩余能量 E_b 小于 0。若满足，即式（4.15）成立，支护设计满足要求；否则，要重新设计，再进行能量校核，直到满足式（4.15）。锚杆支护系统吸收的能量等于各支护构件吸收能量的总和。

锚杆支护系统中，锚杆是最主要的吸能构件，其吸收能量可以由其工作特性曲线确定。如图 4.13 为锚杆的一般工作特性曲线，图中阴影的面积即其最大吸能值。钢带、网等其他

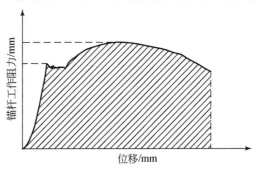

图 4.13　锚杆吸能理论计算图

构件的吸能值可以用类似方法获得。

考虑到一定的条件影响系数,计算得出煤矿常用支护材料的吸能参数,见表 4.5。

表 4.5　煤矿典型支护构件荷载及吸能参数

支护构件	屈服载荷/kN	破断载荷/kN	延伸率/%	吸收能量
BHRB335Φ20 螺纹钢锚杆	105	154	18	11.6 kJ/m
BHRB400Φ22 螺纹钢锚杆	152	179	18	15.9 kJ/m
BHRB500Φ22 螺纹钢锚杆	190	255	18	20.0 kJ/m
BHRB600Φ22 螺纹钢锚杆	228	304	18	24.0 kJ/m
BHRB600Φ25 螺纹钢锚杆	294	392	18	30.8 kJ/m
1×7 结构 Φ15.2 锚索		261	3.5	2.3 kJ/m
1×7 结构 Φ17.8 锚索		353	4	3.6 kJ/m
1×19 结构 Φ18 锚索		408	7	7.1 kJ/m
1×19 结构 Φ20 锚索		510	7	8.9 kJ/m
1×19 结构 Φ22 锚索		607	7	10.6 kJ/m
BHW-280-3.00 型 W 钢带				1.9 kJ/m
D40-20 让压管	150		压缩量 20 mm	3 kJ
菱形金属编织网				0.8 kJ/m²

4.7　冲击地压巷道支护技术展望

冲击地压巷道支护技术取得很大进步,但是还存在很多方面的难题亟待解决,冲击地压巷道支护技术的研究任重道远,需要在以下方面开展研究工作。

(1)进一步加强巷道冲击地压支护机理研究。目前的研究主要针对巷道冲击地压的发生机理和冲击地压对巷道围岩的破坏机理方面,而对冲击地压巷道支护机理的研究较少,远不能满足工程实践的要求,同时存在理论研究与工程需求脱节的问题。

(2)坚持辩证的冲击地压防治思维,标本兼治、"支-卸"协同。从降低围岩应力和改善围岩支护体力学特性两个方面入手,区域防治与局部解危相结合,卸压与支护相协调,提高围岩支护结构强度、刚度与降低其冲击倾向性相统一。统筹考虑巷道冲击地压的卸压和支护技术手段,通过采用区域压裂卸压和巷道围岩局部弱化卸压,既要达到卸压效果,又要减少对巷道围岩的劣化。

(3)加强冲击地压巷道支护实用技术的研究。目前的巷道防冲支护形式还不能满足工程需要,一些技术只是进行了初步的研究和工程实践,还没有相应的标准和评价体系。还需要花大力气开发新的支护形式和材料,形成结构简单、成本较低的抗冲击巷道支护定型产品,同时还要精细化研究冲击地压巷道合理的支护参数和布置形式,最终形成冲击地压巷道支护完整技术体系。

(4)分类分区综合治理,精准施策。由于矿井地质赋存条件复杂,生产工艺多样,不同区域的巷道冲击危险性和显现形式不同,应根据巷道冲击地压特性和强度等级,选取一种或多种防冲技术手段,动态调配,适时实施,对症下药,综合治理。

(5)提升监测和预警水平,防患未然。在冲击地压技术不够完善的背景下,超前预测预报就显得尤为重要,通过监测不但可预警巷道冲击危险性,还能综合评估支护结构的抗冲击能力。目前的冲击地压监测多重视矿井和工作面的监测、预警,而缺乏巷道尺度的监测、预警手段,应充分吸收现代信息技术最新成果,按照可视化、智能化、精准化的发展目标,加快开发巷道尺度的矿压监测系统,实现巷道尺度内冲击地压发生瞬间围岩应力、震动、支护体受力及变形的监测。

(6)发展智能采掘支护技术,实现"无人则安"。冲击地压具有突发性强、破坏性强的特点,实现智能化采掘支护是解决井下人员安全问题的根本途径。冲击地压巷道迫切需要实现智能开采、无人开采。巷道掘进迎头和工作面端头超前区域是最危险区域,并且该区域人员聚集,风险大,应加快开发冲击地压巷道智能化掘进系统。同时,要研发冲击地压工作面端头智能化超前支护系统,实现超前支护系统的自主控制。

参 考 文 献

[1] 潘一山,王来贵,章梦涛,等. 断层冲击地压发生的理论与试验研究[J]. 岩石力学与工程学报,1998,17(6): 642-649.

[2] 缪协兴,安里千,翟明华,等. 岩(煤)壁中滑移裂纹扩展的冲击矿压模型[J]. 中国矿业大学学报,1999,28(2): 113-117.

[3] 尹光志,鲜学福,金立平,等. 地应力对冲击地压的影响及冲击危险区域评价的研究[J]. 煤炭学报,1997,22(2): 132-137.

[4] 谭云亮,张修峰,肖自义,等. 冲击地压主控因素及孕灾机制[J]. 煤炭学报,2024,49(1): 367-379.

[5] 潘 岳,解金玉,顾善发. 非均匀围压下矿井断层冲击地压的突变理论分析[J]. 岩石力学与工程学报,2001,20(3): 310-314.

[6] 齐庆新,陈尚本,王怀新,等. 冲击地压、岩爆、矿震的关系及其数值模拟研究[J]. 岩石力学与工程学报,2003,22(11): 1852-1858.

[7] 窦林名,陆菜平,牟宗龙,等. 冲击矿压的强度弱化减冲理论及其应用[J]. 煤炭学报,2005,30(5): 690-694.

[8] 邹德蕴,刘先贵. 冲击地压和突出的统一预测及防治技术[J]. 矿业研究与开发,2002,22(1): 16-19.

[9] 潘立友,蒋宇静,李兴伟,等. 煤层冲击地压的扩容理论[J]. 岩石力学与工程学报,2002,21(增 2): 2301-2303.

[10] 陆菜平;窦林名;吴兴荣;煤岩动力灾害的弱化控制机理及其实践[J]. 中国矿业大学学报,2006,35(3): 301-305.

[11] 华安增. 地下工程周围岩体能量分析[J]. 岩石力学与工程学报,2003,22(7): 1054-1059.

[12] 李世愚,和雪松,潘科,等. 矿山地震、瓦斯突出、煤岩体破裂——煤矿安全中的科学问题[J]. 物理,2007,36 (2): 136-145.

[13] 成云海,梁运培,张淑同,等. 基于电磁辐射监测防止钻孔诱发冲击地压的研究[J]. 矿业安全与环保,2005,32(6): 24-25.

［14］王述红, 刘建新, 唐春安, 等. 煤岩开采过程冲击地压发生机理及数值模拟研究[J]. 岩石力学与工程学报, 2002, 21(增 2): 2480-2483 .

［15］李新元. "围岩–煤体"系统失稳破坏及冲击地压预测的探讨[J]. 中国矿业大学学报, 2000, 29(6): 633-636.

［16］鞠文君. 冲击地压巷道锚杆支护作用原理[J]. 煤矿开采,2009, 14(3): 59-61.

［17］孙忠辉. 冲击地压矿井煤巷锚杆支护研究[J]. 建井技术, 2000, 21(1): 27-29.

［18］鞠文君, 魏东, 李前, 等. 急倾斜特厚煤层水平分层开采煤巷锚杆支护技术[J]. 煤炭科学技术, 2006, 34(5): 46-49 .

［19］康红普, 等. 煤巷锚杆支护理论与成套技术[M]. 北京: 煤炭工业出版社, 2007: 20-21.

［20］李中伟, 鞠文君. 高强度锚杆冲击吸收功与失效应变关系的数值仿真研究[J]. 煤矿开采, 2013, 18(1): 50-53.

［21］付玉凯, 鞠文君, 吴拥政, 等. 高冲击韧性锚杆吸能减冲原理及应用研究[J]. 煤炭科学技术, 2019, 47(11): 68-75.

［22］吴拥政, 康红普, 丁吉, 等. 超高强热处理锚杆开发与实践[J]. 煤炭学报, 2015, 40(2): 308-313.

［23］林健, 吴拥政, 丁吉, 等. 冲击矿压巷道支护锚杆杆体材料优选[J]. 煤炭学报, 2016, 41(3): 552-556.

［24］何满潮, 李晨, 宫伟力, 等. NPR 锚杆/ 索支护原理及大变形控制技术[J]. 岩石力学与工程学报, 2016, 35(8): 1513-1529.

［25］殷福龙. 套管膨胀式让压锚杆及其支护特性研究[D]. 阜新: 辽宁工程技术大学, 2019.

［26］鞠文君. 煤矿巷道支护动态信息设计法[J]. 中国安全科学学报, 2006, 16(2): 99-102.

［27］鞠文君. 冲击矿压巷道支护能量校核设计法[J]. 煤矿开采, 2011, 16(3): 81-83.

第5章 冲击地压巷道支护材料

由于其特殊的矿压显现特点，冲击地压巷道围岩支护相较于普通巷道困难，围岩在动载荷作用下易产生大变形，特别是瞬时变形。因此，冲击地压巷道支护材料应能适应冲击动载环境，这对支护材料的性能提出了更高的要求。本章主要对目前使用的锚杆、锚索及金属网等支护材料进行动载测试，得到不同材质、规格材料的动态力学响应特征，提出了冲击地压巷道支护材料应具备的性能，并给出了相关支护建议。

5.1 冲击地压巷道支护材料的特性分析

5.1.1 高冲击韧性锚杆

冲击地压发生后，主要产生应力波，巷道开挖导致围岩节理裂隙发育，大大降低了煤岩体的整体性。应力波会在围岩裂隙表层发生反射、透射及散射现象，进一步放大了应力波的幅值，从而增大了煤岩体对冲击载荷的敏感性。高冲击韧性锚杆可有效提高裂隙附近煤岩体的黏结力和抗滑力，使裂隙煤岩体的敏感应变率向完整岩体靠近。此外，完好岩体的敏感应变率一般高于应力波的应变率，节理和裂隙的存在，大大降低了煤岩体的整体性，从而使敏感应变率接近应力波应变率，进而增强了裂隙煤岩体的塑性变形。高冲击韧性锚杆使裂隙煤岩体的敏感应变率远离应力波的应变率，从而提高煤岩体的抗冲击能力。

高冲击韧性锚杆具有高强度、高冲击韧性及高延伸率，可以经受冲击地压所产生的动载，杆体可以在高强度下屈服吸能，具有良好的吸能减冲特性，且不易破断，提高了煤岩体发生破坏的临界力，增强了煤岩体的稳定性。

5.1.2 锚索

高冲击韧性锚杆加固围岩属于浅部控制，当冲击地压能量较大时，加固体易出现整体垮落破坏，不能有效控制冲击地压灾害。采用高强度锚索，使锚杆加固体和深部岩体形成复合抗冲击体，增大围岩承载结构，增加锚固层厚度和强度，从而有利于巷道围岩结构的整体稳定，且锚索使浅部岩体和深部岩体共同承载，可有效抵抗应力波的冲击破坏。预应力高强度锚索可以提供较大的承载载荷，且高强度锚索可以使锚杆加固体和深部岩体协调变形，避免锚杆加固体的不协调变形而产生离层。

锚索延伸率低，抗变形能力差，与锚杆所形成的支护结构不适应，易发生冲击破断，所以锚索长度不宜过长，控制在3～6 m。预紧力要适当提高，高预紧力锚索锚固范围内的岩层变形量通常较小，锚索也不易拉断。尽可能采用高强度、高延伸率锚索，做到锚索和锚杆力学性能的匹配。

5.1.3　金属网

巷道支护经常使用的金属网主要菱形网、经纬网、钢筋网及塑料网等，钢筋网一般由 8~12 mm 的钢筋焊接而成，强度高、刚度大，受到冲击载荷时，网丝容易断裂，偶尔也伴随着焊接点开裂，让压能力差，且联网点强度通常较低，吸收能量较差。菱形网由 8#铁丝编制而成，网孔 40×40 mm，强度高，易铺设，使用时通过张拉可以给围岩提供一定的压应力，其能量吸收通常可以达到钢筋网的 1.5 倍，然而菱形网一旦一根金属丝断裂，围岩就会垮落破坏。经纬网刚度大，变形能量差，铺设比较困难，当网片受力过大时，受力过大处的网丝会逐渐散开，形成漏洞，但菱形网的强度利用效率比较高，通常可以达到 70%以上[1]。塑料网强度低，抗拉能力差，容易撕裂破断，不建议在冲击地压巷道中使用。

在冲击地压巷道支护中，可以根据实际情况，综合选择金属网。对于围岩强度较高的冲击地压巷道，建议采用铁丝直径较大的菱形网或者双层菱形网，菱形网能起到让压缓冲和形成"网兜"吸能的特性，且还可以防止煤岩块崩落伤人。对于围岩强度低、较破碎的冲击地压巷道，宜采用双层经纬网，双层经纬网刚度大，可以使巷道围岩保持整体性，当冲击发生时，支护结构整体让压缓冲吸能，不易形成"网兜"。

基于以上分析，本章开展锚杆支护材料的优化选择试验研究，寻求适应于冲击地压巷道的锚杆、锚索及金属网等材料。

5.2　高冲击韧性锚杆的抗冲击性能试验研究

锚杆支护已成为国内外煤矿巷道的主要支护方式，具有工艺简单、支护效果好、支护成本低等优点。随着煤矿地质条件越来越复杂，锚杆材质已成为严重制约锚杆支护技术发展的突出问题。尤其是冲击地压巷道，一旦发生冲击地压，锚杆易发生破断，导致巷道围岩失稳破坏，最终造成大量的人员伤亡和财产损失。根据现场推测，锚杆受冲击破断可能与材料的冲击吸收功密切相关。

冲击吸收功是指规定形状和尺寸的试样在冲击力一次作用下折断时所吸收的功，它是评价材料冲击韧性性能的一项重要指标[2]。但两者也有区别，冲击韧性是指材料在冲击载荷作用下吸收塑性变形功和断裂功的能力。由于实验室及现场试验条件的局限性，冲击吸收功与锚杆冲击断裂的关系研究较少，李中伟等曾对高强度锚杆冲击吸收功与失效应变关系进行了研究，并得到了锚杆钢材失效应变与冲击吸收功的线性关系式[3]。吴拥政等对锚杆脆性破断机理进行了研究，认为强度低、夹杂物含量高、冲击韧性不足、抗冲击能力不够是造成锚杆杆体脆断的重要原因[4]。

最近几年国内在高冲击韧性锚杆方面的研究取得了一定的成果，但是目前对于冲击载荷作用下，高冲击韧性锚杆的动态力学性能研究较少，对锚杆冲击吸收功与破断耗散能之间的关系认识不清。从冲击地压巷道现场锚杆破断情况来看，当锚杆锚固区为复合岩层或破碎岩层时，锚杆易发生动载剪切破断；当锚固区为完整岩体时，锚杆易发生动载拉伸破断。基于冲击地压巷道锚杆的不同破断方式，本章采用自由落锤冲击试验装置对不同冲击韧性的锚杆进行侧向和轴向抗冲击性能试验，观察不同工况条件下锚杆的失效模式，记录了锚杆冲击过程中的冲击力和表面应变时程曲线，计算得出锚杆冲击破断能，分析锚杆力学参数和冲击吸收功与锚杆破断耗散能之间的关系。最后，从化学成分、断口和金相组织等方面揭示锚杆的抗冲击机理。

5.2.1 材料性能试验

锚杆材质的力学性能对其抗冲击性能有直接的影响，也是其抗冲击性能分析的依据。因此，抗冲击试验之前首先对锚杆材料的力学性能进行测定，测定内容为：① 锚杆的抗拉强度、屈服强度、断面收缩率及断后延伸率等力学性能参数；② 锚杆材质的冲击吸收功。测试步骤和测试结果如下。

1. 锚杆力学性能测试

锚杆拉伸试验是为了测试不同冲击吸收功锚杆的抗拉强度、屈服强度、断面收缩率及断后延伸率等参数。通过测定这些参数，为锚杆的抗冲击性能试验研究打下基础。

1）试验方法及设备

根据《金属材料拉伸试验》（GB/T228.1—2021）规定采用不经加工的比例试样，原始标距与横截面积的关系为：$L_0 = k\sqrt{S_0}$，式中 L_0 为原始标距，$k=5.65$ 为比例系数，S_0 为原始截面积。试验机两夹头间应有足够的自由长度，使试样原始标距的标记距夹头间的距离不小于 $\sqrt{S_0}$。试样断裂后测量其断后伸长率和断面收缩率。

拉伸试验采用吉林省金力试验技术有限公司生产的 JAW 系列微机控制电液伺服钢绞线万能试验机 JAW-1500。此试验机的工作条件是在室温 10～35℃范围内，最大试验力 1500 kN，试样的夹持长度 220 mm，拉伸钳口间最大距离 900 mm，试样夹持直径 Φ13～28 mm，液压夹持，位移等速率控制范围为 0.5～50 mm/min，杆体拉伸试验如图 5.1 所示。

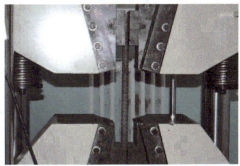

图 5.1 杆体拉伸试验

2）试样制备

杆体段试样直径为 Φ22 mm，总长度为 500 mm，其中原始标距 110 mm。为了确保拉伸过程中夹具不发生滑动，夹持长度定为 100 mm。原始标距设置方式为：在试样的中点打一个标记点并用粉笔涂白，然后向两边每隔 55 mm 打一个标记点，每侧打三个标记点，标记总长度 330 mm。然后从两边分别量取 100 mm 长度打上点作为夹持段。试验结束后，选取断裂位置在 3 个标记点中部的标记点，测量杆体的断后伸长率及断面收缩率。

3）试验结果

通过对五种不同类型的锚杆进行静载拉伸试验，试验结果如表 5.1 所示。

表 5.1　不同锚杆杆体的物理力学参数

锚杆型号	断后伸长率/%	断面收缩率/%	屈服强度//MPa	抗拉强度/MPa
甲厂屈服强度 500 MPa 螺纹钢锚杆/MG1-500	23.0	57.5	615	785
	23.5	57.0	590	770
	24.5	66.5	620	785
乙厂屈服强度 500 MPa 螺纹钢锚杆/MG2-500	24.1	57.2	595	775
	22.7	59.0	585	760
	22.9	60.7	555	725
丙厂屈服强度 500 MPa 螺纹钢锚杆/MGR3-500	23.0	64.0	555	695
	21.0	64.0	585	720
	24.0	61.0	580	715
丁厂屈服强度 500 MPa 螺纹钢锚杆/MG4-500	28.5	62.5	500	700
	24.5	62.0	520	715
	24.5	62.0	520	715
戊厂屈服强度 600 MPa 螺纹钢锚杆/MGR5-600	22.0	70.8	660	780
	21.5	69.7	650	775
	—	69.9	670	795

注：试件编号由字母和数字组成，其中，MG1 代表甲厂所生产锚杆，MGR 代表热处理锚杆，其他与此类似；数字 500 或者 600 代表屈服强度，一表示破断位置未在标距内。

可以看出，五种不同锚杆的断后延伸率差别不大，MG4-500 锚杆断后延伸率最大，而 MGR5-600 锚杆的断后延伸率最小；锚杆的断面收缩率与断后延伸率对应较差，如 MGR5-600 锚杆的断后延伸率最小，而其断面收缩率反而最大，这主要是由于在拉伸应力小于抗拉强度值 σ_b 时，试样基本上是均匀变形，即塑性变形在整个试样轴向上基本均匀；但在拉伸的后期 σ_b 点以后，试样出现"径缩"，此时试样非均匀变形，局部直径急剧减小、长度增加，最后断裂。这时的延伸率表示长度变化，断面收缩率表示断面变化，由于存在不均匀变形，不能准确反映材料的真实均匀塑性。而对于脆性材料如灰铸铁，由于拉伸过程不存在明显的"径缩"，所以两者都能比较准确地反映材料的真实变形情况。所以，两者对于塑性真实性的反映实质上是相同的，通常在实际应用时，断后延伸率指标测量准确度更高，是塑性的主要表达指标；五种锚杆中只有 MG4-500 锚杆的屈服强度接近于 500 MPa，其他三种 500 号锚杆的屈服强度均较大，接近于 600 MPa，尤其是 MGR5-600 锚杆，其屈服强度达到 660 MPa，屈服强度的提高，其塑性会相应降低，所以 MGR5-600 锚杆的断后延伸率最小。

2. 锚杆冲击吸收功测试

冲击吸收功是指具有一定尺寸和形状的金属试样，在冲击负荷作用下折断时所吸收的功。通常采用夏比冲击试验装置测定。夏比冲击试验装置可以动态测定材料的韧脆性。摆锤试验冲击吸收功 A_k 的测量原理如图 5.2 所示,利用摆锤在冲击试样前后的能量差来确定。夏比试验冲击吸收功的测量公式为

$$A_k = M(\cos b - \cos a) \tag{5.1}$$

式中，M 为摆锤力矩；b 为落角；a 为升角。

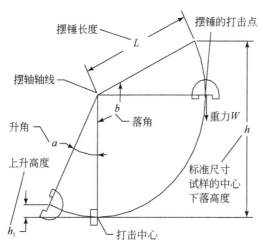

图 5.2　摆锤试验机的工作原理

试样制作时需要加工缺口，试样缺口分为 U 形和 V 形缺口，缺口形状及尺寸主要有三个参数：缺口根部曲率半径、缺口深度和缺口角度，这三个参数决定着缺口附近的应力集中程度，从而影响试样吸收的能量。制造缺口的目的是使材料内部各种微小的变化敏感地反映在冲击韧性方面。缺口试样在承受冲击载荷后会在缺口附近产生应力集中和应变集中，改变了缺口前后的应力分布，形成三向不等应力状态，在此状态下塑性变形受到不同程度约束，因而缺口促进了材料的脆化。U 形缺口试样使用不多，主要由于 U 形缺口根部曲率半径较大，应力状态对塑性变形的约束比 V 形缺口小，其通常用于韧性较低的材料。本次冲击吸收功测定采用 V 形缺口，缺口根部曲率半径为 0.25 mm，缺口深度 2 mm，缺口角度为45°，锚杆冲击吸收功测试试样如图 5.3 所示。

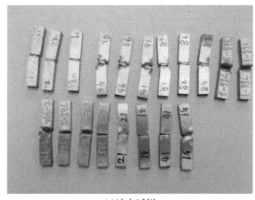

(a)冲击试样　　　　　　　　　　　　　(b)甲、乙、丙厂冲击试样断面图

(c)丁厂冲击试样断面图

图 5.3　锚杆冲击吸收功测试试样

　　分别从五个厂家取屈服强度 500 MPa 和 600 MPa 的螺纹钢锚杆，为了区分不同厂家的锚杆，厂家的编号为 MG1-500、MG2-500、MGR3-500、MG4-500、MGR5-600，其中 1、2、3、4、5 分别表示不同厂家，500 表示是轧制后屈服强度为 500 MPa，MGR3-500 锚杆是屈服强度 335 MPa 锚杆经过热处理调质为屈服强度 500 MPa 锚杆，MGR5-600 是由屈服强度为 335 MPa 锚杆经过热处理调质为屈服强度 600 MPa 锚杆。从甲厂取 3 根、乙厂取 6 根、丙厂取 3 根、丁厂取 4 根，戊厂取 3 根，每根截取 100 mm 做好标记，送至国家钢铁材料测试中心进行冲击吸收功测试，试验温度 20° 左右。测试结果见表 5.2 所示。

表 5.2　锚杆钢材的冲击吸收功

锚杆型号	测试温度/℃	冲击吸收功/J	冲击吸收功平均值/J
甲厂屈服强度 500 MPa 螺纹钢锚杆/MG1-500	20	52	
甲厂屈服强度 500 MPa 螺纹钢锚杆/MG1-500	20	72	66
甲厂屈服强度 500 MPa 螺纹钢锚杆/MG1-500	20	75	
乙厂屈服强度 500 MPa 螺纹钢锚杆/MG2-500	23	19	
乙厂屈服强度 500 MPa 螺纹钢锚杆/MG2-500	20	20	
乙厂屈服强度 500 MPa 螺纹钢锚杆/MG2-500	20	30	40
乙厂屈服强度 500 MPa 螺纹钢锚杆/MG2-500	23	43	
乙厂屈服强度 500 MPa 螺纹钢锚杆/MG2-500	20	51	
乙厂屈服强度 500 MPa 螺纹钢锚杆/MG2-500	23	76	
丙厂屈服强度 500 MPa 螺纹钢锚杆/MGR3-500	20	144	
丙厂屈服强度 500 MPa 螺纹钢锚杆/MGR3-500	20	146	152
丙厂屈服强度 500 MPa 螺纹钢锚杆/MGR3-500	20	165	
丁厂屈服强度 500 MPa 螺纹钢锚杆/MG4-500	23	87	
丁厂屈服强度 500 MPa 螺纹钢锚杆/MG4-500	20	93	99
丁厂屈服强度 500 MPa 螺纹钢锚杆/MG4-500	23	104	
丁厂屈服强度 500 MPa 螺纹钢锚杆/MG4-500	23	112	

锚杆型号	测试温度/℃	冲击吸收功/J	冲击吸收功平均值/J
戊厂屈服强度 600 MPa 螺纹钢锚杆/MGR5-600	20	176	
戊厂屈服强度 600 MPa 螺纹钢锚杆/MGR5-600	20	160	167
戊厂屈服强度 600 MPa 螺纹钢锚杆/MGR5-600	20	165	

注：试件编号由字母和数字组成，其中，MG1 代表甲厂所生产锚杆，MGR 代表热处理锚杆，其他与此类似；数字 500 或者 600 代表屈服强度。

从表 5.2 可以看出，五个厂家锚杆的冲击吸收功差别较大，MGR5-600 锚杆冲击吸收功最大，平均值达到 167J；MG2-500 锚杆冲击吸收功最小，平均仅 40J。冲击吸收功的差异主要由材质内在质量的影响，如化学成分、轧制生产工艺。不同的轧制工艺，其材质组织和金相差别较大，严重影响其冲击吸收功大小。由于生产过程中对材质质量控制较差，同一根锚杆不同部位的冲击吸收功差别也较大，如 MG2-500 锚杆。热处理可以改变钢材的性能，均匀并细化铁素体和珠光体组织，珠光体和铁素体组织尺寸细小，在相同面积上的晶界就比较多，可以增加裂纹形成的难度并阻碍裂纹的扩展，从而提高了钢的冲击吸收功[5]，如 MGR3-500 和 MGR5-600 锚杆。

5.2.2　试验方案及试验系统

1. 试验方案

1）试样制作

以上述五种不同冲击韧性的锚杆为试验对象，并结合落锤试验机的冲击能力，设计并制作了 25 根锚杆试样进行落锤冲击力学性能试验，按照落锤自由落体进行冲击加载，把锚杆按照不同的生产厂家分为五组，每组锚杆分为五个不同冲击能量进行冲击试验，锚杆直径均为 Φ22 mm，长度为 800 mm。试验参数包括冲击能量、冲击力时程曲线、试样轴向应变等指标，每组试样分别设置五种冲击高度进行落锤冲击。根据国内外现场经验可知，发生冲击地压时，巷道围岩的冲击弹射速度在 3～10 m/s 之间，其对应的落锤高度为 0.45～5 m。因此，本次试验的冲击高度分别设定为 1.0 m、2.0 m、3.0 m、3.5 m、4.0 m。试样均采用固支的方式进行固定，每侧固支 50 mm，并用高强螺母拧紧，预紧扭矩定为 300 N·m。试样照片见图 5.4 所示，由于五组试样照片外貌基本相同，所以仅列出 MG4-500 和 MGR5-600 两种锚杆。试样布置如图 5.5 和图 5.6 所示。

2）测点布置及测量内容

试验过程中，通过设置在锤头中的传感器可以实时测量锤头的冲击力。为了能测量锚杆在冲击载荷作用下杆体上的应变变化情况，在距离试样中心位置左侧 150 mm 上方的位置，先后采用粗细砂纸打磨光亮，再用酒精擦拭除去杂质，用 A、B 胶贴上应变片，以备试验使用。

3）试验步骤

试验时，首先将试样置于支座上，调整试样的位置使试样中点与锤头对中，保证锤头对试样所施加的荷载为中心荷载，对中完毕后，左右两端同时安装螺母，拧紧螺母至预定

图 5.4　MG4-500 与 MGR5-600 试样照片

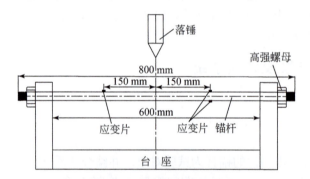

图 5.5　试验支撑装置结构图

图 5.6　试验支撑装置实物图

扭矩。试样固定完成后，把应变片上的铜线用锡焊接到延长线上，然后再把延长线接入采集系统，并进行调试，检查应变片和各种传感器是否正常，将试样对应加载质量的落锤提升到相应高度，然后打开触发装置，落锤自由下落撞击杆体。

2. 试验设备

1）落锤试验机

本次冲击试验是在太原理工大学自行研制的 DHR9401 落锤式冲击试验机上完成的，如图 5.7 所示。DHR9401 落锤式冲击试验机高达 13.47 m，有效落距 12.60 m，相应冲击速度最高可达 15.70 m/s，能满足大范围内低速冲击试验的要求。落锤质量可在 2～250 kg 范围内任意调整，与不同高度相匹配，可满足不同冲击能量的要求。试验机架是由两个竖立的格构式钢柱和刚性横梁组成的门式钢架，钢架有多道支撑与周围建筑物相连，具有很好的整体刚度。机架底部有大体积的混凝土基础，基础和地基之间设置了黄砂垫层，隔振性能良好，落锤冲击时周围仪器不会受到影响。基础上放有 500 mm 厚的钢平台作为试件放置平台，其上设有凹槽可根据试验需要安装不同类型的支座。钢架柱的内侧设置有钢轨滑道，滑道经磨削加工，光洁度为 0.8，带有"V"形槽的落锤与轨道采用滑动配合，轨道沿整个高度方向误差仅 2 mm，锤体下落平稳，落锤冲击速度重复性很好，与计算相比误差在 2 ‰以内。落锤由电动机驱动小型卷扬机提升，释放采用电磁自动控制机构，操作方便，安全可靠。

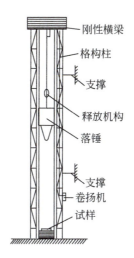

刚性横梁
格构柱
支撑
释放机构
落锤
支撑
卷扬机
试样

图 5.7   落锤式冲击试验机实物图和结构图

落锤由 45# 锻钢制成，为了使落锤在导轨内升降，将其设计成带凹槽的"H"形，其形状及几何尺寸详见图 5.7。试验中可以通过组装不同质量的落锤和调整落锤高度来满足试验中需要的冲击能量。根据冲击动力学相关知识可知，两端固定时直径为 22 mm 低碳钢杆体破断的能量在 10000 J 左右，需要的冲击能量较大，所以采用四块落锤组装在一起，再加上冲击头和固定在落锤与冲击头之间冲击力传感器的重量，总重为 262.8 kg。

冲击头由硬度为 64HRC 的铬 15 制成，质量 5.26 kg，图 5.8 给出了冲击头的形状及几何尺寸。冲击头与落锤之间放置冲击力传感器，用于记录冲击力时程曲线，落锤、冲击力传感器和冲击头两两之间通过螺栓连接。

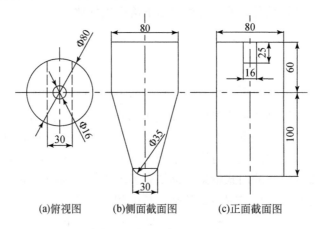

　　　　(a)俯视图　　　　(b)侧面截面图　　　　(c)正面截面图

图 5.8　冲击头形状及几何尺寸（单位：mm）

2）测量系统

　　试验过程中主要记录冲击力时程曲线，轴向应变时程曲线和试件的最终变形模式，并测量了距试样中部不同距离的挠度。其中冲击力时程曲线由固定在落锤和冲击头之间的力传感器测定，传感器信号通过应变，放大器调幅后，由 TDS420 动态数据存储示波器记录并保存。

　　应变片用来记录锚杆杆体表面应变大小，当试样受到外力作用时，测点产生的变形通过黏结剂和基底传递给应变片的敏感栅，于是敏感栅产生变形，从而引起电阻变化，这样就把测点的变形转化为与之成比例的电学参数，该比例常数就是应变片的灵敏度系数 k。通过惠斯通电桥测出电阻的变化，就可换算出相应的应变值，测量一般采用等臂电桥。应变片采用浙江黄岩测试仪器厂生产的 BX120-3BA 型电阻应变计，电阻为 $120 \pm 0.30 \, \Omega$，栅长×栅宽为 3 mm×2 mm，灵敏度系数为 2.08%±1%。

3）高速摄像仪

　　为了解试样在冲击荷载作用下发生破坏的全过程及记录试样位移时程曲线，采用奥林巴斯公司生产的 Olympus 高速摄像仪全程记录下试样受冲击的全过程。高速摄影仪采用手动触发模式，当落锤冲击试样时，立即触发高速摄像功能，高速摄像仪可以采集触发前后一段时间内的照片。手动触发高速摄像仪可以完全保证每次摄影的成功率及一致性，高速摄像时，为了得到试样与锤头接触点的时间位移曲线，需要在试样中部设置一个白色定位点，后续采用 i-SPEED 软件对摄像进行处理时，可以获取时间位移曲线。由于试验地点较暗，试验时须开启钨丝灯，以增大光圈进光量。Olympus 高速摄像仪拍摄可选速度及分辨率，本次试验拍摄所选速度及分辨率分别为 5000 fps、1280×960 像素，并采用预触发模式，设置触发点时间，可记录下触发点之前的影像，从而完整记录整个试验过程。图像采集完成后通过接口与计算机连接传送数据，然后再用 i-SPEED 软件进行数据分析，图 5.9 为试验采用的高速摄像仪。

4）数据采集系统

数据采集系统由传感器、电荷放大器、数字示波器及计算机等组成，本试验采用 TDS420A 数字示波器。TDS420A 数字示波器是一个强有力的信号分析仪器，它除了储存波形、采集瞬态信号以外，还具有综合的波形处理和分析功能，并可实时获取试验数据，提供现场波形测量和分析功能。其数字处理结构如图 5.10 所示：

图 5.9　Olympus 高速摄像仪

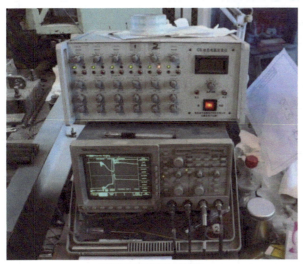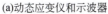

(a)动态应变仪和示波器　　　　　　　　(b)冲击力传感器设置

图 5.10　示波器和传感器设置图

5.2.3　两端固支锚杆侧向抗冲击性能试验结果分析

两端固定约束试样试验结果如表 5.3 所示。试验温度和预紧扭矩均采用定值，由于目前试验落锤冲击还未制定合理的标准，本试验部分试验方法按照《金属材料　夏比 V 型缺口摆锤冲击试验　仪器化试验方法》（GB/T19748-2005）[6] 进行，试样长度 800 mm，自由长度 600 mm，直径 22 mm，共五组试样，其试验结果汇总见表 5.3。

1. 试样破坏形态分析

图 5.11 分别给出了冲击试验结束后试样整体变形情况及挠度曲线，由图可见，各试样均发生了不同程度的整体弯曲变形或冲击破断，且随着冲击能量的增大，整体弯曲变形呈明显增大趋势。

表 5.3　试验结果汇总

试样编号	直径/mm	温度/℃	冲击高度/mm	能量/J	破断能/J	力峰值/kN	冲击时间/ms	破坏情况
MG1-500-1000			1000	2575	—	—	—	—
MG1-500-2000			2000	5151	—	136	22.55	弯曲
MG1-500-3000	22	32	3000	7726	—	159	21.56	弯曲
MG1-500-3500			3500	9014	6220	154	13.78	破断
MG1-500-4000			4000	10302	—	—	—	—
MG2-500-1000			1000	2575	—	94	21.04	弯曲
MG2-500-2000			2000	5151	—	133	22.30	弯曲
MG2-500-3000	22	32	3000	7726	5878	139	17.67	破断
MG2-500-3500			3500	9014	—	—	—	—
MG2-500-4000			4000	10302	—	—	—	—
MGR3-500-1000			1000	2575	—	90	25.55	弯曲
MGR3-500-2000			2000	5151	—	129	22.68	弯曲
MGR3-500-3000	22	32	3000	7726	—	150	21.79	弯曲
MGR3-500-3500			3500	9014	—	148	21.39	弯曲
MGR3-500-4000			4000	10302	6966	157	14.38	破断
MG4-500-1000			1000	2575	—	90	26.18	弯曲
MG4-500-2000			2000	5151	—	125	23.18	弯曲
MG4-500-3000	22	32	3000	7726	—	146	21.92	弯曲
MG4-500-3500			3500	9014	—	148	21.79	弯曲
MG4-500-4000			4000	10302	9036	161	21.47	破断
MGR5-600-1000			1000	2575	—	84	25.94	弯曲
MGR5-600-2000			2000	5151	—	140	21.80	弯曲
MGR5-600-3000	22	32	3000	7726	—	166	20.79	弯曲
MGR5-600-3500			3500	9014	—	166	20.55	弯曲
MGR5-600-4000			4000	10302	7657	166	13.10	破断

注：试样编号由字母和数字组成，其中，MG1 代表甲厂所生产锚杆，MGR 代表热处理锚杆，其他与此类似；数字 500 或者 600 代表屈服强度，1000~4000 代表落锤高度；温度表示试验场所室温，平均 32℃；力峰值是指冲击力时程曲线最大值，— 表示未测试；冲击时间是指试样与冲击锤头相互作用时间。

由图 5.11 所示中部变形和固支处变形情况可知，随着冲击能量的增高，试样将出现明显的弯曲变形和剪切变形，试样冲击点下表面和固支点上表面氧化层沿 45°方向脱落程度增大，局部变形主要集中在固支点和冲击点处，且分别在两端固支点和冲击点形成三个塑性铰，五种不同的试样在某同一能量下冲击，其抗冲击性能明显不同。MG2 锚杆抗冲击能力最弱，在 3 m 高度的冲击下，发生了破断；而 MG4 锚杆抗冲击能力最强，锚杆在 4 m 冲击下，接近破断；MG1 锚杆在 3.5 m 冲击高度时发生破断，其余两种锚杆在 4 m 高度下进行冲击，均发生了冲击破断，这说明不同的锚杆抵抗冲击的能力是不同的，MG4-500 锚杆表现出良好的抗冲击性能。总的来说，除了 MG4 锚杆外，其他锚杆基体材料的冲击吸收功越高，其抗冲击性能越强。MG4 锚杆的冲击吸收功为 99 J，小于 MGR3 和 MGR5 锚杆的冲击吸收功，但是其抗冲击性能最强，这主要是由于 MG4 锚杆的断后延伸率最大，从表 3.1 可知，延伸率对锚杆的抗冲击性能影响较大。除此之外，MG4 锚杆在生产过程中，采取降低开轧温度及控制冷却速度为主，优化成分、适度控制钢的洁净度的生产工艺，也提高了锚杆的抗冲击性能。

图 5.11 中给出的挠度可以看出，不同试样在冲击荷载作用下沿跨度方向的挠曲变形差别不大，通过与正弦半波曲线对比，可见冲击荷载作用下试件挠曲变形与正弦半波或三角波曲线吻合良好，尤其是低能量冲击载荷作用下，拟合程度更高。

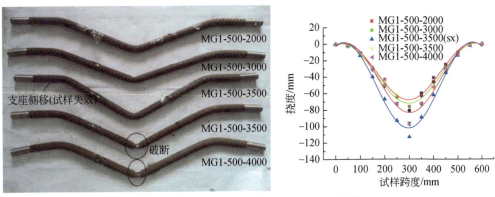

(a)MG1-500锚杆侧向冲击挠度变形(sx表示试验失效)

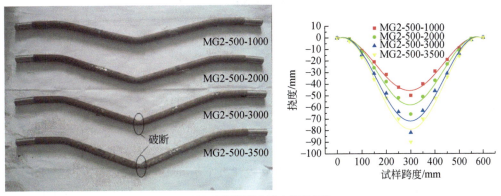

(b)MG2-500锚杆侧向冲击挠度变形

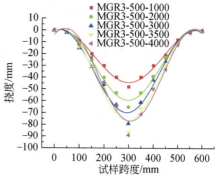

(c)MGR3-500锚杆侧向冲击挠度变形

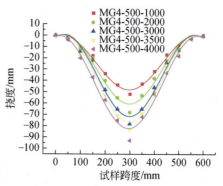

(d)MG4-500锚杆侧向冲击挠度变形

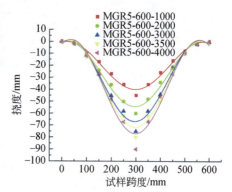

(e)MGR5-600锚杆侧向冲击挠度变形

图 5.11　五组试样整体冲击变形情况

2. 不同冲击能量下锚杆的冲击力时程曲线分析

　　试验共进行了五组试样，每组试样分别设计五个不同等级冲击能量，为了分析试样对不同能量冲击下的动态响应，对 MGR3-500 的锚杆进行了五个不同能量的侧向冲击，不同能量下试样的侧向冲击力时程曲线如图 5.12 所示。

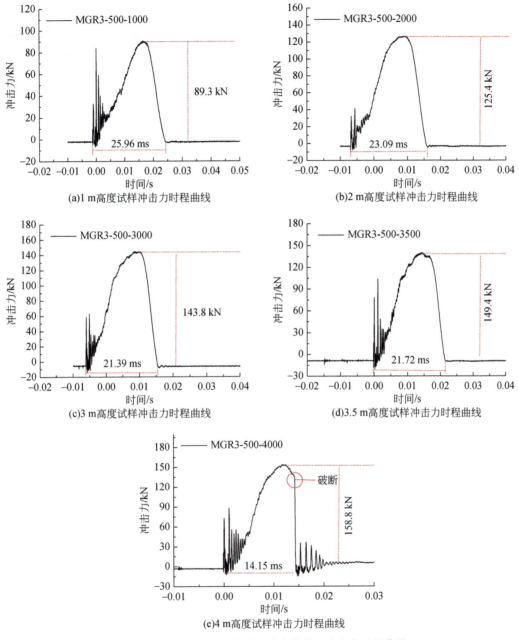

图 5.12 MGR3-500 锚杆不同冲击能量下冲击力时程曲线

从图 5.12 中可以看出：

（1）各冲击力时程曲线基本相似，冲击力时程曲线明显划分成三个阶段：冲击力震荡阶段——落锤刚接触锚杆的瞬间，锤头与锚杆为点接触，接触由点接触向面接触转变过程中，杆体表面发生变形，使落锤经历承载和卸载的循环过程，这一过程主要是由锚杆杆体与落锤接触处相互作用导致的，作用时间较短；冲击力迅速加载阶段——落锤与锚杆面接触，锚杆发生弯曲变形，产生挠度，试件的冲击力迅速达到峰值；冲击力卸载阶段——冲击力在经过峰值后，迅速衰减，直至冲击力减小至零。

（2）随着冲击高度的增加即冲击速度的增大，冲击力峰值逐渐增大，但增加幅度相应减小，如冲击高度从 1 m 至 2 m 时，冲击力增加 36.1 kN，而从 3 m 至 4 m 冲击高度时，冲击力仅仅增加了 15 kN；随着冲击高度的增加，落锤与锚杆作用时间减小，冲击高度由 1 m 升至 4 m，作用时间由 25.96 ms 减小到 14.15 ms。冲击破断导致作用时间较短，并且从曲线还可以看出，在 0.015 s 开始，曲线出现了波动，这是因为落锤冲击破断锚杆后，锤头与试样下部的橡胶垫（防止锤头冲击底座而设置的缓冲层）发生冲击，其能量逐渐被消耗。

（3）从不同冲击能量下的时程曲线还可以看出，随着落锤冲击高度的增加，冲击力时程曲线中承载阶段和卸载阶段曲线的斜率变大，且在峰值处未表现出平稳的平台段，这说明 MGR3 锚杆随着冲击速率的增大，其塑性变形能力减弱，脆性明显增强。

3. 不同冲击韧性锚杆的侧向冲击力时程曲线分析

试验共进行了五种不同冲击韧性锚杆的侧向抗冲击试验，冲击高度分别为 1 m、2 m、3 m、3.5 m、4 m 五组方案，不同冲击韧性锚杆侧向冲击作用下的冲击力时程曲线如图 5.13～图 5.17 所示。

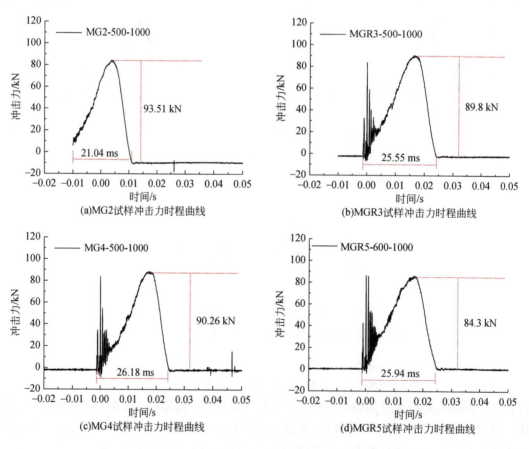

图 5.13　1 m 冲击高度下不同冲击韧性锚杆的冲击动态响应

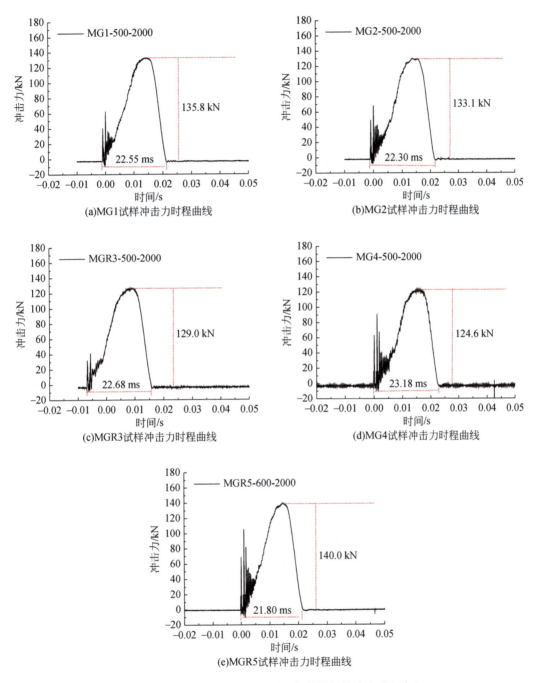

图 5.14　2 m 冲击高度下不同冲击韧性锚杆的冲击动态响应

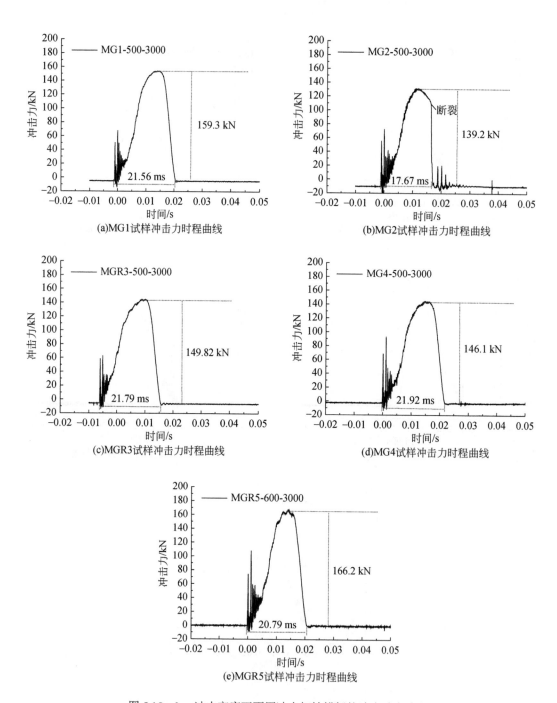

(a)MG1试样冲击力时程曲线

(b)MG2试样冲击力时程曲线

(c)MGR3试样冲击力时程曲线

(d)MG4试样冲击力时程曲线

(e)MGR5试样冲击力时程曲线

图 5.15　3 m 冲击高度下不同冲击韧性锚杆的冲击动态响应

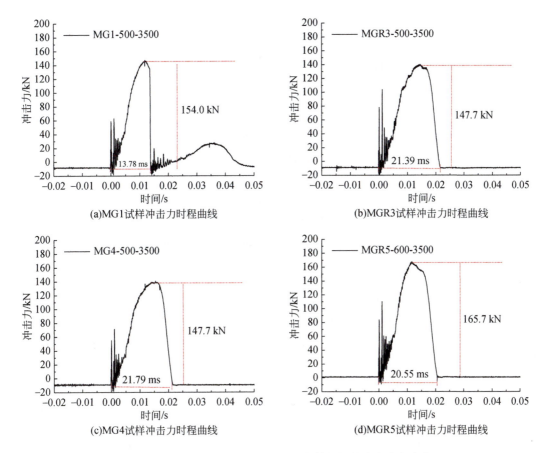

图 5.16 3.5 m 冲击高度下不同冲击韧性锚杆的冲击动态响应

从图中可以看出:

(1) 在相同冲击高度下,不同冲击韧性锚杆的冲击动态响应明显不同。冲击吸收功越高的锚杆,其冲击峰值载荷越小,然而其冲击作用时间相对较长。

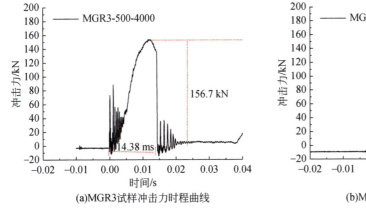

(a)MGR3试样冲击力时程曲线

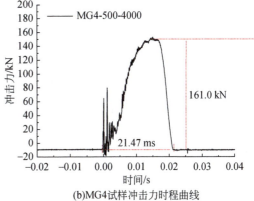

(b)MG4试样冲击力时程曲线

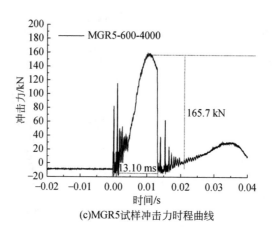

(c)MGR5试样冲击力时程曲线

图 5.17　4 m 冲击高度下不同冲击韧性锚杆的冲击动态响应

（2）随着冲击高度的增大，不同冲击韧性锚杆的冲击峰值载荷均呈现增大的趋势，增大幅度越来越小，当冲击高度达到 3.5 m 以上时，冲击峰值载荷基本保持不变，保持在 155～165 kN 之间；而冲击作用时间随着冲击高度的增大逐渐减小，冲击吸收功越低的锚杆，其作用时间越短，对冲击能量更加敏感，反而冲击吸收功高的锚杆，冲击作用时间随冲击高度增加变化不大，对冲击能量敏感性较低。

（3）不同冲击韧性的锚杆的抗冲击能力明显不同，MG4 锚杆的抗冲击能力最强，冲击高度达到 4 m 时，其仍未破断。而 MG2 锚杆的抗冲击能力最弱，冲击高度达到 3 m 时，即被冲击破断。总的来说，冲击吸收功越高，其抗冲击能力越强。

（4）但从试验结果可以看出，MG4 的冲击吸收功为 99 J，低于 MGR3 和 MGR5 锚杆，然而其抗冲击能力却高于 MGR3 和 MGR5 锚杆，这主要是由于 MGR3 和 MGR5 锚杆均是热处理调质而成。热处理过程中，实现从奥氏体区淬火至某一个温度，并在此温度适当保温，使碳从过饱和的马氏体中扩散到残余奥氏体中去，同时保证在这个扩散过程中，不发生碳的析出，从而使富碳的残留奥氏体在随后冷却到室温的过程中保持稳定而不发生马氏体相变，从而大大提高了原钢材的冲击韧性。而 MG4 锚杆是采取降低开轧温度及控制冷却速度为主，优化成分、适度控制钢的洁净度的生产工艺，不但冲击韧性较高，延伸率也较大。同时，其原材料铸坯成分、气体和夹杂物质量指标控制水平较高，所以冲击过程中，MG4 锚杆抗冲击性能最强。

4. 不同冲击韧性锚杆应变时程曲线分析

试验采集了锚杆上表面轴向的应变时程曲线，冲击时锚杆受到强烈震动，导致部分应变片断裂失效，未能测得全程数据，锚杆表面的应变时程曲线如图 5.18 所示。应变以受拉为正，受压为负。

从图 5.18 中可以看出：

（1）在较低的冲击高度下，锚杆表面的应变也超过了弹性变形阶段 2000 με左右，进入了塑性变形。试样受到冲击后，应变从零增至最大，然后逐渐下降（部分未下降），但并未下降至 0，这是由于试样发生塑性应变，应变不能恢复为零，而是下降至某一恒定值，即为残余应变。随着冲击高度的增大，测点的应变峰值明显增大。试样在整个弹塑性变形中，冲击高度越高，塑性变形所占的比例越大，这说明在冲击高度较低时，锚杆主要靠塑性铰吸收冲击能量，冲击高度较高时，主要以杆体的塑性变形吸收能量。在试样刚受到冲击时，试样表面产生了拉-压应变震荡，这主要是试样接触面局部屈曲造成的。

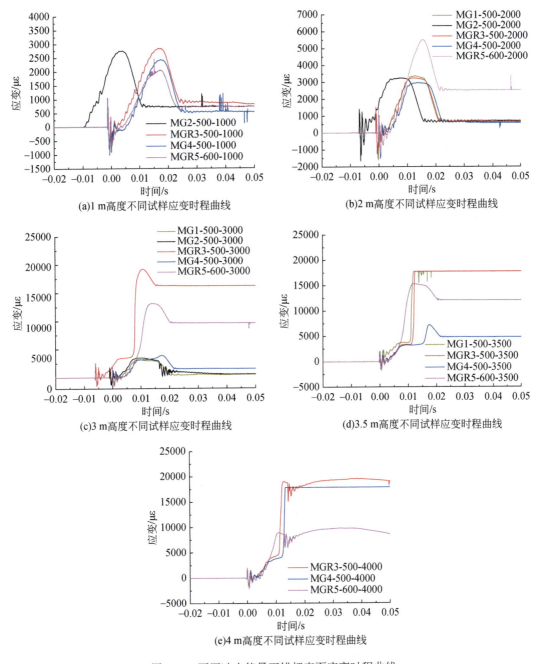

图 5.18　不同冲击能量下锚杆表面应变时程曲线

（2）同一冲击高度下，不同冲击韧性锚杆的应变时程曲线明显不同，当冲击高度较低时，不同冲击韧性锚杆的应变时程曲线差别不大，MGR5-600-2000 试样出现异常失效除外。随着冲击高度的增加，应变差别变大，应变峰值大小主要和锚杆的冲击吸收功及屈服强度有关，冲击吸收功越大，屈服强度越低，试样的应变峰值越大，相应的残余应变也越大。

（3）冲击高度在 1～3 m 时，应变时程曲线均表现为初期震荡、平滑上升、平滑下降三个阶段。冲击高度的增加至 3.5 m 时，部分锚杆的应变时程曲线表现为从应变峰值急剧卸载至残余应变，且残余应变和峰值应变基本相同，抗冲击性能越差，急剧卸载越明显。冲击高度达到 4 m 时，试样的应变并未进一步增大，而是基本保持不变。

5. 不同冲击韧性锚杆的冲击破断能分析

为了评价不同冲击韧性锚杆在冲击荷载条件下的吸能特性，利用高速摄像仪记录了试样冲击作用点的位移时程曲线，再结合冲击锤头的力时程曲线，得到冲击作用点的力-位移时程曲线，然后分别对不同试样的冲击力-位移曲线进行积分计算，从而得到试样在冲击过程中的破断能（图 5.19）。

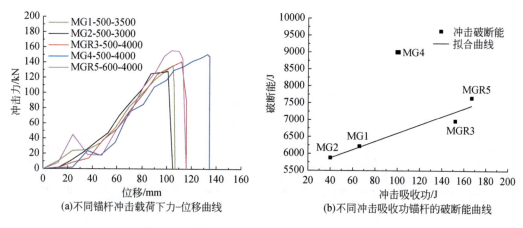

(a)不同锚杆冲击载荷下力-位移曲线　　　　(b)不同冲击吸收功锚杆的破断能曲线

图 5.19　冲击载荷下锚杆力-位移及破断能曲线

从图 5.19 中可以看出：

（1）在不同冲击能量下，不同冲击韧性锚杆破断能所占总冲击能量的比例（根据势能计算）差别不大，均保持在 70%～80%之间。不同冲击韧性锚杆的力-位移时程曲线初始段冲击力（上升段）差别不大，斜率略有差异，这主要取决于材料的屈服强度。而不同冲击韧性锚杆的冲击力峰值和最大位移明显不同，峰值强度和最大位移越大，破断耗散能越大。

（2）不同冲击吸收功锚杆的冲击破断耗散能差别较大，MG4 锚杆的冲击破断耗散能最大，达到 9036 J，MG2 锚杆的破断耗散能最小，仅 5878 J 左右，除 MG4 锚杆外，其余四种锚杆的冲击吸收功与破断耗散能基本呈线性关系。

5.2.4　锚杆轴向抗冲击性能试验

为了测试锚杆轴向抗冲击特性，搭建了简易的锚杆轴向冲击试验台，自主设计的简易冲击试验台见图 5.20 所示。试验台主要由支撑立柱、落锤、力传感器、提升系统等组成。落锤总质量为 718 kg，有效提升高度为 1.31 m，用于试验的锚杆尺寸为 Φ22 mm，单次最大冲击能量为 9218 J。其中冲击力时程曲线由力传感器测定，传感器信号通过应变放大器调幅后，由 TDS420 动态数据存储示波器记录并保存。采用奥林巴斯公司生产的 Olympus 高速摄像仪全程记录下试样受冲击的全过程，从而确定试样破断时的冲击速度。

图 5.20   锚杆轴向冲击试验台

图 5.21   冲击破断试样图片

从图 5.21 中试样的破断位置来看，锚杆破断位置均位于螺纹处，且位于锚杆与试验台上部固定端螺纹处，这是由于锚杆下部受到落锤冲击时，应力波会沿着杆体向上传播，传至杆尾螺纹处时，应力波反射，上部螺纹处应力叠加，再加上螺纹处强度相对较低，易引起应力集中，所以破断位置均位于锚杆上部螺纹处。

1. 不同冲击韧性锚杆的轴向冲击力时程曲线分析

共进行了五种不同冲击韧性锚杆的轴向冲击试验，冲击高度 1.31 m，落锤重量 718 kg，其中 MG1、MG2、MGR3、MGR5 均一次冲击破断，MG4 二次冲击破断，MG4 第二次冲击破断时由于力传感器损坏，未采集到数据，在轴向冲击作用下，五种不同冲击韧性锚杆的冲击力时程曲线如图 5.22 所示。

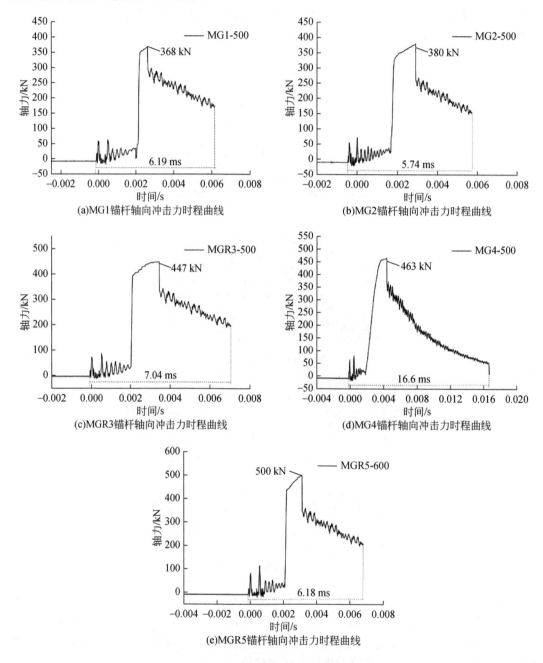

图 5.22　轴向冲击载荷下锚杆的力时程曲线

从图 5.22 中可以看出：

（1）锚杆轴向冲击力时程曲线主要可以分为五个阶段：初期震荡阶段、急剧上升阶段、缓慢上升阶段、急剧下降阶段及震荡衰减阶段。不同冲击韧性的锚杆，其冲击力时程曲线形状相似，均经历五个阶段。

（2）不同冲击韧性的锚杆，冲击作用时间不同，抗冲击性能强的锚杆，其作用时间较长。在一次冲击下，只有 MG4 未发生破断，所以其冲击作用时间最长，达到 16.6 ms，其他锚杆的作用时间均在 5～7 ms 之间。整体来看，锚杆的冲击吸收功越低，其冲击作用时间越短。

（3）锚杆的冲击作用时间和冲击力峰值并不与冲击吸收功呈正相关关系，冲击作用时间和冲击力峰值决定了锚杆的破断耗散能。

2. 不同冲击韧性锚杆轴向冲击下的破断能分析

为了得到锚杆破断所耗散的能量，假设冲击过程中，锚杆与落锤冲击为理想冲击，没有其他能量耗散，采用高速摄像仪记录试样破断时的运动轨迹，计算出试样破断时的速度，那么可以采用下面的公式计算出锚杆破断所耗散的能量。

$$E_{\mathrm{s}} = mgh - \frac{1}{2}mv^2 \qquad (5.2)$$

式中，E_{s} 为锚杆破断能，J；m 为落锤质量，kg；g 为加速度，m/s^2；h 为落锤冲击高度，m；v 为锚杆破断时，落锤与锚杆的速度，m/s。

从图 5.23 和表 5.4 中可以看出，不同冲击韧性锚杆的冲击破断耗散能差别较大，MG2 锚杆破断耗散能最低，仅 7097.8 J，MG4 锚杆的破断能最大，达到 13350.8 J。总体来看，

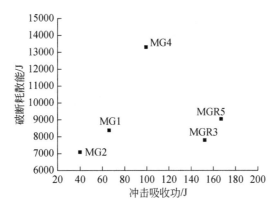

图 5.23　锚杆冲击吸收功与破断耗散能关系曲线

表 5.4　试样破断能计算参数

锚杆	质量/kg	高度/m	冲击次数	破断速度/（m/s）	重力势能/J	动能/J	破断耗散能/J
MG1	718	1.31	1	1.52	9217.7	829.4	8388.3
MG2	718	1.31	1	2.43	9217.7	2119.9	7097.8
MGR3	718	1.31	1	1.98	9217.7	1407.4	7810.3
MG4	718	1.31	2	3.78	9217.7	5129.5	13305.8
MGR5	718	1.31	1	0.67	9217.7	161.2	9056.5

冲击吸收功高的锚杆，其冲击破断能也相对较高，但是并不呈正相关关系，采用冲击吸收功高低来评价锚杆的冲击破断耗散能具有一定的局限性。锚杆的冲击破断耗散能主要受材质的塑性和强度影响，尤其是塑性影响更大，冲击吸收功仅能表示锚杆材质局部塑性变形能力，其与断面收缩率指标比较接近，而影响冲击破断耗散能的主要是杆体的整体塑性变形能力，其受锚杆材质多种因素综合影响。

5.2.5 锚杆力学性能与破断耗散能关系分析

1. 锚杆力学性能与侧向破断耗散能关系分析

不同冲击韧性锚杆侧向冲击破断耗散能与其力学性能之间的关系如图 5.24 所示：

从图 5.24 中可以看出：冲击吸收功、断面收缩率、屈服强度、抗拉强度及锚杆延伸率五个指标与锚杆破断耗散能均不能呈正相关关系，这说明单独采用一种指标无法客观评价不同冲击韧性锚杆的破断耗散能。断面收缩率指标与冲击吸收功指标对锚杆破断耗散能的影响趋势基本相同，这两个指标具有很好的相关性，采用其中一个指标来评价锚杆力学性能即可。屈服强度与抗拉强度对锚杆破断耗散能影响趋势也基本相同，去除影响趋势基本相同的指标，采用以冲击吸收功为评价锚杆破断耗散能的主要指标，同时考虑延伸率及屈

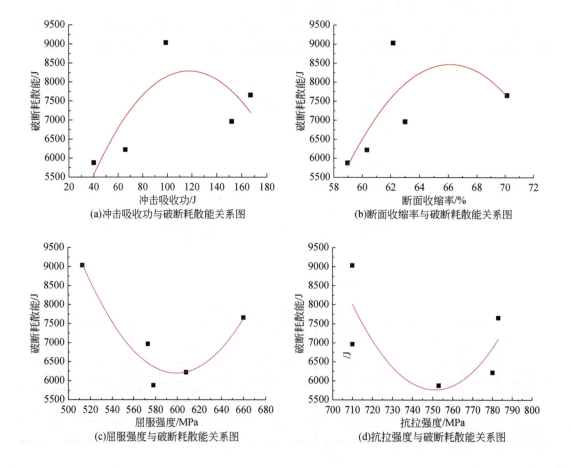

(a)冲击吸收功与破断耗散能关系图　　　　　(b)断面收缩率与破断耗散能关系图

(c)屈服强度与破断耗散能关系图　　　　　(d)抗拉强度与破断耗散能关系图

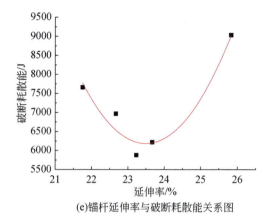

(e)锚杆延伸率与破断耗散能关系图

图 5.24　锚杆力学性能与侧向破断耗散能关系曲线

服强度两个指标，可以很好地评价锚杆抗冲击能力（破断耗散能）。所以，高冲击韧性锚杆应该具备"三高"指标，高冲击吸收功、高延伸率及高强度，MG4 和 MGR5 属于高冲击韧性锚杆。

2. 锚杆力学性能与轴向破断耗散能关系分析

不同冲击韧性锚杆轴向冲击破断耗散能与其物理力学性能之间的关系如图 5.25 所示。

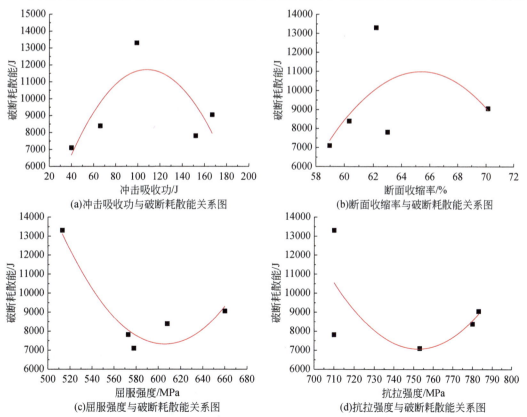

(a)冲击吸收功与破断耗散能关系图　　(b)断面收缩率与破断耗散能关系图

(c)屈服强度与破断耗散能关系图　　(d)抗拉强度与破断耗散能关系图

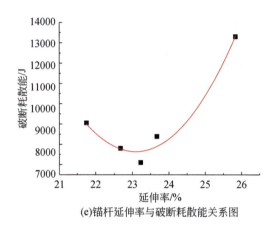

(e)锚杆延伸率与破断耗散能关系图

图 5.25　锚杆力学性能与轴向破断能关系曲线

从图 5.25 中可以看出：冲击吸收功、断面收缩率、屈服强度、抗拉强度及锚杆延伸率五个指标对锚杆轴向和侧向破断耗散能的影响规律基本相同，侧向破断耗散能高的锚杆，其轴向破断耗散能也较高，同样采用"三高"指标可以很好评价锚杆的抗冲击性能，只有冲击吸收功、延伸率及强度均较高时，才能称之为高冲击韧性锚杆。

3. 高冲击韧性锚杆的界定

我国煤炭行业对锚杆钢材的冲击韧性没有规定，但是对钢材质量要求高的行业对冲击韧性做了详细的要求。例如，造船行业、军工行业等对钢材的冲击韧性有明确规定。根据煤矿现场锚杆破断情况和不同锚杆的抗冲击性能，不同类型煤矿锚杆的冲击韧性应符合表 5.5 的规定。

表 5.5　不同类型煤矿对锚杆冲击韧性的要求

矿井类型	锚杆类型	锚杆直径/mm	试验温度/℃	破断能最小值 E/J	
				轴向	侧向
无冲击危险	低冲击韧性	22	32	5000	4000
弱冲击危险		22	32	7000	5000
中等冲击危险	中等冲击韧性	22	32	8000	6000
强冲击危险	高冲击韧性	22	32	9000	7000

从表 5.5 中可以看出，根据不同的矿井类型，选择不同冲击韧性的锚杆，若矿井为无冲击危险和弱冲击危险时，选择通常的低冲击韧性锚杆即可满足要求；当矿井为中等冲击危险时，应选择中等冲击韧性以上的锚杆；对于强冲击危险矿井，必须选择高冲击韧性锚杆，以防止动载条件下，锚杆发生破断。

5.2.6　冲击载荷下不同冲击韧性锚杆的动态力学响应数值模拟

冲击韧性反映了锚杆抵抗冲击载荷的能力，不同冲击韧性的锚杆在动载荷作用下的变形与吸收的能量不同，为了研究冲击韧性对锚杆动载荷响应的影响，本节模拟了不同冲击韧性的锚杆在动载荷下的响应，得到了不同冲击韧性的锚杆在动载荷下的位移与吸收的能量。

1. 锚杆模型的建立

锚杆的单元类型选择 SOLID164 单元，此单元可以选择单点积分，对大变形问题十分有效。根据锚杆实际的几何尺寸建模，模型的长度为 2200 mm，直径为 22 mm，目前井下用的锚杆多为左旋无纵筋螺纹钢锚杆，横肋主要的作用是提高锚杆对锚固剂的搅拌效果，提高锚固力，本书中横肋对模拟结果的影响不大，为了建模方便，模型建为圆钢锚杆。螺纹段的作用是施加扭矩产生预紧力，固定锚杆与锚固段共同作用产生锚固力，螺纹段的力学性质与杆体段有差别，强度高、韧性差。在模拟中难以与杆体段分开设材料参数，并且受冲击的螺纹段长度很小，对锚杆在冲击作用下的变形与吸能影响不大。因此，模型中没有建螺纹。锚杆网格的划分采用扫略划分的方法，网格长度为 4 mm，网格越密，模拟结果越准确，但随着网格密度的增加，计算速度降低，因此，要选择合适的网格尺寸，既保证结果的准确度又兼顾计算速度。分别对网格长度为 5 mm、4 mm、2 mm 的锚杆进行了模拟，结果表明网格长度 4 mm 与网格长度 2 mm 锚杆吸收能量的差别在 3%以内，满足网格精度的要求。

2. 锚杆材料模型的选择及参数

锚杆选用非线性塑性随动硬化模型（PLASTIC_KINEMATIC），材料的参数如表 5.6 所列。

表 5.6　塑性随动硬化材料模型参数选择

密度/ (kg/m³)	弹性模量 /GPa	泊松比	屈服强度 /MPa	切线模量 /MPa	强化参数	应变率参数	应变率参数	失效应变
7800	200	0.28	500/600	200	0	40	5	

3. 动载荷在锚杆上的施加方式

选择动载荷，作用时间 20 ms，动载荷施加在锚杆的尾部 2100 mm 截面处。冲击载荷施加在此处是因为在井下锚杆受冲击时冲击力由岩石、煤体传到托盘上，再由托盘传至螺母，最后由螺母通过螺纹传至锚杆上，螺母与锚杆螺纹相互作用时，螺母下方的几圈螺纹受力较大，因此把力施加在锚杆的一个截面上较符合实际，施加力的位置距锚杆尾部的距离应为锚杆的外露长度加上螺母长度，约为 100 mm。在锚杆端头 $z=0$ 的截面上限制锚杆各方向的位移为 0，固定锚杆。

4. 屈服强度 500 MPa 锚杆冲击韧性不同时动载荷下的响应

不同冲击韧性的锚杆，冲击断裂时所需要的最大冲击力不同，通过对同一冲击韧性的锚杆施加不同冲击峰值载荷，找出不同冲击韧性锚杆断裂时的最小冲击峰值载荷，以降低冲击力的大小对锚杆吸收能量的影响，确保结果的可靠性。不同冲击韧性锚杆断裂时的最小冲击峰值载荷如表 5.7 所示。

表 5.7　不同冲击韧性锚杆在 20 ms 时间内冲击断裂所需最小冲击峰值载荷

锚杆的冲击吸收功/J	15	25	33	42	50	60	72	82	94
锚杆断裂时的最小冲击峰值载荷/kN	350	370	390	390	390	400	400	400	410

1）冲击韧性不同时冲击过程中锚杆的米塞斯（Mises）应力及断口特征

冲击吸收功 15 J、94 J 的锚杆冲击过程中的米塞斯应力变化如图 5.26、图 5.27 所示，锚杆在冲击载荷的作用下应力逐渐增加，冲击吸收功为 15 J 的锚杆米塞斯应力达到 943 MPa 时，锚杆在 2078 mm 处断裂；冲击吸收功为 94 J 的锚杆米塞斯应力达到 1170 MPa 时，锚杆在 2076 mm 处断裂。冲击韧性增加锚杆断裂时的米塞斯应力增加。力的施加位置相当于锚杆上螺母的位置，断裂位置距力的施加位置 25 mm 左右，与吴拥政[7] 在现场收集到的锚杆断头，断口位置在距螺母下端 20 mm 至 35 mm 的螺纹段特征相符。说明锚杆在动、静载荷下的断裂位置相同。

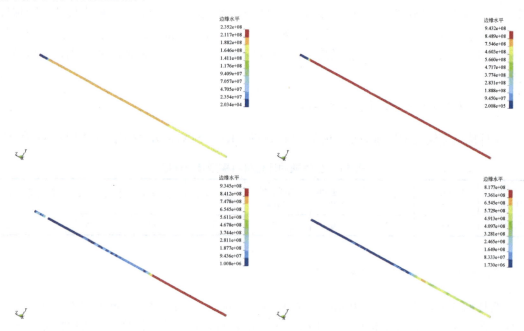

图 5.26　冲击吸收功 15 J 的锚杆冲击过程中的米塞斯应力变化

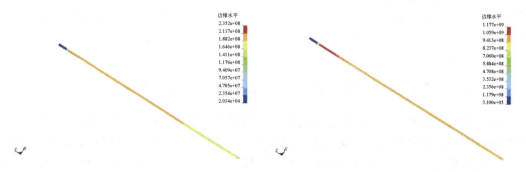

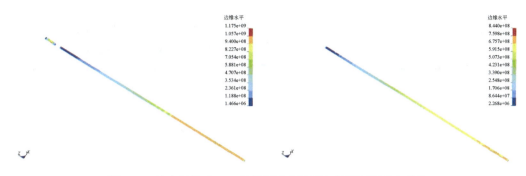

图 5.27　冲击吸收功 94 J 的锚杆冲击过程中的米塞斯应力变化

冲击吸收功 15 J 与 94 J 锚杆的断口如图 5.28 所示,冲击吸收功 15 J 锚杆的断口几乎无径缩,冲击吸收功 94 J 锚杆的断口径缩明显,随着冲击韧性的增加锚杆断口逐渐由不明显的径缩变为明显的径缩。

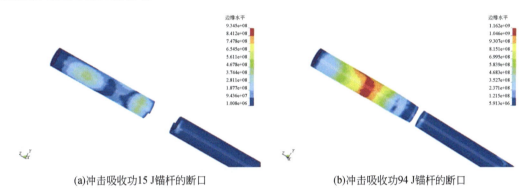

(a)冲击吸收功15 J锚杆的断口　　　　　　　　(b)冲击吸收功94 J锚杆的断口

图 5.28　锚杆冲击断裂时断口的形态

2）不同冲击韧性的锚杆冲击破坏时的位移

不同冲击韧性的锚杆,冲击破坏时断裂处的位移与时间关系如图 5.29 所示。当锚杆的冲击吸收功为 15 J 时,锚杆断裂处的位移为 28 mm,说明锚杆在冲击载荷的作用下发生很小的变形,锚杆就断裂不能发挥支护作用;而冲击吸收功为 82 J 时,锚杆断裂处的位移为 169 mm。相同冲击载荷作用下锚杆的冲击吸收功越高,断裂时的位移越大。如在冲击载荷峰值为 400 kN 时,冲击吸收功 60 J、72 J、82 J 的锚杆位移分别为 117 mm、142 mm、169 mm。图 5.29 中冲击吸收功 25 J 及 33 J 的锚杆断裂时的位移均为 61 mm;冲击吸收功为 50 J 及 60 J 的锚杆断裂时的位移分别为 121 mm 和 117 mm;冲击吸收功为 82 J 及 94 J 的锚杆断裂时的位移分别为 169 mm 和 150 mm。出现锚杆的冲击韧性高而延伸率低这种情况,是因为对于冲击韧性高的锚杆要使锚杆在固定的冲击时间内断裂,就要施加高的冲击载荷,冲击载荷越高锚杆在塑性变形阶段的变形率越大,导致锚杆在没有充分发挥变形能力的情况下断裂。不同冲击韧性的锚杆断裂时的位移如表 5.8 所列。

为了进一步说明冲击载荷导致了图 5.29 中位移曲线异常,图 5.30 给出了冲击吸收功为 33 J、60 J、94 J 的锚杆在冲击作用下的载荷峰值分别为 370 kN、390 kN、400 kN,即与冲击吸收功为 25 J、50 J、82 J 锚杆冲击载荷峰值相同情况下的位移。此时,随着冲击韧性的增加锚杆在冲击载荷下的变形能力增大，在较低的冲击载荷作用下锚杆都没有断裂。冲击吸收功 33 J 的锚杆位移为 88 mm，与图 5.29 相比位移增加了 44.3%，冲击吸收功 60 J 的锚杆位移为 138 mm，与图 5.29 相比位移增加了 17.9%，冲击吸收功 94 J 的锚杆位移为 215 mm，与图 5.27 相比位移增加了 43.3%，说明锚杆在冲击载荷下的位移不仅与锚杆本身的性质有关，还受冲击载荷大小的影响。

表 5.8　不同冲击韧性的锚杆在断裂时产生的位移

锚杆的冲击吸收功/J	15	25	33	42	50	60	72	82	94
锚杆断裂时产生的位移/mm	28	62	61	89	121	117	142	169	150

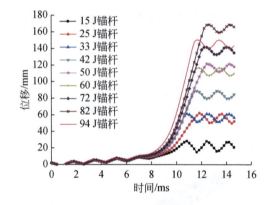

图 5.29　不同冲击韧性的锚杆断裂处的位移与时间关系图

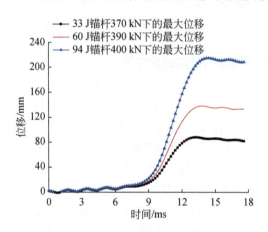

图 5.30　锚杆未断裂时位移与时间关系图

3）不同冲击韧性的锚杆冲击破坏时吸收的能量

不同冲击韧性的锚杆在刚达到冲击断裂的冲击载荷作用下吸收的能量如图 5.31 所示，与图 5.29 的位移曲线相似在达到屈服强度前锚杆的吸能曲线呈现波浪形上升的特点，当冲击力达到锚杆的屈服强度后锚杆吸收的能量迅速增加直至破坏，冲击载荷的峰值越大，锚杆在塑性阶段能量吸收曲线的斜率越大。锚杆上冲击载荷的施加方式导致了锚杆断裂后在断头部分锚杆将进行再一次的断裂，因此锚杆吸收能量曲线有一个跳跃，锚杆断头再次断裂的断头如图 5.32 所示。冲击吸收功 94 J 的锚杆吸收的能量低于冲击吸收功 82 J 的锚杆是因为前者施加的冲击载荷峰值为 410 kN，后者施加的冲击载荷峰值为 400 kN，从而冲击吸收功 94 J 锚杆的变形率高，导致锚杆吸收能量的能力没有充分地发挥。不同冲击吸收功的锚杆断裂时吸收的能量如表 5.9 所列。在相同的冲击载荷下锚杆断裂时吸收的能量随着冲击韧性的增加而增加。冲击吸收功为 15 J 锚杆吸收的能量仅为 8 kJ，鞠文君[8]计算得出华亭煤矿顶板剩余能量为 9.5 kJ/m^2，冲击吸收功 15 J 以下的锚杆则不能满足此矿锚杆支护材料的要求。

表 5.9　不同冲击韧性的锚杆在断裂时吸收的能量

锚杆的冲击吸收功/J	15	25	33	42	50	60	72	82	94
锚杆断裂时吸收的能量/kJ	8	20	21	33	42	44	49	58	53

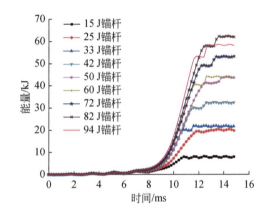

图 5.31　不同冲击韧性的锚杆冲击破坏时吸收的能量

图 5.32　锚杆断头的再次断裂

4）冲击过程中锚杆不同位置处的位移变化情况

不同冲击韧性的锚杆冲击过程中的位移变化规律相同，选取冲击吸收功 50 J 的锚杆研究。选择冲击吸收功 50 J 锚杆上距固定端 0.5 m、1.0 m、1.5 m、2.0 m 处的位移变化为研究对象，冲击过程中不同位置处的位移情况如图 5.33 所示，在 7.5 ms 之前锚杆各点处的位移为波浪形,峰值位移逐渐增加,位移变化比较平缓。根据冲击吸收功为50 J的锚杆所受冲击载荷的峰值为390 kN,可以计算出在7.5 ms时,锚杆所受的冲击力为195 kN,此时锚杆从弹性变形阶段进入塑性变形阶段。锚杆变形出现波浪形的原因是锚杆有预紧力,在冲击载荷开始作用时锚杆受到冲击载荷的扰动会产生回弹导致锚杆的变形呈波浪形,随着锚杆受力的不断增加锚杆在弹性阶段的变形呈现波浪上升的趋势。预紧力的存在只会影响锚杆在弹性阶段的变形,不会对锚杆的塑性变形产生影响。在7.5 ms到12.5 ms这个时间段,锚杆的变形量急剧增加直至锚杆破断,锚杆在这期间处于塑性变形阶段。在12.5 ms到20 ms这个时间段,锚杆变形呈现波浪形,原因是锚杆断后杆体部分不再受到冲击载荷的作用,此时锚杆杆体内的应力波还在传播,导致锚杆做周期性的往复运动。

破断时,0.5 m、1.0 m、1.5 m、2.0 m处锚杆的变形量分别为22.32 mm、47.14 mm、73.21 mm、113.23 mm。可以得出在0～0.5 m的范围内锚杆的变形量为22.32 mm,在0.5～1.0 m的范围内锚杆的变形量为24.82 mm,在1.0～1.5m的范围内锚杆的变形量为26.07 mm,在1.5～2.0 m的范围内锚杆的变形量为40.02 mm。锚杆的变形量随着距冲击载荷施加处距离的减少而增加,但是在距固定端1.5 m的范围内变化不大,在1.5～2.0 m的范围内锚杆变形量约为1.0～1.5 m范围内锚杆变形量的1.5倍。说明锚杆在冲击载荷作用下的变形具有局部效应[9],根据国外对锚杆受动载时的变形的研究[10-12],一个塑性模量为15 MPa,密度为7800 kg/m³的锚杆,塑性变形的传播速度大约是44 m/s。因此,对一个2 m长的锚杆塑性波用45 ms从锚杆的一端传递到另一端。冲击时间短时,塑性波传递速度会导致锚杆在局部发生很大的塑性变形而在其余的部分没有或发生很小的塑性变形,锚杆在动载荷下的变形与静载荷下的变形具有本质的不同。对于井下的锚杆,可以认为冲击载荷施加在螺母处,因此在距离螺母一定范围内的锚杆变形量远大于其他位置,同时施加预紧力时锚杆处受到复合应力的作用,锚杆螺纹段成为锚杆变形的薄弱点,如果锚杆的冲击吸收功低则会导致锚杆只能产生很小的位移,即在螺纹段破坏。

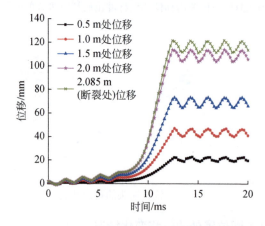

图5.33　冲击吸收功50 J的锚杆在不同位置处的位移与时间关系

5)冲击过程中锚杆塑性应变的变化特征

为了说明锚杆受冲击时的塑性变形特征,以冲击吸收功50 J的锚杆为例,不同时刻锚杆塑性变形的特征如图 5.34 所示。图中锚杆在冲击力未达到锚杆的屈服强度时锚杆的塑性应变为 0，当锚杆受力达到屈服强度时开始出现塑性应变，锚杆率先出现塑性变形的位置不在冲击载荷的施加处，而在固定端。随着冲击力的增加锚杆塑性变形的程度和范围都增加，塑性变形的范围逐渐由固定端向冲击力的施加处扩展，此时锚杆的最大塑性应变还发生在锚杆的固定端。当塑性变形的范围发展到冲击力的施加处时，发生最大塑性应变的位置由锚杆的固定端移到此处，随后塑性应变在此处迅速发展，直到单元达到最大失效变形 0.137，此时锚杆断裂。从图中可以看出在距锚杆断裂处 600 mm 的位置，锚杆的塑性变形仅为此处变形的 1/20，说明距冲击载荷施加处较远的位置，锚杆的变形能力还未发挥锚杆就已经断裂。

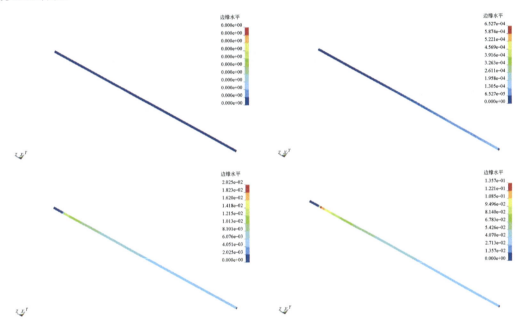

图 5.34　冲击吸收功 50 J 的锚杆受冲击时塑性变形的变化过程

5. 屈服强度 600 MPa 锚杆冲击韧性不同时动载荷下的响应

屈服强度 600 MPa 锚杆冲击韧性不同时在作用时间 20 ms 的等腰三角形冲击载荷作用下，冲击断裂时所需的最小动载荷峰值如表 5.10 所示。

表 5.10　不同冲击吸收功锚杆在 20 ms 时间内冲击断裂所需动载荷峰值

锚杆的冲击吸收功/J	18	27	35	43	50	60	70	81	91
锚杆断裂时最小动载荷峰值/kN	420	450	460	480	480	480	480	480	480

不同冲击韧性的锚杆在最小动载荷作用下吸收能量与时间关系如图 5.35 所示，吸收的能量见表 5.11。

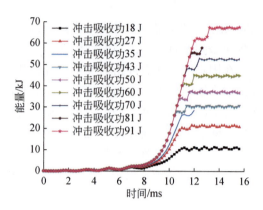

图 5.35　屈服强度 600 MPa 锚杆冲击过程中吸收能量图

表 5.11　不同冲击吸收功的锚杆断裂时吸收的能量

锚杆的冲击吸收功/J	18	27	35	43	50	60	70	81	91
锚杆断裂时吸收的能量/kJ	11.1	20.4	26.4	28.2	34.0	40.0	48.1	55.6	62.4

　　不同冲击韧性的锚杆在最小动载荷作用下位移与时间关系如图 5.36 所示,产生的位移见表 5.12。

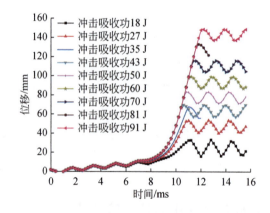

图 5.36　屈服强度 600 MPa 锚杆冲击过程中位移图

表 5.12　不同冲击吸收功的锚杆断裂时的位移

锚杆的冲击吸收功/J	18	27	35	43	50	60	70	81	91
锚杆断裂时位移/mm	32.7	53.4	68.3	70.0	83.5	99.0	115.8	133.2	148.8

　　相同冲击吸收功下,屈服强度 600 MPa 锚杆比屈服强度 500 MPa 锚杆的塑性差,导致动载荷下相同冲击吸收功的屈服强度 600 MPa 锚杆比屈服强度 500 MPa 锚杆变形量低。锚杆在动载荷下吸收的能量与锚杆的强度和塑性变形有关,屈服强度 600 MPa 锚杆的强度高、塑性差,塑性对锚杆吸收能量的影响更大,因此相同冲击吸收功下比屈服强度 500 MPa 锚杆吸收的能量少。

5.2.7　高冲击韧性锚杆抗冲击机制分析

从上述的研究可以发现，不同冲击韧性锚杆的抗冲击性能差别较大，仅采用普通的力学参数指标难以准确评价锚杆的抗冲击性能，锚杆的抗冲击性能主要由材质的塑性强弱决定，锚杆的塑性强弱主要与杆体化学成分、加工工艺、金相组织等多方面因素有关[13-14]，通过对锚杆材质化学成分、断口及组织成分等方面进行研究，揭示不同冲击韧性锚杆的抗冲击机理。

1. 材质成分分析

不同的化学元素对锚杆相关指标的控制作用不同，有些指标可以产生叠加效应，如 Mn 和 V，有些指标产生减法效应，如表 5.13、表 5.14 所示。只有合理确定不同元素的含量，才能最大程度上发挥各个有益元素的叠加作用。

表 5.13　不同化学元素对相应指标的控制作用

项目	化学元素							气体和夹杂物控制	控轧控冷工艺
	C	Si	Mn	V	Ni	P	S		
抗拉强度	+++	++	++	+++	+	++	+	++	+++
冲击功	---	--	++	+++	+	--	--	---	+++
伸长率	---	--	+	+++	-	--	--	---	+
生产成本	+	++	++	+++	++	+++	+++	+++	++

注："+"表示提高；"-"表示降低。

表 5.14　各厂家锚杆的化学成分控制

编号	C/%	Si/%	Mn/%	P/%	S/%	V/%
MG1-500	0.20~0.30	0.35~0.65	1.30~1.60	≤0.025	≤0.015	≤0.15
MG2-500	0.20~0.30	0.25~0.55	1.10~1.40	≤0.040	≤0.040	—
MGR3-500	0.23~0.28	0.30~0.75	1.30~1.60	≤0.025	≤0.025	—
MG4-500	0.22~0.27	0.30~0.65	1.35~1.50	≤0.035	≤0.035	0.14~0.16
MGR5-600	0.23~0.28	0.30~0.65	1.30~1.60	≤0.025	≤0.025	—

从表中可以看出，不同冲击韧性锚杆的化学成分控制范围不同，冲击吸收功越高的锚杆，其有益化学成分含量控制在较高水平，有害化学成分含量控制在较低水平，而冲击吸收功低的锚杆，其化学元素控制水平较差。这说明通过严格控制材质中有益元素和有害元素的含量，可以提高锚杆的抗冲击性能。

2. 断口及组织成分分析

为了进一步对比不同冲击韧性锚杆的断口破坏和金相组织，委托国家钢铁材料测试中心对 MG2 和 MGR5 的断口组织和金相组织进行了测试与分析，结果如图 5.37 和图 5.38 所示。

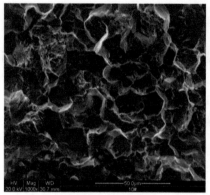 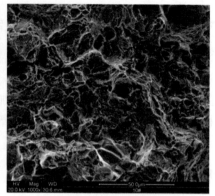

(a)MG2锚杆的沿晶断口　　　　　　　　　　(b)MGR5锚杆的穿晶断口

图 5.37　锚杆断口的微观形貌

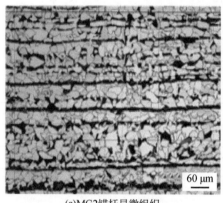 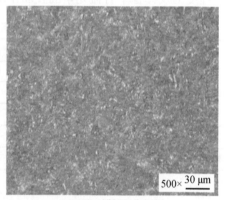

(a)MG2锚杆显微组织　　　　　　　　　　(b)MGR5锚杆显微组织

图 5.38　锚杆的金相组织

从现场锚杆断口形态和金相组织扫描结果可以看出：

（1）锚杆断口边缘有明显径缩，断面较为粗糙起伏，呈暗灰色。断口中部相对平整，与拉伸应力垂直，为断口的起裂源和扩展区；边部断口在圆周方向上参差不齐，不同平面的各小断面与拉伸正应力呈+45°或-45°，为正向和反向剪切应力作用下的终断断口。断口在拉伸正应力的作用下从锚杆的中部开裂后，裂纹尖端承受的最大应力转变为剪切应力，剩余的锚杆边部在正向和反向的剪切应力作用下发生两个方向上的斜向剪切断裂。

（2）冲击吸收功较低的锚杆（如 MG2）断口属于沿晶断裂，冲击吸收功高的锚杆断口属于穿晶断裂。沿晶断裂主要是由于晶界上存在使其弱化的夹杂物。如钢中晶界上存在 P、S、As、Sb、Sn 等元素。而穿晶断裂属于韧性断裂，韧性断裂是由于韧窝内含有一个夹杂物或者第二相，微小孔隙大部分发育在第二相和基体的界面上，且第二相粒子或者夹杂物颗粒非常小，很均匀地分布在金属中，形成了大量细小韧窝，这样很大程度上提高了锚杆的抗冲击性能。

（3）从金相组织可以看出，抗冲击能力强的锚杆，晶粒尺寸较小，MG2 锚杆的晶粒度为 6 级，而 MGR5 锚杆的晶粒度为 10 级。根据晶粒细化强化公式可知：$\sigma_s = \sigma_0 + kyd^{-1/2}$，

σ_s 为屈服应力；k 为常数；y 调整系数；σ_0 为晶粒位错所需应力；d 为晶粒直径。晶粒越小，强化效果越大。晶粒减小，晶体界面会增多，有效阻碍了裂纹的扩展，晶界面面积相应也增大，晶界上的夹杂物浓度降低，从而避免了沿晶断裂，大大提高了锚杆的抗冲击性能。

3.试样示波冲击分析

示波冲击与冲击吸收功测试原理基本相同，不但可以测试试样的冲击吸收功，还可以测出试样的冲击力-位移曲线，曲线下方的面积即为试样破断的总能量（冲击功），与冲击吸收功相比，更具有物理意义。示波冲击可以很好地将试样冲击断裂的冲击力-位移直观地显示出来，可以将冲击功分为裂纹形成功和裂纹扩展功，并能定量给出力、位移和能量值，为研究锚杆的冲击性能提供可靠的依据。为了分析高低冲击韧性锚杆各个阶段的能量吸收情况，对 MG2 和 MGR5 锚杆进行了示波冲击，如图 5.39 和图 5.40 所示。图中 F_{gy} 为屈服力，F_m 为极限载荷，F_{iu} 为裂纹启裂力，F_a 为裂纹止裂力；S_{gy} 为屈服位移，S_m 为最大力位移，S_{iu} 为裂纹启裂位移，S_a 为裂纹止裂位移，S_t 为总位移；裂纹形成能量 W_i=弹性变形能 W_e+塑性变形能 W_d，裂纹扩展能 W_p=裂纹稳定扩展能 W_{p1}+裂纹不稳定扩展能 W_{p2}。

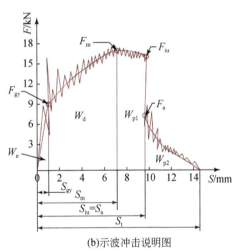

(a)示波冲击实验机　　　　　　　　　　(b)示波冲击说明图

图 5.39　示波冲击示意图

从图 5.40 中可以看出：

（1）冲击载荷下 MGR5 锚杆的屈服载荷和极限载荷均较大，且其载荷平滑上升，缓慢下降；而 MG2 锚杆载荷急剧上升和急剧下降，这说明 MG2 锚杆裂纹形成较快，相应的裂纹扩展也较快，而高冲击韧性锚杆达到极限载荷后，裂纹缓慢启裂。

（2）与 MG2 锚杆相比，MGR5 锚杆从屈服载荷到达极限载荷过程中，其裂纹萌生、裂纹形成和裂纹扩展所对应的位移量都大于 MG2 锚杆。

（3）MGR5 锚杆极限载荷处吸收的能量大于 MG2 锚杆，但相差不大，而从极限载荷到完全破断阶段裂纹扩展能量 W_p，MGR5 锚杆所消耗的能量远大于 MG2 锚杆，这也说明，高冲击韧性锚杆破断耗散能主要来自裂纹扩展阶段。

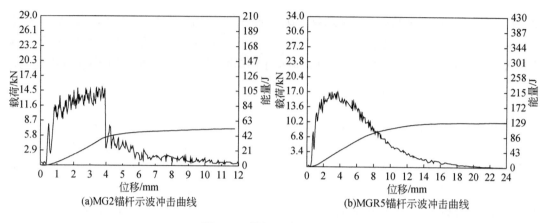

(a)MG2锚杆示波冲击曲线　　　　　　　　(b)MGR5锚杆示波冲击曲线

图 5.40　锚杆示波冲击曲线

5.3　不同结构金属网和高强锚索抗冲击性能研究

目前国内外对于金属网整体结构抗冲击性能的研究较少，研究方法侧重于理论研究与数值模拟；但由于整体结构模型制作困难及试验条件的限制，开展整体结构的抗冲击试验的很少。典型的整体结构抗冲击试验见于国外的 Ortlepp 对金属网的动态力学性质进行的研究。太原理工大学对单层 KIEWITT-8 型球面网壳缩尺模型进行小质量低速冲击，研究其动力稳定性，但未出现网壳穿透性破坏的情况。由于冲击过程中结构受力与动力响应变化很快，冲击过程中金属网的动态瞬时变形和受力监测比较困难。

基于上述原因，设计并进行了金属网和锚索的冲击试验[15]，先后对模型进行弹性及破坏性冲击试验；并将试验结果与数值结果进行对比分析；用以验证金属网和锚索冲击响应分析方法及分析结论的正确性。

5.3.1　试验方案设计

1. 试验目的

试验目的：揭示冲击载荷下金属网和锚索支护材料的动态力学性能，并对比分析不同结构支护材料的抗冲击性能；通过破坏性冲击试验，揭示金属网和锚索的失效破坏模式。

2. 试验设备

试验采用 DHR940 落锤式冲击试验台及被誉为"亚洲第一落锤"的冲击试验机。冲击试验机高 13.47 m，相应的撞击速度可达 15.7 m/s，依靠自由落体能满足低速冲击试验的要求；落锤质量为 268.1 kg，并可以与不同高度相匹配。试验机架是由两个竖立的格构式钢柱与刚性横梁组合而成的门式钢架，钢架与周围建筑物相连，具有很好的整体刚度。机架底部有大体积混凝土基础，且在地基与基础间设置垫层，避免冲击时对周围采集装置的影响。但试验机底部模型空间较小，因此模型几何尺寸受限。

3.试验内容

金属网试验共需 12 次冲击，3 种结构金属网，每种金属网在 4 种不同高度进行自由落锤冲击，具体方案及试验结果见表 5.15 所示。

表 5.15　金属网为高强锚索冲击试验结果

试验材料	直径/mm	冲击高度/mm	能量/J	失效能量/J	力峰值/kN	冲击时间/ms	破坏情况
钢筋网	6.5	250	670	—	22	0.155	整体凹陷
		500	1340	—	50	0.025	整体凹陷
		750	2010	—	62	0.03	焊接点脱落
		1000	2680	2680	65	0.08	局部破断
经纬网	3.5	150	402	—	40	0.15	整体凹陷
		250	670	—	45	0.35	整体凹陷
		350	938	938	40	0.25	网丝错开
		450	1206	1206	70	0.04	局部破断
菱形网	3.5	250	670	—	40	0.47	整体凹陷
		450	1206	—	50	0.37	整体凹陷
		650	1743	—	80	0.35	整体凹陷
		850	2279	2279	70	0.30	固定处破坏
1×7 股锚索	22	1250	3351	—	370	0.05	弯曲
		1500	4022	—	425	0.05	弯曲
		1750	4692	—	450	0.04	弯曲
		2000	5362	5362	470	0.05	4 股破断
1×19 股锚索	22	1250	3351	—	350	0.05	弯曲
		1500	4022	—	450	0.035	弯曲
		1750	4692	4692	470	0.05	1 股破断
		2000	5362	5362	520	0.04	5 股破断

金属网四周采用 10 号铁丝进行绑扎固定，四角采用螺栓固定，模拟现场井下锚杆支护，由于试验条件限制，四个螺栓间距均为 800 mm，螺栓预紧扭矩均为 400 N·m，四周采用 100 mm 宽度的钢板模拟现场钢带。

5.3.2　试验过程及结果分析

1.金属网试样破坏形态分析

图 5.41～图 5.43 分别给出了冲击试验结束后试样整体变形情况及挠度曲线，可见各试样均发生了不同程度的整体弯曲变形或冲击破断，且随着冲击能量的增大，整体弯曲变形呈明显增大趋势。

(a)冲击高度250 mm

(b)冲击高度500 mm

(c)冲击高度750 mm

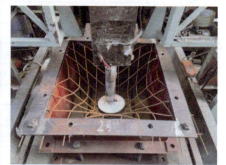

(d)冲击高度1000 mm

图 5.41　钢筋网在不同冲击载荷下的破坏形态

(a)冲击高度150 mm

(b)冲击高度250 mm

(c)冲击高度350 mm

(d)冲击高度450 mm

图 5.42　经纬网在不同冲击载荷下的破坏形态

(a)冲击高度250 mm　　　　　　　　　(b)冲击高度450 mm

(c)冲击高度650 mm　　　　　　　　　(d)冲击高度850 mm

图 5.43　菱形网在不同冲击载荷下的破坏形态

从钢筋网冲击载荷下的变形破坏形态可以看出,随着冲击载荷的增大,钢筋网的挠度增大。钢筋网由于四个角进行了螺栓固定,四个角区域的钢筋变形较小,而固定强度较低的四周钢筋产生了较大的变形。当冲击高度达到 750 mm 以上时,钢筋网四周和落锤接触区域出现焊接点脱落的现象,但未出现钢筋破断的现象,这主要是由于钢筋网强度较低的部分主要位于焊接点处和四周联网处。

从经纬网的变形破坏形态可以看出,经纬网的破坏形态与钢筋网的破坏形态明显不同。在较低的冲击载荷下,经纬网的经线和纬线铁丝产生错动,失去了经纬网原有的形状,这主要是由于经纬网的经线和纬线之间的没有约束力,当受到冲击载荷后,因铁丝产生不协调变形,使经线和纬线发生严重错动;随着冲击载荷的增大,经纬网四周强度较低的联网处出现绑丝断裂的现象,进一步增大冲击载荷,个别铁丝出现破坏,整片网失去承载能力。

从菱形网的变形破坏形态可以看出,受到冲击载荷作用后,菱形网整体产生变形,网格之间保持了原有形态;随着冲击载荷的增大,网的挠度增加比较明显,但菱形网未出现断裂的现象,仅仅在四周绑扎处出现绑丝断裂的现象,而网完整性好。这主要是由于菱形网的结构克服了钢筋网和经纬网的缺点,菱形网网格之间通过勾接,既有效实现了网丝之间的约束,又克服了钢筋网那种刚性连接,这种连接方式具有较好的缓冲作用,当受到冲击载荷作用后,菱形网通过产生较大的形变来吸收落锤产生的动能,且菱形网四周固定区域受力均匀,不容易出现局部破坏的现象。

2. 锚索试样破坏形态分析

图 5.44 和图 5.45 是不同结构锚索受到冲击载荷作用后的变形情况。可见各试样均发生了不同程度的整体弯曲变形，且随着冲击能量的增大，锚索出现了个别分股破断的现象。

可以看出，随着冲击能量的增大，锚索的弯曲挠度逐渐增大。1×19 股结构、22 mm 直径的锚索在冲击载荷达到 1750 mm 时，锚索最外侧的 1 股钢丝出现了破断，当冲击载荷达到 2000 mm 时，锚索 5 股钢丝出现了破断，其中 4 股为最外侧的粗钢丝，1 股为内部的细钢丝。在静载荷作用下，22 mm 直径的 1×19 股锚索的最大承载能力比同直径的 1×7 股锚索高 1.14 倍，但在冲击载荷下，两者的抗冲击性能差别不大，反而 1×19 股锚索更容易出

(a)冲击高度1250 mm

(b)冲击高度1500 mm

(c)冲击高度1750 mm

图 5.44　1×7 股锚索在不同冲击载荷下的破坏形态

(a)冲击高度1250 mm

(b)冲击高度1500 mm

(c)冲击高度1750 mm　　　　　　　　　　　(d)冲击高度2000 mm

图 5.45　1×19 股锚索在不同冲击载荷下的破坏形态

现个别钢丝破断的现象，这主要是由于 1×19 股锚索的钢丝股数多，但钢丝直径较细，在静载荷作用下，多股钢丝能同时破断，所以其承载能力能得到充分的发挥，然而在受到冲击载荷时，由于冲击载荷使锚索局部受力，容易使锚索多股钢丝各个击破，使其出现分股破断的现象，所以股数较多的 1×19 股锚索更易产生破坏。

3. 金属网试样冲击挠度分析

对不同类型金属网的挠度进行了测量，测量结果如图 5.46 所示，从图中可以看出，不同类型的金属网其挠度差别较大。

从图中可以看出，随着冲击载荷的增大，三种金属网的挠度均呈现出了增大的趋势，而钢筋网增大的幅度最大。当冲击载荷较小时，钢筋网挠度最小，而经纬网的挠度最大，菱形网中等，这主要是由于钢筋网强度、刚度较大，产生的变形小，而经纬网虽然刚度较大，但强度低不能整体承载，只能个别铁丝承载，所以强度低，所以塑性变形最大，菱形网柔性好，整体承载强度高，产生的塑性变形不大，而产生了较大的弹性变形，冲击后又恢复到了原状，所以挠度不是很大。

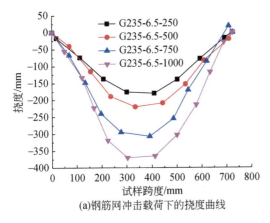
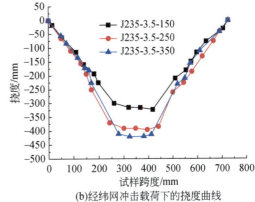

(a)钢筋网冲击载荷下的挠度曲线　　　　　　　(b)经纬网冲击载荷下的挠度曲线

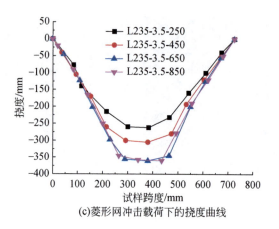

(c)菱形网冲击载荷下的挠度曲线

图 5.46　不同类型金属网在不同冲击载荷下的破坏形态

　　钢筋网、经纬网和菱形网失效时的最大挠度分别为 370 mm、420 mm 和 360 mm，这说明当金属网承受其最大冲击载荷时，经纬网产生的塑性变形最大，经纬网铁丝基本达到了最大变形；而钢筋网承受其最大冲击载荷后，其并未达到最大变形，而是焊接点或绑扎处出现脱落、断裂，从而导致失效，其承载能力并未得到充分的发挥；菱形网的挠度最小，说明其塑性变形最小，主要是因为菱形网柔性好，局部受到冲击载荷后，网整体出现变形，其弹性变形缓冲了部分能量，所以其挠度较小。

4. 金属网试样冲击力时程曲线分析

　　试验共进行了三组试样，每组试样分别进行了四个不同能量的冲击，为了分析试样对不同能量冲击下的动态响应，不同能量下试样的冲击力时程曲线如图 5.47～图 5.49 所示。

　　从钢筋网的冲击力时程曲线可以看出个别突变点为外界干扰信号，钢筋网受到冲击载荷后，冲击力出现多次波动的现象，冲击力第一次达到峰值后，逐渐衰减，然后第二次达到峰值，再逐渐衰减至 0，这主要是由于钢筋网的钢筋承载不同步，当钢筋之间的一个焊接点脱落后，钢筋网承载能力先降低再升高，随着第二个焊接点脱落，其承载能力进一步降低，依次类推，冲击力时程曲线呈现出波动的现象。若波动次数少，则说明钢筋网焊接点脱落较少，钢筋网整体承载强度较高。

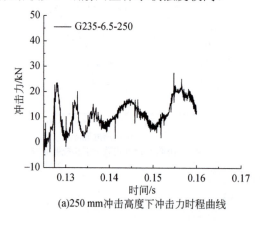

(a)250 mm冲击高度下冲击力时程曲线

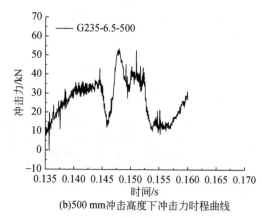

(b)500 mm冲击高度下冲击力时程曲线

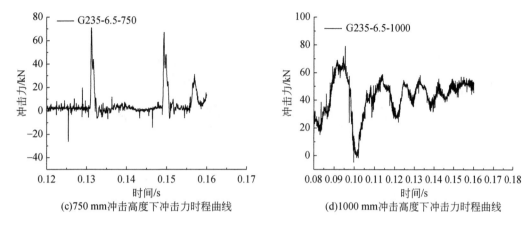

(c)750 mm冲击高度下冲击力时程曲线　　(d)1000 mm冲击高度下冲击力时程曲线

图 5.47　钢筋网在不同冲击载荷下的冲击力时程曲线

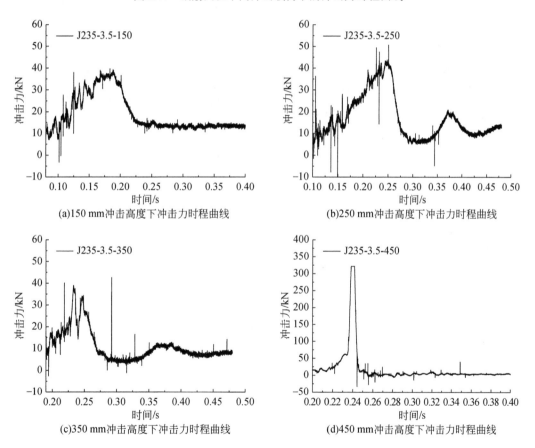

(a)150 mm冲击高度下冲击力时程曲线　　(b)250 mm冲击高度下冲击力时程曲线

(c)350 mm冲击高度下冲击力时程曲线　　(d)450 mm冲击高度下冲击力时程曲线

图 5.48　经纬网在不同冲击载荷下的冲击力时程曲线

从经纬网的冲击力时程曲线可以看出,经纬网冲击力时程曲线波动较少,冲击力仅有一个波峰,冲击力升高至峰值后,逐渐衰减至 0。随着冲击载荷的增大,冲击力峰值变化不大,作用时间也变化不大,这说明经纬网抗冲击能力较弱,在较低冲击载荷下,其已经达到了承载极限,即使增加冲击能力,其吸收能力的能力也并未增加。

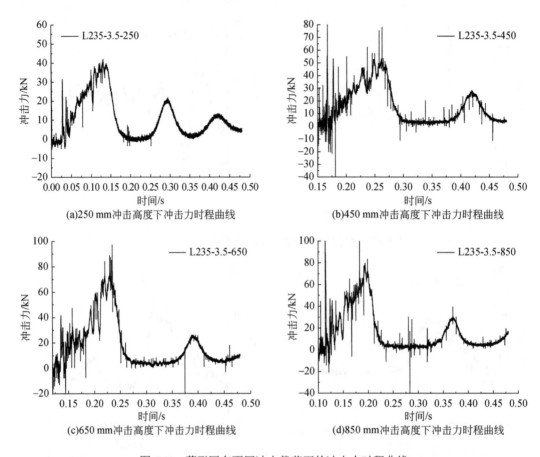

图 5.49 菱形网在不同冲击载荷下的冲击力时程曲线

从菱形网的冲击力时程曲线可以看出，冲击力时程曲线呈现出两次波动，且第二次峰值前后曲线平缓、光滑，这说明菱形网呈现出了很好的缓冲性能。随着冲击能量的增大，冲击力峰值从 40 kN 增加至 80 kN，作用时间从 0.47 s 缩短至 0.3 s，这说明随着冲击能量的增大，菱形网吸收能量的能力逐渐增强，表现出很好的抗冲击能力。

综合对比三种金属网可以看出，菱形网抗冲击性能最好，经纬网最差；在冲击载荷作用下，钢筋网与落锤作用时间最短，经纬网次之，而菱形网作用时间最长；受到冲击载荷后，钢筋网主要通过钢筋的高强度来吸收动载，由于焊接点和绑扎处强度低，限制了高强度钢筋抗冲击能力的发挥，使其整体抗冲击能力较弱；经纬网刚度中等，有较大的塑性变形能力，但由于受到冲击载荷后，网丝易产生错动，网丝搭接处无约束，网丝不能实现整体缓冲吸能，仅与落锤接触处的局部经纬网丝起到变形吸能的作用，所以其抗冲击能力最差；菱形网刚度低、强度中等，但其网丝之间的勾接方式，使其在受到冲击载荷后，既能有效传递动载，又由于活性连接，具有良好的缓冲性能，整体抗冲击能力强。

5. 锚索试样冲击力时程曲线分析

试验共进行了两组试样，每组试样分别进行了 4 个不同能量的冲击，为了分析试样对不同能量冲击下的动态响应，不同能量下试样的冲击力时程曲线如图 5.50 和图 5.51 所示。

可以看出，锚索受到冲击载荷后，冲击力急剧升高，然后突然衰减至 0，作用时间仅 0.035～0.05s。随着冲击载荷的增大，1×7 股锚索冲击力峰值从 370 kN 增加至 470 kN，1×19 股锚索冲击力峰值从 350 kN 增加至 520 kN，低冲击能量下，由于钢丝股数多的锚索柔性

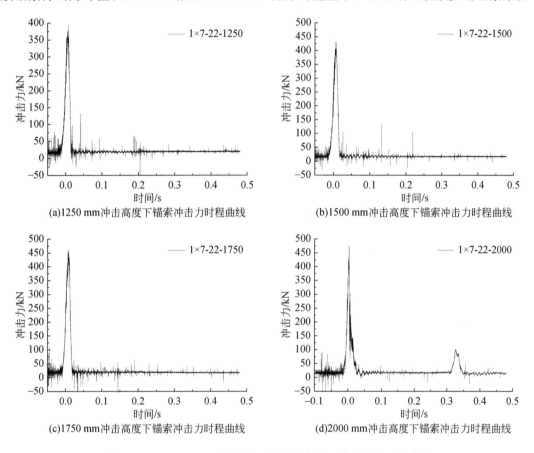

(a)1250 mm冲击高度下锚索冲击力时程曲线　　　(b)1500 mm冲击高度下锚索冲击力时程曲线

(c)1750 mm冲击高度下锚索冲击力时程曲线　　　(d)2000 mm冲击高度下锚索冲击力时程曲线

图 5.50　1×7 股 22 mm 锚索在不同冲击载荷下的冲击力时程曲线

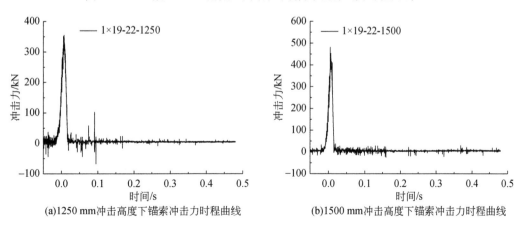

(a)1250 mm冲击高度下锚索冲击力时程曲线　　　(b)1500 mm冲击高度下锚索冲击力时程曲线

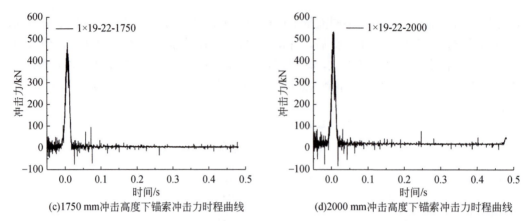

(c)1750 mm冲击高度下锚索冲击力时程曲线　　　　(d)2000 mm冲击高度下锚索冲击力时程曲线

图 5.51　1×19 股 22 mm 锚索在不同冲击载荷下的冲击力时程曲线

好，延伸率高，所以其冲击力峰值较小，而当冲击能量增大时，由于钢丝股数多的锚索其强度高，承载能力强，所以其冲击力峰值较大。从作用时间来看，两种结构的锚索相差不大，由于 1×7 股锚索的股数少，但每股钢丝的直径较粗，现场试验发现，钢丝直径粗的锚索不易分股破断，而 1×19 股锚索由于股数多，每股钢丝直径较细，易出现单股破断的现象。

5.3.3　金属网冲击载荷下变形数值模拟分析

采用 LS-DYNA 软件，基于显式动力算法模拟不同金属网在冲击载荷下的变形破坏全过程，接触算法为对称罚函数法。为了保证金属网冲击过程模拟的精度，设置 Δt≤0.00001 s。将落锤与网片初始设置为临界接触状态，并通过修正落锤的初始速度考虑其接触时刻的冲击能量。仿真模型参数与试验保持一致。

1. 单元及材料

材料采用钢材 Q235，屈服强度 235 MPa，拉伸率 26%。考虑到材料的冲击破坏形态，采用 WORKBENCH/LS_DYNA 模块进行仿真。

模型分为三部分，钢丝网、橡胶垫圈和冲击落锤。钢丝网和冲击落锤的弹性模量设置为 210 GPa，泊松比为 0.3，其中冲击落锤定义为刚体，钢丝网双线性等向强化准则，切线模量 450 MPa。橡胶垫圈采用两参数 Mooney-Rivlin 材料模型，参数分别为 0.15、0.0015。将三维几何模型导入 WORKBENCH 中，进行网格划分，获得有限元模型，如图 5.52 所示。

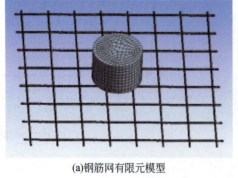

(a)钢筋网有限元模型

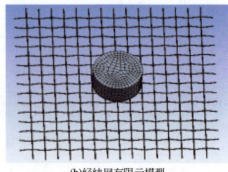

(b)经纬网有限元模型

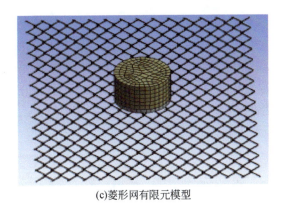

(c)菱形网有限元模型

图 5.52　不同金属网的有限元模型

　　三种不同的金属网有限元模型单元均采用 solid165 显式单元，边界条件采用边缘界面固定。加载分别采用 1000 J、2000 J、3000 J、4000 J 的不同等级。换算为冲击速度，施加在冲击落锤上。

2. 钢筋网冲击载荷下动力学特征分析

　　模拟共进行了 3 组试样，每组试样分别进行了 4 个不同能量的冲击模拟，为了分析试样对不同能量冲击下的动态响应，不同能量下试样的变形和应力云图如图5.53 和图5.54 所示。

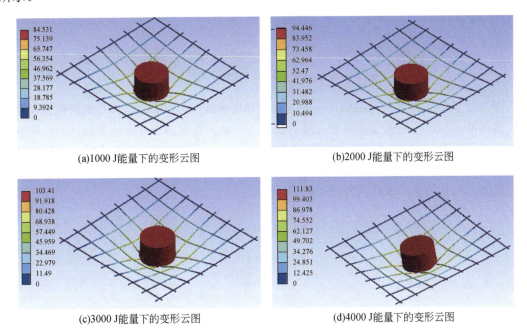

(a)1000 J能量下的变形云图　　　　　　　　(b)2000 J能量下的变形云图

(c)3000 J能量下的变形云图　　　　　　　　(d)4000 J能量下的变形云图

图 5.53　钢筋网在不同冲击能量下的变形云图

　　图 5.53 为不同能量等级冲击的钢筋网冲击载荷下的变形图，由图可知，钢筋网由于刚

度大，强度高，钢筋网在受到冲击载荷后，挠度较小。当冲击能量超过 2000 J 以上时，钢筋网出现焊接点脱落的现象，但由于焊接点强度低于母材，所以焊接点脱落后金属网仍具有一定的承载能力。

图 5.54 为不同能量等级冲击的钢筋网冲击载荷下的应力云图，在不同的冲击载荷下，钢筋的最大应力均进入塑性区，随着冲击载荷的加大，应力增大。由于钢筋网母材直径大，强度高，所以冲击载荷下应力较大。

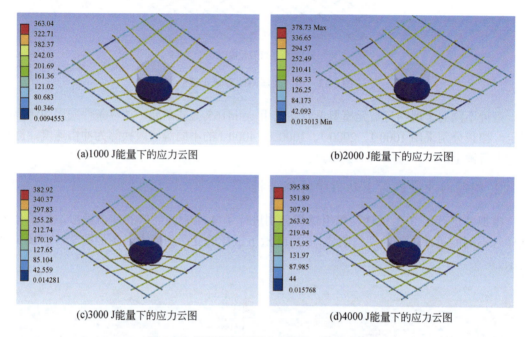

(a)1000 J能量下的应力云图　　　　　　　(b)2000 J能量下的应力云图

(c)3000 J能量下的应力云图　　　　　　　(d)4000 J能量下的应力云图

图 5.54　钢筋网在不同冲击能量下的应力云图

图 5.55 为钢筋网受到冲击载荷下的落锤加速度曲线，可以看出，当受到较低冲击载荷下，落锤冲击加速度呈现多次波动，最后趋于 0，这主要是由于冲击能量较低时，钢筋网通过弹塑性变形吸收冲击能量，钢筋网整体挠度不大；而当冲击能力较大时，落锤加速度曲线呈现出达到峰值后急剧衰减，说明钢筋网通过整体塑性变形吸收能量，且网片部分焊接点脱落，网片的整体承载能力已经破坏。

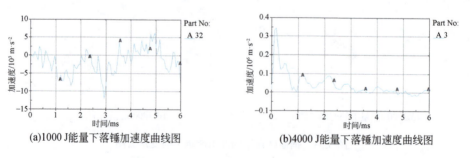

(a)1000 J能量下落锤加速度曲线图　　　　　　　(b)4000 J能量下落锤加速度曲线图

图 5.55　钢筋网在不同冲击能量下落锤加速度曲线图

3.经纬网冲击载荷下动力学特征分析

图 5.56 为不同能量等级冲击的经纬网冲击载荷下的变形图,在 2000~4000 J 出现铁丝破断的现象,由于经纬网铁丝直径为 3.5 mm,直径小于钢筋网,且铁丝之间采用搭接的方式进行固定,所以当其受到冲击载荷后,经纬网中的网丝容易相互错动,大大降低了经纬网的抗冲击能力,极易产生个别网丝破断的现象。

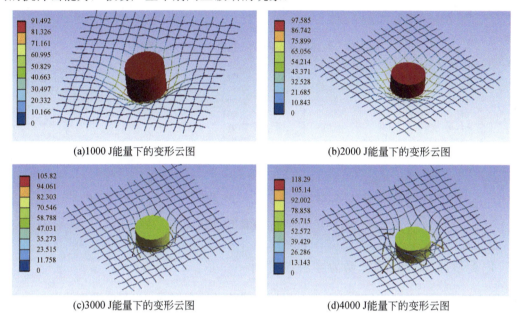

(a)1000 J能量下的变形云图　　　　　(b)2000 J能量下的变形云图

(c)3000 J能量下的变形云图　　　　　(d)4000 J能量下的变形云图

图 5.56　经纬网在不同冲击能量下的变形云图

图 5.57 为不同能量等级冲击的经纬网冲击载荷下的应力云图,在不同的冲击载荷下,铁丝的最大应力均进入塑性区,随着冲击载荷的加大,应力加大,但增加幅度不大,这主要是由于经纬网抗冲击能力低,受到较低冲击载荷后,网极易破坏,所以当冲击能量增大,其应力变化也不大。

由图 5.58 经纬网冲击载荷下的落锤加速度曲线可以看出,经纬网当受到较低冲击载荷时,其落锤加速度呈现多次波动,然后衰减至 0;当冲击载荷较大时,落锤加速度波动次数明显减少,这说明经纬网失去了缓冲吸能能力,而是通过网丝的塑性变形来吸收冲击能量,直至网丝破断。

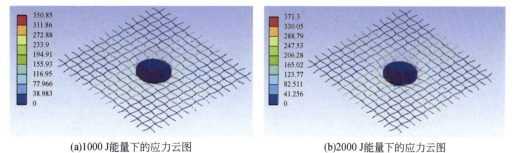

(a)1000 J能量下的应力云图　　　　　(b)2000 J能量下的应力云图

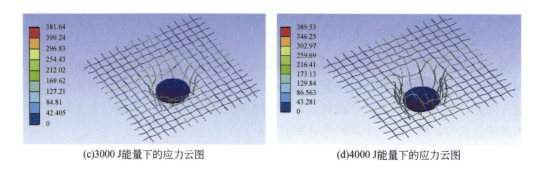

(c)3000 J能量下的应力云图　　　　　　　　　　(d)4000 J能量下的应力云图

图5.57　经纬网在不同冲击能量下的应力云图

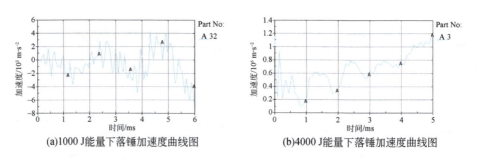

(a)1000 J能量下落锤加速度曲线图　　　　　　(b)4000 J能量下落锤加速度曲线图

图5.58　经纬网在不同冲击能量下落锤的加速度曲线图

4.菱形网冲击载荷下动力学特征分析

图5.59为不同能量等级冲击的菱形网冲击载荷下的变形图,当受到冲击载荷后,菱形网呈现出结构整体变形,其失效最大变形能力最强。

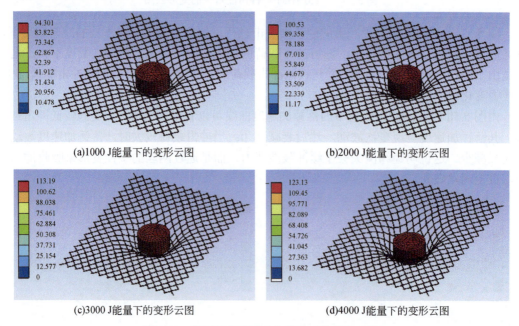

(a)1000 J能量下的变形云图　　　　　　　　　　(b)2000 J能量下的变形云图

(c)3000 J能量下的变形云图　　　　　　　　　　(d)4000 J能量下的变形云图

图5.59　菱形网在不同冲击能量下的变形云图

图 5.60 为不同能量等级冲击的菱形网冲击载荷下的应力云图，在不同的冲击载荷下，钢筋网的最大应力均进入塑性区，随着冲击载荷的加大，应力加大。在较低冲击能量下，菱形网应力较小，当冲击能量较大时，菱形网的应力反而最大，这主要是由于当冲击能量较低时，菱形网通过结构的变形和材料自身的弹塑性变形吸收能量，其结构延伸率大，所以应力较低；但当冲击载荷较大时，菱形网结构不容易破坏，承受动载的能量强，反而其应力较高，这也进一步说明菱形网具有很好的抗冲击能力。

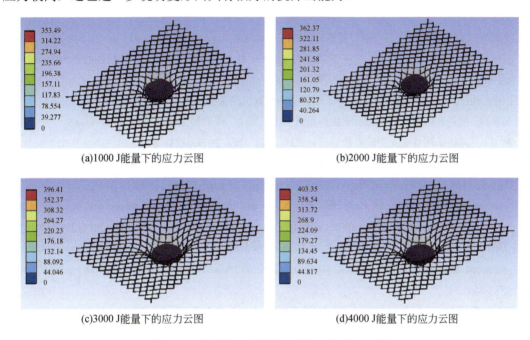

图 5.60　菱形网在不同冲击能量下的应力云图

图 5.61 为菱形网冲击载荷下的落锤加速度曲线，可以看出，菱形网当受到较低冲击载荷时，其落锤加速度呈现正弦曲线波动，然后衰减至 0；当冲击载荷较大时，落锤加速度瞬间达到峰值后，逐渐衰减至 0，这说明菱形网在较低冲击载荷下，也是通过结构的弹性变形来吸收冲击能量，但冲击能量较大时，结构的弹性变形已经无法有效缓冲冲击能量，只能通过材料的塑性变形来吸收冲击能量。

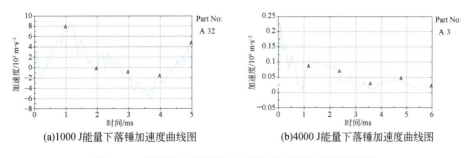

图 5.61　菱形网在不同冲击能量下落锤的加速度曲线图

参 考 文 献

［1］ 林健, 孙志勇. 锚杆支护金属网力学性能与支护效果实验室研究[J]. 煤炭学报, 2013, 38(9): 1542-1548.

［2］ 陈安福. 高强船钢冲击韧性偏低的原因分析及对策研究[D]. 重庆: 重庆大学, 2006: 102-105.

［3］ 李中伟, 鞠文君. 高强度锚杆冲击吸收功与失效应变关系的数值仿真研究[J]. 煤矿开采, 2013, 18(1): 50-53.

［4］ 吴拥政, 康红普, 丁吉, 等. 超高强热处理锚杆开发与实践[J]. 煤炭学报, 2015, 40(2): 308-313.

［5］ 马凤杰, 包石磊, 王忠英, 等. 热处理工艺对 Q345D 低合金高强度钢低温冲击韧性的影响[J]. 现代冶金, 2011, 39(4): 8-10.

［6］ 洪刚, 张庄, 任立志. 摆锤试验机冲击吸收功的计算机测量方法[J]. 物理测试, 2005, (1): 31-33.

［7］ 吴拥政. 锚杆杆体的受力状态及支护作用研究[D]. 北京: 煤炭科学研究总院, 2009: 86-88.

［8］ 鞠文君. 冲击矿压巷道支护能量校核设计法[J]. 煤矿开采, 2011, 16(3): 81-83.

［9］ McCreath D R, Kaiser P K. Current support practices in burst-prone ground[J]. Mining Research Directorate, Canadian Rockburst Research Project, GRC, Laurentian University, 1995: 43-46.

［10］ Blanco Martã N L, Tijani M, Hadj-Hassen F. A new analytical solution to the mechanical behavior of fully grouted rockbolts subjected to pull-out tests[J]. Construction and Building Materials, 2011, 25(2): 749-755.

［11］ Bernaud D, Maghous S, de Buhan P, et al. A numerical approach for design of bolt-supported tunnels regarded as homogenized structures[J]. Tunnelling and Underground Space Technology, 2009, 24(5): 533-546.

［12］ Barla G, Bonini M, Semeraro M. Analysis of the behavior of a yield-control support system in squeezing rock[J]. Tunnelling and Underground Space Technology, 2011, 26(1): 146-154.

［13］ 陈立勇, 柴建铭, 袁永文, 等. BHRB600 热轧高强韧树脂锚杆钢筋的开发[J]. 轧钢, 2007, (4): 66-69.

［14］ 邸全康, 周玉丽, 程四华, 等. 600MPa 级煤巷支护锚杆钢的开发与质量控制[J]. 煤炭科学技术, 2011, 39(9): 76-80.

［15］ 付玉凯, 孙志勇, 鞠文君. 冲击地压巷道锚杆支护金属网静载和动载力学性能试验研究[J]. 煤炭学报, 2019, 44(07): 2020-2029.

第6章 冲击地压巷道"卸-支"协同防控技术

采用卸压方式缓解巷道围岩高应力集中程度或加强支护提高巷道围岩抗冲击破坏能力，是冲击地压巷道防控的两大技术途径。煤层爆破卸压效果明显，适应性强，但煤层爆破致裂损伤效应会破坏巷道围岩完整性，降低围岩承载能力，削弱支护结构的抗冲击性能[1-9]。由此看来，"爆破卸压"与"支护加固"既矛盾又统一，如何实现两者的"协同双效"作用是一个非常重要的研究课题。本章试验研究了煤层爆破卸压减冲作用和对巷道围岩及支护体损伤效应，构建了爆破损伤巷道围岩评估方法，提出了损伤巷道围岩承载结构重塑技术，规划了爆破卸压-支护加固协同防冲实现路径。

6.1 解危卸压对巷道围岩支护系统的损伤

6.1.1 煤层爆破卸压作用下巷道围岩支护系统损伤试验

古山煤矿为内蒙古自治区首个冲击地压矿井，自 2010 年以来，冲击地压灾害日益凸显，回采巷道累计发生 7 次较为严重的冲击地压显现，造成数百米巷道严重破坏，数十名工人受伤。根据回采前冲击危险性静态预评价和回采过程中动态监测结果，对具有强冲击危险的局部巷道采用爆破卸压解危措施，爆破钻孔深度 12 m，装药量 8 kg，冲击地压灾害得到了遏制，但卸压区域内往往锚杆工作阻力降低，巷道变形速度加大，需要频繁返修维护，才能保证满足巷道通风、行人等正常使用。为验证煤层爆破卸压防冲效果，评价煤层爆破卸压作用下锚杆轴向工作阻力损失和围岩损伤情况，寻求卸压与支护的协同统一，开展了以下试验研究。

1. 煤层爆破卸压试验方法

在古山矿 067-1 运输巷设计 4 组爆破卸压试验，为避免爆破损伤效果相互影响，每组试验相距 25 m，1#~3#试验炮孔深度为 12 m，4#试验炮孔深度为 14 m，其他具体参数如表 6.1。每组爆破试验布置 4 个监测断面，如图 6.1 所示，监测断面与爆破孔沿巷道轴线的距离为 1 m、4 m、9 m、15 m，每组爆破试验布置 3 个窥视钻孔，窥视钻孔与爆破孔沿巷道轴线的距离为 2.5m。

表 6.1 爆破卸压试验及支护参数表

试验参数	试验编号			
	1#	2#	3#	4#
炮孔深度/m	12	12	12	14
装药量/kg	4	6	8	8

试验参数	试验编号			
	1#	2#	3#	4#
封孔长度/m	7	7	7	7
与巷道轴线夹角/(°)	90	90	90	90
距底板高度/m	1.5	1.5	1.5	1.5
仰角/(°)	10	10	10	10

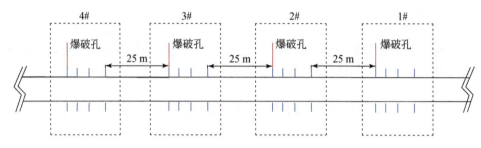

图 6.1　爆破孔及测量锚杆分布

采取钻屑法检测爆破前后煤粉变化,采用无损检测仪监测断面顶板及巷道两帮各两根锚杆工作阻力,采用钻孔电视成像探测仪监测断面顶板及巷道两帮各 1 个钻孔裂隙变化情况。爆破孔及检测锚杆的位置如图 6.2,钻孔窥视如图 6.3。

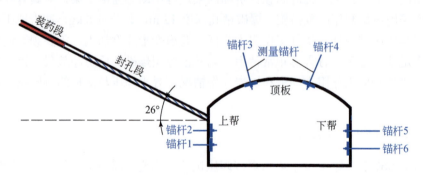

图 6.2　测量锚杆及爆破孔相对位置示意图

爆破试验前,对 4 组试验共计 96 根锚杆的轴向工作阻力进行无损检测并做好标记,对 4 组试验共计 12 个钻孔进行钻孔窥视,对爆破孔附近 2 m 进行钻屑法检测。在指定位置进行煤层卸压爆破,并对标记锚杆的工作阻力进行二次检测,对钻孔进行二次窥视,对爆破孔附近 2 m 进行钻屑法检测。

2. 煤层爆破卸压防冲效果

采用钻屑法对爆破卸压前后巷帮煤粉量称重分析,分析结果如图 6.4 所示。药量 4 kg 时钻屑量整体变化不明显,药量 6 kg 时钻屑量下降约 1 kg/m,说明爆破后巷帮煤体应力降低，实现了巷帮应力转移；药量 8 kg 时钻屑量下降约 1.5 kg/m，应力大幅度降低，爆破卸压效果最好。

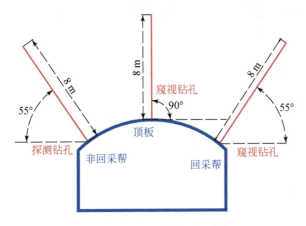

图 6.3　窥视断面钻孔位置图

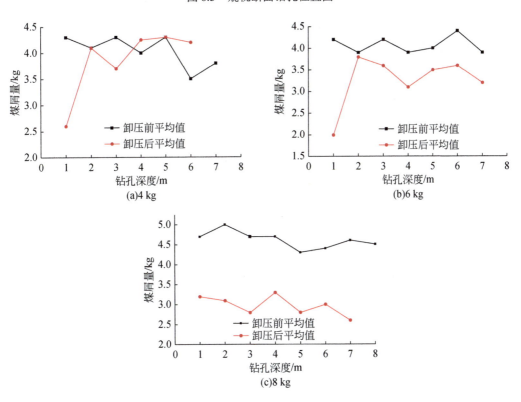

图 6.4　不同装药量爆破卸压前后钻屑量变化对比

3. 爆破卸压巷道锚杆工况检测

采用锚杆无损检测仪，在不对锚杆杆体及支护状态造成任何损伤的情况下，快速、简便地测定锚杆杆体的轴向受力。

爆破卸压前对监测断面的锚杆工作阻力进行测量，锚杆工作阻力最大为 89 kN，最小为 16 kN，锚杆工作阻力差别较大，部分锚杆工作阻力偏小，表明锚杆支护状态不佳。

不同爆破药量下对监测断面的锚杆工作阻力再进行测量，锚杆工作阻力均出现不同程度的降低，工作阻力越高的锚杆降低幅度越大。

为消除锚杆初始工作阻力影响，突显爆破卸压作用对锚杆工作阻力的影响，采用无量纲化处理，定义锚杆工作阻力损失率表征爆破卸压作用下锚杆工作阻力的损失程度，如式（6.1）。

$$\gamma = \frac{F_1 - F_2}{F_1} \times 100\% \tag{6.1}$$

式中，γ 为工作阻力损失率，%；F_1 为爆破卸压前锚杆工作阻力，kN；F_2 为爆破卸压后锚杆工作阻力，kN。

爆破对其附近锚杆工作阻力损失影响大，远离爆破点影响逐渐衰减，如图 6.5 所示。

当孔深 12 m，装药量为 4 kg 时，爆破卸压导致锚杆工作阻力损失率很小，损失率变化不明显。当爆破卸压装药量大于 6 kg 时，锚杆工作阻力损失率具有明显的距离特征，随爆破震源距离的增大，锚杆工作阻力损失率呈乘幂关系 $\gamma = \gamma_0 x^{-\alpha}$ 衰减，并且装药量越大、孔深越小，衰减系数越小。初始衰减程度较快，到一定距离后衰减程度逐渐减小并最终趋于稳定。但是局部区域锚杆工作阻力损失率有突增现象，说明锚杆失效。

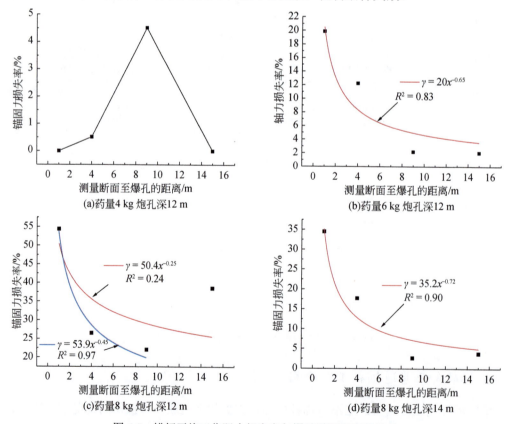

图 6.5　锚杆平均工作阻力损失率与爆破震源距离的关系

随着爆破装药量的增大,锚杆工作阻力损失率均有不同程度的升高,但是变化幅度不同,如图 6.6 所示。当爆破装药量为 4~6 kg 时,锚杆工作阻力损失率的升高速度较小,当爆破装药量为 6~8 kg 药量时,锚杆工作阻力损失率的升高速度明显增大。装药量为 4 kg、6 kg 时锚杆工作阻力的平均损失率约为 4.6%、20%,当装药量为 8 kg 时,锚杆工作阻力的平均损失率跃升至 55%。

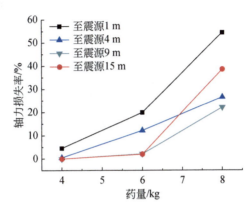

图 6.6　锚杆工作阻力损失率与爆破装药量的关系曲线

4. 爆破卸压巷道围岩裂隙扩展探测

爆破卸压后,巷道浅部围岩裂隙增加,围岩完整性降低,势必造成围岩强度降低,容易引起巷道失稳,降低锚杆支护系统防冲性能。采用矿用电子钻孔电视成像仪观测爆破前后巷道浅部围岩结构和裂隙变化,以此评判巷道围岩稳定性。钻孔电视成像探测仪可探测煤岩体中的裂缝宽度及状态,通过同一地点钻孔多次实测图像对比分析,可描述表征巷道围岩离层、错位、裂隙发育扩展、破碎变化情况。

爆破前后,巷道顶板、非回采帮和回采帮的裂隙区发育情况如图 6.7。

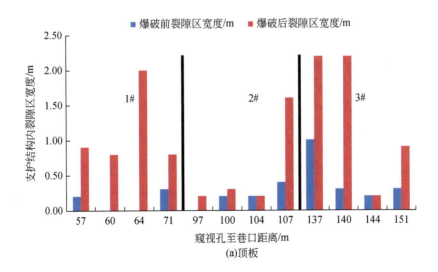

(a)顶板

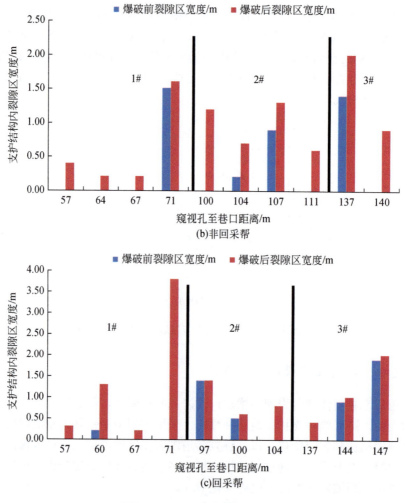

图 6.7   各窥视断面裂隙区分布

爆破前，067-1 运输巷观测区域内大部分巷道浅部围岩裂隙区的宽度已经大于支护结构的宽度，顶板和非回采帮最大为 4.7m，回采帮为 5.6m，超过了锚杆支护结构范围两倍，说明现有支护水平已经不能够较好地控制巷道围岩的裂隙发育，巷道围岩稳定性较低。爆破后，巷道浅部围岩裂隙区的宽度进一步增大，顶板、回采帮裂隙区总宽度最大值达到 5.2 m，非回采帮为 5 m，说明爆破后巷道围岩进一步劣化，不稳定性升高。

6.1.2   煤层卸压防冲作用下围岩支护系统损伤效应

采取爆破卸压后，巷道主承载结构外移，破碎区扩展，造成巷道发生大变形，承载结构整体向自由空间移动，爆破震动造成局部锚杆工作阻力降低或失效，承载结构内锚杆索支护构件也在巷道变形过程中产生横向塑性变形，锚固承载结构及支护构件吸能能力整体下降，维护巷道稳定性降低[10-18]。煤层爆破对巷道支护的损伤作用归纳为以下四个方面：

1. 煤岩体强度弱化

巷道破裂区内围岩煤岩体强度低，内部裂隙发育，当爆破应力波作用在破裂区和塑性区边界时发生明显的反射和折射，压应力波会转变为拉应力波，因此破裂区边界上煤岩体受到拉应力波和压应力波综合作用下发生破裂，导致破裂区边界扩张，破裂区内部裂隙在拉应力波和压应力波的作用下，裂隙发育程度增加，煤岩体的整体强度降低，承载能力下降。

2. 锚杆锚固力降低或失效

应力波作用下巷道周边煤岩体劣化，导致锚杆失去锚固基础，锚杆锚固力大幅降低甚至脱锚。应力波反复多次作用也会导致锚杆、锚索与钻孔壁的黏接强度衰减，锚杆、锚索松动，锚固力下降。锚杆、锚索杆体及支护构件严重变形甚至破断，锚固能力也会下降甚至消失。

3. 巷道围岩承载结构损伤

巷道锚固系统另一个主要形式就是锚固系统与围岩整体失效，极限平衡区内的煤岩体冲击扩容，形成强大的冲击载荷作用到锚固范围的岩体上，当冲击载荷足够大时，造成锚固支护结构的失稳，在瞬间一次性就摧垮了巷道。

4. 巷道变形明显

爆破导致围岩煤岩体强度降低，支护系统的承载能力受损，在矿山压力应力及冲击载荷的作用下，巷道产生明显的收缩变形或失稳破坏。

6.2　巷道围岩支护系统的损伤评估

煤层爆破降低围岩应力的同时，爆破应力波也会对巷道浅部围岩造成损伤和对锚杆支护系统造成劣化，为判定巷道的安全性，制定相应的补救措施，需要对爆破损伤巷道进行评估。

6.2.1　围岩裂隙扩展损伤评估

巷道围岩是抵抗冲击及维持巷道稳定性的主体，巷道破碎区及塑性区内节理和裂隙等不连续面的扩展发育会很大程度上弱化煤岩体的完整性和整体强度。巷道煤岩体完整性变差，一方面降低了锚杆的锚固力，另一方面浅部破碎围岩不能给予支护构件足够反作用力，锚杆与锚索支护作用减弱。此外，锚固端围岩裂隙发育容易造成锚杆脱黏失效，锚固范围内裂隙发育扩容变形，超过锚杆极限延伸长度，也容易造成锚杆破断失效。

采用钻孔窥视仪，对爆破卸压影响区域进行围岩结构探测，统计巷道围岩锚固范围内裂隙扩展率，确定巷道围岩裂隙损伤等级如表 6.2 所示。

表 6.2　巷道围岩裂隙扩展损伤等级

锚固范围裂隙扩展率/%	0～10	10～20	20～30	30～50
分类	好	一般	差	很差
围岩损伤等级	1	2	3	4

6.2.2　锚杆支护工作阻力损失评估

爆破震动效应造成锚杆锚固剂与围岩接触面剪切破坏，造成锚固脱黏，锚杆受力降低甚至失效。锚杆轴向工作阻力在锚杆安装后，随着围岩变形而动态变化，检测锚杆工作阻力，可了解支护体受力状态，评价巷道锚固结构的安全性。

通过锚杆工作阻力损失率 γ 表征爆破卸压作用下锚杆工作阻力的损失程度，工作阻力损失等级见表 6.3。

表 6.3　锚杆工作阻力损失率等级

锚杆工作阻力损失率/%	0~10	10~20	20~30	30~50
分类	好	一般	差	很差
锚杆工作阻损伤等级	1	2	3	4

6.2.3　爆破损伤巷道支护评估分级

综合考虑巷道围岩扩展损伤和锚杆工作阻力损失，将爆破损伤巷道等级综合划分如表 6.4。当损伤等级为 I 时，无须进行补强支护；当损伤等级为 II 时，需要对爆破影响区内锚杆工作阻力进行二次预紧，对锚索进行二次张拉；当损伤等级为III时，需要补打锚杆、锚索，当损伤等级为IV时，需要先注浆加固，再补打锚杆、锚索；当损伤等级不小于 V 时，需要对巷道进行返修。

表 6.4　爆破损伤巷道等级综合划分

锚杆工作阻力损失等级	围岩裂隙扩展损伤等级			
	1	2	3	4
1	I	II	III	IV
2	II	III	IV	V
3	III	IV	V	VI
4	IV	V	VI	VII

6.3　损伤巷道承载结构重塑技术

卸压爆破产生的应力波对于原有支护系统稳定性会造成明显的负面影响，导致锚杆轴力的损失，锚固体内煤岩体力学性能变弱，从而使锚固体的承载能力下降。因此，爆破卸压后的冲击地压巷道，需对巷道围岩进行有针对性的补强加固，重塑具备抗冲击性能的巷道承载结构。

6.3.1　卸压受损巷道承载结构重塑理念

要实现爆破卸压和支护加固的协同作用效果，在防冲的同时达到维护巷道稳定性的目的，针对此类情况巷道的支护加固应该遵守以下理念：

1. 全断面支护

对冲击地压巷道进行爆破卸压致使巷道全断面塑性区范围扩张，原有支护系统支护性能降低，因此对其进行二次补强加固时，不仅要对塑性区内的煤岩体进行支护，还要尽量提升二次支护加固后与巷道围岩煤岩体形成的承载结构的抗冲击性能。采用全断面支护可以有效地在已发生劣化的煤岩体内部形成相对较为完整的承载结构，封闭式承载结构的形成有利于载荷相对均匀化，防止出现局部应力增加从而导致承载结构出现链式破坏，以至于不能很好地发挥其支护的效能和防冲效果。

2. 非对称加固

在巷道帮部实施爆破卸压措施前，假设爆破帮的塑性区的范围=非爆破帮塑性区范围>顶板塑性区范围>底板塑性区范围；在巷道帮部实施爆破卸压措施以后，爆破帮的塑性区的范围>顶板塑性区范围>底板塑性区范围>非爆破帮塑性区范围；因为爆破卸压措施的存在对巷道塑性区范围的影响程度不一样，所以需要对巷道的顶底板及两帮采用不同的支护设计，从而形成非对称支护设计来对局部区域进行重点加固。

3. 具备抗冲击性能

爆破卸压前巷道原支护系统在爆破应力波的作用下承载能力降低，原支护系统形成的承载结构的防冲性能弱化，对于冲击地压的发生不能起到很好的能量耗散作用，且对于塑性区范围增大，导致巷道容易出现大变形等负面影响。对爆破卸压后巷道支护进行二次加固时，要采用具有吸能抗冲击性的支护构件，如高冲击韧性锚杆、高冲击韧性锚索，在局部巷道塑性区发育范围较大的区域也可以安置具有吸能特性的门式巷道液压支架。支护系统是抵抗冲击地压最后的一道屏障，增大支护系统的吸能特性在一定程度上就可以降低冲击地压的残余能量，降低冲击地压灾害发生的危害程度。

4. 提高整体强度

巷道的开挖导致围岩煤岩体内部应力梯度出现，从而会在巷道围岩由表及里产生散体区、过渡区和连续区，三区范围内煤岩体裂隙发育程度不同。爆破卸压过程中产生的爆破应力波作用在散体区、过渡区和连续区时，会造成散体区和过渡区内煤岩体岩石力学特性的进一步降低，裂隙再次发育，从而使散体区和过渡区的范围增大。散体区和过渡区面积的增加和裂隙发育程度的增加有利于致灾能量传递过程中的能量耗散，但是对于巷道围岩的稳定性则具有一定的负面影响，裂隙的发育导致原支护承载能力的降低，甚至原支护系统失效。因此在对卸压爆破后的煤岩体进行支护加固时，要进行注浆改性，散体区和过渡区裂隙发育有利于浆液在围岩内部扩散，有助于呈离散状的块体重新"黏合"在一起，有利于提高巷道围岩煤岩体的完整性。巷道围岩煤岩体完整程度增加，在巷道围岩表面施加锚杆预紧力时，更有利于"锥形"压力区的出现，从而更好地使锚杆间"锥形"压力区叠加在一起形成加固拱以承担外部的载荷。

基于上述爆破卸压后的煤岩体支护加固的原则，可以有效对支护承载结构的承载能力进行重塑，使之形成具有吸能特性的封闭式承载结构，维护巷道围岩稳定性，抵抗后续回采及超前支承应力产生的负面影响，同时面对该承载结构的吸能特性也可以进一步防止冲击地压灾害的发生或者降低冲击地压灾害发生时的破坏程度。

6.3.2　卸压受损巷道承载结构重塑基础技术

结合上节综合评价分级方法，采取高强度主动锚固修复技术、吸能补强技术、锚注一体化加固技术等进行巷道承载结构重塑。

1. 高强度主动锚固修复技术

现在广泛使用的强度较低的锚杆不能很好地维护高应力条件下和强动载条件下的巷道围岩煤岩体的完整性与稳定性，因此应该改善锚杆的杆体材质，选用超高强度、高延伸率的材质来加工锚杆，并且相应的提高锚杆的预紧力，采用相匹配的托板等有利于预紧力扩散的构件，如此形成对应的高强控制技术，来达到维护巷道围岩煤岩体的完整性和稳定性的目的。

2. 吸能补强支护技术

选用的重塑支护形式应具有一定的吸能性和让压性，否则容易被冲击破坏，失去支护作用。高冲击韧性锚杆具有高强度、高韧性及高瞬时吸能特性，可通过杆体的瞬时延伸吸收冲击动能，杆体吸能效果好，可大幅度提高支护系统的抗冲击性能。

3. 锚注一体化加固技术

当围岩裂隙发育较大，锚杆锚索预紧力施加不上时，对巷道围岩进行锚注加固。当爆破后巷道围岩裂隙持续发育扩展为内部或者表面宏观裂隙，容易导致巷道失稳破坏。中空注浆锚索将高预紧力锚索支护与围岩注浆有机结合，同时实现高预应力与锚索全长锚固，注浆后可以改善围岩力学性质，有效控制围岩塑性区发育，提高围岩强度并改善支护体受力状态。

4. 应力环境优化技术

从应力控制和减小能量积聚的角度出发，尽可能地改善巷道围岩的应力环境。在冲击地压矿井具有较强冲击危险性和典型地质构造的区域，应超前采取的一定的卸压解危措施，既降低冲击地压事故的发生概率，又大大改善巷道围岩的应力环境，不论是掘进还是回采时期均能较好地控制围岩。可以采取的方法包括长距离深孔水力压裂、地面水力压裂、深孔爆破、大直径钻孔、水力割缝等。

5. 综合性控制技术

随着开采环境及条件的复杂化，冲击地压的频次和强度都在增加，冲击地压发生的不确定性越来越大。因此，单纯依靠支护和防护难以满足巷道空间维护的需要，应采取多种方法的综合控制方式从更大的尺度、更大的干预强度来从源头、次源头削弱、控制冲击动载波的强度和速度,增强围岩的抗冲击性和开挖边界的强约束,进而控制围岩的长期稳定。

6.4　巷道冲击地压"卸-支"协同防控技术

煤巷冲击地压防治以不发生冲击地压事故为目的,在爆破卸压与巷道承载能力保护存在矛盾的情况下,应坚持以下理念:优先考虑爆破卸压,确保巷道不发生强烈冲击地压。但同时也要考虑爆破对巷道造成的损伤作用,尽量使巷道损伤程度降至最低。通过对卸压-支护协同作用分析,笔者[19]提出坚持爆破卸压解危优先、巷道损伤最低的防控理念,"卸-支"辩证统一,协同双效。一旦爆破对支护造成过大损伤,需要进行补强支护,重塑稳定的巷道支护结构和承载能力。

6.4.1　巷道冲击地压"卸-支"协同防控原则

爆破卸压-支护加固需协同配合,最终目标是消除冲击危险,提升巷道抗冲击能力,满足安全生产要求。冲击地压巷道爆破卸压-支护加固协同防控设计要遵守以下原则:

(1) 底线原则:巷道冲击地压防控以阻止冲击地压发生为底线。对于潜在强冲击危险巷道,无论采取爆破卸压还是补强加固措施,目标是一致的,以阻止冲击地压发生为首要目的,当现实条件下无法阻止冲击地压发生时,应设法降低冲击地压显现强度。因此,对于潜在强冲击危险巷道,首先采取爆破卸压措施降低或转移巷道周边高应力集中程度,释放积聚在冲击启动区的弹性变性能,卸压区域形成能量裂隙发育的耗散结构,缓冲冲击载荷对巷道围岩的破坏;此外,结合回采巷道冲击地压显现特征,补强卸压区域的巷道支护强度,提高巷道整体抗冲击能力,减缓冲击显现强度,减小巷道变形程度,保证巷道满足生产断面要求。

(2) 统筹原则:当采取煤层爆破卸压进行冲击地压防治时,需合理设计爆破和支护参数,在达到卸压防冲的同时,尽量减少爆破对支护的损伤,保证巷道的承载能力满足要求;当进行巷道补强支护承载结构重塑时,也需考虑巷道支护对冲击能量的积聚和孕育,避免巷道浅部形成高应力区。爆破与支护需要统筹考虑,达到协同双效,不可顾此失彼。

(3) 精准原则:煤层爆破卸压主要针对巷道两帮弹塑性交界区域,并且爆破深度至少要穿过支承压力峰值区,而巷道支护的主要区域为巷道浅部破碎区及局部塑性区,爆破卸压钻孔装药段要处于锚杆加固范围之外,避免爆破直接对支护区域造成影响,降低爆破对支护的损伤效应。巷道补强加固重在补强薄弱点,形成完整稳定的抗冲击承载结构。

(4) 有序原则:依据工程条件,合理安排爆破与支护的时间、空间顺序。工作面回采前需对冲击危险性进行评价,提早对潜在冲击危险区进行爆破卸压处理,必要时进行补强支护;当回采过程中监测到强冲击危险时,首先需要爆破卸压,解除冲击危险后,根据需要对受损巷道进行补强加固;对于巷道维护状况很差的巷道,先采取加固措施,再行爆破和补强支护。

(5) 动态调整原则:现场冲击地压防治实践中发现,厚及特厚煤层在应力作用下会产生扩容显现,导致应力恢复,从而造成重复冲击,因此,在采取爆破卸压和支护加固措施后，需要对巷道围岩应力及支护体受力进行持续动态监测，保证巷道处于低应力状态，改善巷道围岩积聚能量的力源条件；巷道支护构件具有良好工况状态，能较好地发挥支护性能，保证巷道的稳定性。

（6）经济合理原则；受制于煤层开采的复杂性、炸药管控的严格性、炸药使用存在"瞎炮"的风险性，大直径钻孔卸压是目前煤矿冲击地压卸压的首选方法，当采用大直径钻孔卸压后，仍然未能消除冲击危险，宜采用煤层爆破卸压方法。补强加固方案以受损巷道评估等级为选择依据，弥补爆破损伤对支护防冲性能的降低作用，补强加固方案需经济合理。

6.4.2　巷道冲击地压"卸-支"协同防控实现路径

为实现冲击地压巷道爆破卸压-支护加固协同防控，巷道冲击地压防治可按以下路径实施：确定巷道冲击地压危险区域；进行煤层爆破卸压设计；爆破施工与工程监测；爆破卸压效果及围岩损伤效应评价；爆破参数优化及受损巷道补强加固。

1. 冲击危险区域判定

冲击危险区域判定是冲击地压针对性防治的基础，目前国内外学者从理论层面提出了多种冲击危险性评价方法，研究认为采用基于震波 CT 探测技术确定回采巷道冲击危险区域是目前比较先进适用的技术。震波 CT 探测技术可实际揭示工作面集中静载荷分布，据此评价巷道冲击危险性，制定针对性卸压解危方案。

1）震波 CT（震波层析成像）探测技术

震波 CT 探测技术以穿透煤岩体的实际震动波射线进行波速反演，可有效反映实际条件下工作面煤岩体内静载荷分布特征及结构特性，实现大范围静载荷探测，较常规解析和数值方法更真实、全面，并且以二维图像形式直观展现巷道冲击危险区域。

震波 CT 探测技术采用波兰 PASAT-M 型便携式微震系统，通过检波器接收人为爆破激发的穿越工作面煤岩体的纵波走时信号。纵波在走时成像的情况下以射线形式在探测区域介质内传播，将"激发点-检波器"包络的探测区域划分为一系列小矩形网格，通过高频近似反演，走时成像公式可表示为

$$t_i = \sum_{j=1}^{N} s_j d_{ij} \quad i=1,2,3,\cdots,M \qquad (6.2)$$

式中，t_i 为纵波走时；d_{ij} 为第 i 条射线在第 j 个网格中的射线路径长度；M 为射线总数；N 为网格数量。

表示为矩阵方程形式为：

$$T=D \cdot S \qquad (6.3)$$

式中，T 为纵波走时列向量，S 为慢度向量，D 为射线长度矩阵。

通过联合迭代重建算法（SIRT）进行速度场图像重建，可获得煤岩体内部波速分布情况。

研究表明，冲击地压多发生在高应力区及应力异常区，对应速度场图像中纵波波速区及波速梯度区，因此，建立以波速异常系数 AC 和波速梯度系数 GC 为主要因子的冲击地压危险性评估模型。

$$C = 0.5AC + 0.5GC = 0.5 \cdot \frac{V_\mathrm{P} - V_\mathrm{P}^0}{V_\mathrm{P}^\mathrm{C} - V_\mathrm{P}^0} + 0.5 \cdot \frac{G_\mathrm{P}}{G_\mathrm{P}^\mathrm{C}} \tag{6.4}$$

式中，C 为冲击地压危险性指数，V_P 为测区内某点纵波波速，V_P^0 为测区内平均波速，V_P^C 为测区内极限纵波波速，G_P 为测区内某点纵波波速梯度，G_P^C 为测区内极限波速梯度。

利用 PASAT-SSA 震波 CT 后处理软件进行反演计算，最终形成工作面冲击危险性指数 C 值分布云图，C 值与冲击危险等级对应标准如表 6.5 所示。

表 6.5　工作面冲击危险等级分类

C 值	<0.25	0.25～0.5	0.5～0.75	0.75～1
等级	无	弱	中	强

2）巷道冲击危险性判定

定义工作面危险区域与巷道的最小距离为异常区最小临巷距 L，冲击危险区距离巷道越近，造成冲击显现的可能性越大。依据工作面冲击危险等级与最小临巷距 L 的关系，划分巷道冲击危险等级及区域，如表 6.6 所示。

表 6.6　巷道冲击危险等级划分

类别	工作面冲击危险等级	L 值
I	无	
II	弱	$L_弱 < 3r$，或 $3r < L_中 < 5r$ 或 $5r < L_强 < 7r$
III	中	$L_中 < 3r$，或 $3r < L_强 < 5r$
IV	强	$L_强 < 3r$

注：r 为巷道宽度。

当巷道冲击危险等级为 I 类时，无须处理；当巷道冲击危险等级为 II 类时，需进行卸压处理；当巷道冲击危险等级为 III 类时，需停止工作面生产，立即采取针对性局部解危措施，验证解危有效后重新生产；当巷道冲击危险等级为 IV 类时，须停止生产，撤离人员，采用解危措施降低或消除冲击危险。

2. 煤层爆破卸压设计

爆破卸压的关键参数包括爆破孔深度、爆破孔间距、爆破装药量。①爆破孔深度：采用钻屑法或应力监测方法分析巷道围岩应力分布特征，确定巷帮应力峰值区域，爆破深度要大于或等于支承应力峰值距煤壁的长度；②爆破孔间距：煤层爆破后形成的破碎区及裂隙区相互贯通，形成完全卸压带；③爆破装药量：根据应力集中程度和变化调整爆破装药量、时间、空间参数等。

3. 爆破卸压效果及围岩损伤效应评价

依据爆破卸压设计制定作业规程，在井下实施。采用微震监测、应力监测或钻屑法对爆破卸压效果进行检验；采用锚杆受力监测、钻孔窥视等方法，对爆破卸压区域支护系统及围岩裂隙扩展情况进行监测，依照的综合评价方法，对爆破卸压损伤围岩效应进行评价分级。

4. 爆破参数优化及补强加固措施

基于评价结果，对爆破卸压参数进行优化[20]，并对爆破损伤巷道进行针对性补强加固，再造稳定巷道支护体系，实现协同双效防冲作用。

除了爆破卸压外，近年来水力压裂等技术的应用大大提升了煤岩层卸压的强度和范围。因此，笔者[21]提出区域防治与局部解危相结合，通过采用区域压裂卸压和巷道围岩局部弱化卸压，既要达到卸压效果，又要减少对巷道围岩的劣化。

参 考 文 献

[1] 马建军, 程良奎, 蔡路军. 爆破应力波的传播及其远区破坏效应研究现状述评[J]. 爆破, 2005, 22(2): 17-21.

[2] 王青海, 沈军辉, 卫宏. 爆炸冲击波对地下巷道破坏效应分析[J]. 中国地质灾害与防治学报, 2000, 11(3): 67-69.

[3] 王振毅, 李静, 胡锐. 基于 LS-DYNA 的某临近硐室爆破振动模拟分析[J]. 爆破, 2010, 27(1): 104-106.

[4] 肖福坤, 孙豁然, 刘晓军, 等. 爆破震动对巷道稳定性影响的模拟分析[J]. 矿业研究与开发, 2004, 24(5): 73-76.

[5] 鞠扬, 夏昌敬, 谢和平, 等. 爆炸载荷作用下煤岩巷道底板破坏的数值分析[J]. 岩石力与工程学报, 2004, 23(21): 3664-3668.

[6] 刘炜, 宋卫东, 赵炳祁, 等. 爆破震动对巷道稳定性影响研究[J]. 金属矿山, 2010, 23(1): 28-30.

[7] 徐剑坤, 朱亚飞, 宋大钊. 基于剪切梁理论的爆破扰动对巷道顶板稳定性影响的研究[J]. 中国安全生产科学技术, 2013, 9(7): 25-31.

[8] 吕祥锋, 潘一山, 李忠华, 等. 爆炸冲击载荷作用下吸能支护巷道变形研究[J]. 岩土工程学报, 2011, 33(1): 1222-1226.

[9] 吕祥锋, 潘一山, 李忠华, 等. 高速冲击作用下锚杆支护巷道变形破坏研究[J]. 煤炭学报, 2011, 36(1): 24-28.

[10] 刘少虹, 潘俊锋, 毛德兵, 等. 爆破动载下强冲击危险巷道锚杆轴力定量损失规律的试验研究[J]. 煤炭学报, 2016, 41(5): 1120-1128.

[11] 单仁亮, 周纪军, 夏宇, 等. 爆破载荷下锚杆动态响应试验研究[J]. 岩土工程学报, 2011, 30(8): 1540-1546.

[12] 周纪军. 爆破动载对近区锚杆支护结构影响的试验研究[D]. 北京: 中国矿业大学(北京), 2011.

[13] 杨自友, 顾金才, 陈安敏, 等. 爆炸波作用下锚杆间距对围岩加固效果影响的模型试验研究[J]. 岩石力与工程学报, 2008, 27(4): 757-764.

[14] 杨自友, 顾金才, 杨本水, 等. 锚杆对围岩的加固效果和动载响应的数值分析[J]. 岩土力, 2009, 30(9): 2805-2809.

[15] 王光勇, 顾金才, 陈安敏, 等. 顶爆作用下锚杆破坏形式及破坏机制模型试验研究[J]. 岩石力与工程

学报, 2012, 31(1): 27-31.

［16］王光勇, 徐平, 李桂林. 爆炸载荷作用下锚杆动载响应和加固机理数值分析[J]. 工程爆破, 2008, 14(4): 5-8.

［17］徐景茂, 顾金才, 陈安敏, 等. 拱脚局部加长锚杆锚固洞室抗爆模型试验研究[J]. 岩石力与工程学报, 2012, 31(11): 2182-2186.

［18］薛亚东, 张世平, 康天合. 回采巷道锚杆动载响应的数值分析[J]. 岩石力学与工程学报, 2003, 22(11): 1903-1906.

［19］鞠文君, 孙刘伟, 刘少虹, 等. 冲击地压巷道"卸-支"协同防控理念与实现路径[J]. 煤炭科学技术, 2021, 49(4): 90-94.

［20］刘少虹, 潘俊锋, 刘金亮, 孙刘伟. 基于卸支耦合的冲击地压煤层卸压爆破参数优化[J]. 煤炭科学技术, 2018, 46(11): 21-29.

［21］鞠文君, 杨鸿智, 付玉凯, 等. 煤矿冲击地压巷道支护技术发展与展望 [J]. 煤炭工程, 2022, 54(11): 1-6.

第7章 巷道冲击地压监测与预警技术

冲击地压是岩石力学与工程领域公认的世界性难题，虽然通过数十年的系统研究，取得了许多理论及技术的重大突破与成功经验，但在冲击地压发生机理、监测预警和防治方面存在许多关键性的问题仍未能从根本上解决，特别在冲击地压预测预报方面还有相当长的路要走。因此，开展冲击地压预测预报研究工作仍然是岩石力学与工程领域的重大理论与技术难题。国家《能源中长期发展规划纲要（2004—2020）》（草案）在第十个重点领域中的第 58 个优先主题"重大生产事故预警与救援"指出：重点研究开发瓦斯、突水、动力性灾害预警技术，开发燃烧、爆炸、毒物泄漏等重大工业事故防控与救援技术与相关设备[1]。

冲击地压的预测预报水平是提高冲击地压理论与实践水平的关键，只有实现可靠的预测预报，才能更好地指导冲击地压防治工作，从而降低防冲成本，提高防冲效果，并反过来促进冲击地压机理的发展。但是，大量的监测实践表明，在利用现有的危险性评价方法和预测方面还存在许多需要研究和解决的问题，其中最重要的问题是尚未建立起准确评价和预测冲击危险性的有效技术，特别表现在评价准则和预警模型的有效性和普适性方面[2-6]。

提高冲击地压预测预报水平需要在理论分析、经验类比等手段的基础上，综合采用多种手段进行联合监测，根据监测到的信息与冲击地压发生过程的关系，以及这些监测信息的时空变化规律，建立相应的预测模型与判据。除此之外，面对多种监测设备获得的大量前兆观测信息出现的各种复杂现象，如何综合利用各参量信息，统一各参量指标的异常指数并最终确定多参量综合预警结论，是当前冲击地压监测预警的重要课题。

因此冲击地压多源前兆信息识别及预警模型、多参量综合预警平台系统等研究和开发，将提升冲击地压预测预报的科学性、时效性和可靠性。根据危险评价结果进行现场冲击地压防治工作，可及时排除事故隐患，提高煤矿井下生产安全性，从而最大限度地减少人员伤亡和财产损失。研究成果对提高我国冲击地压理论研究水平，减小冲击地压灾害现状具有重要意义。

7.1 冲击地压监测预警技术发展状况

在煤矿开采过程中进行动态连续监测是实现冲击地压预测预报的基础和前提，首先应根据矿井实际条件，建立合理的冲击地压监测与预警系统，以实现对冲击地压前兆信息的动态捕捉和有效识别，并采用有效的预测方法、指标与判据进行冲击危险预测预报。冲击地压监测预报方法大体上可以分为两种（表 7.1），一种是地球物理法，另一种是岩石力学法[7]。地球物理方法目前主要包括微震法、地音法、电磁辐射法等，该方法不仅监测范围大、成本低、信息量大，而且属于非接触无损监测技术，快速便捷，其缺点是监测数据量大、易受干扰、具有多解性等。岩石力学方法主要有煤体应力监测法、变形量观测法和钻屑法等,具有简单实用且成本低等优点,但也存在适应性差、监测范围小等不足。这些监测方法能够以不同的方式和特点给出冲击地压孕育过程伴随的大量信息,逐步成为冲击地压预测预报的重要手段。

表 7.1 冲击地压监测方法

监测方法名称		主要应用国家
一、岩石力学方法	1. 钻屑法	苏、波、联邦德国、中、日、法
	2. 变形量观测法	中、联邦德国、波、法、匈、美
	3. 煤体应力监测法	日、中、美、匈
	4. 地质构造位移监测法	中
	5. 钻孔冲头挤压法	苏、波
	6. 岩饼法	苏、法、中
	7. 地质动力区划法	苏、中
二、地球物理方法	1. 微震法	波、苏、联邦德国、中、日
	2. 地音法	波、中、美
	3. 锤击波速法	波、苏
	4. 地电法	苏、波
	5. 地磁法	苏
	6. 重力法	苏
	7. 超声法	中、苏、波
	8. 地音法	波、美、中
	9. 声发射法	中、波
	10. 电磁辐射法	中
三、经验类比分析法		大部分国家

7.1.1 声发射技术

微震和地音监测都源于声发射技术,已广泛用于岩石稳定性监测,用于冲击地压(岩爆)监测也有近 80 年的历史,其理论研究已严重滞后于工程实践[8-10]。大量研究表明,煤岩损伤过程中会以声发射的形式向外辐射能量,通过连续声发射监测,不仅可以了解煤岩体当前的损伤状态,而且能够获得岩体损伤过程和发展变化趋势。由于冲击地压的发生也是煤岩体损伤的一种类型,因此通过声发射技术可以为冲击地压预警提供重要前兆信息。

20 世纪 40 年代,美国矿业局率先提出了采用微震技术来监测因采动引起的煤岩破裂事件,后来发展到用多通道磁带记录仪收集微震信号,然后在示波器上回放,最后在计算机上进行处理。当然,最初的微震监测系统是无法实现实时监测的,随着电子技术、网络技术的发展和应用,计算机用于处理监测信息的能力也得到极大的提升,同时定位技术和理论方法也取得了突破,岩体声发射技术呈现了稳步发展。在数据处理和传输方面,传统的模拟信号逐渐被数字信号代替，信号质量和稳定性有了极大提升，小波分析、神经网络、模糊识别等逐渐成为研究的热点。目前的微震监测系统可以获得震动事件的震源位置、发震时间和释放能量等参数，同时计算机三维可视化使监测结果和矿山工程结构能以非常直观的形式展示出来。

波兰煤矿的冲击地压较为严重，波兰也是最早研制微震和地音监测系统的国家之一。EMAG 采矿电气与自动化研究中心于 20 世纪 70 年代研制成功了第一代 SYLOK 微震监测系统和 SAK 地音监测系统，目前的声发射系统已发展至第五代，包括 ARAMIS M/E 微震监测系统和 ARES-5/E 地音监测系统。波兰矿山研究总院采矿地震研究所也于 20 世纪 70 年代开发了第一代数字微震监测仪 LKZ，90 年代开发了新一代 ASI 数字化微震监测仪 LKZ，目前已更新为 WINDOWS-XP 下的 SOS 微震系统。除了本国的煤矿以外，波兰的微震、地音监测系统远销德国、美国、俄罗斯、乌克兰、南非、中国等 20 多个国家，取得了良好的效果。除此之外，加拿大的 ESG 微震监测系统和南非的 ISS 微震监测系统也得到大量应用，前者被广泛应用于南非及世界金属矿山的冲击地压监测，后者也在加拿大、澳大利亚等国的许多金属矿山得到大量应用。俄罗斯研制了类似的地震声学监测仪器，如 SDAE8 型震波监测，澳大利亚研制了 Siroseis 系统。在俄罗斯、乌克兰的许多矿山，除微震和地音监测系统外，还采用电磁辐射等综合性监测手段。南非 Witwatersrand 盆地的许多金矿，则通常只采用微震监测法。目前世界各主要深井开采矿山的大规模地压破坏监测普遍采用微震、地音监测法或以微震、地音监测法为主的综合监测方法。

国内声发射探测技术最早应用于航空航天领域，目前已经在机械、医学等领域广泛使用。从"七五"计划开始，煤炭科学研究总院下属西安、抚顺、重庆分院等多家科研院所先后对声发射预测煤与瓦斯突出进行了研究。并通过实验室声发射试验研究了煤岩体在单轴压缩状态下的声发射特征，逐步形成了一定的基础理论和分析方法。开发了适用于煤岩体声发射监测的传感器和监测系统，利用声发射活动、瓦斯变化等参数进行煤与瓦斯的预测预报，取得了积极的效果。1976 年前后，冲击地压预测预报还是采用地震领域中的群测群防形式，先后在门头沟、大同、辽源等十余个有矿震活动的地区安装了地震仪，最开始采用的是 DD-1 单分向地震仪，后期逐步更换为 DD-2 三分向微震仪。北京门头沟矿是我国最早使用矿震监测的矿区，矿震监测一直持续到 2000 年关井才停止，经过 20 年的监测共获得了超过 11 万个微震事件。我国最早于 1984 年从波兰引进 SYLOK 微震监测系统和 SAK 地音监测系统，并应用于北京门头沟、枣庄、陶庄等矿区。郑治真、陆其鹄等人自主开发了慢速磁带地音仪，制作了基于单片机的专用处理设备，实现了对地音信号的数据连续采集，并能实现对震源参数的连续提取和简单分析，该项目在北京房山煤矿井下进行了较长时间的观测，同时受到了国家自然科学基金的资助。1986 年，以煤炭科学研究总院北京开采所牵头，在对波兰引进的 SYLOK 微震和 SAK 地音系统消化吸收的基础上，成功研制了国产微震和地音监测系统，分别为 WDJ-1 微震监测系统和 DJ-1 地音监测系统，并陆续在北京、徐州等矿区进行了应用，但没有取得满意的效果。长沙矿山研究院成功研制了 STL-12型微震监测系统，该系统作为国家"九五"科技攻关项目在铜陵冬瓜山矿开采得到了应用。但该系统在噪音识别和抑制方面存在较大的缺陷，使其应用受到较大的限制。

声发射监测技术的发展与应用关系到矿井地质及岩体动力灾害防治和预测。由于种种原因，我国矿山声发射监测在 20 世纪 90 年代陆续停止。此后 10 多年来，矿山冲击地压和矿震监测主要依托区域地震台，但是由于区域地震台密度不够，信号灵敏性和震源定位精度都难以满足矿山冲击地压监测的需要。2006 年以来，以波兰、南非、加拿大、澳大利亚为代表的微震、地音监测系统陆续在国内煤矿和金属矿进行应用，其中波兰的 ARAMIS M/E 微震监测系统和 SOS 微震监测系统已应用到国内各大冲击地压矿区的 100 多个矿井，促进了我国煤矿冲击地压监测预报技术的发展。可喜的是，近年来国内多家科研院所在微震和地音监测系统的国产化方面也取得了积极进展。与此同时，用于冲击地压监测预警的其他技术如电磁辐射、煤体应力监测、震波 CT 探测得到了迅速发展，这些技术与声发射监测相结合，形成了我国特有的冲击地压综合监测技术体系，并取得了良好的效果。

7.1.2　应力监测法

冲击地压的本质是煤岩应力超过冲击临界载荷后突然破坏的结果，如果能快速、准确地获得煤岩体的应力状态，则可以实现对冲击地压的有效预警。目前用于冲击地压煤体应力监测的方法主要是钻孔应力计法[11-14]，该方法的优点是：传感器能够安装在煤体深部，能实现对冲击危险核区煤体相对应力大小的探测，受外界干扰较小；同时采样频率高，能实时动态传输；监测范围可通过传感器数量和布置方式确定，灵活性高；最重要的是监测信息直接反映煤体应力的变化，符合冲击地压的发生机理。

钻孔应力计监测方法最早由煤炭科学研究总院北京开采所研发成功，最初的是 KS 系列膨胀枕式应力传感器，即通过在煤体中埋设带有油管的压力枕来间接反映煤体的相对应力值，主要应用于煤柱稳定性评价、顶底板应力变化、工作面超前支承压力的分布等。之后，在此技术上开发了 KSE 系列振弦式应力传感器和 KJ21 采动应力监测系统，实现了对煤体应力的连续在线监测。2009 年进一步开发了毫秒级应力传感器，并将其应用于冲击地压实时动态监测，取得了良好效果。

随着电子技术的不断发展，国内陆续有十多家单位和厂家能提供在线或无线的冲击地压应力监测设备。同时开发的可视化软件不仅能实时显示各传感器的应力变化曲线，还可以将特定区域内的数据进行联合分析并形成应力分布云图，可以实时动态预测冲击危险区域及等级，能及时反馈危险信息，大大提高了预警的及时性和有效性。

钻孔应力计法主要通过钻孔孔壁变形引起压力枕内油压变化，再将油压转换成频率信号或者电信号进行监测和记录。因此该方法实际上只能获得煤体相对应力的大小及其变化趋势，并不是真实的煤体应力值，据此建立起来的相对应力值与冲击地压的相关性并不总是成立的。而且该方法只能监测垂直应力，实际上冲击地压的发生不仅是垂直应力作用的结果，水平应力也是非常重要的一个因素，特别是发生在构造区域的冲击地压，其水平应力的影响程度要远大于垂直应力，仅用单向的垂直应力往往无法反映真实的冲击危险状态。为此，部分学者研发了双向或三向的应力传感器并在部分现场进行了应用，但有关文献都不具有足够系统性与实用性。

7.1.3　钻屑法监测

钻屑法最早用于煤层突出危险性预测[15-17]，是 20 世纪 60 年代由德国和苏联学者提出的，我国于 20 世纪 70 年代末开始进行相关方面的研究，20 世纪 80 年代初，重庆煤炭科学研究所将该技术应用于四川省天池煤矿的冲击危险性研究中，并建立了相应的评价指标。此后，煤炭科学研究总院北京开采所、北京矿务局门头沟煤矿、开滦矿务局、阜新矿业学院等科研院所及企事业单位也开展了相关研究与应用。

钻屑法具有成本低、操作简单、易于操作的优点，目前应用较为广泛，是冲击地压、煤与瓦斯突出预测的重要手段之一[18-20]。我国《煤矿安全规程》和《防治煤矿冲击地压细则》都将钻屑法作为冲击地压日常监测和解危效果检验的重要手段[21]。其理论基础是煤粉量与煤体应力状态存在正相关关系。现场实施过程中，一般通过钻孔期间不同深度范围内单位煤粉量涌出情况判定应力集中程度及范围，应力集中程度越大，范围越广，峰值距离巷帮越近，冲击危险性就越高。打钻过程中颗粒度明显增大，震动频繁、卡钻、顶钻等动力现象的出现也说明危险程度的增加。目前的研究已不局限于煤粉量及其动力现象，许多学者开展了如钻屑温度、钻进速度、钻杆扭矩等指标与冲击危险性的关系的研究，并建立了定量评价方法，但主要成果仍基于理论与试验研究，还缺少现场应用的相关报道。

钻屑法的缺点是探测范围小、施工工程量大、作业条件差、施工操作影响大、在时间和空间上均无法实现连续监测，因此实际应用中往往出现误差大、施工安全隐患高、检测区域与危险区域不一致等现象。为了克服上述问题，部分学者提出基于钻屑法的冲击地压危险性自动化分析方法与技术，可以实现冲击危险性检验过程中自动化统计每米煤粉量、记录煤炮、顶钻、吸钻和卡钻等宏观现象，实现了钻进区域冲击危险性的智能化评价。由于涉及相当复杂的技术，目前尚难以做到常规应用。

7.1.4 震波 CT 探测法

地震波在穿越地质体时会出现走时或能量的变化，震波 CT 探测技术通过接收穿过地质体的震动波，经过反演分析，便可实现对地质体内部结构的重建，通过数字观测技术和计算机成像技术的有机结合，最终可以以图像等形式直观地表现出来。震波 CT 探测技术能够提供丰富且高精度的岩层存储信息，是当今极具潜力的物探方法[22-24]。目前常用的震波 CT 探测最高分辨率可达到 1 m 以内，比常规地面地震 3～4 m 的分辨率要高得多。由于具有较高的分辨率，该技术已广泛应用于工程岩体内部发育裂缝、断层破碎带、陷落柱、地下空洞、岩层厚度变化带等地质异常体产状及影响范围的探测。

我国于 20 世纪 80 年代中期才开始开展地震波 CT 探测理论与技术方面的研究工作，并先后在山西大同、平顶山等矿区进行应用，取得了一些成果。但总体而言，该技术在煤矿领域的研究及应用相对较少。1993 年，煤炭科学研究总院北京开采所最早对冲击地压煤层层析成像方法进行了试验研究，但系统性的研究始于 2010 年，王书文等利用波兰 PASAT 便携被动式 CT 探测系统深入研究了地震波波速及波速梯度与冲击危险性的相关性，并以此为基础，建立了以波速异常系数和波速梯度系数为主要因子的冲击危险性评价方法，并在平庄、新疆、新汶、义马等数十个矿区进行了成功应用，取得了较好的成果。窦林名等采用 SOS 微震系统监测的微震事件进行矿震震动波层析成像，并将成像结果用于冲击危险性评价研究，该技术属于主动式 CT 探测，探测频率高且用于探测的振动信号是煤岩破裂自发形成的，因此不需要人为激发，但微震定位精度往往会存在较大误差，对其应用效果造成一定影响。张平松等利用地震波 CT 探测技术,对工作面内部地质构造等异常体进行了探测研究,研究了工作面回采过程中煤层顶、底板的动态破坏规律。许永忠等在地震波层析成像中采用 SIRT 法对煤田中的地应力异常区进行了震动波层析成像研究,在一定程度上改善了成像效果。

被动式 CT 探测需要人为激发震源,由于震源位置精确,因此具有精度高、结果可靠的特点,在煤岩体应力异常区、构造带、煤层厚度变化带等典型异常区的探测应用广泛。目前在冲击地压矿井的应用主要还是以被动式探测为主,包括冲击危险性评价与危险区域划分、防治效果检验等方面,但该技术最大的缺陷在于不能连续监测,难以反映冲击危险性的动态变化。主动式 CT 探测所用的震源是煤岩自发破裂产生的振动信号,因此探测频次要远高于主动式 CT 探测技术,但震源位置是根据微震系统定位获得,震源位置难以精确获得,因此探测误差较大,可靠性较低。自震式 CT 探测系统根据机械周期性自动激发震源,激发周期可以人为任意设定,因此克服了上述两种 CT 探测方法的缺陷,能实现高精度连续探测,是未来智能化防冲的重要发展方向之一,但该技术还尚未进入到实质性研究阶段。

7.1.5　其他方法

目前,用于冲击地压监测的方法还有电磁辐射法、支架压力监测、电磁 CT 探测等[25-27]。电磁辐射技术应用比较广泛,但易于受干扰,尤其在遇到含水、放炮卸压带、用电设备多等条件时,准确性将受到很大影响。支架压力监测可用于坚硬顶板条件下工作面冲击地压的预测预报,但对于当前作为主要冲击类型的巷道冲击地压却无能为力。电磁 CT 监测精度高,可作为震波 CT 探测的补充手段,对掘进巷道、煤柱冲击等能起到较好的作用,目前也有相关的研究和应用报道,但存在探测范围小且不能实现连续探测的缺陷,尚难以作为常规监测方法进行推广应用,目前主要用于局部冲击危险预评价和解危效果检验。此外,还有巷道变形量观测、顶板下沉量监测等在一定程度上也得到了实际使用,但并没有形成现场实用的方法和判别准则。

7.2　冲击地压主要监测技术及应用

7.2.1　井下微震监测技术

采矿活动引起的震动现象可分为两种:一种是震动比较强烈的、振动频率通常小于 150 Hz 的事件,属于微震(简称 MS)范畴,是随着煤岩体被逐渐加压,其内在微缺陷被压裂或扩展或闭合,当裂纹扩展到一定规模、煤岩体受载强度接近其破坏强度时,开始出现的大范围裂隙贯通并产生破坏的现象;另一种是振动能量比较弱的,一般为 $0 \sim 1 \times 10^3$ J,振动频率高,通常大于 150 Hz 而小于 3000 Hz 的事件,则视为地音(简称 AE)现象,实验室又称声发射现象。相比于微震现象,地音为一种高频率、低能量的震动。

冲击地压不同于常规的矿压显现,隐蔽性非常强,发生时采掘空间表面煤岩一般表现平静,而深部主承载区煤岩高速无序的宏观调整和微观破裂,表现出微震事件、地音事件的异常，可通过微震、地音等地球物理技术所捕捉。在应用微震技术、地音技术共同监测冲击地压时，首先监测到的是煤岩体破坏的不稳定阶段，在煤岩体中产生大量的微裂隙破坏，即地音现象；当大量的微破裂发展到一定程度时，量变转化为质变，最终导致煤岩体的最终断裂，即微震现象；最终断裂往往会引发高能量的震动，对煤岩稳定性构成威胁，严重时可导致灾害性的冲击地压。在预防煤矿冲击地压的过程中，有效地监测重点危险区域的地音现象，可以在危险萌芽阶段对冲击危险进行控制；精确的微震事件监测，则可以对监测区域内的高能事件分布进行区域划分，有效判断煤岩体内的能量释放情况，使采取的解危措施更具有针对性，提高冲击地压防治效果。

1. 微震监测预警原理

井下煤岩体是一种应力介质，当其受力变形破坏时，将伴随着能量的释放过程，微震是这种释放过程的物理效应之一，即煤岩体在受力破坏过程中以较低频率（$f<150\ Hz$）震动波的形式释放变形能所产生的震动效应。微震现象主要有以下特征：①在受力过程中由煤岩体主动产生；②属于释放变形能过程；③具有波动性质；④属于随机瞬态过程，即事件间隔是随机的；且每个事件都有自己的波形和频谱；⑤具有不可逆性，即重复加载时若应力不超过卸载以前的最大值，则不会产生这类现象。

微震的强度和频度在一定程度上反映了煤岩体的应力状态和释放变形能的速率。更重要的是，冲击地压是煤岩体在达到极限应力平衡状态后的一种突然破坏现象，而参与冲击的煤岩体通常是在某些部位首先达到极限平衡状态，产生局部破裂，与之相应，出现一定强度和一定数量的微震活动；另外，冲击地压的孕育和发生是煤岩体大量积蓄和急剧释放变形能的过程，大量能量的释放以大量积蓄能量为前提，与煤岩体积蓄能量相应，微震活动出现异常平静或剧烈运动现象。因此，微震活动的时空变化动态包含有冲击地压的前兆信息。通过连续监测微震活动的水平及其变化，可以对煤岩体的冲击危险进行预测：在发生微震活动的矿井空间不同方位上布设传感器，探测微破裂所发射出的地震波，对微震事件进行实时监测，记录和分析震动的波形图，确定发生震源的位置，还可以给出微震活动性的强弱和频率。以此为基础判断推理煤岩体应力状态及破坏情况，并通过微震监测获得的微震活动的变化、震源方位和活动趋势，判断潜在的矿山动力灾害活动规律，通过识别矿山动力灾害活动规律实现预警。

微震监测系统能够对全矿范围微震现象进行监测，是一种区域性、及时监测手段。相比于其他传统监测手段，该系统具有远距离、动态、三维、实时监测的特点，还可以根据震源情况确定破裂尺度和性质，为评价全矿范围内的冲击地压危险提供依据。如图 7.1 所示，鄂尔多斯地区某矿采用 ARAMIS M/E 微震监测系统的事件定位效果。

2. ARAMIS M/E 微震监测系统结构

ARAMIS M/E 微震监测系统由地面中心站、数据记录服务器及井下分站等硬件构成。具体系统如图 7.2 所示。

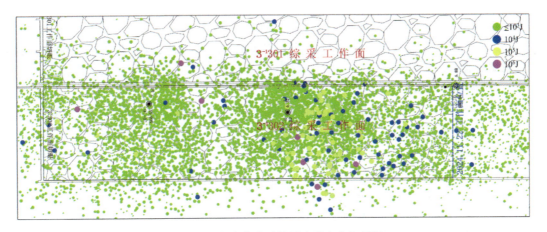

图 7.1　鄂尔多斯某矿微震事件定位效果图

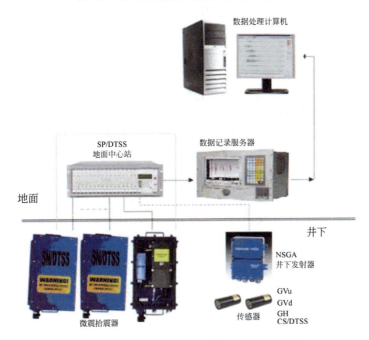

图 7.2　ARAMIS M/E 微震监测系统构成图

1）井下分站

ARAMIS M/E 微震监测系统的井下分站主要负责微震事件的捕捉、信号 A/D 转换及发送，其中对信号的捕捉有拾震器和传感器两种不同的传感器可供选择。

2）地面中心站

SP/DTSS 地面中心站是 ARAMIS M/E 微震监测系统的重要组成部分，由变压装置、GPS 时钟模块，与井下分站"一对一"工作的 OCGA 接收器等重要部件构成。

SP/DTSS 地面中心站主要功能：

（1）将地面 220 V 交流电转变成井下分站需要的 32.5 V 直流电，并通过通信电缆输送给井下分站；

（2）接收来自 GPS 时钟的时间数据，并发射给井下分站；

（3）"一对一"接收井下分站发送到地面的监测信号，经过放大处理后，将信号传输到记录服务器，进行缓存。

3）数据记录服务器

ARAMIS M/E 数据记录服务器为一个 24 小时开机运行的工控机，通过安装其中的 ARA_REJ 软件实现系统各环节软硬件的工况监控、井上下监测参数的设置、传感器工作状态的检测、通道开关设置等，通过记录服务器的可视化交互操作，完全实现大多数井下工作地面完成，降低产品维护的人员成本。

3. ARAMIS M/E 微震监测布置方案

微震监测系统井下拾震器组成的监测网络称为微震监测台网，每个拾震器（编号 S）或探头（编号 T）称为台站。台网布置的好坏对微震定位精度影响较大，若台网布置较差，在某些极端条件下，即使波形清晰，也会导致无法定位。因此，微震台网布置需按照以下要求进行：

（1）矿井需要监测的区域必须有 4 个以上拾震器（或探头）覆盖，最佳状态为 5 个以上，以确保某一拾震器（或探头）出现干扰过大或故障时，仍能保持对微震事件的监测（注：考虑到台站挪移频率，监测区域附近台站数量指的是 500 m 以内探头数量和 1200 m 内拾震器数量之和；噪音越低、水泥基础质量越高，该距离可增加）。

（2）拾震器（探头）需要尽量包围监测区域，在无法实现包围的区域如矿井边缘的工作面，需要将拾震器（探头）菱形布置在工作面两侧巷道内，如图 7.3 所示。

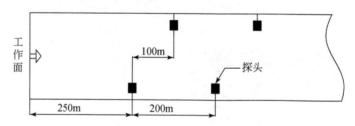

图 7.3　工作面前微震传感器菱形布置方式图

（3）工作面前方菱形布置探头的监测精度要低于工作面被探头（拾震器）包围时的监测定位，当工作面开采至高危区域时在条件允许的情况下，在采空区内放置微震探头，达到对工作面的包围。

（4）在保证拾震器（探头）的密度的同时，不能将拾震器（探头）布置得过密。拾震器（探头）间距过小会导致对远震的监测误差增大。

（5）拾震器布置间距为 500～800 m，在条件良好的情况下，布置间距可放大到 1000～1200 m。

（6）探头的布置间距为 200 m，距工作面最近的探头与工作面的距离为 250 m，在探头距离工作面 50 m 时进行挪移。

（7）拾震器（探头）的布置密度为每平方千米大于等于 5 个。

4. 基于 ARAMIS M/E 监测的微震活动规律分析

某矿 $3^{-1}103$ 工作面微震监测系统从 2018 年 3 月 8 日正式采集数据以来，截至 2018 年 12 月 31 日共监测到微震事件 10947 起，总释放能量 $5.10×10^7$ J。整体上微震事件能量较高，其中事件最大能量为 $1.96×10^7$ J，能量在 $1×10^4$ J 及以上事件 235 次，占比 2%，微震事件不同能级区间分布直方图、饼状图分别如图 7.4 和图 7.5 所示。

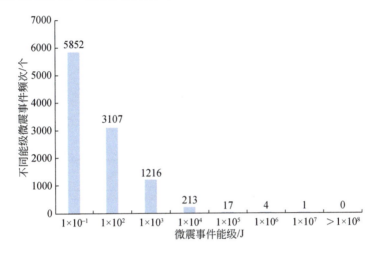

图 7.4　不同能级微震事件频次分布直方图

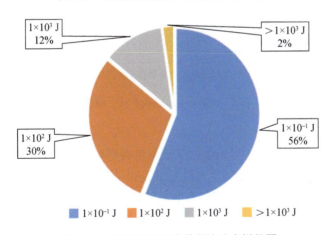

图 7.5　不同能级微震事件频次分布饼状图

1）微震事件空间活动规律

微震事件空间分布主要受监测区域采掘活动、覆岩结构、地质构造及地应力分布特征等因素影响。将 $3^{-1}103$ 工作面在 2018 年 3 月至 12 月回采期间所有微震事件投影在一采区采掘工程平面图上，如图 7.6 所示。由图 7.6（a）可知，在 $3^{-1}103$ 工作面回采过程中，一采区内的三个工作面均有微震事件发生，其中 $3^{-1}103$ 工作面受本工作面采掘扰动大，煤岩体活动剧烈，微震事件最多；$3^{-1}101$ 工作面采空区受 $3^{-1}103$ 工作面二次采掘扰动，尚未垮落充分的顶板得以活化，煤岩体活动强烈，微震事件较多；$3^{-1}105$ 工作面受 $3^{-1}103$ 工作面采掘扰动影响小，煤岩体活动弱，微震事件较少。图 7.6（b）为 1×10^3 J 及以上微震事件投影图，该图更加清晰地反映了 $3^{-1}103$ 工作面煤岩体活跃区域的大能量微震事件分布情况，将大能量微震事件发生位置和采掘情况相结合，可以将大能量发生区域划分为 3 个区域：$3^{-1}103$ 工作面回采见方区域（Ⅰ）、$3^{-1}103$ 新辅运顺槽侧煤柱区域（Ⅱ）和 $3^{-1}103$ 工作面联巷区域（Ⅲ），以上 3 个区域与其他区域相比煤岩体活动更为剧烈，发生冲击地压的风险更高。

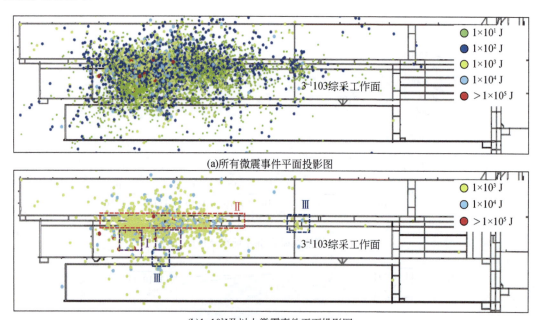

(a)所有微震事件平面投影图

(b)1×10³J及以上微震事件平面投影图

图 7.6　$3^{-1}103$ 工作面微震事件平面投影图

2）微震事件时序活动规律

统计了 2018 年 3 月～12 月 $3^{-1}103$ 工作面每日微震频次与能量，分析微震活动性变化趋势，如图 7.7 所示，整体上微震频次与能量呈正相关趋势，以 6 月 25 日和 10 月 20 日为时间点，前中后微震频次-能量变化趋势有明显差异：6 月 25 日以前以及 10 月 20 日之后，微震活动处于活跃期，表明工作面推过，高能事件频发，该段时间内发生冲击的危险性较高；6 月 25 日至 10 月 20 日期间，微震活动处于沉寂期，该段时间内几乎没有大能量事件出现，冲击危险性较低。

3）微震活动与工作面状态的关系

分析不同班次微震事件分布情况，如图 7.8 可知，$3^{-1}103$ 工作面累计发生 10947 起微震事件，其中早班（检修）、中班（生产）、夜班（生产）微震频次相当，而释放的能量为中班＞夜班＞早班，这表明生产班高能事件发生次数远大于检修班，也就是说冲击性高能事件生产班发生概率较检修班大。因此，建议严格加强生产班危险区域人员控制管理，为避免高能事件显现造成安全事故，卸压等辅助作业应尽量安排在检修班。

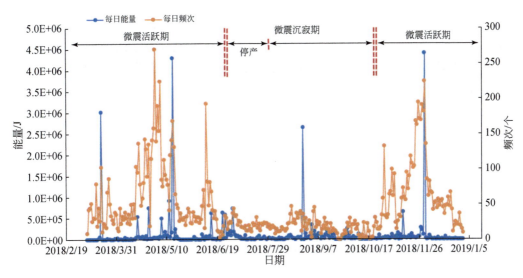

图 7.7　3⁻¹103 工作面微震频次-能量时序曲线图

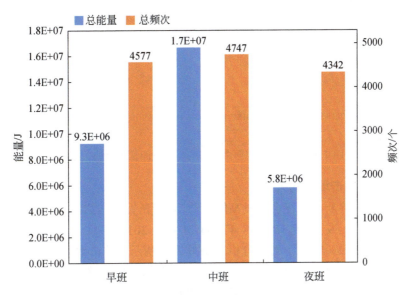

图 7.8　3⁻¹103 工作面微震活动与工作面状态的关系

4）微震活动与推进度的关系

在冲击地压危险区域，采掘速度与动力显现出非常明显的关系。采掘速度太快可能造成煤岩体应力和能量不能及时释放而逐渐积累，直至超过其强度极限后以高能震动事件的形式集中释放，从而诱发冲击地压。工作面采掘速度应与巷道围岩及工作面覆岩能量的释放规律相适应，合理的采掘速度应能够使得煤岩能量的积聚与释放处于相对平衡的状态。

如图 7.9 所示，6 月 26 日之前，3⁻¹103 工作面日振动频次和日振动能量受进尺影响较大，主要表现如下。

（1）日振动频次和日振动能量基本上与回采进尺呈正相关关系。3 月 4 日至 3 月 19 日、4 月 3 日至 4 月 14 日、6 月 23 日至 6 月 30 日、8 月 7 日至 8 月 17 日随着回采进尺的增加，日振动能量和日振动频次均随之明显走高，其间伴随短期剧烈波动。7月2日到7月8日、8月16日至8月20日，回采进尺总体降低，日振动能量和频次亦总体减小。

（2）匀速掘进有利于巷道围岩弹性能的均匀释放，可降低巷道围岩发生高能震动事件甚至冲击地压的可能性。

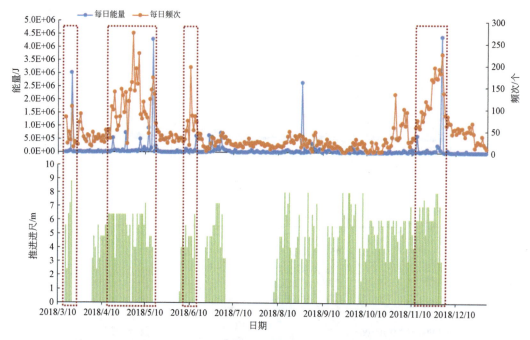

图7.9　3⁻¹103工作面微震活动与工作面推进度的关系

5）微震活动与冲击地压的关系

局部煤岩体的最终断裂往往会引发高能震动，可能诱发冲击启动区煤岩体的失稳破坏，导致灾害性的冲击地压发生。选择2018年3月21日至2018年11月30日的微震数据与历次主要的冲击地压显现（11次）对比分析，如图7.10所示。冲击地压发生前，微震一般会出现异常增加的现象，冲击地压常发生在微震活跃期的峰值，这种情况占了7次，占比63.63%；冲击地压发生前，无明显微震异常活动的冲击地压次数为3次，占比27.27%。

7.2.2　井上下联合的微震监测技术

对于近水平单一煤层开采的冲击地压矿井而言，建立井下覆盖全矿井的微震监测网络后，虽然能够对煤岩体的破断进行实时的监测，在煤岩体破断时及时确定判定其位置。但受到井下巷道的限制，所有微震监测台站（拾震器和探头）的Z值相差较小，基本处于一个平面上，使得微震台网在垂直方向上的分布较差，进而导致微震垂直定位精度较差，针对此种情况，为进一步提升矿井微震监测的垂直定位精度，在地面安装ARP 2000地面微震监测系统与井下的ARAMIS M/E微震监测系统形成井上下联合监测台网。

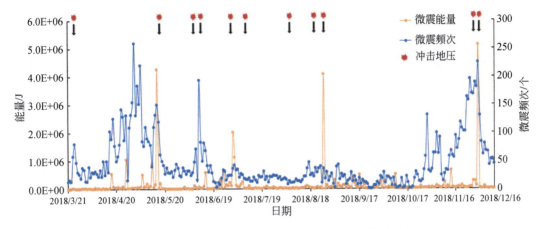

图 7.10　3^{-1}103 工作面微震活动与冲击地压的关系

1. ARP 2000P/E 地面微震监测系统概述

ARP 2000P/E 是一种用来记录和分析地壳或建筑物低频振动的数字电子监测系统。这种震动一般产生于由采矿、构造或交通运输等引起的危险地带。该系统的模块结构能够便于产生网状分布式监测。监测数据是通过无线的全球移动通信网络传输的。

该系统建立在两种传感器的基础之上：一种是具有 1～3 个组成部件的加速探测器；另一种是电子地震检波器（煤矿使用的是加速探测器）。人造卫星上的 GPS 时钟能够确保数据分站非常精确的时间同步。

监测软件在 Windows 操作系统下运行。它能够从数据分站中远程采集数据、数据储存和频率分析。特定的软件能够自动评估可能发生的不同等级的震动带来的影响。

该系统能够通过 1～3 传感器探测矿震或交通引起的震动。记录的数据可以通过无线数字式的传输方式传输至进行数据存档和处理的监测中心。数据处理的结果将评估出震动对监测地表的影响程度，同时监测结果也可传输至 ARAMIS M/E 微震监测系统中。

考虑到遥感勘测功能，系统可以探测采矿、地震和交通等引起的震动。虽然这些传感器分布在一个几乎无限大的区域内，但来自三分量加速度或速度传感器的信号时间能保持完全同步。数据传输发送到处理中心，然后归档、处理。对于遥测功能，系统提供了以下功能：

（1）三分量记录器并联在本地集中器上，可以利用加速度或者速度传感器感应频率范围为 0.5～100 Hz 的地面震动。

（2）各监测分站采用卫星 GPS 接收器，做到时间精确同步。

（3）记录高动态信号变化的地震事件，处理（在传感器内）和记录（本地监测集中器）电路提供了 90 dB 的高动态信号。

（4）传感器处理数字模拟信号，确保有利的信噪比。

（5）将一对 RS-485 标准接口的长途通信电缆连接到本地监测集中器实现数字传输。

（6）可以根据客户要求进行非常规设计以实现把 4 个传感器连接到 1 个公用数据总线上。

（7）本地监测集中器可以进行有效事件的探测、记录数据的预处理、数据的稳定存储（在非易失性存储器上）。

（8）通过 GSM 全球移动网络在本地监测集中器和系统处理主机之间实现无线信号传输。

（9）实现对本地监测集中器的缓冲、遥控和功率评估。

2. ARP 2000P/E 地面微震监测系统结构

ARP 2000P/E 系统由两部分组成：检测站和监测分站。检测站位于震动可能发生地的监控中心的地表，检测站是一台装有全球移动通信双向调制解调器，与目标分站进行无线数字传输的计算机。计算机中的软件可以储存、显示和处理所记录的数据。检测分站部分包括许多监测数据的分站。每个分站装有 GSM 调制解调器和 GPS 接收器。随意的一台笔记本电脑都可以从分站传输数据。图 7.11 是具有 3 个加速探测器的 ARP 2000P/E 系统结构图。

系统组成部件包括：

（1）全球移动通信的调制解调器（双波段的全球移动通信的调制解调器 900/1800）。

（2）精确到 1 秒的 GPS 接收器

（3）被称为 SN/ARP 数据发射台站或者 3 个型号为 CZP3X 的加速度传感器。

（4）型号为 LKP-ARP 的本地监测集中器。

图 7.11　ARP 2000P/E 系统硬件结构

ARP 2000P 系统包括以下装备：

（1）型号为 CZP3X 的三分量加速度传感器组件。

（2）型号为 ECP3X 的三分量加速度传感器组件。

（3）装有 SPI-70 型拾震器的 SN/ARP 数据发射台站。

（4）本地监测集中器，型号为 LKP-ARP。

在本地监测集中器内部包括以下名目:

(1) KON 数据记录器。

(2) 工业控制器 NPE。

(3) 佳明公司生产的带有集成天线的 GPS 接收器,型号为 GPS16-LVS 或 16x-LVS,可以利用秒脉冲进行精确定时。

(4) 计算机应急电源,型号为 APC Smart-UPS 750VA,SMT750i,LCD230V。

本地监测集中器 LKP-ARP 如图 7.12 所示,SN/ARP 数据发射台站如图 7.13 所示。

图 7.12　本地监测集中器 LKP-ARP

图 7.13　SN/ARP 数据发射台站

3. 井上下联合的微震监测布置方案

井下微震监测台网布置如图 7.14 (a) 所示,为了提升微震监测台网在垂直方向上的定位精度,在地面上布置了 ARP 2000 P/E 微震监测台站,以改善微震监测台网在垂直方向上的高差,井上下微震联合监测台站布置如图 7.14 (b) 所示。鄂尔多斯某矿在地面共安装了

5 个 ARP 2000 P/E 地面微震监测系统台站，其中 A1 台站位于 $3^{-1}301$ 工作面附近，A2 台站位于 $3^{-1}105$ 工作面切眼附近，A3 台站位于 $3^{-1}105$ 工作面中部附近，A4 台站位于 $3^{-1}403$ 工作面中部，A5 台站位于工业广场，联合已安装的 ARAMIS M/E 微震监测系统，构建了井上下一体化微震监测台网，微震台站的平面分布如图 7.15 所示。

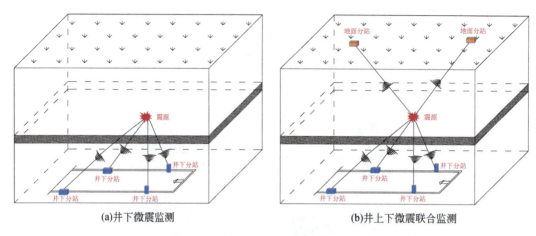

(a)井下微震监测　　　　　　　　　　　　(b)井上下微震联合监测

图 7.14　井上下微震监测台网示意图

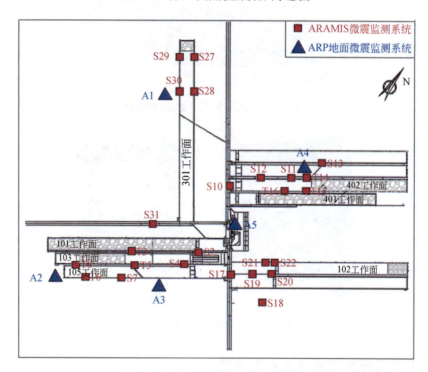

图 7.15　鄂尔多斯某矿井上下微震联合监测台站布置图

4. 基于井上下联合监测的微震活动规律分析

1）微震联合监测台网监测效能分析

2019 年 8 月 27 日，井上下微震联合监测台网监测到断顶爆破施工的事件波形如图 7.16 所示，能量为 $7.5×10^3$ J。其中 T15、T16、T11、T14、T12 和 T13 为井下监测台站；A1、A3、A4 为地面监测台站，可知本事件能够激发 3 个地面台站，地面波形呈现典型的低频特征，P 波初至清晰可辨。

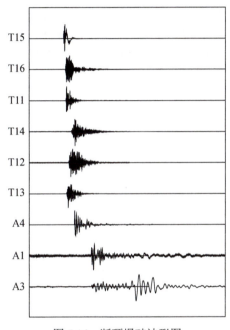

图 7.16　断顶爆破波形图

图 7.17 统计了 2019 年 8 月 26 日至 2019 年 8 月 30 日发生的 402 个微震事件，其中能激发地面台站的有 239 个，占比为 59.5%。未能激发地面台站的微震事件大部分能量在 $1×10^2$ J 以下，且以 $1×10^0$ J 居多，均为对现场危害较小的小能量事件。而能激发地面台站

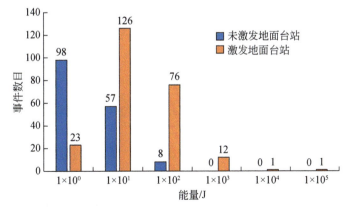

图 7.17　微震事件能量区间分布

的微震事件能量主要为 $1×10^1$ J 及以上，且微震能量越大，激发地面台站越多。因此可以得出结论能量大于 $1×10^2$ J 的微震事件大部分可以激发地面台站，因此井上下微震联合监测可以有效监测到大部分 $1×10^2$ J 以上的微震事件，满足现场需要。

为了更好地反映井上下微震联合监测台网对不同能量等级微震事件的监测能力，定义井上下微震联合监测台网的监测效能 E 如式（7.1）所示：

$$E=N_k/N \tag{7.1}$$

式中，N_k 为能激发地面台站的微震事件数目，N 为统计样本的事件总数。鄂尔多斯某矿井上下微震联合监测台网对不同能量等级微震事件的监测效能如图 7.18 所示。由于小能量事件震动传播距离较短，红庆河微震联合监测台网对于 $1×10^0$ J 事件的监测效能较低，仅为19%；对于 $1×10^1$ J 事件，监测效能达到69%，$1×10^2$ J 事件增加至90%，$1×10^3$ J 及以上微震事件监测效能为100%。

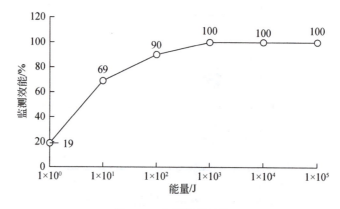

图 7.18　台网监测效能

2）微震联合监测台网垂直定位分析

在增加 ARP 2000P/E 地面微震监测台站前，分析了 2019 年 8 月 1 日～8 月 10 日采集到的 2305 个微震事件的垂直层位分布情况，如图 7.19 所示，大部分微震事件位于 3-1 煤层及其上方 20m 范围内，仅有少量微震事件发展至垮落带边界以外区域。

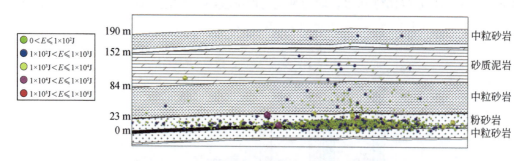

图 7.19　井下微震监测下微震事件走向剖面投影图

2019 年 8 月 26 日井上下一体化微震监测台网构建完成，截至 2019 年 10 月 24 日，共监测微震事件 2923 个，其中微震事件能级为 $1×10^4$ J 的有 25 个，大于 $1×10^5$ J 的有 8 个，发生在顶板中的微震事件有 2708 个，占比 93%，发生在煤层中有 47 个，占比 1%，发生在底板中有 168 个，占比 6%。通过投影得到了微震事件走向垂直层位分布情况，如图 7.20 所示，微震事件在垂直层位上主要分布在煤层上方 110 m 范围内，最大达到 210 m，110 m 至 210 m 内微震事件呈现零星分布。1×10^2 J 及以下微震事件主要分布在煤层顶板上方 23 m 范围内，1×10^4 J 及以上事件主要发生在煤层上方 23~84 m 的厚层中粒砂岩层内，而更上层的砂质泥岩内仅有少量零散分布的 1×10^2 J 微震事件。井上下微震联合监测所得的微震垂直分布特征与鄂尔多斯某矿"三带"中导水裂隙带发育高度在 110 m 左右的结果相吻合，与图 7.19 的监测结果相比，井上下微震联合监测结果更符合覆岩运动规律和矿山井下实际情况。

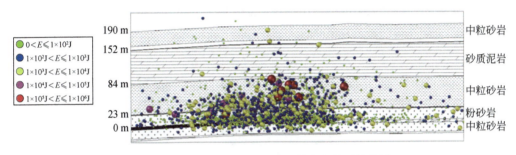

图 7.20　微震联合监测下微震事件走向剖面投影图

7.2.3　地音监测技术

1. 地音监测预警原理

煤矿井下开采，采动围岩结构发生动力学变化，其中一些岩层断裂、大的压裂性事件，释放较大的能量并且在较低的弹性波频段，这些事件被称为微震事件。在对煤岩震动信息进行监测时，首先监测到的是煤岩体破坏的不稳定阶段，在煤岩体中产生大量的微裂隙破坏，即地音现象；当大量的微破裂发展到一定程度时，将导致煤岩体的最终断裂，即微震现象；最终断裂往往会引发高能量的震动，对煤岩稳定性构成威胁，严重时可导致灾害性的冲击地压。

微震监测的震动类型决定了其监测信息具有双向特征，一方面说明该区应力较高，有微震事件产生；另一方面又说明该区已破裂，应力在释放，所以与冲击危险性并非单一的正相关关系。

因此需要根据微震事件评价结果，对特定危险区域开展专门监测，一般是对重点防冲区域冲击前兆信息的监测，此区域的围岩往往处于能量和应力的不平衡区，高集中静载荷迫使煤岩原生裂隙闭合—开张—产生新破裂，新破裂往往预示着材料的失稳，而在外界动载荷源扰动、加载条件下将使得采掘空间顶板—煤层—底板围岩结构失稳，引发冲击地压发生。

采掘空间围岩破裂前的监测更多的是能量或者集中应力的监测，由于岩石力学方法往往是"一孔之见"，难以完成实时区域监测，所以高集中静载最终转化为微动载，即释放高频低能的地音事件，地音技术应运而生。地音监测就是通过对井下潜在冲击危险区域进行实时监测，通过统计一系列地音参量，找出地音活动规律，以此判断煤岩受力破坏状态和进程，进而评价冲击危险性，并根据危险大小实现对冲击地压的预测预报。但是地音事件反映围岩应力或冲击危险程度只具有短期意义，一般为几小时或几天前，如果是非冲击地压危险区域，地音异常一般没有预警意义，如果是强冲击危险区域，地音异常信号就应引起高度重视。

2. ARES-5/E 地音监测系统结构

地音监测技术涉及计算机技术、软件技术、电子技术、通信技术、应用数学理论和地球物理学，是相关学科交叉集成的应用结果。根据系统空间分布特点，ARES-5/E 地音监测系统可分为井下和地面两部分，如图 7.21。

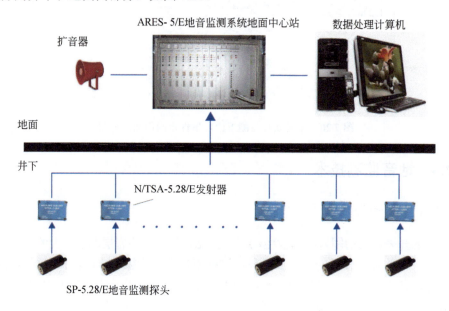

图 7.21　ARES-5/E 地音监测系统结构图

1）系统井下部分

（1）SP-5.28/E 探头。实时监测探头 50～80 m 范围内的高频、低能振动信号，并将该振动信号转化为电压信号，再将此电压信号发送至 N/TSA-5.28/E 发射器。

（2）N/TSA-5.28/E 发射器。接收 SP-5.28/E 探头监测到的电压信号，经过放大、过滤、转化为数字信号后，通过通信电缆传输至地面中心站。

2）系统地面部分

（1）系统程序服务器。该服务器由 TRS-2 安全变压器、多路电压整流器和脉冲稳流器组成的 SR15-150-4/11 I 供电装置及信号放大器组成，其功能满足地面中心站的供电要求，并通过信号放大器监听各通道信号。

（2）ARES-5/E 地面中心站。由信号接收器、备用能量供应转换器、GPS 时钟接收装置及电隔离栅组成，其功能是接收 N/TSA-5.28/E 发射器发送的数字信号，经过处理及分类统计后，将数据发送到 OCENA_WIN 软件进行分析。

（3）辅助配置。UPS 电源由 UPS 电源主机、一组蓄电池及电池箱组成，该配置主要用于监测室临时停电后，向系统提供临时电源（不小于 4 小时），使系统能够不间断地接收井下地音信号；打印机：打印输出小时、班、日报表等；安装有系统数据分析软件 OCENA_WIN 的服务器，该软件的主要功能是统计地音事件数量及其释放的能量，并以此为依据对监测区域危险等级进行评估。

ARES-5/E 地音监测系统配备了 OCENA_WIN 软件，能够监测由矿山采动引起的地音事件。主要提供以下功能：①将岩体破裂过程中发出的声音频率转化为电信号；②对电信号进行放大、过滤、转化为数字信号，并传输到地面中心站；③自动监测地音事件；④连续记录地音事件数字波动曲线；⑤以报告和图表形式实现地音信号处理结果的可视化；⑥通过 GPS35-LVS 或 GPS16-LVS 型卫星接收器实现几个 ARES-5/E 地面中心站的同步使用；⑦对监测区域进行危险等级评价；⑧系统软件界面友好，保证用户方便地使用系统的各个功能，可以直接输入命令对系统进行操作。用户可以在现有屏幕上设置一个新的窗口，将一个探头监测得到的能量强度和地音事件变化的数据用图表表示出来，监测数据每分钟变化更新一次，见图 7.22。

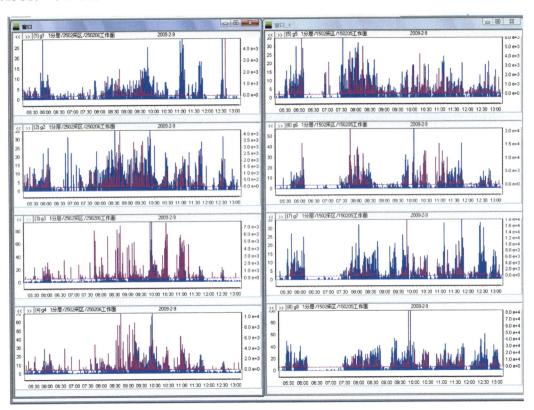

图 7.22　ARES-5/E 地音事件数量与能量强度的实时监测曲线

在分析地音监测结果时，主要关心的参数包括：地音事件数、班（小时）累计能量、平均能量、地音事件的频率、各通道之间信号的时差等。地音参数的异常往往预示冲击危险性的增加，其中地音能量和频次异常是冲击地压发生前的两个重要短期特征。

在一段时间数据统计的基础上，通过分析地音事件的发生规律，可以对相应监测区域在下一时间段内的危险等级进行评价，根据地音事件的事件数及能量偏差值设定以下评定标准：a 为监测区域无冲击危险；b 为监测区域有一定的矿压显现，但是不影响正常生产；c 为监测区域矿压现象强烈，需要采取防冲措施；d 为监测区域有冲击危险，需要停止施工，撤离人员。

如图 7.23 所示，图的右侧区域即为系统对不同监测区域危险等级的评价结果。地音活动频次和能量值的变化趋势能够反映工作面的危险程度，当其值稳定在某一个数值周围时，工作面处于安全状态，但当数值突然升高或者降低时，预示着大量弹性能的释放。

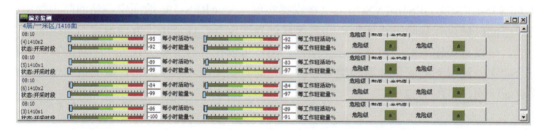

图 7.23　ARES-5/E 地音监测系统危险等级预测界面

3. ARES-5/E 地音监测布置方案

为保证对采掘工作面实现不间断连续监测，一般需在采煤工作面前方两顺槽内各安装两个地音探头，分别距离工作面 60 m 和 110 m 左右；在掘进工作面应安装两个地音探头，分别距离掘进工作面 30 m 和 70 m 左右，如图 7.24 所示。

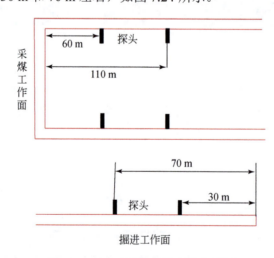

图 7.24　地音井下传感器安装布置图

噪音对地音能量等参数的计算影响较大。地音监测系统是灵敏的监测仪器，虽然系统自带了滤噪功能，但是受井下复杂条件及其人为活动的影响，地音探头附近不规则的机械振动、人为作业等产生的大量干扰信号仍有部分被地音系统采集到，导致监测数据部分失真，影响地音系统的前兆识别和监测预警。因此地音的降噪技术是冲击地压前兆信息识别过程中的一项重要工作，也是提高预警准确性的根本与前提。

目前地音系统的降噪可以分为物理降噪和人工降噪两类。物理降噪主要是对信号源采集环节上的降噪，即对地音探头采用防护措施减少外界噪音信号的干扰。在探头安装前，需要在安装地点垂直于巷道煤壁安装Φ18 mm、长度大于 1.5 m 的锚杆，锚固方式为全程锚固，待锚固剂凝固之后，将探头固定在锚杆上；在安装探头时，要在安装的位置掏一个Φ120 mm、深 150 mm 左右的孔洞，待探头安装好之后，在其周围填充棉纱等材料，达到保护探头和降低噪音影响的效果，安装要求如图 7.25 所示。

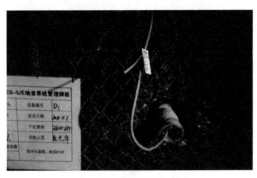

(a)安装实物图

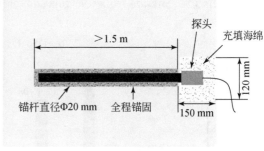

(b)安装示意图

图 7.25　井下传感器安装示意图

人工降噪主要是通过人为识别噪音信号后，在地音数据库软件 ARES_OCENA 的命令窗口中输入"BC"除噪命令，减少噪音信号的干扰。人为噪音识别中，除井下作业人员主动反馈作业情况外，还可以通过地音定位软件 ARES_E_X 接收的当前波形及频谱判断各探头周围是否存在噪音，因为煤岩体各种尺度的微破裂同时发生，一段时间内接收的地音信号频率范围较宽，若地音信号波形比较规则，频率较小且相对固定，可以认为是电气或机械噪音，此时需要降噪。

4. 基于 ARES-5/E 监测地音活动规律分析

1）地音空间活动规律

选取 2018 年 3 月 21 日～2018 年 11 月 30 日期间某矿 $3^{-1}103$ 工作面胶运顺槽内 D1、D2 探头和新辅运顺槽内 D3、D4 探头的地音数据对比分析，图 7.26 为 D1、D3 探头地音活动的对比情况，图 7.27 为 D1～D4 探头的地音累计能量与频次对比情况。由两图可知，地音监测系统在工作面两顺槽监测到的地音活动差异较大，新辅运顺槽侧地音活动明显强于胶运顺槽侧，这是由于与胶运顺槽侧相比，新辅运顺槽区域冲击危险性更高；从工作面一侧顺槽内的两个探头监测情况可以看出，布置在同一侧的探头监测的地音能量与频次差异不大，这是随着工作面的推进，位于同一顺槽内的两个探头交替挪移实现连续监测的结果。

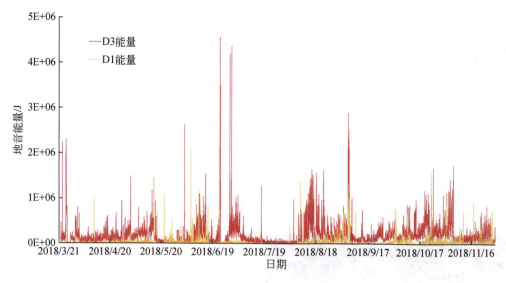

图 7.26　D1、D3 地音活动对比图

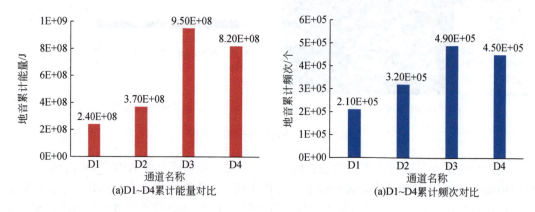

图 7.27　D1~D4 地音累计活动对比图

回采过程中，受上覆岩层活动影响，工作面会经历初次来压、周期来压、单面见方及与邻近工作面形成双面见方等阶段，这些区域容易提供冲击地压发生的要素，是强冲击危险区域。根据不同危险程度的区域内地音单位推进米数释放的能量或活动频次（可表征地音活动强度）的对比可知，如表 7.2 所示，强冲击危险区域的地音活动强度普遍高于中等冲击危险区域，地音的空间活动强弱与区域冲击危险程度具有较好一致性。

表 7.2　3-103 新辅运顺槽冲击危险区域内地音活动强度比较

冲击危险区域	危险程度	单位推进米数地音释放能量/J	单位推进米数地音活动频次/个
侧向支撑压力区	中等	956688	206
初次来压影响区	强	1220121	269
单工作面见方区	强	1394214	282
双工作面见方区	强	1976716	564

2）地音时序分布规律

（1）地音活动与煤体应力的关系。选择 2018 年 7 月 23 日至 8 月 20 日期间距离 D3 地音探头较近的 24#钻孔应力计（14 m 深孔）的应力数据与 D3 的地音数据对比分析，如图 7.28 所示。该应力计的应力值在 8 月 2 日之前，应力值处于较低的缓慢升高状态，此时地音活动整体处于低强度的活动状态，说明在低应力水平下煤岩体的微破裂活动较弱；在 8 月 2 日至 8 月 14 日，煤体应力呈先增加后下降的趋势，但整体处于较高水平，此时地音活动由持续增加转为无序波动的活跃状态，说明在持续高应力作用下，煤岩体的微破裂经历了由稳定发展到非稳定发展的过程；在 8 月 13 日之后，煤体应力下降至较低水平，地音活动恢复较弱的稳定状态，煤岩体微破裂活动减少。综上所述，在低应力水平下地音活动强度较低，在较高应力水平下地音活动强度较高，且随着高应力持续时间的推移，地音活动呈现由稳定发展向非稳定发展转变的趋势。

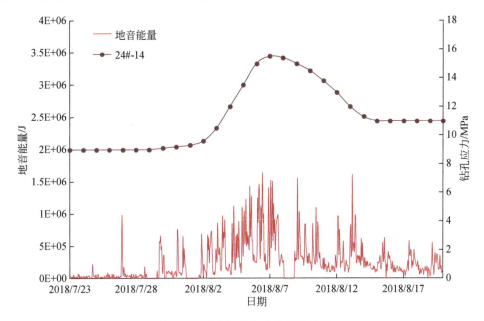

图 7.28　地音活动与应力变化关系

（2）地音活动与工作面推进速度的关系。选取 2018 年 3 月 21 日至 2018 年 11 月 30 日工作面的推进速度与 D3 探头的地音数据对比分析，如图 7.29 所示。由图可知，忽快忽慢是 3⁻¹103 工作面推进速度的常态，推进速度的剧烈变化对地音活动影响较大，主要表现在：①保持较高推进速度要比保持低推进速度的地音活动强度高，这是由于加快推进速度，将引起工作面上方悬顶面积增大和前方煤岩体变形速度加快，使工作面超前支承压力峰值增大而影响范围减小，造成煤壁前方弹-塑性主承载区产生高集中应力，该区煤岩体在高应力作用下微破裂加强；②当推进速度忽快忽慢时，工作面前方煤岩体变形加速度增大，同样会导致主承载区应力集中，地音活动强度随之增强；③地音活动变化滞后于推进速度的改变，这是因为煤岩体的微破裂是外界输能与煤岩体耗能的差值释能结果。

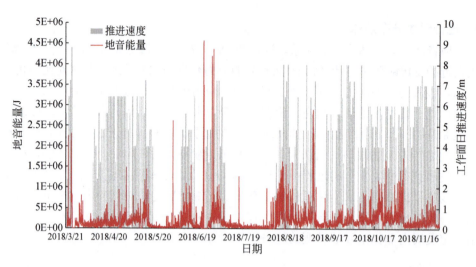

图 7.29 地音活动与推进速度变化关系

（3）地音活动与顶板来压的关系。选取 2018 年 10 月 2 日至 2018 年 10 月 30 日的支架工作阻力数据与 D3 地音数据对比分析，如图 7.30 所示。由周期来压判据可知，当支架循环末阻力大于加权平均末阻力时，认为工作面顶板发生了周期性破断。根据来压动载大小和持续时间的特征，可将图中周期来压形式划分为两种类型：第一类为来压的动载较大，来压持续时间较短（如 10 月 4 日来压和 10 月 29 日来压），另一种为来压动载较低，来压持续时间较长（除 10 月 4 日来压和 10 月 29 日来压外的其他来压）。第一类周期来压期间，地音活动无明显变化，这是因为这类周期来压往往是顶板的突然垮断，该过程产生的震动波往往是煤岩体断裂引起的，振动信号能量、频率超出了地音接收的范畴；第二类周期来压期间，地音与周期来压活动较为吻合，周期来压前期，地音活动就出现了增加，且地音活跃持续的时间较长，这是因为该类周期来压是顶板缓慢断裂，在顶板断裂的过程产生了

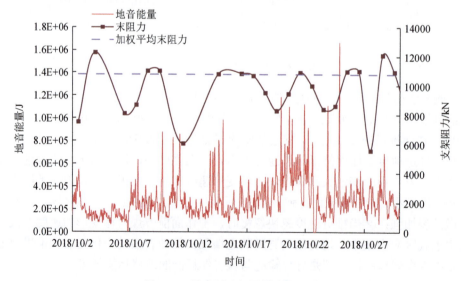

图 7.30 地音活动与周期来压关系

大量微破裂的地音信号。综上所述，地音活动与顶板突然来压的相关性较差，与顶板缓慢来压具有较好的正相关性。

（4）地音活动与爆破作业的关系。2018 年 11 月 18 日 20：49，爆破人员在 $3^{-1}103$ 工作面进行了一次顶板爆破作业，作业地点为位于工作面前方 150 m，放炮后微震监测系统监测到一次 $2.6×10^3$ J 的微震事件，地音活动在 20：50 出现了瞬间突升，如图 7.31 所示。由图可知，地音的异常活动发生在爆破后的一瞬间，而爆破前并没有明显的前兆信息，爆轰波产生的作用力只是使煤岩体微破裂活动瞬间增强。

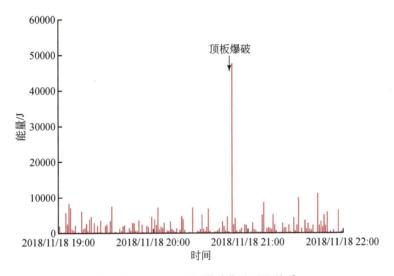

图 7.31 地音活动与爆破作业对比关系

（5）地音与冲击地压的关系。选择 $3^{-1}103$ 工作面 2018 年 3 月 21 日至 2018 年 11 月 30 日的地音与历次主要的 11 次冲击地压显现对比分析，如图 7.32 所示。由图表可知，冲击地压发生前，地音一般会出现异常增加的现象，冲击地压常发生在地音活跃期的峰值及以后。冲击地压发生前具有明显的地音前兆信息的冲击地压次数为 10 次，占比 90.91%。除主要冲击地压显现前后地音活动表现外，其他时期地音亦会出现异常活动，此时煤岩体的

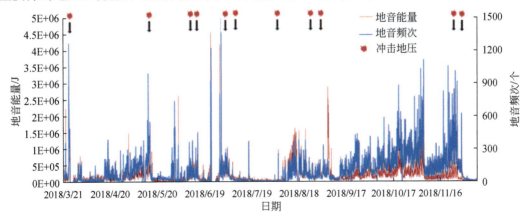

图 7.32 地音活动与冲击地压的关系

破裂活动并没有引起冲击地压的发生。综上所述，冲击地压发生前一般会出现地音的异常活动，识别冲击地压前兆信息对预测冲击地压的发生极具意义。

5. 地音监测预警模型

1）地音预警指标

目前 ARES-5/E 地音监测系统使用的时序参数分为两大类，一类为地音实时监测参数，另一类为基于实时监测参数后处理的地音活动偏差值参数。地音频次和能量是地音监测的两个基本参数，根据数据采集周期和井下生产状态，又可以得出 12 个衍生监测参数，如图7.33 所示。

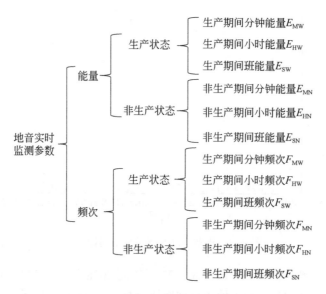

图 7.33　地音实时监测参数分布图

基于以上 12 个地音监测参数，危险性评价软件根据当前及历史地音活动量对比分析可以获得 12 对应的地音活动偏差值 DEV，以生产期间地音分钟的能量偏差值 $\mathrm{DEV_{MW}}$ 计算为例，该参数可以表示为

$$\mathrm{DEV_{MW}} = \frac{E_{\mathrm{MW}} - \overline{E_{\mathrm{MW}}}}{\overline{E_{\mathrm{MW}}}} \times 100\% \tag{7.2}$$

式中，$\overline{E_{\mathrm{MW}}}$ 为生产期间前 n 分钟地音能量平均值。以此类推，可求得其余 11 个偏差值参数。

地音监测系统采集的对象为高频低能震动事件，监测参数变化较为灵敏，容易受噪音活动干扰，导致监测结果具有一定随机性，选择监测参数作为预警指标并构建预警模型时，预警精度还有待提高。根据地音监测预警原理，地音活动与煤岩体破裂阶段有关，地音前期的活动情况往往预示着后期的发展状态，在采用地音预警冲击地压时，可通过地音活动的变化趋势来实现预警。地音活动偏差值 DEV 是根据当前班次与相邻时间段内已发生的地音活动量对照求得，一定程度可以消除非常态地音活动引起的监测数据频繁起伏和随机误差的产生，因此能够反映一段时间内地音活动异常程度，可以将地音偏差值参数作为冲击地压的地音预警指标，两类地音时序参数的优缺点对比结果如表 7.3 所示。

表 7.3　两类地音时序参数优缺点对比表

类型	地音监测参数	地音偏差值参数
参数内容	E_{MW}、E_{HW}、E_{SW}、E_{MN}、E_{HN}、E_{SN}、F_{MW}、F_{HW}、F_{SW}、F_{MN}、F_{HN}、F_{SN}	DEV_{EMW}、DEV_{EHW}、DEV_{ESW}、DEV_{EMN}、DEV_{EHN}、DEV_{ESN}、DEV_{FMW}、DEV_{FHW}、DEV_{FSW}、DEV_{FMN}、DEV_{FHN}、DEV_{FSN}
优点	①监测指标的物理意义简单明了；②监测值大小能够直观反映当前阶段地音活动强度；③监测数据可以直接获取	①偏差值采用的计算样本数据大，一定程度可以消除非常态地音活动引起的监测数据频繁起伏和随机误差；②能够反映一段时间内地音活动的发展变化趋势
缺点	①监测指标变化过于灵敏，导致监测数据稳定性差；②噪音活动容易污染地音监测数据，使监测数据可靠性变差；③不能有效反映地音活动的发展变化趋势	①偏差值大小不能反映当前阶段的地音活动强度；②偏差值数据是经监测数据计算求得，不能直接从系统中导出

　　因为分钟类的地音偏差值参数所包含的地音活动趋势的信息较少且数据离散程度较大，不适合作为地音预警指标，而小时类偏差值和班次类偏差值能够较为准确反映一段时间内地音活动的变化趋势，数据也较分钟类的地音偏差值参数更加稳健，故一般可选择小时和班次的地音偏差值作为预警指标。

2）地音预警模型

　　趋势评估法是地音常用的预警方法之一，它是根据地音班次和小时活动偏差值的变化趋势评价当前的冲击危险等级，当前危险等级达到 c 或 d 记为地音预警，危险状态对应的危险等级如表 7.4 所示。

表 7.4　区域危险等级对应的冲击危险状态

冲击危险等级	a	b	c	d
对应冲击危险状态	无冲击危险	弱冲击危险	中等冲击危险	强冲击危险

　　（1）地音班次预警模型。为使当前班地音活动偏差值含义直观清晰，同时提高班危险等级的划分的效率，设定-100%、0、25%、100%、300%五个偏差值为标准值，将所有偏差值划分在-100%~0、0~25%、25%~100%、100%~300%以及大于300%五档内，前后班次偏差值在相同档级内认为不变，由低档级跳跃到高档级认为上升，反之认为下降。当地音活动的偏差值长时间不变或持续上升，预示着冲击危险状态的增加，偏差值的持续下降则代表冲击危险状态下降；因地音活动偏差值骤增、骤降以及波动而引起偏差值档级的跳跃，这类特殊变化模式需要引起足够的重视。将当前班地音活动偏差值与表 7.5~表 7.9 对照，可确定当前班危险等级。

表 7.5　当前班次 DEV 上升至 0~25%的冲击危险等级划分

上升持续时间/班	上升至 0~25%	上升至 25%~100%后下降		
		持续下降 1 班	持续下降 2 班	持续下降 2 班以上
1	a	a	a	-1（每持续 2 班）
2	b	b	b	
3	c	c	c	
4	d	d	d	

表 7.6　当前班次 DEV 上升至 25% ~ 100% 的冲击危险等级划分

上升持续 时间/班	上升至 25%~100%	上升至 25%~100%后下降		
		持续下降1班	持续下降2班	持续下降2班以上
1	b	b	b	-1（每持续2班）
2	c	c	c	
3	d	d	d	

表 7.7　当前班次 DEV 上升至 100% ~ 300% 的冲击危险等级划分

上升持续 时间/班	上升至 100%~300%	上升至 100%后下降		
		持续下降1班	持续下降2班	持续下降2班以上
1	c	c	c	-1（每持续2班）
2	d	d	d	

表 7.8　当前班次 DEV 上升至大于 300% 的冲击危险等级划分

上升持续 时间/班	上升至 大于300%	上升至大于300%后下降		
		持续下降1班	持续下降2班	持续下降2班以上
1	d	d	d	-1（每持续2班）

表 7.9　DEV 波动模式时的冲击危险等级划分

2班前	前1班	本班	危险等级	备注
<25%	<0%	0~25%	+1	
		25%~100%	+2	
		≥100%	+3	
25%~100%	<25%	25%~100%	+1	
		100%~300%	+2	最大为d
		≥300%	+3	
100%~300%	<100%	100%~300%	+1	
		≥300%	+2	
≥300%	<300%	≥300%	+1	

（2）地音小时预警模型。小时预警模型方法是建立在班预警模型的基础上，缩短了地音分析数据的时间窗，提高了对异常数据的灵敏度。将小时危险评价方法设定 100%、200%、300% 三个偏差值为标准值，将所有偏差值划分在-100%~100%、100%~200%、200%~300% 以及大于 300% 四档内。某班开始循环开始时，初始小时地音危险等级为前一班危险等级，该班次内任意小时危险等级不低于初始小时危险等级。若当前班次内某小时危险等级大于初始小时冲击危险等级时，应按表 7.10 进行小时危险等级划分。

表 7.10　基于小时偏差值的冲击危险等级划分

持续时间/h	<100%	100%~200%	200%~300%	>300%
1	a	a	b	d
2	a	b	c	d
3	a	c	d	d
≥4	a	d	d	d

3）地音预警案例

选择 $3^{-1}103$ 工作面"3.24"冲击和"11.27"冲击作为预警对象进行地音预警案例分析。

（1）"3.24"冲击。选择"3.24"冲击在非生产期间小时能量偏差值 DEV_{EHN} 和非生产期间班次能量偏差值 DEV_{ESN} 作为预警指标，分别对照小时预警模型和班次预警模型，绘制了两类预警方法的危险等级走势图，如图 7.34、图 7.35 所示。可以看出，小时预警模型在冲击当日 19：00 的危险等级便达到了 c 级预警，直到冲击结束 1h（当日 23：00），小时预警模型的危险等级才由预警状态（c/d）转为非预警状态（a/b），预警时间较冲击发生时间提前 4 h 左右。班次预警模型未在冲击前出现预警。

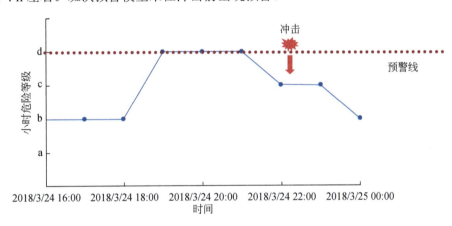

图 7.34　"3.24"冲击小时危险等级走势图

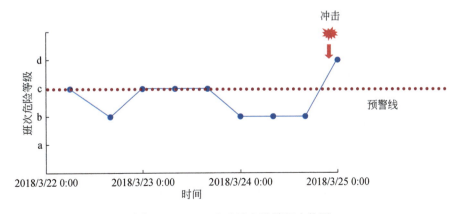

图 7.35　"3.24"班次危险等级走势图

（2）"11.27"冲击。选择"11.27"冲击在生产期间小时能量偏差值 DEV_{EHW} 和生产期间班次能量偏差值 DEV_{ESW} 作为预警指标，分别对照小时预警模型和班次预警模型，绘制了两类预警方法的危险等级走势图，如图 7.36、图 7.37 所示。可以看出，小时预警模型在冲击当日 8：00 的危险等级达到了 c 级预警，预警时间较冲击发生时间提前 10h 左右。班次预警模型同样在冲击前发出了预警，预警时间较冲击时间提前 1 个班次左右。

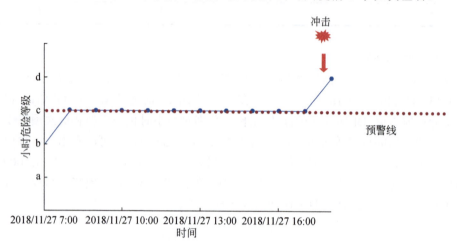

图 7.36　"11.27"冲击小时危险等级走势图

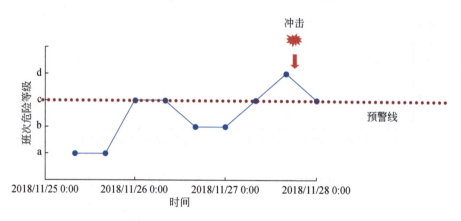

图 7.37　"11.27"班次危险等级走势图

7.2.4　应力监测系统

1. 应力监测预警原理

巷道开挖后，巷道周边附近围岩应力重新分布，两侧煤体边缘首先遭到破坏，并逐步向深部扩展，直至弹性应力区边界。这部分煤体应力处于应力极限平衡状态。依据煤体承载及稳定状态不同，巷道开挖后，由巷道煤壁自由面向内部形成软化区 C，弹性区 B，原始应力区 A，如图 7.38 所示。

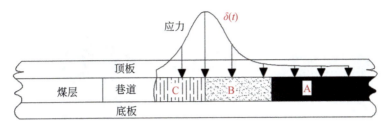

图 7.38　巷道围岩压力分区示意图

其中弹性区 B 所在煤体是巷帮侧向支承压力的主要承载结构，该区对应支承压力升高区，是潜在的冲击启动区，如图 7.39 所示。当在静载不断增加或外界动载的促进作用下，该区集聚的弹性应变能将大于煤岩破坏所需要的最小能量，冲击式的破坏从该区启动，启动后剩余的冲击能量向采掘空间传递，进入冲击地压的显现阶段，完成整个冲击地压的发生过程。潜在的冲击启动区是冲击地压孕育的关键区域，也是任意载荷源向采掘空间释放能量的必经之区。

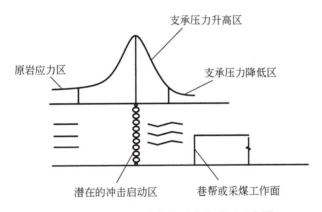

图 7.39　冲击地压结构体冲击启动区示意图

根据煤岩体动力破坏的最小能量原理可知，冲击启动区发生失稳破坏的条件为煤岩体应力超过单轴抗压强度或抗剪强度，即 $\sigma > \sigma_c$ 或 $\tau > \tau_c$，煤岩体应力集中程度越高，发生冲击破坏的可能性越大。

应力监测正是着眼于冲击启动区域，通过在采掘空间围岩埋设高精度应力传感器，实时监测采动围岩近场系统内集中静载荷的积聚及变化，从冲击地压发生的内因角度监测并警示应力或能量状态，从而为减灾避灾提供指导。

2. KJ21 冲击地压应力在线监测系统结构

KJ21 冲击地压应力在线监测系统（简称 KJ21 系统）主要包括井下煤岩体应力监测装置、数据传输网络、显示平台、冲击地压预警软件等部分。图 7.40 为中煤科工开采研究院有限公司开发的 KJ21 型冲击地压应力在线监测系统结构图，图 7.41 为系统中单个应力传感器应力随时间变化曲线图。图 7.42 为系统冲击地压预警软件界面。

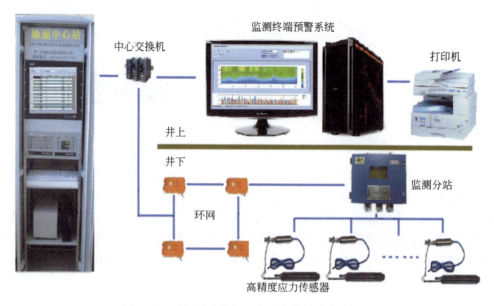

图 7.40　KJ21 冲击地压应力在线监测系统结构图

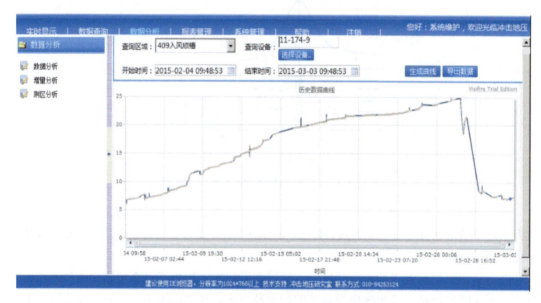

图 7.41　应力传感器监测到的应力变化图

3. KJ21 系统井下应力传感器布置方法

1）布置区域

在传感器数量有限的情况下，应依据冲击危险性预评价结果，重点布置在冲击危险区域范围内。

2）传感器深度

传感器应深入至巷道围岩应力集中区范围，且埋设深度应有区别。帮部传感器最大深度一般不小于巷道宽度的 2 倍。

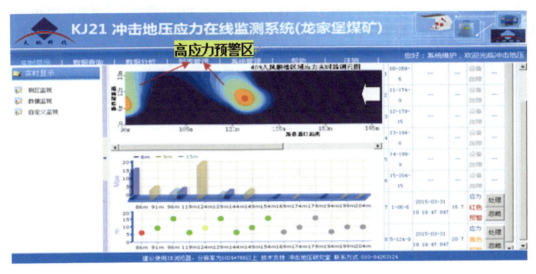

图 7.42　KJ21 冲击地压应力在线监测系统预警界面

如图 7.43 所示，帮部传感器具有 2、3 种深度，浅部传感器埋深一般位于 b 与 $2b$ 之间，深部传感器埋深一般位于 $2b$ 和 $3b$ 之间。对于巷帮塑性区宽度较大，应力集中区远离巷帮的巷道，应适当增大埋深。

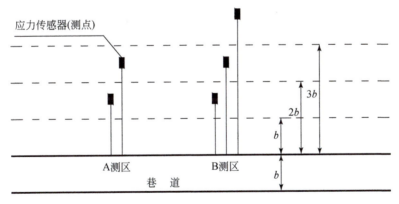

图 7.43　巷道帮部传感器布置示意图

b 为巷道宽度

3）传感器间距

传感器间距的设置应综合考虑冲击危险区域分布、实际地质及开采条件等因素。在冲击危险等级较高、地质或开采条件变化显著的区域，应适当缩小传感器间距，增加监测点密度。

4. 基于 KJ21 监测的冲击危险性分析

2018 年 11 月 30 日 7 点 49 分，某矿 3^{-1}103 工作面推进至里程 2090 m，滞后工作面 14.4 m，

距辅运顺槽煤壁侧 2.36 m，发生能量 3.3×10⁶ J 的震动，胶运顺槽控制台有煤炮、微弱震感，辅运顺槽未发现异常。2019 年 2 月 13 日 11 点 19 分，3⁻¹402 工作面推进至里程 2149 m，超前工作面 14.23 m，距辅运顺槽煤柱帮 39.21 m，发生能量为 2.1×10⁵ J 的震动，现场有一声煤炮声。图 7.44 为两次高能微震事件发生区域附近的应力变化情况，高能事件发生前，部分区域煤体应力达到较高水平，表明煤岩体内积聚了较高的弹性能。由此可见，煤岩体内较高的应力水平增加了冲击地压发生的可能性。

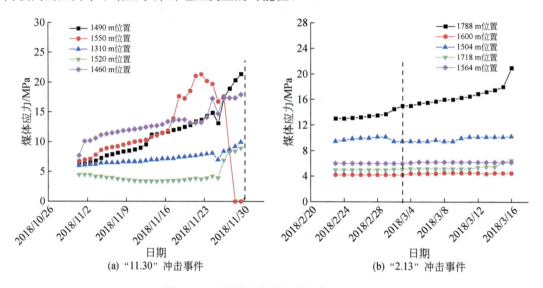

图 7.44　冲击前后煤体应力变化实测结果

　　根据煤体应力监测数据分析结果，以及现场案例情况，绘制图 7.45 煤体应力演化示意图，并得到以下几个阶段与冲击危险关系。

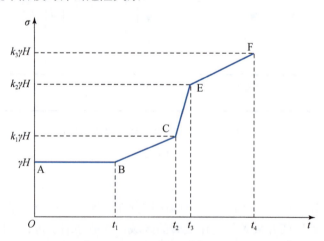

图 7.45　煤体应力演化示意图

γH 为原岩应力；k_1 为弱冲击危险阶段最大应力集中系数；k_2 为中等冲击危险阶段最大应力集中系数；
k_3 为强冲击危险阶段最大应力集中系数

$o-t_1$（AB）阶段为煤体受采动影响不明显阶段，煤体应力主要以自重应力与构造应力形成的背景应力为主要特征；

t_1-t_2（BC）阶段煤体应力呈升高的趋势，主要特征为煤体应力受采动影响缓慢升高，该阶段具有弱冲击危险；

t_2-t_3（CE）阶段为煤体在一定的应力集中程度下，受外界扰动影响煤体应力突然快速升高的阶段，该阶段具有中等冲击危险；

t_3-t_4（EF）阶段为高应力集中的煤体再次集中的阶段，该阶段应力集中程度高，接近冲击临界状态，确定该阶段具有强冲击危险。

综上，得到不同的煤体应力所处的阶段的冲击危险性，多次案例实践表明矿震等动载是主控因素，煤体应力是发生冲击显现的背景应力环境水平，煤体应力集中程度越高，外界扰动更容易诱发冲击显现。

7.3　冲击地压综合监测预警平台

根据以上冲击地压监测预警研究内容，开展了冲击地压综合监测预警平台开发，主要开展了冲击地压灾害分源监测方案研究、冲击地压综合监测预警模型研究以及冲击地压综合监测预警平台研发。

7.3.1　冲击地压灾害分源监测方案研究

如同地震预报一样，冲击地压是困扰广大学者和工程技术人员的一个大难题，在这方面已经开展了一系列的研究工作，总体来说可以概括为两个方面：一方面是从冲击地压机理出发，利用数学力学、实验室试验或数值模拟等方法研究冲击地压的成因和孕育过程，从而预测冲击地压发生的可能性，并在此基础上形成了许多预测理论和判据。但总体而言，这是一种静态的定性分析，没有充分考虑井下环境的复杂性、影响因素的多变性和诱发因素的随机性，预测结论难以用于满足实际需要。另一方面，认为冲击地压发生依次经历孕育—发展—启动—显现的过程，在这一过程中将伴随一系列物理力学参数的变化，采用多种监测手段可以获取这些参量信息，通过研究各种参量信息与冲击地压的关系来对冲击地压进行定性或定量预测，这已经成为目前冲击地压预测预报的主要方法，也是冲击地压预测预报的重要发展方向。

依据评价与工作面采掘在时间上的先后关系，可将冲击危险性预测（广义的冲击地压预警）分为静态评估和动态预警两种，如图 7.46 所示。静态评估也可称之为冲击危险性预评价，一般在工作面采掘之前进行，其最重要目的之一就是预测和圈定具有潜在冲击危险性的区域及危险等级，并指出致灾主要影响因素。通过静态评估有助于制定针对性的冲击地压防治及管理措施，有重点地布置监测预警设备，在条件允许情况下进行防冲设计优化，是有效控制灾害性冲击地压的重要依据。在山东、河南等冲击地压重灾区，冲击地压静态评价必须与开采设计同时进行。

冲击地压静态评估这方面的研究通常是针对具体矿山开展的，在结合矿山具体的煤岩地质条件、工程条件和开采活动进行煤岩体受力、变形、破坏规律研究的基础上，研究冲击危险区的预测模型与方法。随着监测系统和分析方法的改进，该项研究的手段也在不断发生变化。

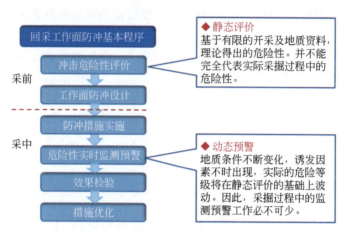

图 7.46　冲击地压静态评价与动态预警体系

7.3.2　冲击地压综合监测预警模型研究

1. 思路及原则

冲击地压预测预报，目前一般采用多种监测手段对监测区域内煤岩体的物理力学信息进行捕捉，根据监测信息的当前状态和发展变化趋势做出预报。虽然国内外诸多学者对冲击地压的预测预报进行了许多有益的探索和尝试，但实现冲击地压准确预报的实例仍然不多。

当前对冲击地压的准确预测预报，虽然形成了不少理论和方法，但是如何对这些理论进行有效整合和综合判断是冲击地压预测预报研究领域的难点和关键。由于冲击地压发生的复杂性、随机性和不确定性，要想准确预报冲击地压的发生具有相当的难度。目前大多数学者通过不同预报模型来探索冲击地压预测预报的可行性，但普遍都是根据冲击地压案例做出的经验性、趋势性预报以及事后监测数据的回溯性分析，真正经受过严格的前瞻性检验的案例并不多。要对冲击地压的发生做出准确预报就必须遵照一定的程序和原则。在科学合理的预报规则和程序基础之上，才有可能提高冲击地压预报的准确性。

冲击地压的预测预报不是主观臆断的结果，而是在已有监测数据分析的基础上，按一定的程序运用系统工程的原理和方法，借助一定的预报模型和方法来进行分析和判断。虽然不同条件下冲击地压的发生机理和前兆信息各不相同，冲击地压的预警指标和判别准则也必然不会完全一致，但是对于冲击地压预测预报的分析方法和基本程序是相同的。

2. 综合监测预警模型

冲击地压灾害的发生有其孕育、发展、启动的时间与空间维度，从时间维度来看，虽然致灾因素和机理多种多样，但各种信息的产生仍在历史的、现实的和实时的范畴之内。

因此，冲击地压综合监测预警模型应该围绕冲击地压时间维度做出。包含冲击地压形成的历史因素、现实因素和实时因素。

历史因素包含由于地质历史和开采历史形成的地质信息和开采信息，地质信息包括开采深度、顶板条件、煤层厚度及变化、地质构造、冲击倾向性等；开采信息包括巷道布置方式、开拓开采布局、煤柱留设、巷道支护等。基于此，可以利用自然历史形成的地质信息和开采历史形成的开采信息建立冲击地压静态评估模型，使冲击地压的监测预警更有针对性和科学性。

现实因素主要包含矿井的管理相关信息，如劳动组织方式、推进速度、爆破施工等。管理信息是根据现实需要设定的，本身并不形成单一的评价模型，它融入实时因素中，并可影响实时评价结果。

实时因素为各种监测系统实时获得的监测信息，通常表现为各种前兆现象或指标值的变化，如煤炮频繁、应力升高、地音活跃等。综合运用国家及行业标准、现有研究成果、现场实际等确定预警规则与阈值，形成动态预警模型。

在上述基础上建立冲击地压多源信息数据库，通过多源信息的融合，形成冲击地压综合监测预警模型，实现对冲击地压的实时预警。

冲击地压预警是一项异常复杂的系统工程，既要对矿井、煤层、采区、工作面进行冲击危险性预评估，提前划分冲击危险区域和重点关注区域，同时还要对重点区域进行动态监测与危险评估。因此研究综合分析导致冲击地压的影响因素，在对矿井、煤层、水平、工作面进行冲击危险性评价和危险等级划分的基础上对冲击危险性进行区域静态评估，使这些区域从冲击灾害的威胁中凸显出来，方便相关人员对这些区域进行重点关注，并研究行之有效的监测方案与防范措施，有利于变事后处理为事前预测预防，变纵向单一管理为综合管理，变盲目管理为目标管理，实现全员、全方位的系统化管理。最终达到消除冲击隐患的目的。通过风险预警，提高企业的预警管理能力，增加防范措施，尽量减少发生事故特别是重大事故，具有非常重要的现实意义。

因此，冲击地压综合监测预警模型包括两个部分，一个是冲击危险性的区域静态评估，另一个是冲击地压动态监测预警，如图7.47所示。

基于冲击地压监测预警信息，运用系统工程原理和方法，执行科学、有效的决策，达到控制灾害风险的目的，其步骤如下：

第一，在冲击地压静态预警的基础上，利用时间、空间、信息上的冗余和互补性来建立科学合理的监测方案，既要避免监测盲区，又要突出监测重点；第二，对传感器采集到的各种信息进行预处理，去除干扰信号，保证采集数据的完整性和可靠性；第三，在可靠信息获得的基础上，对监测信息的特征进行分析，找出监测信息与冲击危险性的内在规律；第四，针对各种监测信息，建立并筛选出科学敏感的评价指标，能实现各指标对冲击危险性发展变化趋势的预测；第五，对多源信息进行融合分析，充分利用各种信息，寻找各指标之间的内在联系，通过对各种信息的合理支配和使用，在空间、时间和监测信息上把互补的或冗余的数据以某种优化结合起来，产生一个新的融合结果，实现对评价对象一致性描述，从而提高整个系统的预警效果。

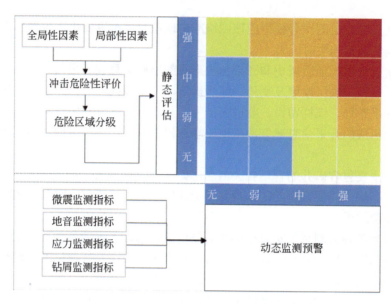

图 7.47　冲击地压综合监测预警模型

　　根据静态评估结果和动态结果，给出冲击危险预警等级，如图 7.48 所示，其中 a、b、c、d 分别表示无冲击、弱冲击、中等冲击和强冲击危险，可根据有关统计及矿井实际设定及优化。冲击地压危险状态分级及相应对策如表 7.11 所示。

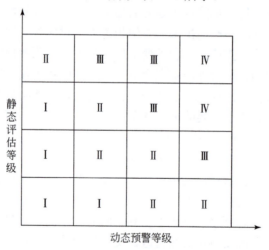

图 7.48　综合监测预警模型危险等级划分规则

表 7.11　冲击地压危险状态分级及相应对策表

危险等级	危险状态	防治对策
a	无冲击危险	所有采掘工作面可正常作业
b	弱冲击危险	采掘过程中，加强冲击地压危险的监测预报
c	中等冲击危险	进行采掘作业的同时，针对局部危险区域控制人员进入数量，并采取相应的解危措施
d	强冲击危险	停止采掘活动，人员撤离危险地点；采取相应解危措施；监测检验危险是否解除，解除危险后方可进行下一步作业

7.3.3　冲击地压综合监测预警平台研发

基于冲击地压监测预警指标及监测预警模型的研究，研发了冲击地压综合监测预警平台，并在红庆河等冲击地压矿井进行了应用。

1. 冲击地压综合监测预警平台功能目标

平台集成接口融合、格式转化、统计分析、指标优先、权重计算、等级预警等功能，实现对微震、地音、应力、钻屑、支架阻力等多参量、多尺度预警信息的深度开发与融合，大幅提高预警效率及效果。如图 7.49 所示，平台建设目标体现在四个方面。

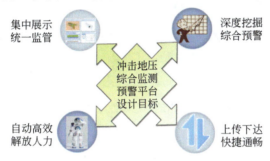

图 7.49　冲击地压综合监测预警平台设计目标

2. 冲击地压综合监测预警系统功能开发

在矿山微震监测三维显示及应用系统基础上，通过多源集成，形成第三代矿山煤岩动力灾害分析预测系统，通过该系统对矿井冲击地压等动力灾害预测预报的微震、地音、巷道侧向应力、工作面压力和钻屑监测数据进行整理、分析、评价，并以图表的形式将预警状态进行表征。

煤矿冲击地压危险性综合监测预警平台包括基础设置（矿井、构造）、数据分析管理（图表、数据）、多源监测预警、设备管理（微震、应力、地音、支架设备）、三维可视化、信息发布六部分，主界面见图 7.50 所示。

1）矿井模型构建

通过矿井设置、煤层设置、巷道设置、回采面设置、掘进面设置、进尺录入设置、构造设置等，建立矿井模型。

2）监测设备系统构建

通过添加微震探头、地音探头、应力传感器、支架压力等监测设备，建立矿井综合监测预警系统。

3）监测数据管理及分析

将微震数据、地音数据、应力数据、支架数据、钻屑法数据等统一接入监控系统，综合对监测数据进行处理分析。

（1）微震数据处理功能包括微震数据平剖面投影、微震事件时序分析、微震活动小时分布直方统计及频次-能量-推进度趋势分析。

图 7.50　煤矿冲击地压危险性综合监测预警平台

（2）地音监测数据处理包括地音能量柱/曲线、危险变化曲线分析。

（3）应力数据处理为分析巷道所在应力计通道在某段时间内应力曲线变化，确定冲击危险性。

（4）支架数据处理为分析工作面所在支架压力仪在某段时间内小时平均加权阻力曲线，确定其冲击危险性。

4）自动预警及报表生成

根据导入的微震监测数据、地音监测数据、应力监测数据、支护力监测数据、推进度等，采用综合监测预警模型对工作面开采过程中的冲击地压危险性进行预警，见图 7.51 所示。

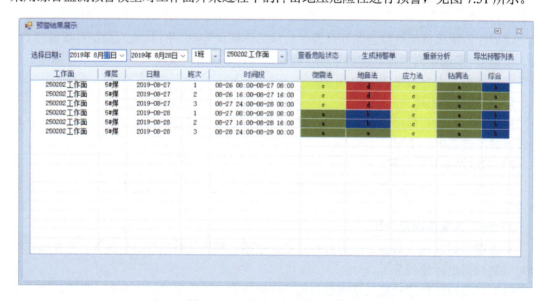

图 7.51　矿井冲击危险性预警结果

　　通过选择日期、班次、大事件能量临界值，勾选需要出具报表的回采工作面、掘进工作面和监测方法，一键生成综合日报表。日报表以工作面为单位，每份报表包括微震、地音、应力及钻屑等监测数据分析曲线、云图及预警结果等内容。

参 考 文 献

[1]　《能源中长期发展规划纲要(2004—2020)》草案.

[2]　姜福兴，曲效成，于正兴，等. 冲击地压实时监测预警技术及发展趋势[J]. 煤炭科学技术, 2011, 39(2): 59-64.

[3]　窦林名，牟宗龙，李振雷，等. 煤矿冲击矿压监测预警与防治研究进展[J]. 煤矿支护, 2015, (2): 17-26.

[4]　刘金海. 煤矿冲击地压监测预警技术新进展[J]. 煤炭科学技术, 2016, 44(6): 71-77.

[5]　潘俊锋，王书文，刘少虹，等. 浅部矿井静载荷主导型冲击地压监测方法与实践[J]. 煤炭科学技术, 2016, 44(6): 64-70, 98.

[6]　谭云亮，郭伟耀，辛恒奇，等. 煤矿深部开采冲击地压监测解危关键技术研究[J]. 煤炭学报, 2019, 44(1): 160-172.

[7]　鞠文君，潘俊锋. 我国煤矿冲击地压监测预警技术的现状与展望[J]. 煤矿开采, 2012, 17(6): 1-5.

[8]　夏永学，冯美华，李浩荡. 冲击地压地球物理监测方法研究[J]. 煤炭科学技术, 2018, 46(12): 54-60.

[9]　毛德兵. 冲击矿压发生危险性评价方法[J] 煤矿开采, 2000, (4): 52-53.

[10]　齐庆新，李首滨，王淑坤，地音监测技术及其在矿压监测中的应用研究[J]. 煤炭学报, 1994, 19(3): 221-232.

[11]　王健达，秦凯，邓志刚，等. 基于光纤光栅采动应力测试的冲击地压预警技术研究[J]. 煤炭科学技术, 2019, 47(6): 126-132.

[12]　李祺隆. 冲击地压煤层钻孔应力计-围岩耦合规律研究[D]. 徐州: 中国矿业大学, 2023.

[13]　鞠文君，郑建伟，魏东，等. 急倾斜特厚煤层多分层同采巷道冲击地压成因及控制技术研究[J]. 采矿与安全工程学报, 2019, 36(2): 280-289.

[14]　孙强，王琪，姚腾飞，等. 唐山矿深部孤岛工作面冲击地压预控技术研究[J]. 矿业科学学报, 2019, 4(5): 410-416.

[15]　赵本钧，章梦涛. 钻屑法的研究和应用[J]. 阜新矿业学院学报, 1985, (S1): 13-28.

[16]　曲效成，姜福兴，于正兴，等. 基于当量钻屑法的冲击地压监测预警技术研究及应用[J]. 岩石力学与工程学报, 2011, 30(11): 2346-2351.

[17]　章梦涛，赵本钧，徐曾和，等. 钻屑法在估测松碎岩体应力中的应用[J]. 阜新矿业学院学报, 1988, (1): 1-8.

[18]　陈峰，潘一山，李忠华，等. 基于钻屑法的冲击地压危险性检测研究[J]. 中国地质灾害与防治学报, 2013, 24(2): 116-119.

[19]　朱广安，刘海洋，沈威，等. 富水条件下冲击煤体钻屑法试验研究[J]. 岩石力学与工程学报, 2022, 41(12): 2417-2431.

[20]　陈峰，潘一山，李忠华，等. 利用钻屑法对卸压钻孔措施效果的分析评价[J]. 岩土工程学报, 2013, 35(S2): 266-270.

[21]　中华人民共和国国家标准编写组. GB/T 25217.6—2019 冲击地压测定、监测与防治方法第 6 部分: 钻

屑监测方法［S］. 北京: 国家煤炭工业局行业管理司, 2019.

［22］孙刘伟. 煤巷爆破卸压-支护加固协同防冲技术研究[D]. 北京: 煤炭科学研究总院, 2020.

［23］唐杰兵. 矿震应力波诱发巷道冲击地压机制研究[D]. 北京: 煤炭科学研究总院, 2022.

［24］孙刘伟, 鞠文君, 潘俊锋, 等. 基于震波 CT 探测的宽煤柱冲击地压防控技术[J]. 煤炭学报, 2019, 44(2): 377-383.

［25］王恩元, 何学秋, 李忠辉, 等. 煤岩电磁辐射技术及其应用[M]. 北京: 科学出版社, 2009.

［26］王恩元. 含瓦斯煤破裂的电磁辐射和声发射效应及其应用研究[D]. 徐州: 中国矿业大学, 1997.

［27］王恩元, 何学秋. 煤岩变形破裂电磁辐射试验研究[J]. 地球物理学报, 2000, 43(1): 131-137.

第三篇

巷道冲击地压防治工程案例

第8章 华亭矿区巷道冲击地压防治实践

在我国西部甘肃华亭、甘肃靖远、新疆乌鲁木齐等矿区，存有急倾斜特厚煤层，通常采用水平分层综采放顶煤开采工艺，其工作面布置及矿山压力显现具有特殊性[1-9]，并且多次发生冲击地压事故。本章以甘肃华亭煤矿为例，介绍急倾斜厚煤层分层综放开采巷道冲击地压防治技术。

8.1 矿井条件及巷道冲击地压概况

8.1.1 矿井概况

华亭煤矿位于甘肃省东部的华亭煤田向斜东翼，井田走向长度为 1.5 km，倾向长度为 0.32 km，面积 0.48 km²。主采的 5#煤层分为急倾斜和缓倾斜两部分，上部开采的急倾斜部分倾角平均 45°，煤层走向 N13°～12°W，平均厚度为 51.15 m，属于急倾斜特厚煤层，如图 8.1 所示。

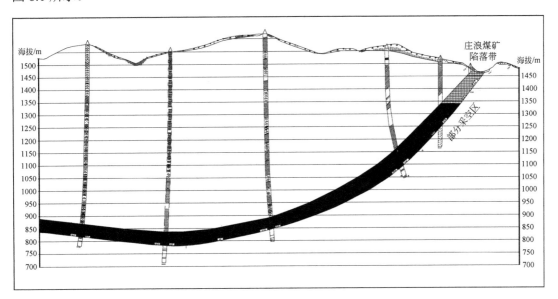

图 8.1 华亭煤矿煤层剖面图

5#煤层赋存稳定，构造简单，无断层，在北翼 2～3、6～8 号勘探线中间存在小的褶曲。靠顶板 15 m 左右以亮煤为主，具有明显条带状结构，坚固性系数 $f=1～2$，易冒落；中部及下部由半亮煤，暗煤及丝炭组成，光泽弱，强度较大，$f=2～3$；距底板大约 15 m 处有一层平均厚度为 1.01 m 的油页岩夹矸层。5#煤层直接顶为炭质泥岩或粉砂岩，赋存不稳定，部分地段没有；基本顶为粉砂岩及细砂岩，致密坚硬，厚度 48.8 m；煤层底板为泥质胶结中-粗砂岩，常具有似鲕状结构。煤层顶底板柱状图如图 8.2 所示。煤层中等硬度且有弱冲击倾向，5#煤层顶底板物理力学特征如表 8.1 所示。

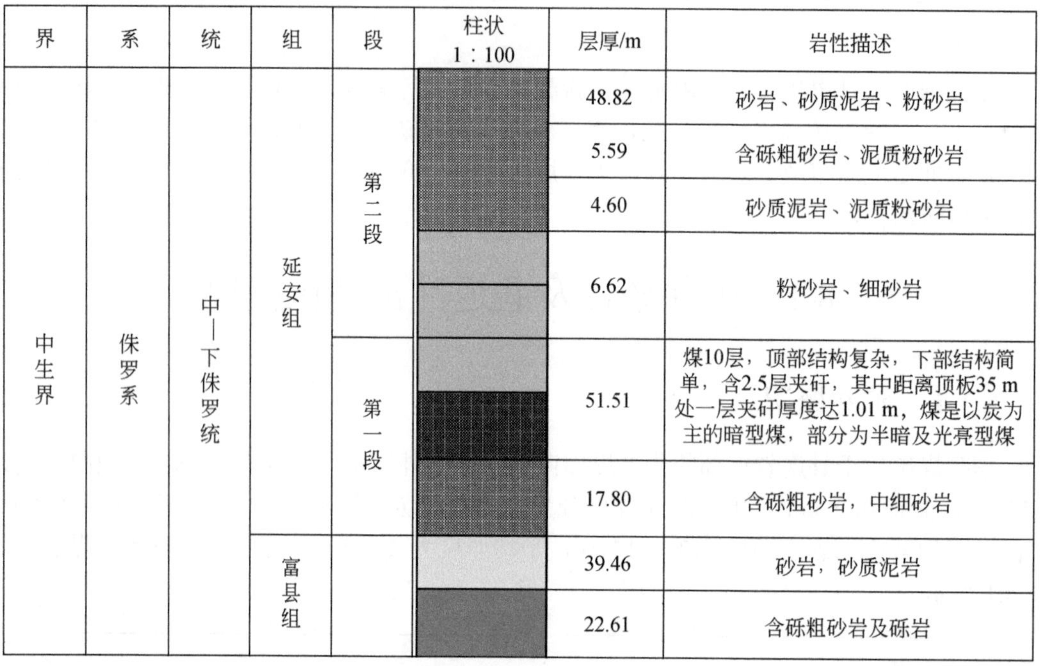

界	系	统	组	段	柱状 1∶100	层厚/m	岩性描述
中生界	侏罗系	中—下侏罗统	延安组	第二段		48.82	砂岩、砂质泥岩、粉砂岩
						5.59	含砾粗砂岩、泥质粉砂岩
						4.60	砂质泥岩、泥质粉砂岩
						6.62	粉砂岩、细砂岩
				第一段		51.51	煤10层，顶部结构复杂，下部结构简单，含2.5层夹矸，其中距离顶板35 m处一层夹矸厚度达1.01 m，煤是以炭为主的暗型煤，部分为半暗及光亮型煤
						17.80	含砾粗砂岩，中细砂岩
			富县组			39.46	砂岩，砂质泥岩
						22.61	含砾粗砂岩及砾岩

图 8.2　华亭煤矿综合柱状图

表 8.1　煤层顶底板物理力学特征

层号	岩性	厚度/m	单轴抗压强度/MPa	容重/(kN/m³)
1	粉砂岩	12	50	25
2	泥岩	22	28	24
3	砂岩	20	88	26
4	泥岩	10	28	24
5	细砂岩	10	88	26
6	泥岩	7.5	28	24
7	灰色细砂岩	5	88	26
8	砂质泥岩	20	28	24
9	粉砂岩	4	50	25
10	粉砂质泥岩	5	28	24
11	油页岩	11	35	24
12	粉砂岩	25	50	25

续表

层号	岩性	厚度/m	单轴抗压强度/MPa	容重/（kN/m³）
13	粉砂质泥岩	6	28	24
14	5#煤	50	13	14
15	砂质泥岩	10	28	24
16	粉砂岩	16	50	25

　　华亭煤矿采用水平分层综采放顶煤开采工艺，按一定阶段高度水平分层，在分层的底部布置采煤工作面，回采巷道分别沿煤层顶底板布置，习惯称为顶板巷、底板巷，顶底板巷道四周都是煤体（全煤巷道）。回采工作面长度一般为 45～53 m，工作面走向长度为 1200 m，每分层高度为 15 m，采放比为 1∶4（采高 3 m，放煤 12 m），通常有 3 到 5 个分层在同时进行采掘作业，采掘工作面布置示意如图 8.3 所示。

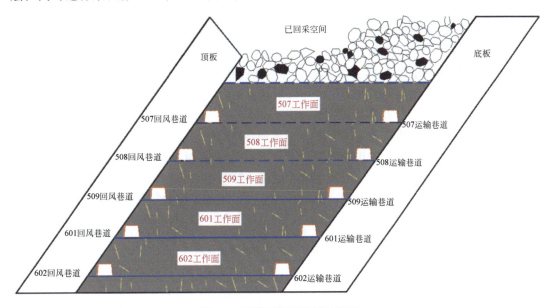

图 8.3　回采工作面布置示意图

8.1.2　巷道冲击地压发生情况

　　华亭煤矿浅部开采时，顶底板巷道压力不大，支护比较容易，采用木支架、工字钢支架即可满足要求。随着采深的增加和开采强度的增大，巷道维护越来越困难，经常发生片帮、冒顶等现象，需不断加固，甚至不得不多次翻修。2000 年引入高强度锚杆支护技术，使巷道支护技术水平和质量大幅提高，支护问题得到有效解决，巷道支护状态良好[10-11]，如图 8.4 所示。

图 8.4　华亭煤矿巷道锚杆支护照片

随着开采深度的增加,华亭煤矿巷道支护出现了新的问题,到 2003 年,采深达到 600 m,巷道变形明显增加,并在 504、505、506、508、509、601、602、603 等工作面的掘进与回采过程中,发生冲击地压 20 次,列于表 8.2 中。

巷道发生冲击地压时,一般伴有强烈的爆声并产生大量煤尘,巷道瞬间破坏并产生急剧变形,顶板下沉,底板鼓起,锚杆、锚索断裂,几十吨的设备被掀翻、挪位,最严重的两次冲击地压分别发生在 2004 年 6 月 8 日 509 顶板巷和 2005 年 5 月 31 日 603 顶板巷,这两次事故都造成 1 人死亡和多人受伤,几百米巷道损毁,如图 8.5～图 8.7 所示,矿井停产数日,经济损失巨大。

分析华亭煤矿冲击地压发生的时间、空间和破坏特征,发现冲击地压多数发生在回采工作面附近,特别是在上分层正在回采,下分层相向掘进的情况下最易发生,说明冲击地压受采动影响严重;北翼拐点附近发生冲击地压次数最多,并且最激烈,因为这里存在一个向斜构造,存在较大的构造应力;另外顶板巷冲击地压发生次数和来压强度明显大于底板巷。

表 8.2　华亭煤矿冲击地压记录表

序号	时间	发生地点	现象描述	备注
1	2003 年 2 月 24 日中班	504 底板巷,北翼拐点前后 57 m 巷道	突然一声巨响,胶带输送机、轨道倾斜,输送机托辊被震落,巷道严重底鼓,平均底鼓 0.65 m	掘进期间
2	2003 年 7 月 15 日 7:40	504 底板巷,北翼拐点前后 79 m 巷道	一声巨响,顶板下沉,底板鼓起,顶底板相对移近量平均 0.5 m。转载机、胶带输送机易位	回采期间,504 工作面前方 9～88 m 处
3	2003 年 7 月 15 日 7:40	505 底板巷,北翼拐点前后 124 m 巷道	一声巨响,顶底板移近量 0.5 m。26 根顶锚索、7 根帮锚索被拉断	504 工作面在上方回采
4	2003 年 7 月 15 日 7:40	506 底板巷,北翼拐点前后 47 m 巷道	一声巨响,顶板下沉,底板鼓起,顶底板相对移近量平均为 0.3 m	掘进期间,504 工作面在上方回采
5	2004 年 5 月 6 日 2 时	508 顶板巷,北翼拐点附近 60 m 巷道	突然来压,巷道变形,相对移近量平均 1m,最严重处达 1.3 m	507 面前 388 m,506 面后方 34 m
6	2004 年 5 月 8 日 10 时	508 顶板巷,北翼拐点北 100～180 m	突然来压,巷道变形,顶底板相对移近量平均 1.2 m,最严重处达 1.5 m	507 工作面前方 125 m
7	2004 年 5 月 9 日 12 时	508 底板巷,横川以南 60～90 m 区间	顶底板移近量平均 1.2 m,巷道顶部整体下沉 0.4 m,底鼓大约在 1.0 m,部分锚杆失效,锚索拉断	破坏巷道起于 506 工作面后方 20 m

续表

序号	时间	发生地点	现象描述	备注
8	2004 年 6 月 8 日	509 顶板巷, 自掘进头 120 m 内	自掘进头 50~100 m, 巷道破坏极其严重, 底鼓达 1.2 m, 断面收敛 2/3, 3 人受伤, 1 人死亡	掘进期间, 508 回采工作面前方 10~98 m
9	2004 年 10 月 26 日 17 时	601 底板巷, 中川前后 83 m 巷道	底鼓 0.2~0.4 m。下帮挤出 0.2 m, 2 人受伤	508 回采工作面前方 2~85 m
10	2004 年 10 月 26 日 17 时	602 底板巷, 中川前后 382 m 巷道	顶板下沉 0.2~0.4 m, 底鼓 0.2~0.4 m	508 回采工作面前方 241 m, 后方 141 m
11	2004 年 12 月 26 日 16: 30	602 底板巷, 中川前后 94 m 巷道	顶板下沉 0.3 m, 底鼓 0.6 m	508 回采工作面前方 29.5~123.5 m
12	2005 年 2 月 28 日 18: 30	601 底板巷, 中川以南 133~193 m 区间	底鼓 0.1~0.2 m	508 回采工作面前方 33 m, 后方 27 m
13	2005 年 2 月 28 日 18: 30	602 底板巷, 中川以南 132~162 m 区间	顶板下沉 0.4 m, 局部 0.9 m, 锚索拉断 5 根, 锚杆拉断 7 根	508 回采工作面前方 2 m, 后方 28 m
14	2005 年 4 月 8 日 9 时	603 底板巷, 自北翼拐点以北 90~166 m, 计 76 m 巷道	底鼓 0.4 m。运输皮带被掀翻, 皮带支架毁坏	601 工作面前 25 m 后 46 m
15	2005 年 4 月 17 日 22 时	602 顶板巷, 自北翼拐点向南 32 m 巷道	顶板下沉 0.2 m, 底鼓 0.2 m。1 人受伤	601 回采工作面前方 65~97 m
16	2005 年 4 月 23 日 6: 30	603 顶板巷, 自北翼拐点以北 38 m 巷道	顶板下沉 0.3~0.7 m, 底鼓 0.6 m。设备列车被掀翻。9 人受伤	603 掘进期间, 601 回采工作面前方 5~43 m
17	2005 年 5 月 12 日 11: 10	603 顶板巷, 自北翼拐点北 60 m 起 30 m	顶板下沉 0.3~0.7 m, 底鼓 0.2~0.4 m。两帮变形严重。4 人受伤	602 工作面前 158~184 m
18	2005 年 5 月 31 日 13: 34	603 顶板巷, 自北翼拐点北 60 m 起, 破坏长度 164 m	巷道严重破坏, 顶板被挤出, 两帮移近, 底鼓巷道由原来高度 2.8 m 收缩到 0.7 m。12 人受伤, 1 人死亡	602 工作面正在上方回采, 破坏巷道位于 602 前 161 m 后 3 m
19	2005 年 5 月 31 日 13: 34	603 底板巷, 自北翼拐点北 60 m 起, 破坏长度 146 m	巷道严重变形, 顶板下沉 0.6~1.5 m, 底鼓 0.3~0.7 m	破坏段位于 602 工作面前方 8~154 m
20	2005 年 5 月 31 日 13: 34	602 底板巷, 自北翼拐点北 197 m, 南 26 m, 计 223 m	巷道严重变形, 顶板下沉 0.6~1.5 m, 底鼓 0.3~0.7 m	破坏巷道位于本工作面前 30~253 m

图 8.5　冲击地压后巷道变形照片

图 8.6　冲击地压后巷道内设施破坏照片

图 8.7　冲击地压后巷道底鼓照片

8.1.3　两次典型冲击地压事故分析

1. "6.8" 冲击地压事故

2004 年 6 月 8 日 11 时 30 分,华亭煤矿 509 工作面回风顺槽掘进巷道突然一个声响,在靠近掘进工作面 120m 范围内的巷道受到冲击破坏,其中距掘进工作面 40～98 m 巷道破坏极其严重,巷道断面几乎闭合,单体支架全部向顶板侧倾倒,靠近顶板侧的工字钢架棚扭曲变形严重,部分锚索被拉断,底板侧底鼓达 1.2 m,煤层被切断,仅在巷道左下角和右下角处由单体柱支撑形成很小的空间,见图 8.8。此次事故损失巨大,并造成 3 人受伤,1 人死亡。

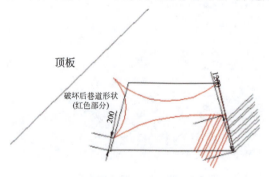

图 8.8　"6.8" 事故发生后 509 顶板巷破坏示意图

　　事故发生时，507 工作面正在由北向南回采，508 工作面已经形成，509 掘进工作面正在向北掘进，507 工作面开采位置与 509 工作面掘进位置水平投影线相距 10 m，如图 8.9所示。507 回采工作面处于 509 回风顺槽（顶板巷）上方，如图 8.10 所示，垂直距离 30 m。根据采场矿压理论可知，509 掘进工作面发生冲击地压段正好处于 507 工作面开采引起的超前应力集中区内。此外，发生冲击地压这段巷道，向南距北翼拐点 70 m 左右，正处于向斜轴部，存在很大的构造应力。再者，此处巷道垂直深度已达 590 m，自重应力水平也比较高。这些因素的叠加作用，使"6.8"事故地点具备了高应力条件。同时，507 工作面在回采过程中，顶板岩层可能发生垮断，使 509、508 巷道正处于动态扰动之下，加之煤层本身具有的冲击倾向性，于是便导致了这次重大冲击地压事故的发生。

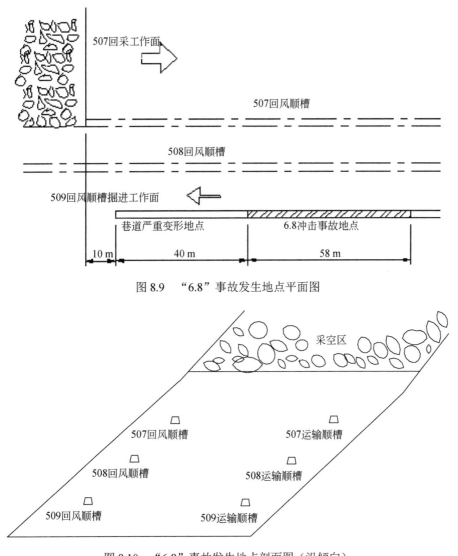

图 8.9　"6.8"事故发生地点平面图

图 8.10　"6.8"事故发生地点剖面图（沿倾向）

2. "5.31" 冲击地压事故

2005 年 5 月 31 日 13 时 34 分,华亭煤矿 603 回风顺槽(顶板巷)掘进工作面发生了严重的冲击地压事故。在距该掘进工作面迎头 40～164 m 范围内的巷道发生严重破坏,巷道煤层顶板被挤出,两帮移近,严重底鼓。巷道由原来高度 2.8 m 变形收缩到 0.7 m,有的锚索被拉断,运输皮带遭严重破坏,轨道扭曲变形。此次事故还造成 12 人受伤,1 人死亡。

"5.31" 事故与 2004 年 6 月 8 日事故非常相似:从采动影响看,602 工作面刚刚从 603 掘进工作面上方采过,603 回风顺槽发生冲击地压段巷道正处于 602 工作面开采引起的应力集中区内,见图 8.11;地质条件看,发生冲击地压段巷道距北翼拐点 60 m 左右,与 6 月 8 日动压事故段基本重合。所不同的是 602 工作面与 603 工作面为相邻分层,间距 15 m;507 工作面与 509 工作面中间还有 508 工作面,间距 30 m。

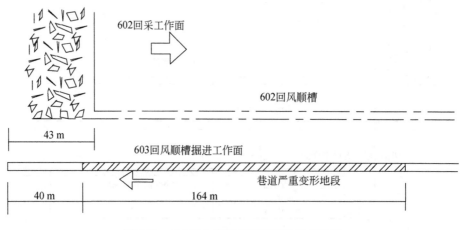

图 8.11　"5.31" 事故巷道破坏位置示意图

8.2　急倾斜特厚煤层水平分层开采矿压特征

冲击地压的形成,煤岩体内高应力的存在是必要条件,而煤岩体内的高应力与开采引起的矿山压力密切相关。一般来说,煤岩体内的应力主要来自两个方面:其一是原岩应力,其二是采动附加应力。原岩应力包括自重应力、构造应力等,是煤系地层本身固有的。由于地下开采活动,破坏了原岩应力的平衡状态,造成煤、岩体的移动和应力重新分布,形成的新应力场,称为采动附加应力,煤矿称为矿压。

传统的矿压模型都是基于缓倾斜、薄及中厚煤层条件建立的,对于急倾斜煤层并不完全适用。急倾斜特厚煤层水平分段综采放顶煤开采,与近水平煤层和缓倾斜煤层长壁开采的巷道布置完全不同。由于急倾斜特厚煤层埋藏条件和开采方式特殊,其矿山压力显现出特殊性和复杂性。因此运用相似材料模拟、数值模拟、现场实测等研究手段[12],对华亭煤矿急倾斜特厚煤层水平分层综放开采顶板岩层破断移动、采动应力场分布、周期来矿等矿压问题进行研究,目的在于探索其矿压显现原因和规律性,以便进一步分析华亭煤矿冲击地压的成因。

8.2.1　相似材料模拟

采用相似材料模拟方法研究岩层移动的实质是根据相似原理,将矿山岩层(在研究的范围内)以一定比例缩小,用相似材料制成模型。然后在模型中模拟实际情况进行"开采",观测模型上的岩层由于"开采"引起的移动、变形和破坏情况,分析、推断实地岩层所发生的情况,以便进一步分析和解释煤层开采过程中特殊的矿压显现的成因。

1. 试验模型设计

模型的原始参数取自甘肃华煤集团华亭煤矿 5#煤层柱状图及 5#勘探线剖面图。以煤 5 层为主要研究对象,原始煤层及顶底板的力学参数见表 8.1。

采用中煤科工开采研究院岩石力学实验室的平面模型试验台,规格为 2.4×0.16×1.0 m,两侧及底边为钢体框架,前面装有机玻璃板(方便观测),后面装可以拆卸的 10 号槽钢(便于模型"开采"),上边为自由面。设计模型的几何相似比为 1∶500,模拟急倾斜特厚煤层水平分层开采倾向断面,模拟矿井的地表标高 1528~1753 m,当前开采水平标高为 1000 m。

根据模型相似原理,确定模型与原型的相似关系,几何相似比为 1∶500;强度相似比为 1∶660;容重相似比为 1∶1.22。通过配比试验,得到强度和容重符合要求的模型材料。模型材料主要由石英砂、石膏、碳酸钙、云母粉、锯末、水等按一定配比构成。配出的相似材料性能参数如表 8.3 所示。

表 8.3　华亭煤矿相似材料性能参数表

层号	岩性	厚度/m	单轴抗压强/MPa	容重/(kN/m³)
1	粉砂岩	12	0.076	20.5
2	泥岩	22	0.042	19.7
3	砂岩	20	0.133	21.3
4	泥岩	10	0.042	19.7
5	细砂岩	10	0.133	21.3
6	泥岩	7.5	0.042	19.7
7	灰色细砂岩	5	0.133	21.3
8	砂质泥岩	20	0.042	19.7
9	粉砂岩	4	0.076	20.5
10	粉砂质泥岩	5	0.042	19.7
11	油页岩	11	0.053	19.7
12	粉砂岩	25	0.076	20.5
13	粉砂质泥岩	6	0.042	19.7
14	5#煤	50	0.020	11.5
15	砂质泥岩	10	0.042	19.7
16	粉砂岩	16	0.076	20.5

按各分层厚度,由煤层底板向上依次铺筑模型,地表形态按实际地质剖面制作,模型筑成 20 小时后进行开挖模拟,模型全景如图 8.12 所示。为了观测煤层顶底板的活动规律和移动情况,在模型上沿水平方向布设了 10 条观测线,并布置了 12 个测量控制点,如图 8.13 所示,观测标志点布在模型表面,控制点布在有机玻璃上。水平观测线高程分布见表 8.4。

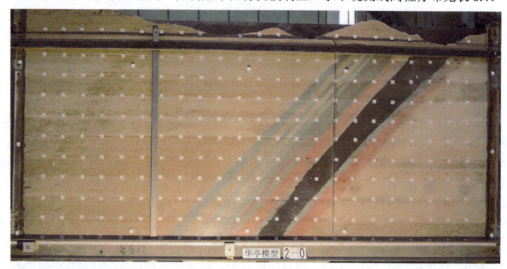

图 8.12　模型全景图

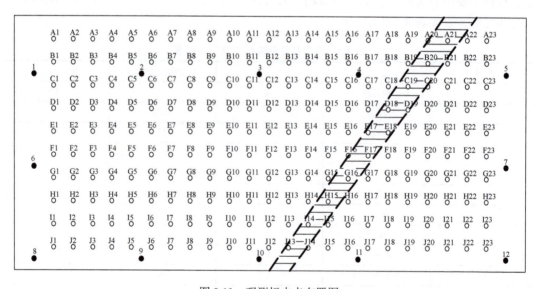

图 8.13　观测标志点布置图

表 8.4　水平观测线测高程分布

水平观测线	A	B	C	D	E	F	G	H	I	J
测点号	$A_1 \sim A_{23}$	$B_1 \sim B_{23}$	$C_1 \sim C_{23}$	$D_1 \sim D_{23}$	$E_1 \sim E_{23}$	$F_1 \sim F_{23}$	$G_1 \sim G_{23}$	$H_1 \sim H_{23}$	$I_1 \sim I_{23}$	$J_1 \sim J_{23}$
高程/m	1500	1450	1400	1350	1300	1250	1200	1150	1100	1050
控制点点号	1, 2, 3, 4, 5, 6, 7, 8, 9, 10, 11, 12									

（1）模型的开采方法：模型中煤层的开采，是根据现场工作面开采顺序进行模拟开采的。开采顺序为从上向下分层开采，每分层开采煤体厚 15 m，采煤机割煤厚 3 m，放顶煤 12 m。模型开挖时，先将开挖部位的槽钢板卸下，用自制的带齿薄铁片和细铁丝钩小心掏出 6 mm 厚煤体（模拟采煤机采煤），再用开挖凿挖出 24 mm 厚煤体（模拟放煤），至此一个分层开采完成。开采过程中，时刻观察模型岩层的变化并拍照和记录。每次采完等待岩层移动稳定后，都要对模型上的观测点进行一次全面的测量和计算。从 1420 m 水平开始，从上向下分层开采，共采 28 个分层，累计开采垂高 420 m。

（2）顶板岩层和地表移动的观测：采用经纬仪观测，并在模型架上固定钢板尺作为参考坐标。首先在有机玻璃上布置标志点 1~12，测出其坐标作为控制点。用经纬仪观测模型上观测点的位置坐标，两次观测之间坐标差即是测点的位移量。

（3）覆岩破坏形态及过程的观测：开采过程中有专人观测模型破坏和变形移动，对模型开采中的特殊现象，如：出现裂纹、局部冒落、大范围垮塌、地表下沉等，及时进行照相、素描、测量等。对特殊现象出现的位置、强度等，及与开采进度、时间之间的关系进行分析和记录。

2. 试验过程

（1）开采第一分层后，顶煤局部冒落，上覆岩层没有明显变化。

（2）开采第二分层后，上覆煤体垮落，直接顶与老顶均出现离层，地表出现纵向裂缝，见图 8.14。

图 8.14　开采第二分层后岩层垮落形态

（3）第三分层采后，标高 1305 m，顶板岩层尚未垮落。三小时后，直接顶板垮落，厚度 5 cm，宽度 11 cm。上覆岩层的离层发展，变宽 2 cm。

（4）第四分层采后，基本顶岩层垮落，高度 5 cm，长度 28 cm。

（5）第五分层采后，基本顶岩层垮落没有向上发展，冒落煤岩随煤层采出向下移动。

（6）第六分层采后，基本顶板岩层又向上垮落 3 cm，长度 29 cm，如图 8.15。

（7）第七分层采后，变化不大。第八分层采后，上覆顶板岩层垮落 3 cm，长度 25.5 cm。

（8）第九分层采后，上覆岩层又垮落 3 cm，长度 22 cm。

（9）第十分层采后，岩层垮落向上发展 3 cm，长度 19 cm，冒落，顶板内形成空洞，见图 8.16。

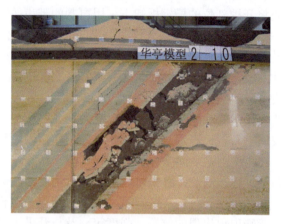

图 8.15　第六分层采后岩层垮落形态

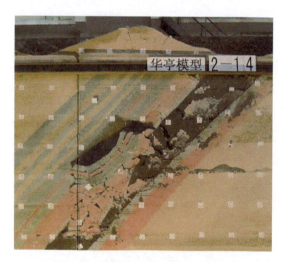

图 8.16　第十分层采后岩层垮落形态

（10）第十二分层采后，垮落范围继续向上发展。

（11）第十三分层采后，采空区上部岩层垮落至地面，见图 8.17。

（12）第十四分层采后，工作面附近基本顶上方 6 cm 处产生裂隙长 24 cm，宽 4 mm。

（13）第十五分层采后，基本顶新一轮垮落开始，垮落厚度 6 cm，长度 24 cm。上部岩层垮落继续发展，再次冒落厚度 6 cm，长度 25 cm，裂缝宽度 2 cm。

（14）第十六分层采后上部岩层继续垮落，形成宽裂缝，如图 8.18。

（15）第十七分层采后，上部采空区冒落岩层下滑。

（16）第十八分层采后，顶板岩层变化不明显。

（17）第十九分层采后，上部采空区冒落岩石下滑，冒落区向上发展，又一次冒落直至地表，见图 8.19。

图 8.17　第十三分层采后岩层垮落形态

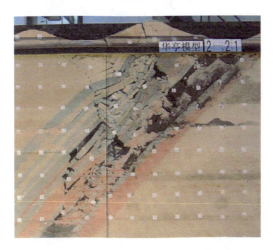

图 8.18　第十六分层采后岩层垮落形态

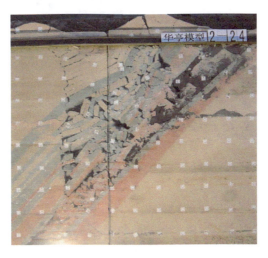

图 8.19　第十九分层采后岩层垮落形态

（18）第二十层采后，顶板变化不明显，上部采空区有一点下滑。第二十一层采后，直接顶产生裂缝，长 19 cm。

（19）第二十二分层采后，基本顶岩层又一轮断裂出现，并向下移动。

（20）采到底部后，基本顶已经全部垮落，上部岩层产生大范围移动，一条自底边工作面至地表的裂缝已经形成，见图 8.20。

图 8.20　第二十三分层采后岩层垮落形态

（21）去掉中间有机玻璃板后，模型采空区垮塌，留下一个陷落漏斗，见图 8.21。

图 8.21　去掉有机玻璃后模型垮落形态

3. 试验结果分析

通过对模型开挖过程中，煤岩层破坏和移动情况的观测，结合华亭煤矿生产实际，分析得出相似材料模拟试验结果。

1）上覆岩层垮落特征

（1）每一分层采放后，首先引起其上方已采分层形成的冒落煤岩体的滑落，形成空洞，又引起更大范围岩层垮落，岩层破坏范围进一步向上及顶板方向扩展，最终达到地表。

（2）顶板岩层的垮落具有周期性，一般开采 2 至 5 个分层有一次大的岩层移动（大范围冒落或断裂滑移），每次大移动后，有一段相对平稳阶段。深部开采阶段性岩移周期长、影响范围大，来压更强烈。急倾斜特厚煤层分层开采，顶板岩层在倾斜方向周期性垮落是其特有的矿压规律，也是造成巷道动压冲击的重要原因。

（3）顶板岩层的垮落有一定的滞后性，由于采空区冒落煤岩体的充填作用和顶板岩层破坏的时间滞后效应，基本顶形成悬顶，采过 2 至 4 个分层后，基本顶岩层才开始垮落。

（4）顶板岩层垮落区有一定范围，浅部阶段顶板一侧岩层的垮落角为 85°，随着开采垂高的增加，岩层的垮落角越来越大，至开采垂高达到 350 m 时，岩层垮落角达到 93°。

（5）急倾斜煤层开采不像水平煤层开采那样，随工作面的推进采空区连续平铺扩展，而是随着采深的增加，沿着煤层底板不断向深部和顶板方向扩展，形成一个不断扩大和移动的动态陷落漏斗。

2）顶板岩层移动特征

急倾斜煤层顶板岩层移动比较复杂，不像水平煤层开采顶板岩层移动主要是垂直方向，而是存在重力下沉、沿法线向底板移近、沿底板向下滑移等多种可能。图 8.22 所示为开采垂高 350 m 时观测到的模型上各观测点移动矢量。

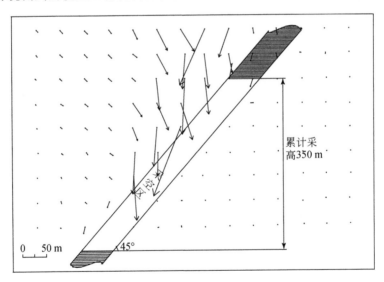

图 8.22　模型观测点的移动矢量图

直接顶岩层冒落后，随着下分层开采，以沿底板向下滑落为主。老顶及以上岩层初期沿断裂向采空区方向的移动，后期随采空区整体向下滑移，图 8.23 中根据模型测点的观测记录，给出了顶板某层面的岩层移动矢量，总体移动趋势是向下并偏向煤层法线方向。

采用水平分层采煤法，每一分层的采空区与其上方原采空区形成总的采空区，总采空区内的岩层垮落后呈梯形垒砌（也可称为某种梁或拱）。垮落岩层（岩梁）存在一个回转过程：顶板刚垮落时呈水平形态，随着下部分层的回采，部分支撑岩梁的松散煤岩体下滑，演变为倾斜垮落形态，每段顶板岩体均经历由水平到倾斜的垮落形态的变化，这是急倾斜特厚煤层水平分层开采上覆岩层移动的又一个特殊规律。

每一分层开采后，其上的直接顶岩层最先垮落，并且位移也最大，上方岩层随着距开采分层距离的增大，其位移逐渐减小，反映了岩石的碎胀性对采空区的充填作用，和采动对上覆岩层位移影响的衰减性。

3）地表移动形态

急倾斜特厚煤层水平分层开采，采出煤体量大，采空区集中在一个竖向空间内，造成强烈地表沉陷，最大下沉值达到 50 m。地表沉陷坑呈现不对称性，最大下沉点偏向顶板一侧，如图 8.23 所示。

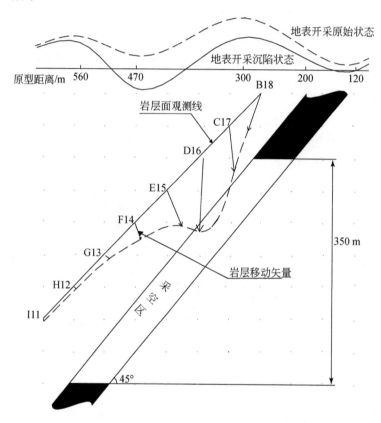

图 8.23　顶板岩层位移矢量及地表沉陷前后的地貌形态变化图

浅部的每一分层开采对地表移动影响强烈，随开采深度增加，分层的开采对地表移动影响减缓，时间滞后，但影响范围扩大，累计下沉量在增加。

地表移动一直处于非稳定状态，靠近顶板方向活动明显，靠近底板方向逐渐放缓。

8.2.2　数值模拟研究

采用离散元法，对急倾斜特厚煤层水平分层开采引起的岩层移动与变形规律进行研究，特别是研究分析覆岩的垮落和分布形态，与相似模拟试验及现场实测形成对比。

1. 计算模型建立

采用离散元数值计算软件，建立倾向平面模型，原型被假设成是无限延伸的，这对于倾向模型是基本满足的。基于该模拟软件，分析由上至下分层开采时上覆岩层及地表移动的状况及岩层应力分布及变化状况。

模型采用 1∶1 比例，取工作面的真倾角 α=45°，从海拔 1480 m 由上而下分层开采，分层厚度 15 m，工作面斜长 87 m，模型底边界长取 1197 m。模型两侧垂直边界和底部边界固定，地面为自由边界，进行自重加载。

模型有 3 种基本块体：尺寸为 10 m×2 m、10 m×5 m 和 50 m×20 m，大块用于模拟上部松散层和下部不动层，小块用于模拟煤层顶板岩层松散层，该区域涉及采空区附近覆岩的移变问题，因而单元划分较为细密。共划分计算单元 2829 个，上部块大，下部块小。

煤岩层分层情况主要参照华亭矿采掘工程平面图 5# 勘探线剖面图和华亭煤矿主采煤层煤岩物理力学性能试验及冲击倾向性测定等资料，如图 8.24、图 8.25 所示。

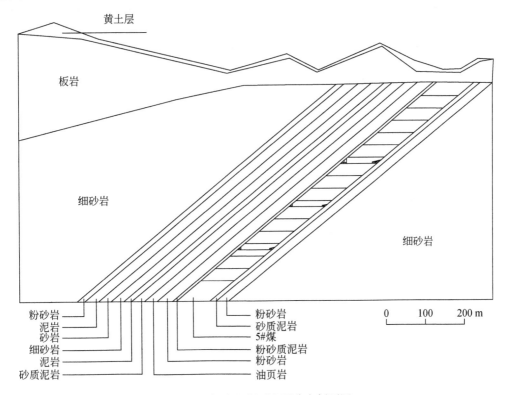

图 8.24　倾向主断面岩层分布剖面图

整个块体受重力作用，重力加速度取 9.8m/s^2，底部固定不动。假定块体是不变形的，各类块体及节理性质如表 8.5。

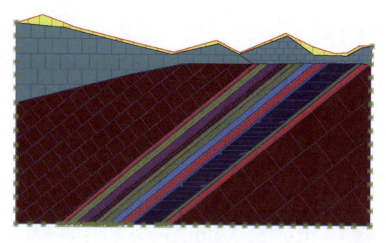

图 8.25　倾向主断面离散元计算模型

表 8.5　块体及节理参数

岩层	容重 / (kg/m³)	节理刚度系数（角-边) / (N/m²)	节理刚度系数（边-边) / (N/m²)	黏结力 C MPa
砂岩	2600	1.5E9	1.5E10	2.6
泥岩	2500	1.3E9	1.3E10	2.0
煤层	1400	1.0E9	1.0E10	1.0
松散层	2000	0.1E9	0.1E10	0.1
页岩	2300	1.1E9	1.1E10	1.2

2. 地表移动形态模拟

模拟结果表明，特厚急倾斜煤层水平开采对地表的影响较严重，如图 8.26、图 8.27 所示。开采至标高 1075 m（开采垂高 406 m）时，最大下沉值为 86.9 m，下沉率为 0.214，地

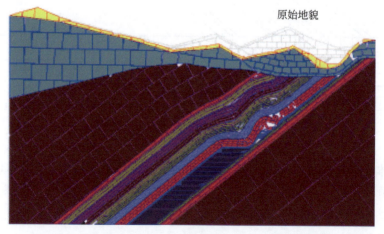

图 8.26　煤层采至 1195 m 水平时垮落形态（开采垂高 286 m）

表形成两个大的塌陷坑，地表下沉曲线如图 8.28 所示，地表下沉曲线的形态与相似材料模型试验及现场实测结果基本吻合。在倾向剖面上，地表下沉盆地呈现严重的不对称性，下山方向的下沉量较小，上山方向的下沉量大。这些结果与相似材料模型试验结果基本吻合。

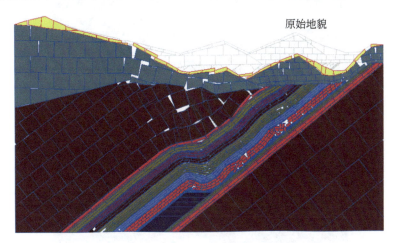

图 8.27　煤层采至 1075 m 水平时垮落形态（开采垂高 406 m）

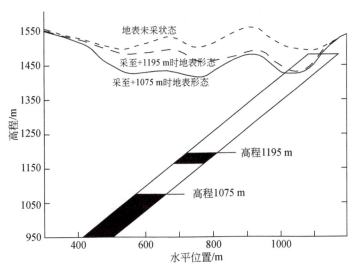

图 8.28　开采影响地貌变迁图

3. 岩层移动模拟

1）煤层开挖及顶板岩层移动过程

采用数值模拟方法模拟岩层移动的传递和发展过程更直观，这是其他研究方法所不能及的。图 8.29 为开采标高 1075 m（累计开采高度 406 m）时岩层移动变化图，反映了本分段开采岩层移动的 4 个阶段性形态：

（1）开挖状态：煤层开挖形成顶板自由面，上覆岩层在自重作用下，形成的瞬间力学不平衡状态。

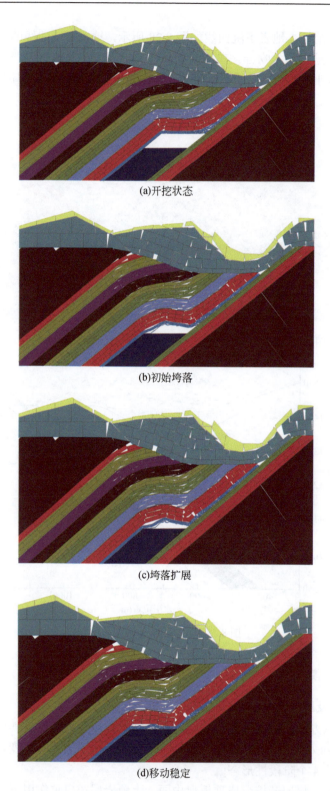

(a)开挖状态

(b)初始垮落

(c)垮落扩展

(d)移动稳定

图 8.29　开采标高 1075 m 开采阶段岩层移动过程图（开采高度 406 m）

（2）初始垮落：顶板岩层在自重和上部岩层压力作用下脱离原岩，向采空区垮落，上覆岩层出现离层。

（3）垮落扩展：垮落范围向顶板纵深扩展，向上波及顶板岩层，垮落区域不断扩大，垮落岩石碎胀、充填采出空间。

（4）移动稳定：岩层压实，新的压力支撑带形成，岩层移动基本结束，上覆岩层处于新的稳定状态。

随着深部阶段的开挖，新一轮岩层移动周期又将到来。

急倾斜煤层水平分层各阶段开采，岩层垮落总是从煤层顶板一侧下边界开始，逐渐向上山方向顶板扩展，由离层而脱落，随着离层不断向上山发育和上覆岩层的垂直向下压力作用，岩层开始向采空区下方延伸；稍后，上山方向岩层也从底板一侧开采边界向采空区垮塌、滑落。煤层顶板一侧下边界岩移速度较底板一侧开采上边界的岩层垮落得快，这样导致岩层移动呈现不对称性。在顶板岩层垮落的过程中，由于受到顶板采动集中应力的增压影响和底板向上的挤压作用，煤层底板出现了隆起现象，随着岩层的进一步垮落，垮落岩石得到压实，底板隆起从而得到控制。

2）顶板岩层移动的总体趋势

图 8.30、图 8.31 为煤层采至 1300 m 和采至 1195 m 时岩层移动矢量图。从矢量大小来看，以采空区几何中心为参照点，在开采影响中央区域，采动过程中离中心越近则岩层移动量越大，离中心越远则岩层移动量越小。同一位置，直接顶板移动量最大，相应的地表点移动量最小，这反映了开采空间在上传过程中的耗散。

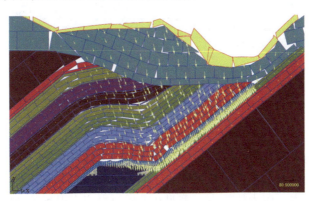

图 8.30　煤层采至 1300 m 时岩层移动矢量图（开采垂高 181 m）

受水平分层采煤方法的影响，每一阶段开采与其上方已采老空区形成的总的采空区，具有平行四边形形状，总的采空区上方岩层呈折线形垮落：开采下边界顶板为水平垮落形态，上山方向顶板为与煤层倾角相同的倾斜垮落形态，随着下部阶段的回采，水平形态部分向下移动，原来的水平垮落段演变为倾斜垮落形态，每段顶板岩体均经历由水平到倾斜的垮落形态的变化。这是急倾斜特厚煤层水平分层开采上覆岩层移动的特殊现象。

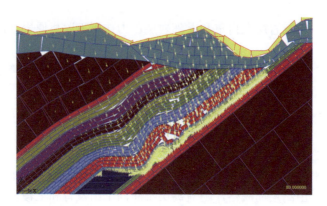

图 8.31　煤层采至 1195 m 时岩层位移矢量图（开采垂高 286 m）

4. 采动应力场模拟

图 8.32 为数值模拟得出的围岩平均主应力分布图，可以看出，采动主应力以压应力为主，未开采区域以煤层法线方向为其基本方向，采空区内以垂直向下为基本方向。深部开采的采动应力要大于浅部开采，但在应力分布形态上具有相似性。

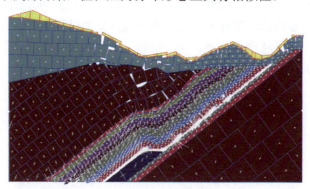

图 8.32　开采引起的煤岩层平均主应力分布

图 8.33 为开采至标高 1075m 煤层及其附近顶底板岩层和采空区内的主应力分布图，可以看到，这一区域内应力分布非常复杂，在已采水平以上的夸落顶板岩层中，主应力垂直向下，即自重应力为主，应力值较小，表明开采后原岩应力得到了释放；在已采水平以下的煤层及顶底板岩层内，主应力基本沿煤层倾角方向，应力值较大，特别是在顶板弯曲部位，应力值特别高，远高于原岩应力的水平，这是由于采动造成了附加集中应力。

图 8.34 是模拟得到的沿水平方向煤层的垂向平均压应力分布曲线。可以看到顶板附近煤体内的垂直应力远高于其他位置，最大值达到 18.2 MPa，接近顶板一侧煤层内的平均压应力约为 6.5 MPa，压力集中系数达 2.8；而接近底板一侧煤层内的平均压应力约为 3.0 MPa，压力集中系数达 6.0。图 8.35 表明煤体被采出后，采场附近的应力场发生了很大变化，顶板附近产生强烈应力集中，底板一侧处于采空区下方，大部分煤体内的原岩应力由于采煤得到释放。也可以看到受开采影响，顶板巷道周围煤体内应力远高于底板巷道，这就是造成顶板巷道维护困难的主要原因。

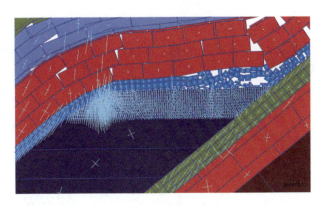

图 8.33 开采至 1075 水平煤层及顶底板岩层内主应力分布

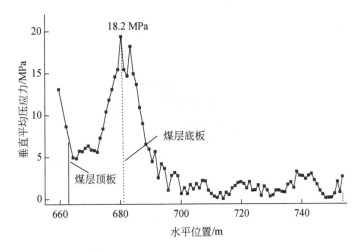

图 8.34 开采至标高 1075 m 沿水平分层底边垂向平均压应力分布曲线

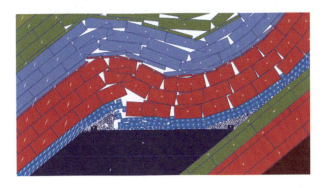

图 8.35 开采至标高 1075 m 两顺槽周围煤体内主应力分布图

8.2.3 现场实测

1. 地表实际的垮落形态

图 8.36 为开采垂高 200 m 时，根据实测的地表塌陷和井下开采位置推测出的采空区塌

陷形态图，图 8.37 为开采引起的地表台阶状塌陷的照片。可以看出，急倾斜特厚煤层水平分层开采，地表沉陷出现台阶式的塌陷盆地，形成很大的塌陷坑。模拟结果与实际的沉陷盆地形态和垮落方式基本吻合。

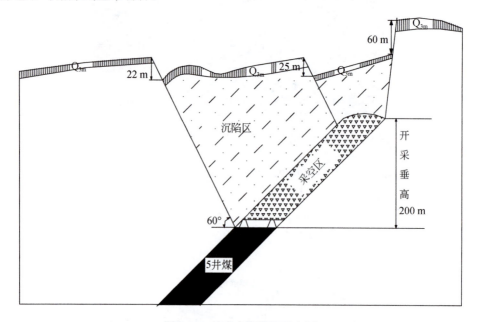

图 8.36　地表实际塌陷形态图

图 8.37　开采引起的地表台阶状塌陷照片

2. 采动影响现场观测与总结

华亭煤矿在生产过程中对矿压显现积累了许多经验，并对巷道煤柱应力、锚杆、锚索受力、巷道变形等进行了全面观测，总结得到如下规律。

（1）矿压显现主要在回采期间，表现为回采巷道变形破坏、底鼓和动力冲击。顶板巷压力明显大于底板巷，几次大的动压冲击都发生在顶板巷。

（2）随采深增加巷道矿压显现强烈。采深不超过 300 m 时，巷道矿压显现不明显，采用工字钢支架可维护巷道正常使用；采深超过 350 m，工字钢、U 型钢不能满足支护要求，采用高强度锚杆、锚索支护后，巷道变形得到有效控制；采深超过 400 m 后，采用高强度锚杆、锚索附加工字钢支护，仍出现强烈变形、底鼓及动力冲击现象。

（3）巷道矿压显现呈现出周期性。每向下开采 3～5 个分层，采深每增加一定数值，上部厚层坚硬老顶垮落和移动，造成强烈矿压显现。华亭煤矿几次大的巷道突然来压分别发生在 504、509、603 工作面，其间隔分别为 5 个、3 个分层，垂距为 75 m 和 45 m。

（4）巷道变形具有不对称性，顶板巷主要表现为来自顶板方向的挤压变形和顶板侧煤帮的破坏，底板巷主要表现为底鼓。

（5）工作面采动对本分层巷道的影响明显，超前影响距离 70 m 左右，激烈影响距离 30 m 左右，顶板巷工作面超前支承压力相对底板巷表现更强烈。回采工作面支架压力不大，随工作面向前推进，采场周期来压不明显。

（6）上分层工作面的采动对下分层巷道有明显影响。华亭煤矿通常是 3 个综采工作面、4 个综掘工作面分布在 3～5 个分层内作业，每条巷道一般要受 2 至 3 次回采影响。上分层工作面采动超前影响范围为 80 m（激烈影响范围为 40 m）左右，滞后影响范围 50 m 左右。

8.2.4　顶板岩层沿倾斜悬臂梁结构模型

根据相似材料模拟、数值模拟及现场观测的结果，急倾斜放顶煤开采，上覆岩层移动及采场矿压有明显的特征，主要表现在：①工作面回采期间巷道来压强烈，顶底板巷道矿压显现差异明显，顶板巷压力明显大于底板巷；②与缓倾斜煤层不同，沿走向方向周期来压不明显，沿倾斜方向周期来压强烈；③巷道变形具有不对称性，顶板巷主要表现为来自顶板方向的挤压变形和顶板侧煤帮的破坏，底板巷主要表现为底鼓。这种矿压特征的形成主要受煤层倾角和坚硬顶板跨断结构的影响。

1. 顶板倾斜悬臂梁结构的形成与断裂

为了便于分析，把顶板倾向断裂作为平面问题来考虑。急倾斜特厚煤层水平分段放顶煤开采，当工作面煤炭采出后，采空区将被上部垮落煤矸所充填，若一次开采段高为 10 m，则需 20～40 m 厚的上覆煤矸，即沿倾向可能有高达 30～50 m 范围的煤矸运动，在直接顶比较厚、碎胀性比较好的情况下，在煤层倾斜方向可以形成图 8.38 所示的"铰接梁"结构，此结构与倾斜煤层沿走向的"砌体梁"结构模型有一定相似性。

按照钱鸣高院士提出的"砌体梁"理论，老顶岩层形成砌体梁必须满足两个条件：第一，断裂的岩块应达到一定的长度，需大于其厚度的两倍；第二，断裂的岩块应达到一定的厚度，分层厚度应远大于其下自由空间的高度。

急倾斜特厚煤层水平分段综采放顶煤开采，采出煤量大，在直接顶较薄的情况下，冒落的直接顶岩层对采空区的充填程度很低，采出空间内留出了很大的自由空间，不能满足"砌体梁"理论的条件二，断裂的老顶岩层无法形成"铰接梁"式的结构，坚硬的老顶就会处于悬顶状态，这样就会形成一种仰起的"悬臂梁"结构[13-14]，如图 8.39 所示。

图 8.38　急倾斜水平分段放顶煤开采上覆围岩"铰接梁"结构

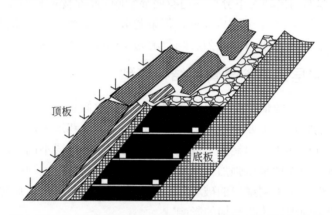

图 8.39　急倾斜水平分段放顶煤开采上覆围岩"悬臂梁"结构

悬臂梁的支点处受到相当高的集中应力作用，造成下方煤体内顶板巷压力明显，当悬臂达到一定长度就会断裂，释放大量能量，对下方的顶板巷影响极大。短时间内释放大量的变形能就会产生冲击，造成强烈矿压显现。

2. 顶板倾斜"悬臂梁"结构模型建立

将"悬臂梁"进一步简化，如图 8.40 所示。设顶板断裂后悬露长度为 l，来自上覆岩层的载荷为 q，顶板受载弯曲，顶板变形产生的能量由公式（8.1）表示：

$$W = \frac{1}{2}M\alpha \tag{8.1}$$

式中，M 为顶板弯曲产生的力矩；α 为顶板弯曲产生的转角。

根据材料力学中求梁力矩的计算公式，如计算简图 8.41 所示，将载荷 $q\cos\beta$ 对 o 点取矩可得：

$$M = \frac{1}{2}q\cos\beta l^2 \tag{8.2}$$

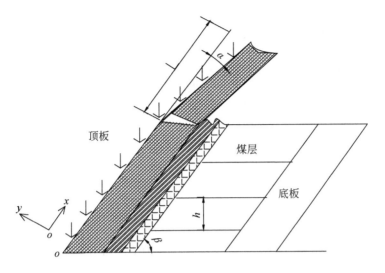

图 8.40　"悬臂梁"计算模型

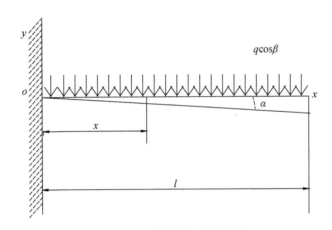

图 8.41　"悬臂梁"计算简图

梁弯曲后挠曲线微分方程为

$$\frac{\mathrm{d}^2 v}{\mathrm{d}x} = \frac{M}{\mathrm{EI}} \tag{8.3}$$

式中，v 为挠曲线的纵坐标；M 为悬臂梁的力矩；EI 为截面的抗弯刚度。

简化为悬臂梁后，对梁的任意截面取距，则可得梁的弯矩方程

$$M = -q\cos\beta(l-x)(l-x)/2 = -q\cos\beta(l-x)^2/2 \tag{8.4}$$

代入 M、α，则得挠曲线的微分方程

$$\mathrm{EI}v'' = M = \frac{-q\cos\beta(l-x)^2}{2} \tag{8.5}$$

积分得

$$\mathrm{EI}v' = -\frac{q\cos\beta}{2}l^2 x + \frac{q\cos\beta}{2}lx^2 - \frac{q\cos\beta}{6}x^3 + C \tag{8.6}$$

$$EIv = -\frac{q\cos\beta}{4}l^2x^2 + \frac{q\cos\beta}{6}lx^3 - \frac{q\cos\beta}{24}x^4 + Cx + D \tag{8.7}$$

式中，C、D 为积分常数。

边界条件：悬臂梁支点 o 处的转角、挠度均为 0；即

$$x = 0\text{ 时}\qquad v_0' = 0\qquad v_0 = 0$$

将边界条件代入，可得

$$C = 0\qquad D = 0$$

将 $x = l$ 代入可得转角 α

$$\alpha_l = \frac{-q\cos\beta l^3}{6EI} \tag{8.8}$$

最后可得

$$W = \frac{1}{2}M\alpha = \frac{(q\cos\beta)^2 l^5}{24EI} \tag{8.9}$$

从式（8-7）可以看出，"悬臂梁"的能量和其载荷的二次方成正比，和其长度的五次方成正比。可见上方岩层对顶板施加的载荷越大（应力水平越高），悬臂越长，顶板变形产生的能量越大，断裂时对煤层内巷道造成的破坏也越大。由此可见，设法减小"悬臂梁"的长度可有效降低其变形能，避免产生过大的应力集中和产生冲击载荷，对维护巷道的稳定性和防止冲击地压灾害十分有益。

8.3　冲击地压成因分析

基于对华亭煤矿现有的记录和观测资料，结合其特殊的地质条件和生产技术条件，根据冲击地压发生理论，总结导致华亭煤矿发生冲击地压的因素可概括为以下几个方面。

8.3.1　构造应力作用

煤岩体中的应力条件是影响冲击地压的最主要因素，而煤岩体中的应力状态直接受煤岩体中的地质构造的影响。地层的多次运动形成了各种各样的地质构造，如断层、褶曲、背向斜、煤层厚度变化带及岩性变化带等。在这些地质构造区附近，存在着地质构造应力场，通常使煤岩体的构造应力尤其是水平构造应力增加，直接导致冲击地压的发生。大量冲击地压实践表明，冲击地压常常发生在这些地质构造区域中，如向斜轴部、断层附近、煤层倾角变化带、煤层变薄带、构造应力带。在褶曲边缘部位、煤层走向和倾向变化处，特别是向斜轴升起的煤层转折处，是冲击地压易发区。

华亭煤矿位于呈纺锤形复式不对称向斜构造的华亭煤田向斜东翼，长期受区域上南西—北东向以及东西向的挤压作用，而形成现今地质构造环境，且区域内存在较多的地质构造，表明此区域存在比较强的剩余构造应力。华亭煤矿区域地质构造如图 8.42 所示。

为了确定研究区域的原岩应力场分布特征，采用小孔径水压致裂原岩应力测量仪（SYY–56 型）对华亭煤矿进行了原岩应力测量。在华亭煤矿设置 4 个原岩应力测站，分别为 1#测站（距 506 北翼石门和底板巷交点 30 m 处，测深 418.6 m），2#测站（距 506 顶板

巷南翼和联络巷交点 200 m 处，测深 418 m），3#测站（840 回风巷的拐点处，测深 578.4 m），4#测站（507 顶板巷南翼处，测深 433.2 m）。

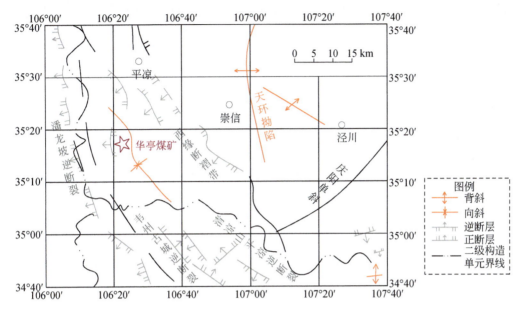

图 8.42　华亭煤矿区域地质构造

对华亭煤矿 4 个测站的测量数据进行处理，分析可知 4 个测站测量结果体现出高度一致性，最大主应力（σ_1）方向与煤层倾向基本一致（水平北偏东 39°～61°），最小主应力（σ_3）沿煤层走向，垂直应力（σ_2）值居中，三向主应力的值随着采深的增加出呈现明显的增加趋势，具体分析结果如表 8.6 所示。1#测站中在 80.1 s 时出现较大的压强（20.89 MPa），认为是已压裂的裂纹发生了二次扩展导致的。1#、2#和 4#三个测站的结果最大主应力（σ_1）分布在 10.40～12.09 MPa 范围内，最小主应力（σ_3）分布在 5.84～7.48 MPa 范围内，其中 3#测站的测量结果明显高于其他 3 个测站的结果，最大主应力（σ_1）为 17.06 MPa，最小主应力（σ_3）为 10.84 MPa，依据测站位置以及地质资料认为第三测站位于其他三个测站的下部，且测站布置的 840 回风巷的拐角处存在一向斜构造，形成较大的构造应力导致该测站测量结果增大。通过原岩应力测量可以看出华亭煤矿最大主应力（水平应力）相对较大，为垂直应力的 1.2 倍左右，属于典型的构造应力场类型。

表 8.6　地应力测试结果

类别	1#测站	2#测站	3#测站	4#测站
最大水平主应力 σ_1/MPa	12.09	10.40	17.06	10.26
最小水平主应力 σ_3/MPa	7.48	5.84	10.84	7.26
垂直应力 σ_2/MPa	10.46	10.45	14.45	10.82
最大主应力方向	北偏东 61°	北偏东 39°	北偏东 57°	北偏东 42°

从华亭煤矿发生冲击地压的统计资料看，最严重的两次冲击地压都发生在北翼拐点附近。地应力测量过程中也发现北翼拐点附近由于夹钻无法打测量孔，表明此处地应力水平相当高（由于不能打孔没能测出具体地应力数值）。这是因为拐点附近是一个向斜构造，这里的岩层处于弯曲状态，像一条被压弯的钢板，应力集中程度高，并在煤岩体中积聚了大量的弹性能。这里被开采时，又附加了采动引起的集中应力，达到极限时弹性能突然向开采空间释放，就会形成冲击地压。

8.3.2　深部开采影响

矿井开采深度加大，使煤岩体中的原岩应力增加，也使得煤岩体中积聚大量的弹性能，发生冲击地压的可能性增大。世界范围内地应力测量结果表明：垂直方向地应力值与埋藏深度成正比，即等于 $H\gamma$，H 为埋深，γ 为岩石的容重。一般来说，当深度 $H \leqslant 350\ m$ 时，发生冲击地压的可能性较小；深度 $350\ m < H \leqslant 500\ m$ 时，在一定程度上危险逐步增加；从 $500\ m$ 采深开始，随着开采深度的增加，发生冲击地压的次数急剧增加。

华亭煤矿采深在 $480\ m$ 以内时，基本没有冲击地压发生，随着采深增加，冲击地压发生的频度与强度随之增加，两次最严重的冲击地压分别发生在采深 $590\ m$ 和 $635\ m$。开采深度增加是冲击地压发生的重要影响因素，这一点在其他矿区已得到验证。

8.3.3　采掘应力叠加

从华亭煤矿现在的生产部署看，开采强度过高，存在多水平多阶段同采同掘现象。通常是三个工作面在回采，两个工作面在掘进巷道。在这样小的层间距和开采区域内，多分层多阶段同采同掘，回采工作面与掘进工作面之间的相互影响严重，开采活动造成的应力集中可以通过煤体向下方传递。很容易形成采动相互影响，造成应力叠加，煤岩体处于动态的高应力状态之下，更加重了矿压显现的激烈程度，为动压的发生提供了应力条件。煤岩体往往是在极限受力状态下，受采动影响而发生冲击地压。几次大的冲击地压，都发生在回采工作面前方附近，也证实了这一论点。

8.3.4　坚硬顶板悬空与垮落

顶板岩层的悬、断、垮、冒，直接关系到顶板岩层中弹性能的释放形式和向煤体传递应力和弹性能的能力，甚至直接关系到煤体是否会受到动载的影响。因为，动载的作用将会加剧冲击地压的发生，破坏更加剧烈。例如，大同忻州窑矿采用全部垮落法管理顶板，但由于顶板厚而坚硬，强度高，悬顶不能及时垮冒，常常发生冲击地压。采用爆破方法处理顶板后，由于顶板中的弹性能能够及时释放，冲击地压发生次数和强度均显著下降。

华亭煤矿主采煤层倾角 45°，平均厚度 51.51 m，直接顶厚度 1.26～19.5 m，老顶厚度 50 m 左右，较致密坚硬。相对 50 多米的特厚煤层，不足 20 m 的直接顶相对较薄，冒落后不能充满采空区，厚而坚硬的老顶就会处于悬顶状态，形成"悬臂梁"。当悬臂达到一定长度就会断裂，由于老顶断裂块度大，影响范围广，释放大量能量，这种老顶断裂本身就是一种冲击载荷，极易导致更大范围冲击地压发生。在缓倾斜条件下，周期来压随工作面向前推进有规律地发生。华亭煤矿的生产实践表明，急倾斜特厚煤层开采沿工作面推进方向的周期来压不明显，顶板岩层沿倾斜方向周期性垮落特征明显，一般每开采 2~5 个分层有一次大的老顶垮落，由此可以推断，老顶的悬臂长度大 36~90 m。老顶垮落造成矿压显现强烈，甚至引起冲击地压。相似材料模拟也得到了类似的结果。急倾斜特厚煤层分层开采，顶板岩层在倾斜方向周期性垮落是其特有的矿压规律，也是造成巷道动压冲击的重要原因。

8.3.5　巷道支护存在的问题

从华亭煤矿冲击地压巷道破坏的情况看，底鼓变形严重，这是因为巷道底板没有支护。急倾斜特厚煤层水平分层开采，回采巷道的四周全是煤体，强度基本相等，巷道的顶和帮都打入锚杆进行支护，但是底板没做任何处理，当冲击地压到来时底板就成为突破口首先破坏，底板的破坏会引起两帮的收敛，进而导致顶板的破坏下沉。底板的首先破坏导致了巷道支护整体结构失稳，使得巷道全面破坏。也就是说华亭煤矿现有支护不符合冲击地压整体性的要求。

另外，冲击地压巷道严重变形，大量的锚杆失效，说明锚杆力学性能偏低，没有有效控制围岩，巷道支护强度不足，支护参数不合理。再者，一些地段在锚杆没有失效而出现多根锚索断裂的情况，表明锚杆与锚索不协调，锚索的延伸量不够。

8.3.6　煤岩具备冲击倾向性条件

从矿压理论可知，煤岩体发生动力灾害的基本条件是煤岩体自身应具有一定的冲击倾向性和高应力的存在。实验室煤岩体冲击倾向性测定结果表明，华亭煤矿顶板及煤层具有一定的冲击倾向性，这为冲击地压的发生提供了必要条件。

综上所述，华亭煤矿冲击地压是在特殊煤层条件和特殊生产技术条件下，多种因素共同作用的结果。顶板及煤层具有冲击倾向性为冲击地压的发生准备了必要条件，深部开采和构造应力的存在使原岩应力达到较高的水平，急倾斜特厚煤层水平分层综放开采方法和多工作面同采的高强度的开采方式，在巷道周边煤岩体中造成畸高的采动附加应力，老顶"悬臂梁"结构，释放大量能量，形成冲击载荷。

8.4　冲击地压防治技术

华亭煤矿冲击地压发生的根本原因在于高应力的发生和突然释放，针对华亭煤矿冲击地压发生原因和主要影响因素，本着预防为主、对症下药、经济合理、综合治理的原则，以降低高应力为主要思路，同时加强巷道抗冲击能力，采用的防治措施主要有三个方面：错峰调压布置回采工作面、爆破预裂顶板和加强巷道支护。

8.4.1　错峰调压布置回采工作面

华亭煤矿采用水平分层综采放顶煤方法回收煤炭资源，通常有 3~5 个分层在同时进行采掘作业，开采强度过大。如此集中的开采布置会出现复杂的采动应力场在时间和空间上相互叠加，造成局部出现极高的应力集中现象。为了避免分层同采导致的超强采动应力场的叠加影响，华亭煤矿应降低开采强度，对现有的回采工作面和掘进工作面在空间和时间上的相对关系进行优化，实现错峰调压的目的。不同分层内回采工作面间应保持合理的错距，禁止在上分层回采工作面采动影响范围内对下分层进行回采，从而避免围岩内部采动应力场相互叠加，形成过高的集中应力，增大冲击地压发生的危险性。如图 8.43 所示，对不同分层的回采工作面水平错距进行优化，使 601 回采工作面采动应力场影响区（Ⅱ）与 602 回采工作面采动应力场影响区（Ⅲ）不产生空间上的重叠，即避免了上下工作面叠加应力场的出现，可以有效降低采动应力场影响区内巷道围岩煤岩体应力的集中程度。

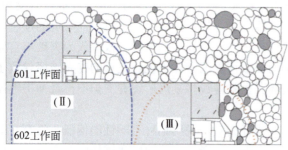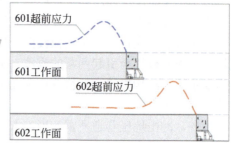

图 8.43　错峰调压效果示意图

当上分层回采工作面位于下分层掘进工作面采动影响范围内，下分层掘进工作面应停止施工，直到上分层回采工作面穿越影响区域后，下分层掘进工作面再正常作业，这样可以避免上下工作面作业时间的重叠，降低两工作面之间采动应力场的相互影响。对比可知，不同分层回采工作面的合理水平错距和时间上的协调布置在一定时间和空间内降低了不同工作面同采同掘的数量，避免了不同工作面采动形成的叠加应力场的出现，有效降低围岩内部应力的集中程度，从而避免回采巷道围岩局部高应力的出现，有利于回采巷道冲击地压的防治。依据现场实践结合相关研究，认为华亭煤矿同时回采的工作面不宜超过两个，且回采工作面间的水平错距不得小于 500 m。

8.4.2　爆破预裂顶板

通过相似材料模拟、数值模拟及现场观测等研究手段，得到了急倾斜特厚煤层开采矿压显现的一些规律，并提出了老顶岩层"悬臂梁"结构模型。由材料力学知道，"悬臂梁"的支点处受到相当高的弯矩作用，形成很高的集中应力作用，积聚大量的弹性能，并且会造成下方煤体内顶板巷压力显现。随着开采分层数的增加"悬臂梁"不断加长，当"悬臂梁"达到一定长度就会断裂，释放大量能量，形成动态冲击载荷。

依据建立的急倾斜特厚煤层顶板"悬臂梁"力学模型，知道顶板"悬臂梁"变形能与梁长的 5 次方成正比。所以，缩短"悬臂梁"的长度，即可大幅度减小梁体的变形能及支点附近的应力水平。基于这一原理，对华亭煤矿采用深孔爆破卸压技术，即在每一分层顶板巷按一定间距向顶板钻孔进行爆破，人为地切断老顶岩层，如图 8.44 所示。

断顶爆破使采空区顶板规则性冒落，切断采空区与待采区之间的顶板连续性，可减小悬顶面积，减弱顶板及煤层内应力集中水平，控制或削弱顶板来压的强度和冲击性。爆破后顶板破碎程度提高，碎胀系数加大，充填采空区程度加大，形成垫层可以缓和顶板冒落时产生的冲击。爆破改变顶板的力学特性，均化煤岩体内的应力，释放顶板所集聚的能量，从而达到防治冲击地压的目的。

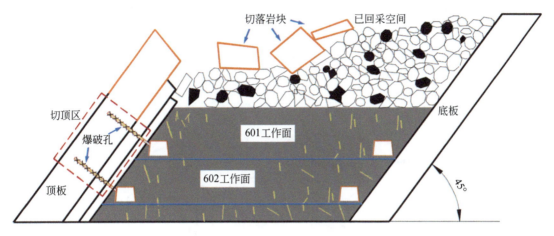

图 8.44　爆破切顶效果示意图

在华亭煤矿 601、602 回采工作面的回风巷道（近顶板侧）向顶板布置切顶爆破孔，各超前 601、602 回采工作面 100 m 位置开始沿工作面推进方向 45 m 范围内分别布置 10 组爆破孔，爆破孔间距为 5 m 共计 20 个爆破孔实施爆破切顶作业。各爆破孔距离底板 1700 mm，且角度与煤层倾向保持垂直，孔径为 60 mm，孔深为 45 m，爆破切顶措施布置如图 8.45所示。

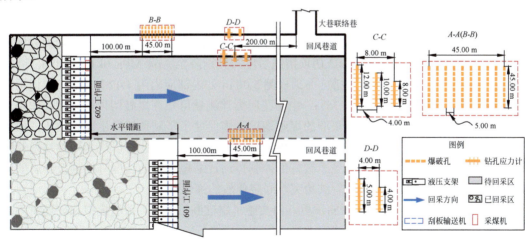

图 8.45　爆破切顶措施设计

为了检验爆破切顶对于围岩煤岩体内部应力的控制效果，在 602 回采工作面回风巷道布置钻孔应力计监测煤体内部不同深度应力的变化情况，钻孔应力计布置在未受回采工作面采动应力场和爆破切顶作用影响范围内。钻孔应力计分别布置在回风巷道的两侧，煤壁侧每组布置 3 台钻孔应力计，间距为 4 m，安装深度分别为 12 m、10 m、8 m，钻孔尽可能与煤层倾斜方向保持一致；靠顶板一侧布置 2 台钻孔应力计，间距为 4 m，安装深度分别为 5 m、4 m，钻孔与煤层倾斜方向平行。钻孔应力计监测布置如图 8.45 所示。

当 601 和 602 回采工作面回风巷道实施爆破切顶作业一段时间后，安装在 602 回采工作面回风巷道钻孔应力计的监测结果表明，在实施爆破切顶措施后的短时间内，回采巷道围岩内部的应力值并未发生剧烈的变化，随着工作面的推进，受采动应力的影响，爆破切顶形成的弱面（破碎区）促使坚硬顶板的断裂，导致回采巷道两侧实体煤体内部应力呈阶段性降低的趋势，如图 8.46 所示。

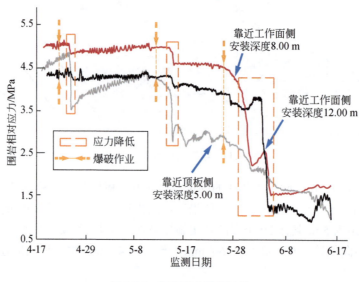

图 8.46　钻孔应力监测结果

如图 8.46 所示，爆破切顶措施前工作面侧煤体 8.00 m 和 12.00 m 处内部应力分别为 4.78 MPa 和 4.41 MPa，且三次爆破切顶措施后应力分别降至 1.64 MPa 和 1.23 MPa，降幅分别达到 66%和 72%；爆破切顶措施前顶板侧 5.00 m 处内部应力为 4.47 MPa，三次切顶爆破后应力降至 1.12 MPa，降幅约 75%。由钻孔应力计测量可知在爆破切顶措施前煤体及顶板内部处于较高的应力状态，所采取的爆破切顶措施促使了坚硬顶板发生断裂破坏，顶板集聚的弹性能得到一定程度的释放，煤体内部集中应力下降。因此可以认为爆破切顶对坚硬顶板的"悬臂梁"结构形态起到了较好的控制，通过缩短悬臂的长度降低顶板围岩的应力集中程度，逐次降低"悬臂梁"结构突然断裂释放的弹性能。

在华亭煤矿 601、602 工作面的顶板巷内实施了爆破断顶试验，数值模拟和现场实测表明对顶板进行爆破卸压后，煤岩体应力集中程度得到降低，有效降低冲击危险性。

8.4.3　加强巷道支护

华亭煤矿冲击地压都发生在巷道中，除了前面提到的降低应力措施，加强支护也是巷道冲击地压防治的重要手段。

对于具有动压危险的巷道，锚杆支护是目前最为有效的支护形式。锚杆形式的选择、支护参数的设计、施工质量对支护效果起关键作用。对于有冲击倾向性的巷道，必须进行特殊的抗冲击支护设计，对此在下节进行专门的论述。

8.5　冲击地压巷道支护设计与校核

由于华亭煤矿相邻回采工作面的垂直布置，同时采动情况决定了回采巷道底板在受到本工作面采动影响的同时受到下分层采动的直接影响。因此设计采用"高强度预应力锚杆+小孔径预应力树脂锚索+金属网+钢带"对回采巷道的顶底板及两帮进行全面支护，加强对回采巷道底板的支护。该强力支护方案中高强度预应力锚杆、小孔径预应力树脂锚索、金属网、钢带等支护附件共同协同作用对被支护体形成全面的系统支护，其中锚杆、锚索与围岩煤岩体形成具有一定厚度及高强度的内支护体，金属网、钢带等支护附件在巷道临空面形成封闭的可控制围岩抛射的柔性金属外护表层，内支护体与外护表层的协同作用使该支护系统具有"高强度、强让压、整体性"的特点。

采用能量校核设计法，首先根据工程类比提出初步设计，并采用数值模拟方法对各参数进行优化，最后根据冲击地压能量理论对支护系统的吸能指标进行校核。

8.5.1　巷道的基本条件

1. 工作面位置

华亭煤矿 604 工作面为急倾斜综采放顶煤工作面，上部 601、602 工作面正在回采，603 工作面两巷掘进中，下部为实体煤层。

2. 地质构造和围岩结构

工作面所在块段煤层赋存稳定，煤层中含有多层厚度 5～80 mm 的碳质泥岩，平均厚度为 42 m，走向为 NE345°~355°，倾角为 45°左右，无断层及次级构造。煤层中部完整性较好，顶、底部破碎，顶部尤甚，顺槽布置在顶、底部煤体中。顶、底板岩层结构完整，为简单单斜构造。

3. 巷道围岩岩性和强度

根据矿区内实际测试结果，煤层各层强度差别较大，平均单轴抗压强度为 11 MPa，裂隙发育；直接顶为泥岩或粉砂岩，易冒落，平均单轴抗压强度为 30 MPa；老顶为粉砂岩及细砂岩；煤层底板为泥质胶结的中、粗砂岩，较完整。

4. 地应力

巷道埋藏深 500～700 m，处于急倾斜向水平煤层过渡边缘，水平构造应力大，上方煤体采出空间大，应力集中特征明显，特别是北翼拐点附近，存在一向斜构造，压力最大。

5. 环境影响

掘进期间，巷道会迎头遇上其上 3 层内 1～3 个回采工作面的采动和卸压放炮，尤其老顶岩层的断裂影响强烈。除上部采空区灌浆脱水外，无大的涌水及承压水，无空巷、火区。

6. 巷道维护状况

已开掘巷道服务情况表明：北翼两巷道变形大，变形呈非对称性，底鼓严重，有冲击地压现象。围岩全为煤体，顶板巷煤体较破碎。

7. 支护断面

考虑运输设备尺寸、通风要求和巷道围岩变形预留量，根据以往顺槽变形特征，顺槽断面尺寸如下：回风顺槽断面呈梯形，下宽 3.8 m，上宽 3.2 m，高 2.8 m，掘进断面积为 9.8 m^2。

8.5.2　支护参数确定方法

1. 巷道冲击地压危险性预测

获取华亭煤矿 604 掘进工作面周围采矿地质条件的有关参数，计算得出冲击地压危险状态等级评定的指数 W_{t1}=0.8。

获取华亭煤矿 604 掘进工作面周围开采技术条件，计算得出冲击地压危险状态等级评定的指数 W_{t2}=0.72。

确定出采掘工作面周围冲击地压危险状态等级评定的综合指数 W_t=0.8，对应的冲击地压震级 M_L 值为 2.6。

2. 计算冲击剩余能量

华亭煤矿冲击地压与坚硬老顶的断裂有直接的关系，可将老顶断裂处视为震源，老顶厚 40 m 左右，直接顶厚度较薄，忽略不计，震源点与巷道的距离取老顶厚度的一半，即 20 m，计算得煤体的冲击振动速度 v=2.26 m/s。

根据实测，华亭煤矿冲击地压造成巷道周边煤体的破坏范围为 0.5～2.0 m，取煤体破坏深度 1.8 m，煤的容重按 1.5×10^3 kg/m^3，计算得出巷道周边破坏煤体的质量为 m=2.7×10^3 kg/m^2。

将 v、m 值代入计算得出冲击地压的剩余能量 E_S=6.9 kJ/m^2。

对于破坏的顶板煤体，还要加上其下落的势能，按容许向下位移 L=100 mm，顶板势能由公式 $E_S=m·g·L$ 计算得出为 2.6 kJ/m^2，所以顶板剩余能量 E_S=9.5 kJ/m^2。两帮和底板的剩余能量按 6.9 kJ/m^2 计算即可。

3. 锚杆支护参数设计

本次巷道支护初始设计采用工程类比及数值模拟方法，根据华亭煤矿在 5#煤层开采中巷道冲击地压发生的情况和支护的经验，吸收国内最新支护技术，得出 604 工作面回风顺槽锚杆支护初始设计如下：采用树脂加长锚固超高强锚杆组合支护系统，锚索补强，如图 8.47 所示。

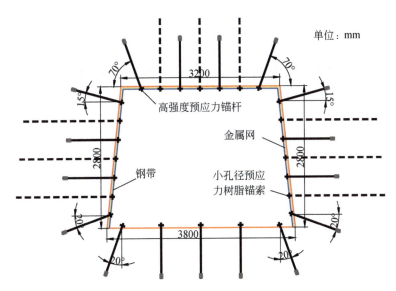

图 8.47　华亭煤矿 604 工作面回风巷支护断面图

1）顶板支护

锚杆形式和规格：杆体为 22#左旋无纵筋超高强螺纹钢筋，长度 2.4 m，杆尾螺纹为 M24。匹配拱形高强度托盘、螺母、尼龙垫、M24 加强螺母。

锚固方式：树脂加长锚固，采用两支锚固剂，一支规格为 K2335，另一支规格为 Z2360。采用 Φ28 mm 钻头打孔，计算锚固长度 1.43 m。

锚杆安设角度：煤壁侧的顶板锚杆安设角度为相对垂线外斜 20°，其他锚杆垂直顶板轮廓。

网片：采用菱形金属网。

锚杆布置：锚杆排距 800 mm，每排 4 根锚杆，间距 800 mm。

钢带：先用 BHW-280-3.00 型 W 钢带，长度 2800 mm，4 个锚杆安装孔格，孔心间距 800 mm。

锚索布置：顶板中部每两排打一根锚索，垂直向上。

锚索形式和规格：锚索材料为 Φ20 mm，19 股高强度低松弛预应力钢绞线。顶板中部锚索长度 7.3 m。树脂加长锚固，采用一支 K2335 和两支 Z2360 树脂药卷锚固，Φ28 mm 钻头打孔，计算锚固长度 2.33 m。

锚索托板：钟形锚索专用托板，规格 300 mm×300 mm×12 mm。

2）两帮支护

锚杆形式和规格：杆体为 22#左旋无纵筋超高强度螺纹钢筋，长度 2.4 m，杆尾螺纹为 M24。匹配拱形高强度托盘、螺母、尼龙垫、M24 加强螺母。

锚固方式：树脂加长锚固，采用两支锚固剂，一支规格为 K2335，另一支规格为 Z2360。采用 Φ28 mm 钻头打孔，计算锚固长度 1.43 m。

网片：采用菱形金属编织网。

锚杆布置：锚杆排距 800 mm，每帮 4 根锚杆，间距为 750 mm。

锚杆角度：两底脚锚杆相对水平线向下斜 20°，两顶角锚杆相对水平线向上斜 15°，其他锚杆沿巷帮法线。

钢带：选用 BHW-280-3.00 型 W 钢带，长度 2450 mm，4 个锚杆安装孔格，孔心间距 750 mm。

3）底板支护

锚杆形式和规格：杆体为 22#左旋无纵筋超高强螺纹钢筋，长度 2.4 m，杆尾螺纹为 M24。匹配拱形高强度托盘、螺母、尼龙垫、M24 加强螺母。

锚固方式：树脂加长锚固，采用两支锚固剂，一支规格为 K2335，另一支规格为 Z2360。采用Φ28 mm 钻头打孔，计算锚固长度 1.43 m。

锚杆安设角度：两地脚锚杆安设角度为相对垂线外斜 20°，其他锚杆垂直底板。

网片：采用菱形金属网。

锚杆布置：锚杆排距 800 mm，每排 5 根锚杆，间距 800 mm。

图 8.48～图 8.50 为采用 UDEC 3.10 数值模拟软件，模拟的华亭煤矿 604 工作面巷道围岩变形、锚杆锚索受力状况。无支护状态下，巷道变形十分严重，巷道断面面积缩小近 50%，巷道根本无法使用。加打底锚杆后，巷道围岩与支护形成闭合的承载结构，不但能够有效地控制底鼓，而且对限制两帮和顶板的位移量也有一定的作用。

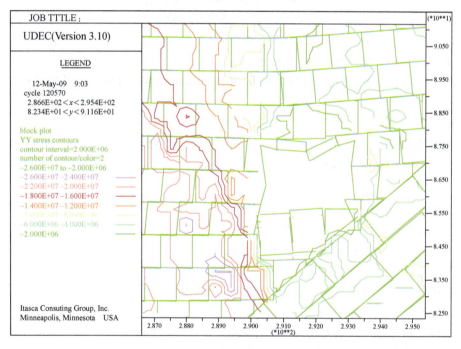

图 8.48　无支护状态下巷道围岩的变形情况

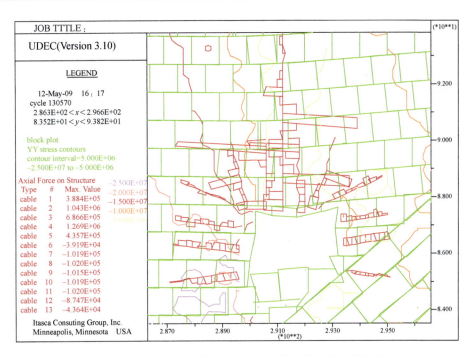

图 8.49　底板无支护状态围岩变形和锚杆锚索受轴力情况

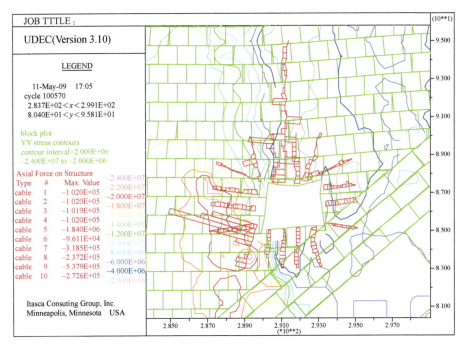

图 8.50　全断面锚杆支护时围岩变形和锚杆锚索受轴力情况

4. 锚杆支护系统吸能校核

1）顶板支护能量校核

支护构件吸能按下式计算：

$$E_{C1}=M \cdot (N \cdot L \cdot K)/(A \cdot B) \tag{8.10}$$

式中，M 为吸能效率系数，取 $0.2\sim0.8$；N 为每排数量；L 为锚杆、锚索可伸缩段长度，m；K 为吸能系数；A 为锚杆、锚索排距，m；B 为巷道跨度或高度，m。

将有关参数值代入式计算得：

顶板锚杆吸能：$E_{C1}=0.3\times(4\times0.8\times20.0)/(0.8\times3.2)=7.50$

锚索吸能：$E_{C2}=0.3\times(1\times4.7\times10.6)/(1.6\times3.2)=2.92$

钢带的吸能：$E_{C3}=0.5\times(1\times3.1\times1.9)/(0.8\times3.2)=1.15$

网的吸能：$E_{C4}=0.5\times(1\times0.8\times3.2)/(1\times3.2)=0.4$

顶板支护总的吸能：$E_C=7.50+2.92+1.15+0.4=11.97$

前面已计算得出顶板剩余 $E_S=9.5\ kJ/m^2$，所以符合 E_C 大于 E_S 的条件，顶板支护设计满足要求。

2）两帮支护能量校核

帮锚杆的吸能：$E_{C1}=0.3\times(4\times0.8\times20.0)/(0.8\times2.8)=8.51$

钢带的吸能：$E_{C3}=0.5\times(1\times2.45\times1.9)/(0.8\times4.7)=0.86$

网的吸能：$E_{C4}=0.5\times0.8=0.40$

帮总的吸能：$E_C=8.51+0.86+0.40=9.77$

帮剩余能量 $E_S=6.9\ kJ/m^2$，满足 E_C 大于 E_S，所以帮支护设计满足要求。

3）底板支护能量校核

底板锚杆的吸能：$E_{C1}=0.3\times(5\times0.8\times20.0)/(0.8\times3.8)=7.89$

网的吸能：$E_{C4}=0.5\times0.8=0.4$

底板总的吸能：$E_C=7.89+0.4=7.93$

底板剩余能量 $E_S=6.9\ kJ/m^2$，满足 E_C 大于 E_S，所以底板支护设计亦满足要求。

参 考 文 献

[1] 石平五. 急斜煤层老顶破断运动的复杂性[J]. 矿山压力与顶板管理, 1999, (3-4): 26-28.

[2] 高召宁, 石平五, 姚裕春, 等. 急斜特厚煤层开采围岩破坏规律研究[J]. 矿业研究与开发, 2006, (3): 26-28.

[3] 尹光志, 王登科, 张卫中. (急)倾斜煤层深部开采覆岩变形力学模型及应用[J]. 重庆大学学报(自然科学版), 2006, 29(2): 79-82.

[4] 高召宁, 石平五. 急倾斜水平分段放顶煤开采岩移规律[J]. 西安科技学院学报, 2001, 21(4): 316-318.

[5] 王卫军, 陈良棚, 高军. 急斜煤层放煤巷道矿压显现分析[J]. 矿山压力与顶板管理, 1998, (2): 42-44.

[6] 高召宁, 石平五. 急斜煤层开采老顶破断力学模型分析[J]. 矿山压力与顶板管理, 2003, (1): 81-83.

[7] 石平五, 高召宁. 急斜特厚煤层开采围岩与覆盖层破坏规律[J]. 煤炭学报, 2003, 28(1): 13-16.

[8] 戴华阳, 王金庄, 张俊英, 等. 急倾斜煤层开采非连续变形的相似模型试验研究[J]. 湘潭矿业学院学

报, 2000, (3): 1-5.

[9] 代高飞, 郭胜均, 尹光志, 等. 急倾斜煤层深部开采的相似模拟试验和数值分析[J]. 矿业安全与环保, 2001, (4): 17-20.

[10] 鞠文君, 魏东, 李前. 急倾斜特厚煤层水平分层综放开采煤巷支护技术[J]. 煤炭科学技术, 2006, 34(5): 46-48, 66.

[11] 杨世杰, 李前, 魏东. 急倾斜特厚煤层水平分段综放开采动力灾害发生机理及其防治[J]. 煤矿开采, 2008, 13(2): 68-71.

[12] 鞠文君, 李前, 魏东, 等. 急倾斜特厚煤层水平分层开采矿压特征[J]. 煤炭学报, 2006, 31(5): 558-561.

[13] 鞠文君, 李文洲. 急倾斜特厚煤层水平分段开采老顶断裂力学模型[J]. 煤炭学报, 2008, 33(6): 606-608.

[14] 鞠文君, 郑建伟, 魏东, 等. 急倾斜特厚煤层多分层同采巷道冲击地压成因及控制技术研究[J]. 采矿与安全工程学报, 2019, 36(2): 280-289.

第9章 义马矿区巷道冲击地压防治实践

义马矿区常村、耿村、跃进、千秋等矿均属于冲击地压矿井，掘进巷道和回采巷道均发生过不同程度的冲击地压灾害，且随着矿井开采深度的增加，冲击地压显现愈加强烈[1-3]。义马煤田现开采不断向深部延伸，已接近向斜核部，如图 9.1 所示，煤层之上的砾岩沉积覆盖层厚度达数百米（含砂、砾岩互层，最厚 880 m）。埋深大，坚硬砾岩完整性好，构造应力显著，储存大量弹性能，是发生冲击地压的主控因素[4-6]。

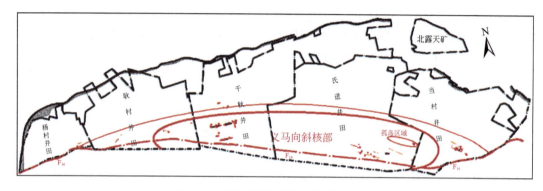

图 9.1 义马矿区地质构造及煤矿分布

在现场调研、地质力学测试、围岩裂隙窥视等基础上，应用高冲击韧性锚杆吸能减冲原理[7-11]。通过数值计算方法，对不同支护工况下的巷道冲击破坏进行了分析，提出了高冲击韧性锚杆、高强锚索和高强度金属网的冲击地压巷道控制技术，不仅有效控制了巷道的冲击破坏，还显著降低了冲击地压巷道的支护和维修成本。

9.1 义马矿区巷道冲击破坏情况

针对义马矿区煤岩体岩性及巷道冲击破坏情况进行现场勘查分析，结果如表 9.1 所示。

表 9.1 义马矿区地质特征及巷道破坏情况

煤矿	深度/m	岩性	支护方式	巷道破坏特征
常村	750	煤层总厚度 8.63 m，直接顶为泥岩，平均厚度 30.5 m；老顶为砾岩、细砂岩、泥岩互层，平均厚度为 278.71 m；直接底为碳质泥岩，平均厚度 3 m	一级支护采用锚杆、锚索、菱形网；二级支护采用 36U 型钢做成的三心拱棚；三级支护采用液压抬棚	支架、抬棚损坏严重，底板鼓起，顶板漏顶，发生大能量"煤炮"时，大量锚杆破断
耿村	500	煤层厚度 10.2 m，局部达到 20 m，直接顶为黑色泥岩，平均厚 31.5 m，老顶为坚硬砂岩，总厚度 100 m 左右；直接底为灰色泥岩，平均厚度 1.5 m，老底为灰色细砂岩与粉砂岩互层，平均厚度 12.5 m	一级支护采用全螺纹右旋锚杆、锚索、菱形网；二级支护采用 36U 型钢做成的三心拱棚	顶板下沉和底鼓严重，棚梁多处扭斜，窝面煤墙片帮严重，大量锚杆螺母失效

续表

煤矿	深度/m	岩性	支护方式	巷道破坏特征
跃进	800	煤层厚度变化较大，平均 11.4 m；直接顶为泥岩，平均 20 m；老顶为杂色粗砾岩，厚 260 m；直接底为中、细粒砂岩，厚 0～25 m	一级支护采用锚杆、锚索、菱形网支护；二级支护采用工字钢或 36U 型钢"O"形棚支护	巷道底鼓，局部片帮，工字钢和拱棚折断、损坏，发生冲击地压后，巷道完全破坏，局部闭合
千秋	800	煤层总厚度 21 m，直接顶为深灰色泥岩，厚度 23.02～27.63 m；老顶为杂色砾砂岩，厚度 280 m；直接底为碳质泥岩	一级支护采用锚杆、锚索、菱形网；二级支护为工字钢、36U 型棚或 36U 全封闭可伸缩拱形连锁支架	棚腿、棚梁扭曲，顶板下沉，片帮、底鼓严重

通过现场勘查结果可以看出，义马矿区煤层赋存特征及巷道破坏方式表现出诸多相同特征：①埋深较大，普遍超过 500 m，相应地应力较高；②煤层较厚，达到 8～20 m，部分巷道为全煤巷道，煤体破碎，节理裂隙发育，易风化，再加上巷道断面大，巷道围岩一直处于不稳定状态，局部区域处于极不稳定状态；③煤层底板均为泥岩、碳质泥岩，强度低，易风化，且泥岩含有大量遇水膨胀型矿物质，遇水后，底鼓严重；④巷道掘进和回采期间，顶底板"煤炮"冲击频繁，能量大，冲击动载荷不但弱化锚杆与围岩的锚固力，还导致巷道表面围岩破碎，围岩局部出现垮落，护表构件失效；⑤一级支护方式设计不合理，锚杆和锚索强度较低，易破断，现场测试发现，大部分锚杆、锚索锚固力低；采用的全螺纹等强锚杆预紧力普遍较低，开挖初期不能有效控制围岩变形，尤其遇到"煤炮"震动冲击时，围岩劣化严重；等强锚杆遇到"煤炮"或放炮震动时，经常出现"退帽"现象，严重影响支护效果[1,6]。

9.2　千秋煤矿巷道冲击地压防治

9.2.1　工作面概况与基本地质条件

千秋煤矿位于河南省义马市境内，该矿始建于 1956 年，1958 年投产，设计生产能力为 60 万 t/a，2007 年核定生产能力 210 万 t/a，井田主要可采煤层为 2-1 煤和 2-3 煤。目前矿井主采工作面为 21141 综放工作面，位于 2-1 煤和 2-3 煤合并区，该工作面位于 21 采区下山西翼，工作面切眼西到矿井边界煤柱，东为 21 区下山煤柱，北临 21121 工作面（已采），南临 21161 工作面（未采），具体位置如图 9.2 所示。

工作面两顺槽为沿煤层底板掘进的全煤巷道，并预留底煤，上巷为沿空掘巷，下巷实体煤掘进。工作面倾向长度 130 m，走向平均长度 1488 m，平均采深 684.4 m。

煤层为特厚煤层，厚度 16.81～25.6 m，平均 20 m，煤层平均倾角 13°，硬度系数约为 1.5～3。煤层结构复杂，含夹矸 4～7 层，含矸岩性分别为细砂岩、粉砂岩、泥岩，局部煤体紊乱。直接顶为深灰色泥岩，厚度 23.02～27.63 m，分布较稳定，基本顶为中侏罗杂色砾砂岩，厚度较大，平均 407 m。底板由上而下分别为：煤矸互层、黏土层、细砂岩、砾岩，煤矸互层厚度为 0～4.2 m，细砂岩厚 0～3.5 m，煤矸互层与细砂岩不稳定出现，砾岩厚为 0.5~34 m，砾石成分以石英岩、石英砂为主。该工作面煤层属高瓦斯煤层，煤具有自燃性，发火期最短为 20 天，煤尘爆炸指数 44.57%。面内地质构造简单，分布少量断层。

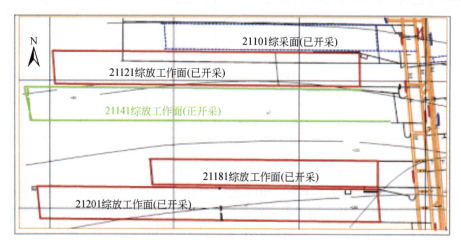

图 9.2　千秋煤矿 21 采区工作面布置情况

根据千秋煤矿 21 采区围岩地质力学性质测试结果，千秋煤矿矿区地应力水平在量值上属于中等偏高地应力区，应力场类型为 σ_{HV} 型，即 $\sigma_H > \sigma_V > \sigma_h$，构造应力大于垂直主应力，构造应力有随埋深的增加而增大的趋势[12]。

9.2.2　巷道冲击地压显现特征分析

1. 千秋煤矿冲击地压显现规律

据统计，从 2008 年 8 月巷道掘进工作面开始，至 2010 年 11 月 25 日，21141 工作面在掘进及回采期间共发生大的冲击事件 28 次，其中掘进期间发生 11 次，回采期间发生 17 次。通过对每次冲击事件显现特征进行分析统计，得出如下规律：

（1）冲击事件发生频率高、强度大，平均每月一次，多数事件释放能量大于 1×10^7 J，最大能量超过 1×10^8 J，破坏范围和破坏强度都比较高。

（2）冲击事件主要发生在下巷，掘进期间冲击破坏位置主要位于距下山 300~650 m 处，回采期间则主要位于距下山 600~900 m 处。

（3）冲击对巷道的影响主要表现为巷道底鼓，其次为顶板下沉和巷帮移近，同时对影响范围内的支护体损坏严重。

（4）掘进期间冲击事件主要受采掘相互干扰和放炮诱发影响，回采期间受来压、见方、扩帮和放炮影响。

（5）冲击事件震源位置和冲击显现位置具有明显的区别。冲击事件震源可能位于工作面超前应力影响区域，也有可能位于距下山 600~900 m 的应力异常带，还有可能位于大孤岛煤柱体内，但是冲击显现一般只位于 600~900 m 的应力异常带内。

2. 微震事件分布规律

冲击地压的显现是冲击源的能量急剧释放后，传播至巷道或工作面时对浅部围岩及支护体的作用效果，冲击源的位置与冲击地压显现的部位之间往往具有一定的距离，冲击显现特征不仅与冲击源本身的特征参数有关，还与传播路径的煤岩特性及巷道支护体强度有密切关系，因此仅仅凭借冲击显现的特征并不能完全准确判断冲击震源大小、层位甚至方向，而这些参数对于了解冲击发生机理，确定危险源位置及采取对应的卸压方法都有至关重要的作用。为此，本研究采用 ARAMIS M/E 微震监测系统对工作面范围的微震事件进行实时记录并定位分析。

图 9.3 和图 9.4 分别为 ARAMIS M/E 微震监测系统监测到的微震事件的剖面定位结果，其中不同颜色和半径的球体代表能级不同的事件，红色最大的球体代表能级大于 $1×10^6$ J 的微震事件。现场监测表明，在千秋煤矿条件下，当能级达到 $1×10^6$ J 的微震事件发生时，井下一般都有较明显的震感，当事件能级达到 $1×10^7$ J 时将很有可能造成冲击破坏，属于比较危险的事件。

图 9.3 为 2010 年 8 月 1 日至 2010 年 9 月 30 日期间，21141 工作面前方微震事件在倾向剖面上的投影结果。由图可知，微震事件大多集中在 21141 工作面下巷周围，其中以底板 25 m 范围内居多，煤层事件次之，而顶板事件则相对最少。

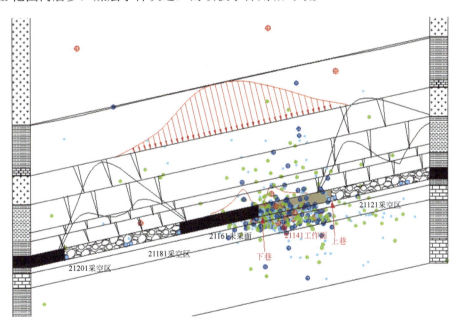

图 9.3　工作面前方微震事件沿工作面切向剖面分布（2010 年 8 月 1 日至 2010 年 9 月 30 日）

图 9.4 为 2010 年 5 月 15 日至 2010 年 9 月 30 日期间，工作面前方微震事件在走向剖面上的投影结果。从定位图上可以看出，其中微震事件高发区域有 3 个：Ⅰ 区为 21141 工作面前方 50～300 m 范围内，主要受 21141 工作面回采影响，微震事件随着工作面推进有规律地向前移动；Ⅱ 区为 21141 工作面距采区皮带下山 600～900 m 范围内，21141 工作面回

采期间共发生了 17 次破坏性冲击事件，16 次冲击破坏的主要区域均位于下巷 600～900 m 范围；III 区为 21 采区下山煤柱区域，该区域周围为多个工作面的采空区，应力集中程度较大，且在以往的开采历史中曾受过多次采动影响。

从分布层位来看，三个区域的微震事件大多数集中在底板 30 m 范围内，与剖面结果一致。另外，I 区的事件频率最高，且煤层事件和顶板事件分布也较多，这与工作面推采过程中前方顶板活动有关。

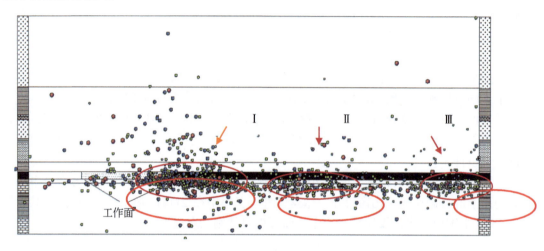

图 9.4　微震事件沿工作面走向剖面分布（2010 年 5 月 15 日至 2010 年 9 月 30 日）

2010 年 5 月 15 日至 2010 年 11 月 25 日，21141 工作面共监测到微震事件 2611 次，累计释放能量 $1320.1×10^6$ J。其中底板事件 1071 个，释放能量 $542.6×10^6$ J，煤层事件 742 个，释放能量 $342.3×10^6$ J，而顶板事件 798 个，释放能量 $435.2×10^6$ J，根据计算的能量和计算的层位，将数据统计对比，如图 9.5 所示。

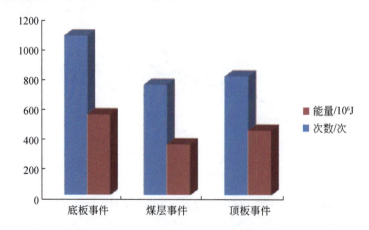

图 9.5　微震事件统计结果（2010 年 5 月 15 日至 2010 年 11 月 25 日）

图 9.6 给出了冲击事件最为集中时期，冲击事件沿煤层倾向及走向分布图，可知，大

部分冲击地压的显现部位与冲击事件的位置保持了一致性，这是压力型冲击地压的重要特征；同时，极少数冲击事件距离冲击显现较远，这说明远处震源的扰动诱发了该次冲击，该类属扰动型冲击地压。可见，即使在同一工作面内部，不同的冲击地压可能属于不同的类型，这凸显了冲击地压影响因素的多样性和复杂性。

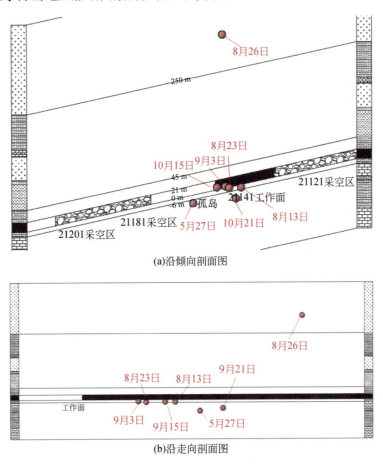

图 9.6　冲击事件沿煤层走向分布

　　该图进一步说明千秋煤矿冲击地压显现多以煤层底板的断裂，底鼓为主要特征。

　　综合以上分析，21141 工作面微震事件主要发生在下巷周围，并以底板事件为主。冲击事件大多分布在距采区下山 600～900 m 范围内底板岩层，受采场顶板活动影响较小。这说明底板是能量积聚和释放最为活跃的区域，且能量的增加以自身的积聚为主，这与以严重底鼓为主的冲击显现特征相吻合。伴随发生的顶板和帮部破坏可以理解为底板直接破坏后引起的次生损坏，由微震事件可知，虽然冲击事件很少分布在煤层或顶板中，但其微震事件同样较多，这说明两者本身已具备一定的冲击危险性，而底板的破坏对其而言起到触发作用。由矿山压力理论可知，巷道围岩水平应力主要在顶、底板集中，垂直应力主要在两帮集中，其中底板水平应力对冲击地压的发生起到了关键作用，该水平应力主要源于构造运动引起的构造应力，两帮的垂直应力对其增加起到促进作用。

最终可知，根据应力来源和加载形式分类，千秋煤矿 21141 综放工作面冲击地压属于压力型，具体为构造应力型，力源主要为水平构造应力，垂直应力起到较大的促进作用。从冲击显现层位来讲，属于底板型冲击地压[12]。

3. 主要影响因素

根据千秋煤矿地质及开采条件特征、冲击地压案例分析、煤层冲击倾向性鉴定结果及围岩地质力学性质原位测试结果综合分析，现对 21141 工作面冲击地压发生的主要影响因素总结如下：

（1）主采煤层及其顶板为弱冲击倾向性。而煤岩层的冲击倾向是其产生冲击地压的必要条件。

（2）千秋煤矿井田水平构造应力大。应力场类型为 σ_{HV} 型，即 $\sigma_H > \sigma_V > \sigma_h$，构造应力大于垂直主应力，构造应力有随埋深的增加而增大的趋势。

（3）煤层埋深大，千秋煤矿 21141 综放工作面平均采深 684.4 m，原始垂直应力较大。

（4）21141 工作面处于大孤岛开采中，支承压力大。由 21 采区采掘平面图可以看出，本工作面及其下一个工作面处于两侧采空的一个 270 m 左右的大孤岛中。而 21141 工作面下巷正好处于孤岛的中央位置，应力集中应该更为明显，主要表现为垂直应力增大。

（5）煤层结构复杂，含矸 4～7 层，完整性较差，煤岩分界线处黏结性较差，容易发生滑动摩擦失稳。

（6）底板岩层结构复杂，且分布不稳定，浅部为低强度的煤与黏土层，下部为厚 0.5～34 m 的砾岩层，砾岩的存在为底板弹性能的大量集聚提供了条件。

（7）开采强度大，放炮作业较多。虽然，采场顶板活动和爆破能量并不能为冲击的发生提供主要能量支持，但在一定条件下可以起到诱发冲击的作用。

9.2.3　爆破卸压设计

由已有研究成果可知，爆破措施只能对部分影响冲击发生的因素进行消除或改善，对于部分因素则需要通过其他手段进行控制，但鉴于工作面实际条件和施工技术条件，存在少数因素不易控，甚至不可控。无疑，爆破卸压通过改善围岩的应力分布状态，降低煤层冲击倾向性，释放底板砾岩能量并削弱其积聚能量的能力等途径，可有效缓解大部分影响因素的促进作用。

千秋煤矿 21141 综放工作面冲击危险源主要集中在工作面前 300 m 范围内和距上山 600～900 m 范围内的巷道浅部围岩，以底板以下 25 m 范围内为主，其次为两帮煤体。因此，依据卸压爆破解危的实施原则，将在面前 300 m 范围内和距上山 600～900 m 范围内开展爆破卸压措施，底板爆破卸压应作为主要解危措施，同时以两帮煤层卸压作为辅助，顶板暂无须卸压。

1. 爆破后破坏区分布特征及试验

巷道围岩内卸压爆破作用只发生在介质内部，没有爆破自由面，主要利用了炸药爆破的内部作用，炸药埋设需要保证一定的安全深度，确保巷道不能出现明显爆破外部作用现象。卸压爆破一般采用柱状延长药包。炸药爆炸发生内部作用时，除形成爆炸空腔外，将自爆源中心向外依次形成破碎区、裂隙区和震动区。

1）破碎区

炸药爆破后，在岩体中首先传播的冲击波将在药卷周围一定范围内形成压碎区。可以假设在冲击载荷作用下的煤岩体介质为不可压缩的理想流体，采用苏联提出的理想流体介质模型，对于柱状药包，如果采用不耦合装药，且不耦合系数较小时，则相应的压碎圈半径为

$$R_{\mathrm{c}}=\left[\frac{\rho_0 D_{\mathrm{V}}^2 n K^{-2\gamma} l_e B}{8\sqrt{2}\sigma_{\mathrm{cd}}}\right]^{\frac{1}{\alpha}} r_{\mathrm{b}} \tag{9.1}$$

式中，$B=[(1+b)^2+(1+b^2)-2\mu_{\mathrm{d}}(1-\mu_{\mathrm{d}})(1-b)^2]^{1/2}$，$\mu_{\mathrm{d}}$ 为岩石的动态泊松比，b 为侧向应力系数，$b=\dfrac{\mu_{\mathrm{d}}}{1-\mu_{\mathrm{d}}}$；$\alpha=2+\dfrac{\mu_{\mathrm{d}}}{1-\mu_{\mathrm{d}}}$ 冲击波衰减指数；D_{V} 为炸药爆速；σ_{cd} 为岩石单轴动态抗压强度；σ_{td} 为岩石单轴动态抗拉强度；ρ_0 为炸药的密度；K 为装药径向不耦合系数；l_e 为装药轴向系数；γ 为爆轰产物的膨胀绝热指数，一般取 3，n 为炸药爆炸产物膨胀碰撞炮孔壁时的压力增大系数，一般取 10；r_{b} 为炮孔半径。

由于压碎区处于三向高应力作用下，且大多数的煤岩可压缩性很差，所以压碎区半径不大，一般为爆心附近 3～7 倍装药半径 R_0 范围内。破碎区范围很小，但消耗的爆炸能量很大，应合理控制爆破破碎区的范围。

2）裂隙区

冲击波持续时间短，作用范围小，并很快衰减为应力波，由于应力波及爆生气体的共同作用，岩石处于非弹性状态，产生径向裂隙和环状裂隙，该范围称为裂隙区，裂隙区内以径向裂隙为主。应力波的传播过程中能量损失较小，衰减较慢，其作用范围一般为 120～150 倍的装药半径 R_0。根据爆炸应力波作用效果计算，不耦合装药条件下裂隙区半径为

$$R_{\mathrm{p}}=\left[\frac{\sigma_{\mathrm{cd}}}{\sigma_{\mathrm{td}}}\right]^{\frac{1}{\beta}}\left[\frac{\rho_0 D_{\mathrm{V}}^2 n K^{-2\gamma} l_e B}{8\sqrt{2}\sigma_{\mathrm{cd}}}\right]^{\frac{1}{\alpha}} r_{\mathrm{b}} \tag{9.2}$$

式中，$\beta=2-\dfrac{\mu_{\mathrm{d}}}{1-\mu_{\mathrm{d}}}$ 应力波衰减指数，其他参数同前。

裂隙区是爆破后的主要有效破坏区域，其扩展范围和分布状态直接影响着卸压效果。可见，裂隙区范围是合理确定爆破卸压主要工艺参数的关键基础。然而，在通过公式进行理论计算时，很多参数难以确定，计算结果有可能存在较大误差。为了能比较准确地掌握爆破裂隙区的范围和分布特征，在井下采煤工作面进行了实测。

测试点位于 21141 综放工作面内，分别在第 28 架和 34 架处垂直煤壁各布置一个炮孔，炮孔间距为 9 m，炮孔直径为 Φ75 mm，孔深均为 10 m。炸药为千秋煤矿当前使用的矿用乳化炸药，药卷直径 Φ65 mm，每节长 650 mm，重 1.8 kg，每孔装药 6 节，共 10.8 kg，采用 6 发雷管多点起爆。

试验中均未出现过冲孔、抛掷、明显裂缝等外部现象。试验孔爆破后，随着工作面采煤机的不断割煤，观测煤壁炮孔周围裂隙区的情况，如图 9.7 所示。爆破后裂隙区径向直径约 2.7 m；裂隙区轴向延伸范围略有区别，空口方向比孔底方向略长一些，炸药底端裂隙向深部延伸约 1.0 m；炸药始端裂隙向煤壁方向延伸 2.3 m。

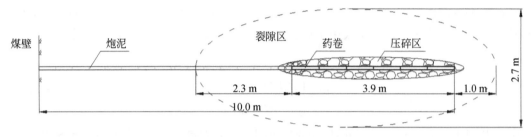

图 9.7   爆破试验煤体破坏效果示意图

3）震动区

在破坏区以外的岩体中，剩余的爆炸能只能使岩石质点发生弹性震动，并以地震波的形式向外传播，该范围比前述两个区大得多，被称为震动区。地震波自身的能量虽然不足以引起煤岩体的宏观破坏，但可促进介质的力学损伤，尤其介质已处在或邻近非稳定状态，震动载荷可能成为诱发冲击的主要因素。

2. 爆破卸压关键参数确定

1）帮部卸压参数的确定

21141 工作面下巷部分区域利用钻屑法和钻孔应力计等手段确定巷道侧向支承压力分布特征，得出帮部煤体峰值位置距巷帮表面约 11 m，根据前文结论，卸压区起始端距巷帮的合理距离 b 约为 6～10 m，考虑爆破裂隙沿轴向的扩展（约 2 m），装药起始位置约为 8～12 m；由于巷道围岩应力较大，且多次受到高能量矿震冲击，巷道浅部围岩破坏较为严重，峰值区域内移动距离较大，因此，将卸压区域终止端在 14 m 的基础上延长至 16 m，考虑裂隙向深部的轴向延伸（约 1 m），药卷终止端约 15 m。根据井下爆破试验可得裂隙区范围 d 约为 2.7 m，则合理的卸压孔间距应小于 4.7 m，若在该范围内取值，炮孔施工常受到现场支护结构及运输设备的影响，因此最终设定炮孔间距为 5 m。垂向卸压厚度可由单排炮孔的爆破效果满足，即 2 m < 2.7 m < 4 m，因此，沿巷道轴向设置一排卸压孔。

最终确定帮部爆破卸压参数如下：卸压炮孔与煤层顶底板平行，垂直与巷道走向，孔口距离底板 1～1.5 m。炮孔深 15 m，孔径Φ75 mm，炸药选用矿用强力乳化药卷，药卷直径Φ65 mm，长度 650 mm，每孔 6 卷，连续装药，用炮棍将炸药送至孔底，非装药段用水泥药卷全部封死，每孔均采用 6 发雷管并联起爆，孔间串联，一次爆破两个炮孔。炮孔沿巷道走向单排布置，间距为 5 m，煤层卸压措施主要在工作面前 300 m 范围内和距上山 600～900 m 范围内两个区域开展。本参数条件下，裂隙区轴向范围约为距帮 9～16 m。

2）底角卸压参数的确定

结合帮部峰值距离和底板峰值距离的关系，推断底板峰值距离底板表面约 10 m，爆破参数推断方法同帮部卸压参数。为增强底板爆破对底板应力集中的影响程度，适当增大俯角，综合考虑钻机性能及排粉效率，设置俯角为 45°。

最终确定底角爆破卸压参数如下：底角卸压炮孔设置在下巷靠近工作面侧，炮孔垂直于巷道走向，俯角 45°，孔深 16.5 m，孔径 Φ75 mm，炸药选用矿用强力乳化药卷，药卷直径 Φ65 mm，长度 650 mm，每孔 8 卷，连续装药，用炮棍将炸药送至孔底，非装药段用水泥药卷全部封死，每孔均采用 8 发雷管并联起爆，孔间串联。炮孔沿巷道走向单排布置，间距 5 m。煤层卸压措施同样主要在工作面前 300 m 范围内和距上山 600～900 m 范围内两个区域开展，底板卸压与煤层卸压同步进行。21141 工作面帮部和底板爆破卸压布置如图 9.8 所示。

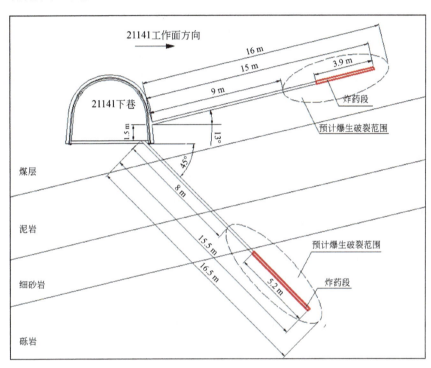

图 9.8　21141 工作面爆破卸压布置图

9.2.4　卸压效果检验

1. 震波波速检验爆破卸压效果方法

从力源角度分析，冲击地压发生的原因在于采矿及地质因素引起的煤岩体过度应力集中。卸压主要是通过某种手段使应力集中区域产生破坏，降低该处煤岩体的弹性模量，增大其裂隙率及泊松比，迫使原集中位置承载的载荷转移到承载能力更大的区域，从而实现对卸压区域的保护。

卸压效果的优劣主要取决于卸压区域的应力变化情况和爆生裂隙的发育状态，而这两点正是影响波速大小的主要因素。爆生裂隙发育，爆破区域内应力降低，这必然引起通过该处的地震波波速下降，反之亦然。另外，波速下降的程度和速率也与卸压效果的合理性和时效性保持了较好的相关性。因此，利用煤岩体的波速大小及变化，可以评价卸压区域的范围大小、卸压程度、卸压时效性等。从而为之后卸压措施的实施，卸压参数优化，选取合理的卸压位置及时间间隔等工作提供参考依据。

震波波速与煤岩体的结构特征与应力状态之间有显著的相关性[13]。通常，不同岩性中地震波的传播速度是不同的，即使是同一煤岩层，由于其结构特征发生变化，其波场分布也会发生新的变化。地震波在煤岩层中传播时，煤层是地震波的低速介质，当煤层赋存稳定时，CT反演所得波速分布结果也应当是一个较为均匀的速度图。而当煤层中出现异常时，如地质构造、应力异常区域、煤层厚度变化及各种工程引起的局部煤岩体破坏等，反演出的波速分布图在相应的位置也将表现出异常。不同的异常体具有不同的尺寸、形态及结构特征，对波速等震波运动学参数的影响结果及影响程度也有一定差异，因此，需总结不同异常体对震波的影响规律，掌握波速等参数异常与实际地质异常的对应关系与解释方法。

通过波速反演图上的异常来推断爆破卸压区（爆破裂隙区）在平面上的分布范围及卸压程度，并考察卸压深度对围岩应力分布状态的影响规律[14-17]。卸压爆破前后，卸压区域内的应力状态和裂隙发育状态将发生改变，具体来讲，爆破位置附近裂隙发育，应力降低，波速将发生不同程度降低；应力转移后新形成的应力集中区将会表现为波速增大。基于此规律，通过对比不同区域卸压前后波速值的变化即可间接分析卸压爆破效果。

除了可以利用波速的大小间接对应力进行分析判断之外，波速异常系数也是一个重要指标，其表达式为

$$A = \frac{V - V^0}{V^0} \cdot 100\% \qquad (9.3)$$

式中，V为煤岩体波速大小，m/ms；V^0为探测区域波速平均值，m/ms。

波速异常系数A是指波速异常值与探测区域波速平均值的比值，其中波速异常值为实测煤岩体波速大小与探测区域波速平均值之差，该值可以为正值，亦可为负值。波速异常系数表示由于工程扰动引起的波速变化程度。对于同一岩性而言，若A为正值，则表明该处煤岩体可能处于应力集中区；若为负值可解释为应力释放区、顶底板破碎等地质现象。A的绝对值越大，表明异常程度越大，无论正负，都应引起重视。表9.2和表9.3为波兰煤矿广泛使用的波速异常与应力变化关系表，根据波速的变化程度可判断应力集中或卸压的概率，判定冲击危险等级或卸压等级。

表 9.2   波速异常与应力集中程度关系

冲击危险指标	应力集中特征	波速正异常/%	应力集中概率/%
0	无	0～5	<20
1	弱	5～15	20～60
2	中等	15～25	60～140
3	强	>25	>140

表 9.3　波速异常与卸压程度关系

卸压程度	卸压特征	波速负异常/%	卸压概率/%
0	无	−7.5〜0	<25
1	弱	−15〜−7.5	25〜55
2	中等	−25〜−15	55〜80
3	强	<−25	>80

CT 资料的处理与解释以地震波的走时特性为基础，一般而言，纵波的传播速度最快，先行到达且不受其他类型波干扰，具有速度最高、频率高的特征，较易识别与处理，在分析过程中，纵波波速是最为重要的参考依据。

2. 震波 CT 探测技术检验千秋煤矿煤层爆破卸压效果

1）试验地点的选取

本次试验的目的为单独考察煤层爆破卸压效果，即"爆破卸压"与"由卸压爆破导致的附近围岩各种物理力学特征的变化"之间的对应关系。因此，应尽可能减少爆破前后其他可变因素的干扰，如采动应力的变化，其他常规卸压措施的实施（断底或注水）等。同时应考虑各种检验方法的可实施性，方案设计应便于实际工程的开展，并在达到检验效果的基础上尽量减少工程量和对正常生产的干扰。

综合以上分析，将试验区域确定在工作面采动应力影响范围之外，同时避开底板爆破影响范围。

2）爆破卸压方案设计

卸压区至巷帮的合理距离是爆破卸压措施的关键参数之一，该参数的合理设置对爆破卸压后巷道围岩应力结构的调整以及围岩稳定性都有重要影响。为考察卸压深度与卸压效果之间的关系，确定本次卸压效果检验共分三组同时进行，为保证每组卸压效果能被地震波充分感知，每组内设定三个炮孔，组内炮孔之间裂隙区贯通，从而使得每组形成一个更大的卸压区域。为防止不同深度炮孔之间的干扰，组间设定较大的距离以起到隔离作用。综合考虑以往爆破卸压数据、本次试验目的、检验设备能力及手段特征等因素，卸压炮孔设计参数如图 9.9 所示，具体要求如下：

（1）试验所用爆破卸压共分 3 组，每组 3 个炮孔，组内间距 5 m，组间距 11.5 m。第一、二、三组炮孔长度分别为 20 m、15 m、9 m。

（2）炮孔直径Φ75 mm，炮孔与煤层顶底板平行，孔口距离底板 1〜1.5 m。

（3）每孔 10.8 kg 矿用乳化炸药，药卷长 6 mm×650 mm，连续装药，正向起爆。

（4）所有 9 个试验炮在一个班内放炮完毕。

3）PASAT-M 探测系统布置方案设计

（1）探测设备。本次探测工作所采用的设备为由波兰 EMAG 公司最新引进的 PASAT-M 型便携式微震探测系统，如图 9.10 所示。该系统具有体积小、重量轻、安装方便、所需配套工程量小等特点。配备检波器采用压电式原理，具有精度高、响应频谱宽（5〜10000 Hz）

等优点，避免了其他类型检波器因相应频率过窄而导致震波数据丢失的问题；内部检波系统采取两分量接收（X/Y），可根据不同类型有效波在两分量上的响应特征进行优选、分离、提取等后处理。

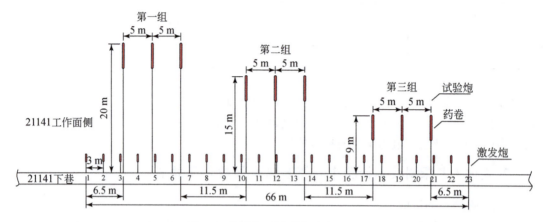

图 9.9　爆破卸压试验炮孔布置图

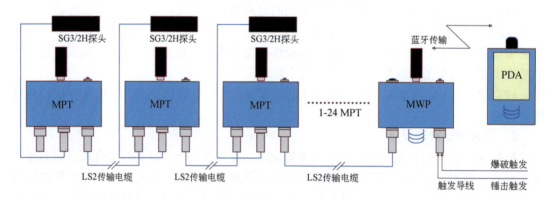

图 9.10　PASAT-M 型便携式微震探测系统

（2）观测系统设计。①设计原则：爆破卸压范围是本方案的主要检测区域，在设计观测系统时，应使爆破卸压区域完全处于探测范围内，最大限度地增大该区域的射线覆盖密度，同时尽量减小卸压范围内边缘区域的"三角射线盲区"。因此，本观测方案拟采用大道间距和小炮间距相配合的方式来实现探测目的。②设计方案：如图 9.11 所示，激发端位于21141 工作面下巷，采集端位于工作面上巷，之间通过信号线连接。为提高射线密度，获得更高的探测精度，综合考虑设备能力、探测目的以及工作面现场条件，道间距（探头间距）设计为 13 m，每次激发有 11 道同时接收，炮间距（炮孔间距）为 3 m，共激发 23 炮。爆破卸压试验位置位于激发点序列范围内。

（3）激发因素。激发因素的控制对波形数据的接收质量起到重要影响作用。设定震源药量时要考量震波沿路径的衰减作用，为防止爆破对煤帮的完整性造成损坏，炮孔也应保证一定深度。激发因素的具体要求如下。①炸药爆破位置距离煤壁 1.5～2 m，炮孔孔径以矿用放炮煤电钻或风钻为准，一般为 Φ42 mm。钻孔完毕后，用喷漆对每个炮孔位置做标志。

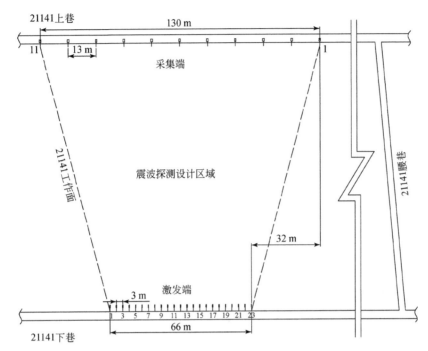

图 9.11　PASAT-M 检验爆破卸压效果方案布置图

②要求炮孔平行于煤层顶底板,并垂直于巷帮,不同炮孔需处在同一平面上。③每孔炸药量 100～150 g,炸药需装入炮孔孔底,外用黄泥封堵至孔口。④震波收集启动方法为短断触发。每次装药时,需将细导线缠绕于炸药端,用胶带缠绕结实,并将导线的两端引出炮孔口,然后与信号线的两端连接,如图 9.12 所示。⑤放炮按照方案设计编号顺序进行,一炮一放。若有哑炮必须由放炮人员进行专门处理。

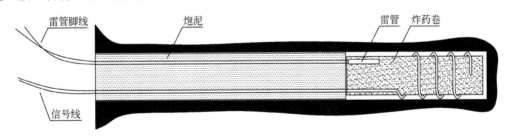

图 9.12　装药结构示意图

（4）接收因素。巷道围岩表面具有一定厚度的破碎区,该区域对地震波尤其高频纵波部分的衰减作用较强。为了避免这一问题,通过植入煤体中的锚杆进行传导震动波,然后由检波器接收,但这需严格保证锚杆与煤体之间良好的耦合程度。接收因素具体要求如下。①锚杆规格为:长度 1.5～2.0 m,直径Φ20 mm,尾部螺纹段为细螺纹。②安装时无须托盘和螺母,安装后尾部螺纹外露不少于 5 cm。③锚杆平行于煤层顶底板,并垂直于巷帮。锚杆距底板距离约 1.5 m,且不同锚杆需处在同一平面上。④锚杆锚固长度不得小于 1.0 m,锚杆端部需触及孔底,即钻孔的尽头不可留有空间。⑤锚杆尾部应与孔壁紧密接触,安装完成后需用小木条填塞锚杆与孔壁之间的缝隙，以使其得以稳固。⑥若使用原先锚杆，需事先将锚杆与周围金属物隔离开。

3. 探测质量评价

地震波探测利用的是振动信号，巷道中的排水管道、电缆线、信号线等对物探信号影响一般较小，探测期间顺槽中的皮带机也及时停止运转，也没有其他产生较大振动的干扰因素，这为震波数据的采集提供了良好的背景环境。激发因素和接收因素严格按照相关规定进行施工，为震波的激发和接收工作创造了有利条件。

1）卸压前探测数据

本次探测设定采样频率为 2000 Hz，检波器工作频段 5～10000 Hz，增益 40 dB，采样长度 0.5 s，激发孔内每孔 150 g 炸药，短断触发。每次激发有 11 道同时进行接收，实际激发 23 炮，其中 20 炮有效，共接收 220 道有效数据。实际最大炮间距为 7.8 m，最小炮间距为 1.4 m，平均炮间距 3.5 m。实际最大道间距 18.4 m，最小道间距 9.9 m，平均道间距 13.1 m。本次探测下巷走向范围为 66 m，起始点距离 21141 腰巷 200 m，满足对卸压区域的覆盖要求。观测系统实际布置及射线模拟效果见图 9.13。

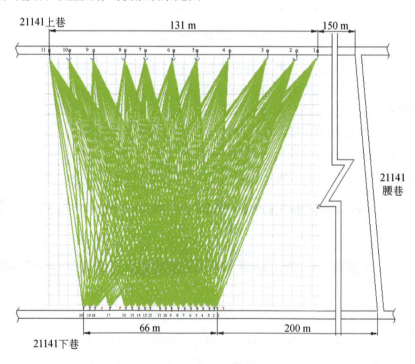

图 9.13　爆破卸压前实际观测系统射线模拟效果图

2）卸压后探测数据

卸压后探测工作采用的相关参数与卸压前保持一致。本轮测试中，每次激发有 11 道同时进行接收，第一轮激发仅 12 炮有效，为了获得充分的有效数据，补充激发 10 炮，两次共 22 炮有效激发，共接收 242 道有效数据。实际最大炮间距 9.7 m，最小炮间距 0.4 m，平均炮间距 3.3 m。实际最大道间距 18.4 m，最小道间距 9.9 m，平均道间距 13.6 m。本次探测下巷走向范围为 70 m，起始点距离 21141 腰巷 200 m，满足对卸压区域的覆盖要求。观测系统实际布置状况及射线模拟效果见图 9.14。

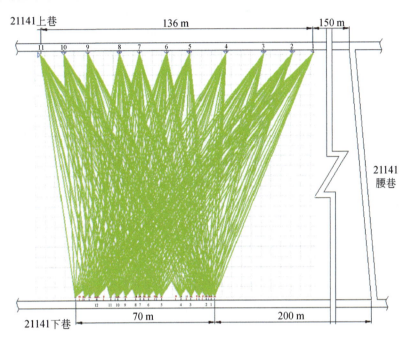

图 9.14　爆破卸压后实际观测系统射线模拟效果图

3）波形数据质量评价

从波形数据来看，本次试验总体效果良好，数据总量、数据质量以及数据覆盖区域基本达到设计预期，为后期的数据处理和图像反演提供了较好的基础数据。绝大多数道无明显背景干扰，但是初至起跳并不明显，不利于初至的拾取工作。为了扩大射线覆盖区域，激发孔的深度设置较小，爆破位置基本都处于巷道围岩的破碎区内，另外，21141 工作面已经采取的爆破卸压、钻孔、水力压裂等工程使得内部煤体完整性进一步破坏，高度发育的裂隙对高频纵波能量的衰减作用较为严重，导致其震相幅值较低。

爆破卸压区域基本都被射线覆盖，且密度较大，只有炮间距相对较大的位置存在三角形盲区，但是大的道间距扩大了射线的扩展角度，进而限制了盲区的范围，对总体反演效果影响很小。在震波接收侧，由于道间距较大，21141 上巷边缘区域存在较大面积的射线盲区，但该区域并不是本次探测所关注的重点区域。

4. 地震波数据处理

1）数据处理方法

数据处理是通过 PASAT-M 配套可视化软件和专用的矿井震波 CT 处理软件来进行的。首先对手持采集仪（PDA）内部数据通过蓝牙方式传入计算机，并在工作站上进行数据格式转换。通过可视化软件逐个分析每一道数据的质量，遴选出记录面貌好，干扰背景小，初至起跳干脆的道集,剔除无效炮数据以及初至模糊数据,从而保证原始数据的可靠性。在震波 CT 处理软件系统预处理模块支持下,对各个单炮记录进行抽道及重排,使井下记录转换成共炮点记录(CSP)、共接收点记录(CGP),并进行文头编辑、道数据编辑。然后,利用快速傅里叶变换(FFT)功能和通滤波功能,通过自动拾取和人工修正相结合的方法确定初至时间,设定离散像元尺寸和迭代背景速度,设置反演控制条件(最大速度、最小速度以及迭代次数等)和边界条件。最后选择射线追踪方式和反演算法,以及要进行反演的物理参数,并开始反演计算,不同的设置参数所需的耗时差别较大。得出 dat 文件后再利用图形工具后处理,最终形成 CT 成像。

2)网格划分

在反演计算时,为了计算方便,多用均匀的矩形网格划分探测区域,形成一个个尺度大致相同的像元,并把像元内的平均波速值作为其中心点的值。由于像元的宽度是成像时可分辨尺度的极限,对走时反演成像方法来说,为了提高成像的分辨率,当然希望像元越小越好,但是像元尺寸又受震源间距和检波器间距的限制,因为一个像元最少要有一条射线通过,否则这个像元就没有存在的意义。因此,在数据资料的处理的时候,要根据目标异常体的大致形态来确定像元的尺寸,总体而言,大网格总体上划分异常区域,小网格划分出细微的异常区域。

根据数值模拟研究结果,在给定的观测条件下,像元数的选取对层析成像的结果影响较大。仅从矩阵的求解难度方面来讲,并非像元数越多越好或者越少越好,像元多,则方程组的条件数目相对较少,相容方程或者矛盾方程增加,使解的稳定性和精确性降低。相反,像元过少,方程组的条件相对较多,反演的精度也受影响。

本次震波探测的目标体为爆破卸压后形成的破碎区和裂隙区,根据理论计算及相关现场实测资料可知,单个Φ75炮孔爆破后的径向裂隙区范围约为2~3 m,每组卸压炮组成的裂隙区径向范围可达 14~16 m。轴向装药 3.9 m,爆破后轴向裂隙区范围可达 6~8 m。为取得具有良好分辨率的成像效果,结合工作面实际观测系统布置情况,将工作面煤体探测反演像元设定为 3 m×3 m。

5. 数据分析与解释

1)卸压前探测结果分析

图 9.15 中依次以冷色(蓝色)到暖色(红色)从小到大来代表地震波纵波速度异常系数,探测区域内波速正异常系数最大为 0.7,波速负异常系数最小为-0.5。不同区域煤体的波速异常系数差异性反映了其物理力学特性的差异性。

由图 9.15 可明显看出 4 个主要波速异常区,结合现场条件及相关矿压理论可以较好地解释:

(1)波速负异常区 1:波速异常系数范围为-0.34~-0.23,属于强卸压区。为一向煤体侧延伸的破碎区,根据现场记录,该处为一垮落后再次被压实的卸压硐室。

(2)波速负异常区 2:波速异常系数范围为-0.46~-0.33,属于强卸压区。为一沿巷帮走向延伸的卸压带,根据现场记录,该处巷帮极为破碎,片帮严重,扩帮后曾用大量木料填充。

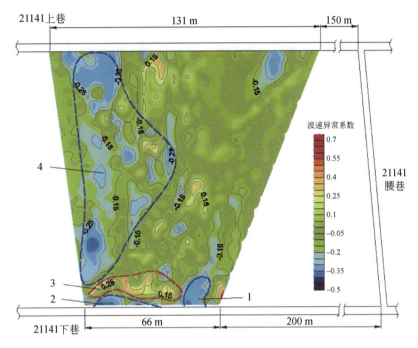

图 9.15　卸压前探测区域纵波波速异常系数分布图

（3）波速正异常区 3：波速异常系数范围为 0.20～0.46，属于强集中区。为一沿走向分布的高应力带，即侧向支承压力带，一直延伸至卸压硐室附近。该区域周围主要分布卸压带，因此上部岩层压力必然转移至该区域，导致其应力增高。另外，由反演图像看出，不同位置的支承压力带宽度、至煤壁距离都略有差别，这与巷道掘进期间在该处曾采取过爆破卸压措施有关。

（4）波速负异常区 4：为一个贯穿工作面的条带状破碎区域，分布较为零散，波速异常系数-0.33～0，破碎程度不一，该特征在卸压后的反演波速 CT 切片中同样十分明显。该异常区煤岩层较为破碎，进行开采时应做好顶板管理工作，以防冒顶及其他事故。

可见，爆破卸压前探测区域内的煤岩性质就已存在较大的差异性，尤其是巷道围岩部分，这反映出了工作面煤体的真实状态。该现象主要是由煤岩层形成时本身的非均质性和后期的采掘扰动引起的，另外，曾经采取的一些防冲解危措施，如注水、爆破、卸压硐室等，再次促进了煤体性质的非均匀性。

2）卸压后探测结果分析

图 9.16 中同样依次以冷色（蓝色）到暖色（红色）从小到大来代表地震波纵波速度异常系数，探测区域内波速正异常系数最大为 0.7，波速负异常系数最小为-0.45。卸压炮孔位置已在图 9.17 中标出，可见，卸压后的波速异常区分布和实际卸压参数能够较好地吻合，异常区 1、2、3 分别对应 20 m、15 m、9 m 三组卸压炮爆破区域。

（1）9 m 组卸压炮生成卸压区和原先卸压硐室引起的卸压区相互连接，形成一个更大的卸压区，波速异常系数减小至-0.43～-0.32。

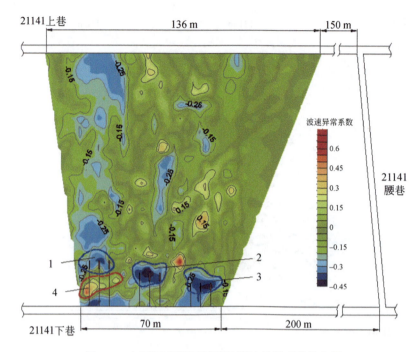

图 9.16　卸压后探测区域纵波波速异常系数分布图

　　（2）通过图 9.15 和图 9.16 对比可以明显看出，15 m 组卸压炮改变了该处的高应力状态，上覆岩层压力转移至周边更大范围的区域，围岩近区波速异常系数−0.13～−0.43，大大降低了冲击危险程度，说明该参数设置较为合理。

　　（3）20 m 组卸压炮同样产生了一定范围的卸压区域，但是高应力异常区 4 依然存在，最大波速异常系数达 0.53，这说明该组卸压炮不但没有完全调整围岩近区的高应力分布情况，反而增大了冲击危险性。

　　（4）试验期间在探测区域共布置了 3 个巷道表面变形量观测站，分别对应 3 个不同的卸压组。图 9.17 为爆破卸压前后共 14 天内观测数据统计曲线，可明显看出，爆破卸压对 9 m 组卸压区域对应巷道的变形速度影响较大，现场于 9 月 30 日晚班进行爆破，之后该处两帮变形明显加速，而其他两组的变形速度则未见明显变化。这主要是因为 9 m 组区域煤体原先的破坏范围已较大，爆破卸压形成的裂隙区与其连通，承载能力大大下降，变形量相应增加。而其他两组的爆生裂隙区与巷帮浅部破坏区之间存在一定的弹塑性区，在短时间内能够起到抑制内部变形的作用，与数值模拟结论相符。

　　由于历史上的不合理开采，造成千秋煤矿区域强冲击危险已经形成，为了使得千秋煤矿煤炭资源充分回收，延长矿井服务年限，解决众多干部职工的就业，带动义马地区经济发展，21 采区强冲击危险区域仍然需要回采。事实上，就历史造成的局面，只能通过局部解危，理论与技术很难从根本上杜绝冲击地压的发生。

　　通过在 21141 工作面危险区域实施底角爆破和帮部爆破，同时配合注水卸压及加强支护，使得工作面冲击危险大大降低。截至 2010 年 12 月，回采期间共发生冲击事件 17 次，有 40%超过 $1×10^7$ J，能量不低于 2008 年 "6·5"（死亡 12 人）冲击能量，但发生的冲击事件都是在可控范围之内，灾害性事故数为 0，伤亡人数为 0，也没有影响正常生产。这说明卸压措施成功地控制了震动事件的强度和频次，使其能量的释放控制在围岩支护体可承受的范围之内，达到了预期效果。

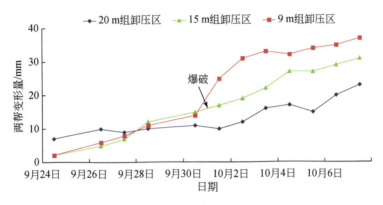

图 9.17　试验期间巷道两帮变形量变化曲线

9.3　常村煤矿冲击地压巷道高冲击韧性锚杆防冲技术

在义马矿区现场调研、地质力学测试、围岩裂隙窥视等基础上，应用高冲击韧性锚杆吸能减冲原理，通过数值计算方法，对不同支护工况下的巷道冲击破坏进行了分析，提出了高冲击韧性锚杆、高强锚索和高强度金属网的冲击地压巷道控制技术[18-20]，不仅有效控制了巷道的冲击破坏，还显著降低了冲击地压巷道的支护和维修成本。

高冲击韧性锚杆防冲支护技术在义马矿区的常村矿和耿村矿进行了工业性试验，由于工程地质条件类似，本章仅以义马常村煤矿 21220 下巷为例进行说明，通过现场工业性试验，进一步验证高冲击韧性锚杆控制冲击地压巷道的可行性，并为类似条件下冲击地压巷道的支护提供参考。

9.3.1　试验矿井工程地质条件概况

1. 常村煤矿冲击地压灾害特征

常村煤矿目前生产区域集中于 21 采区及延深区，随着采深的不断加大，冲击地压显现愈加强烈。据统计，近期发生在常村煤矿的冲击事件有几十次，对生产巷道造成了不同程度的破坏。多次强冲击地压事故带来了巨大损失，严重影响生产和安全，阻碍了矿区的可持续发展。

常村煤矿开采进入 21 深部采区后，在采掘过程中，自 2008 年至今有记录的冲击事故 19 次，累计破坏巷道上千米，造成大量设备损坏（图 9.18）。其中 2009 年"3·22"事故是常村煤矿有记录以来的冲击地压中最严重的一次，其发生位置位于 21132 下巷。冲击地压发生后，造成 21132 工作面下巷 463 棚至 990 棚段巷道支架、抬棚损坏，底板鼓起，皮带架鼓起翻转、架杆脱扣，风筒脱节，顶板局部漏顶，煤尘飞扬，巷道能见度极低，共造成 263 m 巷道不同程度的破坏，67 个抬棚损坏严重，巷道最大底鼓量达到 0.7 m。随着常村煤矿开采深度的增加，在以后的回采过程中冲击地压的危害将会越来越严重。

图 9.18　常村煤矿冲击地压破坏情况

频发的动力现象说明常村煤矿冲击地压显现强烈，21132 工作面采深不足 650 m，冲击地压显现已非常严重；21220 工作面采深达到 815 m，尤其是 21220 下巷埋深更大，冲击地压势必非常严重。

2. 常村矿 21220 下巷工程地质条件

21220 工作面位于 21 盘区三条下山西翼，从上而下第十个工作面，上部为已采的 21200 工作面，下部为未开掘的 21240 工作面，西部与跃进井田相邻。21220 工作面最大采深达 815 m，位于强烈冲击地压危险区域，21220 下巷自 21 延深中部车场开口，长度 891 m，沿 2-3 煤底板掘进，留底煤 1～2 m，21220 下巷断面为三心拱形，掘进断面宽 6.9 m，高 4.25 m，直墙高 1.7 m，架棚后净宽 6.0 m，高 3.8 m，掘进期间，21220 下巷进行底板放炮卸压、工作面及两帮钻孔卸压，回采期间，超前工作面 200 m 在 21220 下巷上帮进行浅部或深部注水卸压。21220 下巷布置如图 9.19 所示。

2-3 煤厚度 5.4～11.6 m，平均为 7.9 m，煤层厚度变化较大，煤层倾角为 9°～15°，一般为 11.5°，煤层上半部以半亮型块状硬质煤为主，煤质较好，下半部以半暗型煤为主，夹矸多，煤质差，煤层从 21220 下巷开口向西至切眼处，厚度逐渐变薄，且煤层中夹矸增多，煤层结构复杂，全煤含矸 3～8 层，单层厚 0.03～0.8 m。2-3 煤层直接顶和老顶主要为泥岩，泥岩厚度大，直接底为煤矸互叠层或碳质泥岩，遇水易膨胀、底鼓，老底为泥岩、细、中砂岩和砾岩，21220 下巷顶底板围岩详细状况如图 9.20 所示。

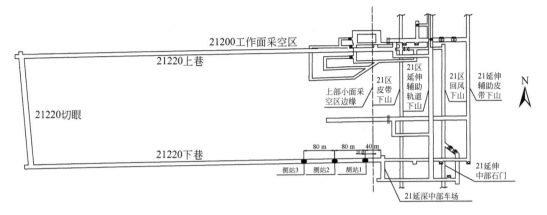

图 9.19　21220 下巷布置图

层厚/m	柱状	名称	岩性描述
$\dfrac{31.5\sim32.6}{32.1}$		泥岩	深灰色—灰黑色，致密，块状构造，含植物化石。顶部含少量紫斑，贝壳断口。下半部常夹棕灰色菱铁矿薄层，局部菱铁矿密集。底部与煤层之间常夹一薄层碳质泥岩，极易冒落
$\dfrac{5.4\sim11.6}{7.9}$		2-3煤	黑色,块状硬质煤。煤层中含多层泥岩夹矸，结构复杂。煤质变化大，上半部以半亮型煤为主，煤质较好；下半部以半暗型煤为主，灰分高，夹矸多，煤质较差
$\dfrac{4.0\sim7.9}{6.2}$		碳质泥岩	灰黑色，具滑面，局部夹多层薄煤线，松软，遇水易膨胀
$\dfrac{27.7\sim36.2}{30.2}$		泥岩砂岩互层	泥岩：灰—灰黑色，含黏土质较多，块状结构，含少量根化石及少量滑面，常夹薄层碳质泥岩。细砂岩：灰色。长石、石英细砂岩夹泥岩条带，硅泥质胶结。多含瘤状结核。局部富含，发育斜波状层理

图 9.20　21220 下巷顶底板围岩状况

9.3.2　试验巷道围岩地质力学测试

为进一步了解冲击地压巷道围岩地质力学概况，对义马矿区常村煤矿新掘巷道进行了地质力学测试，测试内容包括地应力测试、巷道围岩强度原位测试及围岩结构观察。

1. 地应力测试

根据水压致裂法的测量原理，通过实测和相应计算，得到测点应力的数值和方位。地应力测试结果如表 9.4 所示。

表 9.4 地应力测试结果

煤矿名称	测站名称	测试结果			
		σ_H/MPa	σ_h/MPa	σ_V/MPa	σ_H 方向
常村煤矿	测站 1	9.23	5.45	19.66	N3°W
	测站 2	17.68	9.28	19.35	N37°W
	测站 3	9.21	4.77	19.10	N32°W
	测站 4	25.25	13.46	19.08	N23°W
	平均值	15.34	8.24	19.30	N23.8°W

注：σ_H 为最大水平主应力；σ_h 为最小水平主应力，σ_V 为垂直主应力。

从表中可以看出：

（1）常村煤矿 4 个测站的平均最大水平主应力为 15.34 MPa，平均最小水平主应力为 8.24 MPa，平均垂直主应力 19.30 MPa。

（2）从测试结果来看，随着深度的增加，最大水平主应力也相应增大，且测点平均最大水平主应力小于垂直主应力，应力场类型为 $\sigma_V > \sigma_H > \sigma_h$ 型应力场，初步判断所测区域以自重应力场为主，垂直应力为最大主应力。

（3）根据于学馥教授提出的判断标准，0～10 MPa 为低应力区，10～18 MPa 为中等应力区，18～30 MPa 为高应力区，大于 30 MPa 为超高应力区，由此判断常村煤矿测试区域地应力场在量值上属于中等偏高应力区。

（4）常村煤矿的最大水平主应力方向均呈 NNE 方向，由于垂直应力大于最大水平主应力，最大主应力（垂直应力）对巷道的两帮受力和变形影响较大。

2. 巷道围岩强度原位测试

地应力测试结束后，在地应力测孔中利用 WQCZ-56 型围岩强度测试装置对巷道顶以上及巷帮 10 m 范围内的煤岩体进行了原位强度测试，测试数据经过统计、分析和换算后，得到常村煤矿顶板和煤帮煤岩体强度，测试结果平均值如表 9.5 所示。

从测试结果可以看出：

（1）常村煤矿的煤体强度较低，顶板泥岩强度较高，达到 35.17 MPa，而煤体强度仅有 15.31 MPa。

表 9.5 巷道顶板围岩强度测试结果

矿井名称	岩性	厚度/m	单轴抗压强度/MPa
常村煤矿	泥岩	32.1	35.17
	2-3 煤	7.9	15.31

（2）常村煤矿煤体强度普遍呈现钻孔浅部强度低于深部强度，这说明浅部煤体受扰动影响较大，煤体破坏较为严重，深部煤体相对较为完整。

3. 巷道围岩结构观察

利用全景钻孔窥视仪对常村煤矿 4 个测站进行巷道顶板的煤岩体结构进行观察，利用地应力测试钻孔进行钻孔结构观察。窥视的部分结果见图 9.21 所示。

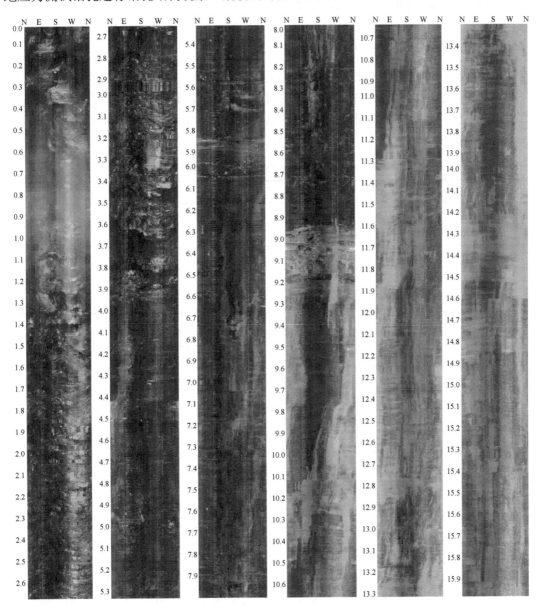

图 9.21　常村矿顶板岩层结构窥视图

可以看出：

①常村顶板岩层破碎范围较大，破碎范围达到 4 m 以上；②受地应力、采动应力及地质构造的影响，岩层中节理裂隙非常发育，尤其是横向裂隙和纵向裂隙相互贯通，进而演化成岩层离层；③巷道围岩不但浅部（0～4 m）出现破碎、裂隙，深部也出现了不同程度的裂隙区，且裂隙垂直于钻孔，如果是天然裂隙，裂隙不会与钻孔轴向垂直，由此说明深部岩层裂隙也是由巷道开挖引起的，岩层不同深度的破碎带给巷道围岩控制增加了难度。

9.3.3　冲击地压巷道设计方法

1. 试验区域冲击危险指数分析

对常村煤矿进行冲击危险性分析，主要采用综合指数法。综合指数法就是在分析各种工程地质和开采技术条件影响冲击地压发生因素的基础上，确定各种因素的影响权重，然后将其综合起来，就可以建立冲击地压冲击危险性划分的综合指数法。冲击地压危险性的分级如表 9.6 所示，地质条件影响冲击地压危险状态的因素及指数如表 9.7 所示。

表 9.6　冲击地压危险性的分级表

冲击危险等级	冲击危险指数	震级 M_L	冲击危险状态
A	<0.3	1.0～1.6	无冲击危险
B	0.3～0.5	1.7～2.0	弱冲击危险
C	0.5～0.75	2.0～2.4	中等冲击危险
D	0.75～0.95	2.4～2.8	强冲击危险
E	>0.95	≥2.8	不安全

表 9.7　工程地质条件影响冲击地压危险状态的因素及指数

序号	因素	危险状态影响因素	常村 21220 危险指数
1	W_1	是否发生过冲击地压	3
2	W_2	开采深度	2
3	W_3	顶板中坚硬厚岩层距煤层距离	3
4	W_4	开采区域构造应力集中情况	2
5	W_5	顶板岩层厚度特征参数	3
6	W_6	煤的抗压强度	2
7	W_7	顶煤的冲击能量指数	2
8	W_{t1}	$W_{t1} = \sum W_i / \sum W_{i\max}$	0.89

影响冲击地压的地质方面的因素主要有以下几个方面：煤层的冲击倾向性、开采深度、顶板中坚硬厚岩层距煤层的距离、开采区域内的构造应力集中情况、顶板岩层厚度特征参数等。开采技术条件、开采历史、煤柱、停采线等开采技术因素也影响冲击地压的强度，综合考虑地质因素和开采因素可以确定相应的影响冲击地压危险状态的指数，从而为冲击地压的预测预报和危险性评价提供依据。开采因素影响冲击地压危险状态的因素及指数如

表 9.8 所示。

表 9.8　开采技术条件影响冲击地压危险状态的因素及指数

序号	因素	危险状态影响因素	常村 21220 危险指数
1	W_1	工作面距残留区或停采线的距离	0
2	W_2	未卸压的厚煤层	3
3	W_3	未卸压的一次采全高的煤厚	3
4	W_4	接近煤柱的距离小于 50 m	1
5	W_5	回采工作面接近落差大于 3 m 断层的距离小于 50 m	—
6	W_6	回采工作面接近煤层倾角剧烈变化的褶皱距离小于 50 m	0
7	W_7	开采过程中来压强度	3
8	W_8	采空区处理方式	2
9	W_{r1}	$W_{r1} = \sum W_i / \sum W_{i\max}$	0.57

根据工程地质和开采技术条件综合指数法可知，常村煤矿 21220 工作面区域的工程地质条件危险指数为 0.89，开采技术条件危险指数为 0.57，根据冲击危险性分级表，综合判断属于强冲击危险区域，冲击地压震级位于 2.4～2.8 级。

2. 高冲击韧性锚杆吸能减冲能量校核

根据常村煤矿现场冲击地压统计资料及综合指数法判定结果可知，常村煤矿 21220 下巷冲击地压震级最大为 2.8 级，以此作为巷道防冲支护设计依据。根据前人学者的研究成果和实际数值模拟结果可知，当发生 2.4～2.8 级冲击地压时，巷道围岩的冲击振动速度达到 2.7～3.0 m/s。2.4～2.8 级震级时，砂质泥岩破裂厚度为 0.50～0.70 m，保守估计砂质泥岩破裂厚度为 0.70 m，锚杆间排距为 1 m。常村矿的砂岩密度为 2500 kg/m³。根据上述条件计算冲击地压发生后巷道表面围岩释放的冲击动能。

砂质泥岩释放的冲击动能为

$$E_{s1} = \frac{1}{2}mv^2 = \frac{1}{2} \times (2.5 \times 0.70 \times 1) \times 3^2 = 7.88 \text{ kJ/m}^2$$

若冲击地压震源位于巷道顶板，那么煤岩体的位移势能也会释放一定的能量，当发生 2.4～2.8 级冲击地压时，砂质泥岩最大位移达到 30 mm，则砂质泥岩的位移势能所释放的能量为

$$E_{s2} = mg\Delta h = (2.5 \times 0.70 \times 1) \times 9.8 \times 0.03 = 0.51 \text{ kJ/m}^2$$

式中，m 为单位面积破碎岩体的质量，kg；v 为速度，m/s；Δh 为岩层移动的位移，m。

根据上述能量平衡计算公式，若巷道顶板为砂质泥岩时，顶板砂质泥岩释放的总能量为

$$E_s = E_{s1} + E_{s2} = 7.88 + 0.51 = 8.39 \text{ kJ/m}^2$$

假定巷道锚杆密度为 1 根/m²，常村煤矿 21220 下巷煤层厚度较薄，巷道沿顶板砂质泥

岩掘进，冲击载荷下顶板砂质泥岩释放的总能量为 8.39 kJ，从试验结果可以看出，MG4 和 MGR5 锚杆均满足要求。由于 21220 下巷埋深超过 800 m，在进行支护设计时，不但要考虑锚杆的吸能特性，还要保证锚杆在静载下不发生拉伸破断。综合考虑以上因素，采用 MGR5 锚杆比较合适。

上述分析均假设震源位于巷道顶板，如果同样震级的冲击地压位于巷道帮部，采用同样的支护形式则安全系数更大，但由于帮部通常为煤体，煤体的破裂深度较大，则其冲击动能也相对较大，所以必须要重视冲击地压巷道帮部的支护。尽管从能量平衡角度分析可知，上述支护形式可以防止所假设冲击地压震级的冲击破坏。但由于煤矿地质条件复杂多变，且巷道围岩不但在动载载荷下易发生失稳破坏，在静载条件下，巷道围岩也会发生蠕变破坏，所以，巷道支护设计时要考虑多因素的影响，要采用高冲击韧性锚杆和高强度锚索相结合的支护方法，针对具体条件，也可以采用围岩注浆和喷射混凝土。通过围岩注浆和喷射混凝土可以有效降低围岩破裂深度，采用高强度锚索可以降低围岩的振动速度，通过上述方法可以减小围岩的冲击动能，从而提高巷道围岩的抗冲击能力。

3. 不同支护方案的数值模拟对比分析

通过上述研究可知，采用全长锚固、提高支护密度，采用高冲击韧性锚杆等均可以提高巷道的抗冲击性能。为了得到更科学的支护设计方案，结合常村煤矿生产地质条件，采用动态设计方法，在对巷道支护方案确定之前，首先采用大型数值计算软件 FLAC3D 进行不同支护方案下巷道围岩变形分析，以及试验巷道的方案优化，然后确定试验巷道初始支护方案。

共布置四种方案进行计算分析，分析不同支护参数下巷道的抗冲击能力。根据常村煤矿现场情况，冲击震源能量定为 1×10^6 J，位置位于巷道顶部 5 m 处，采用高冲击韧性锚杆和高强锚索支护，锚杆采用全长锚固，锚索采用加长锚固。锚杆间排距分别定为 800 mm×800 mm、900 mm×900 mm、1000 mm×1000 mm、1100 mm×1100 mm，相应的锚索间距定为 1600 mm×1600 mm、1800 mm×1800 mm、2000 mm×2000 mm、2200 mm×2200 mm。呈"五花眼"布置。四种方案巷道位移场及塑性区分布如图 9.22、图 9.23 所示。

从四种支护方案的位移和塑性区可以看出，随着支护密度的提高，巷道围岩的抗冲击能力明显增强。从顶板下沉量来看，随着支护密度的提高，动载载荷对顶板下沉量有一定的影响，但影响不明显，当锚杆间排距 1.1 m，锚索间排距 2.2 m，顶板下沉量为 28 mm，而锚杆间排距 0.8 m，锚索间排距 1.6 m 时，顶板下沉量为 24 mm，两者相差不大；从塑性区分布范围来看，动载载荷对塑性区的影响比较显著，随着支护密度的增大，巷道围岩的塑性区明显减小，围岩的塑性区主要包括两部分，冲击震源处塑性区和巷道围岩塑性区，当锚杆间排距 1.1 m，锚索间排距 2.2 m 时，震源处塑性区和围岩塑性区相互贯通，巷道顶部围岩将发生失稳破坏；当锚杆间排距 0.9 m，锚索间排距 1.8 m 和锚杆间排距 0.8 m，锚索间排距 1.6 m 时，两处塑性区相互分离，巷道围岩保持完整，这说明合理的支护密度可有效阻止震源处塑性区穿过支护体，把冲击波产生的塑性区隔离在锚固体以外，大大提高了巷道的抗冲击能力。综合考虑巷道的安全性和支护成本，采用锚杆间排距 0.9 m，锚索间排距 1.8 m 的支护方案比较合理。

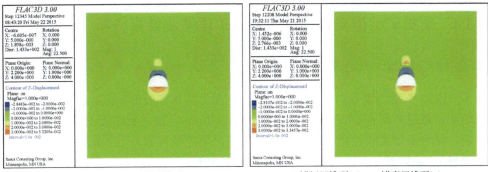

(a)锚杆间排距1.1 m，锚索间排距2.2 m　　　　(b)锚杆间排距1.0 m，锚索间排距2.0 m

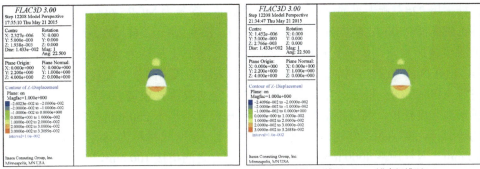

(c)锚杆间排距0.9 m，锚索间排距1.8 m　　　　(d)锚杆间排距0.8 m，锚索间排距1.6 m

图 9.22　不同支护密度巷道围岩位移场分布

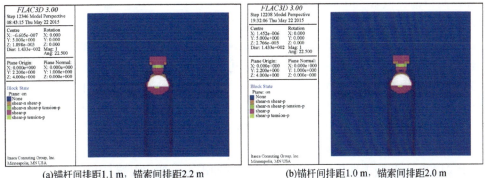

(a)锚杆间排距1.1 m，锚索间排距2.2 m　　　　(b)锚杆间排距1.0 m，锚索间排距2.0 m

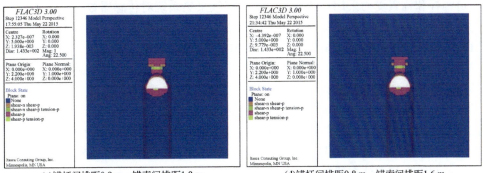

(c)锚杆间排距0.9 m，锚索间排距1.8 m　　　　(d)锚杆间排距0.8 m，锚索间排距1.6 m

图 9.23　不同支护密度下巷道围岩塑性区的分布

9.3.4 常村矿巷道支护设计方案及矿压监测结果分析

1. 常村矿 21220 下巷支护设计方案

由于 21220 下巷"煤炮"震动冲击严重，断面无法规则成形，因此断面设计为不规则三心拱断面，掘进断面宽 6900 mm，掘进高度 4250 mm，掘进断面面积 24 m²。经过数值模拟分析，结合工程实践经验，确定 21220 下巷采用顶板预应力全长锚固强力锚杆（高冲击韧性锚杆）、锚索组合支护系统，具体支护方案如下。

1）高冲击韧性锚杆

锚杆采用 22#左旋无纵筋高冲击韧性螺纹钢筋，钢号为 MGR5-600，冲击吸收功 167 J，侧向冲击破断能 7500 J，轴向冲击破断能 9057 J，长度 2.4 m，杆尾螺纹为 M24；顶板采用四支低黏度树脂锚固剂，一支规格为 MSK2630，另三支规格为 MSM2660，钻头直径为 30 mm，钻孔直径 30 mm，树脂全长锚固，两帮采用加长锚固，一支规格为 MSK2630，一支规格为 MSM2660；采用高强锚杆螺母 M24，配合高强托板调心球垫和尼龙垫圈，托板采用拱形高强度托板，高度不低于 50 mm，托板尺寸不小于 250 mm×250 mm×12 mm，承载能力不低于 297 kN；巷道铺设高强度菱形网，菱形网材料为 8#铁丝，网孔规格 40 mm×40 mm，网片规格 4000 mm×1000mm，两网片之间搭接 100 mm，采用 16#铅丝连接，双丝双扣梳辫法孔孔相连，并不得小于 3 扣；锚杆排距 900 mm，间距 900 mm，拱顶每排布置 6 根锚杆，上帮布置 5 根锚杆，下帮布置 4 根，全部垂直岩壁布置，顶部锚杆预紧力 400 N·m，两帮锚杆预紧 300 N·m。

2）锚索

锚索采用Φ22 mm，1×19 股高强度低松弛预应力钢绞线，顶部锚索长度 6300 mm，帮部锚索长度 4300 mm，钻头直径 30 mm，钻孔直径 30 mm。采用一支 MSK2335 和两支 MSZ2360 树脂锚固剂锚固，锚固长度 1970 mm；采用 300 mm×300 mm×14 mm 高强度可调心托板及配套锁具，高度不低于 60 mm，承载能力不低于 550 kN；每两排锚杆打设 7 根锚索，锚索间距 1800 mm，排距 1800 mm，全部垂直拱顶布置，锚索初始张拉不低于 260 kN。21220 下巷支护方案如图 9.24 所示。

由于 21220 下巷冲击地压灾害严重，为了解冲击震动效应对锚杆和锚索受力的影响，试验巷道锚杆和锚索受力采用在线监测，采用连续采集系统对传感器数据进行实时采集，并自动储存于监测分站。掘进头安设微震传感器，实时监测每次震动冲击的能量。

21220 下巷已施工 300 m 左右，施工过程中，每间隔 100 m 设置了一个综合测站，主要对锚杆和锚索受力，巷道表面位移量等进行了监测，锚杆和锚索受力采用在线监测，综合测站布置示意图如图 9.25 所示。

锚杆和锚索编号均是从左至右，左侧属于下帮，右侧属于上帮，上下帮均属于实体煤。部分锚杆未安装测力计，安装测力计的锚杆编号为 1～11#，锚索编号为 1～7#，由于锚杆 11#传感器和锚索 7#传感器共用一个采集通道，该通道受到"煤炮"震动损坏，未采集到数据。锚杆和锚索测力计布置如图 9.26 所示。

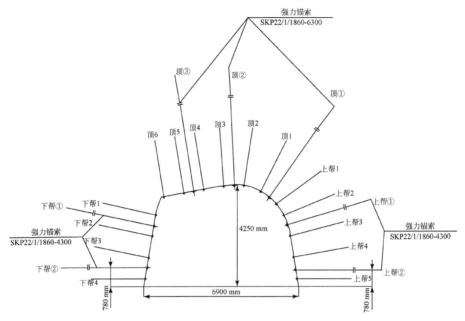

图 9.24　21220 下巷支护方案

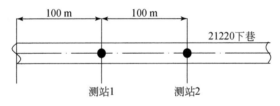

图 9.25　综合测站布置示意图

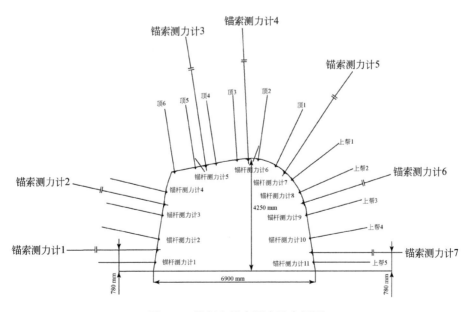

图 9.26　锚杆和锚索测力计布置图

2. 锚杆和锚索受力监测

1）锚杆受力

各锚杆受力与冲击关系曲线如图 9.27～图 9.29 所示。

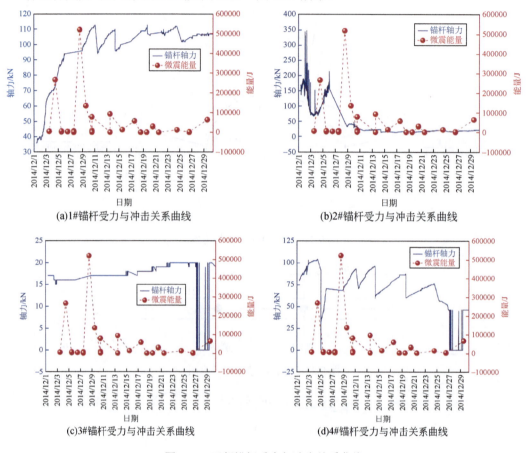

(a)1#锚杆受力与冲击关系曲线　　　　　　　(b)2#锚杆受力与冲击关系曲线

(c)3#锚杆受力与冲击关系曲线　　　　　　　(d)4#锚杆受力与冲击关系曲线

图 9.27　下帮锚杆受力与冲击关系曲线

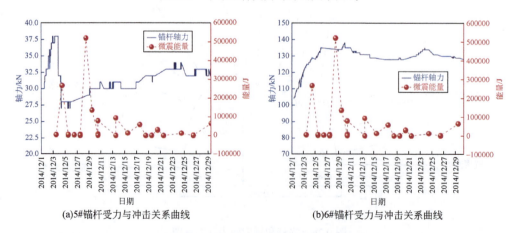

(a)5#锚杆受力与冲击关系曲线　　　　　　　(b)6#锚杆受力与冲击关系曲线

图 9.28　顶板锚杆受力与冲击关系曲线

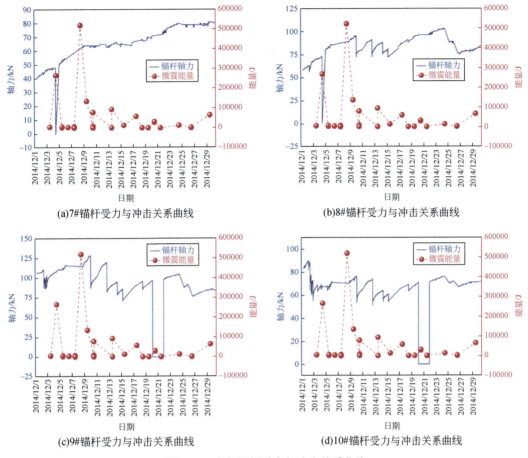

(a)7#锚杆受力与冲击关系曲线　　　　　　　　(b)8#锚杆受力与冲击关系曲线

(c)9#锚杆受力与冲击关系曲线　　　　　　　　(d)10#锚杆受力与冲击关系曲线

图 9.29　上帮锚杆受力与冲击关系曲线

可以看出：

（1）锚杆初期轴力差别较大，最大轴力（如 9#锚杆）达到 100 kN，而最小不到 20 kN
（3#锚杆），这主要由于锚杆测力计安装后，在线采集系统未能及时安设，而是间隔 1 天完
成在线采集系统安装，锚杆初始预紧力通常为 60～80 kN（300～400 N·m），受到"煤炮"
震动影响后，锚杆轴力发生波动，所以各个锚杆轴力差别较大。

（2）从下帮四根锚杆受力情况来看，1#锚杆受到"煤炮"震动后出现了波动，但整体
呈现逐步稳定的趋势；2#锚杆受到"煤炮"震动后，受力急剧波动，最终导致锚杆失效；
3#和 4#锚杆受力一直较小，主要是由于其区域煤岩体遭到卸压工程破坏（大直径钻孔和深
孔爆破）。与下帮锚杆相比，顶部锚杆受到"煤炮"震动后，轴力波动较小，逐步趋于稳定，
这说明"煤炮"震动对顶板影响较小。上帮锚杆轴力也不同程度受到了"煤炮"震动的影
响，但影响不大，锚杆轴力逐步稳定，保持在 60～100 kN 之间。

（3）整体来看，"煤炮"震动对帮部锚杆影响较大，对顶部锚杆影响较小，尤其是对下
帮锚杆影响最大。这主要是由于该巷道沿顶板掘进，顶板砂质泥岩强度较高，冲击载荷作
用下，其塑性变形较小，因此冲击对顶板岩层影响不大。而巷道开挖后，巷道下帮形成的
应力集中更大，导致下帮更易发生"煤炮"冲击，多次冲击载荷致使下帮煤体破碎严重，

塑性变形大，所以下帮锚杆经常出现失效现象。

2）锚索受力

各锚索受力与冲击关系曲线如图 9.30 所示。

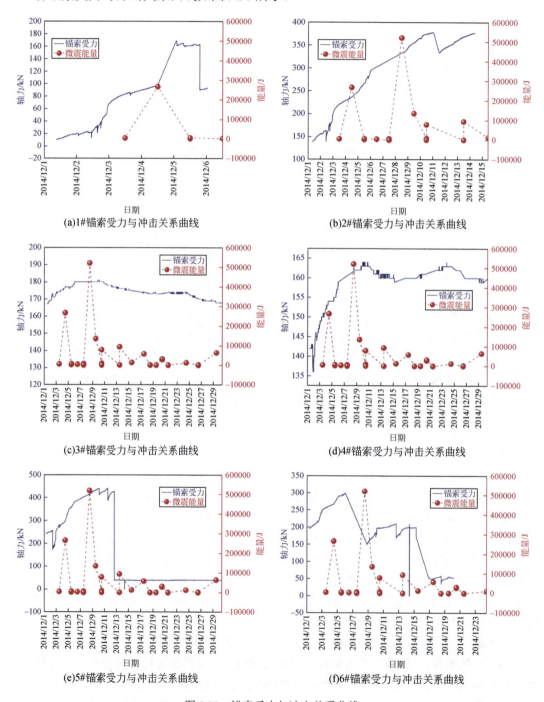

图 9.30　锚索受力与冲击关系曲线

可以看出：①除了 1#锚索外，其他锚索的初期预紧力均在 140～230 kN 之间，随着巷道的掘进，受力逐渐增加。1#锚索由于初期受到"煤炮"震动影响，预紧力卸载至 0，随着巷道的掘进，轴力逐渐增加，最终达到 160 kN。②顶板锚索（3#和 4#）受"煤炮"震动影响较小，最终轴力稳定在 160～170 kN；而下帮和上帮锚索受"煤炮"震动影响较大，2#锚索受到"煤炮"震动后，轴力持续增大，最终达到 370 kN，而 6#锚索受到影响后，轴力逐渐减小，再加上防冲工程的影响（大直径钻孔和深孔爆破），最终失效。5#锚索轴力增加至 400 kN 后，突然降低为 0，主要是由于测力计垫圈破断，测力计失效。

3. 巷道表面位移监测

采用"十字"布点的方法测量巷道表面位移，主要测量上帮移近量、下帮移近量、顶板下沉量和底板底鼓量，监测结果如图 9.31 所示。

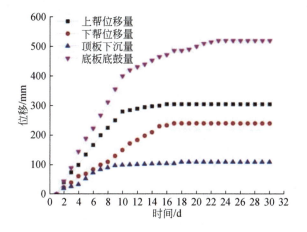

图 9.31　测站 1 巷道表面位移量

可以看出，巷道的变形量随着开挖时间逐渐增大，15 d 以后，巷道变形逐渐减小，巷道基本保持稳定。顶板最大下沉量为 100 mm，两帮移近量为 500 mm，上帮移近量较大，达到 300 mm，下帮最大移近量为 200 mm，底鼓量最大，达到 500 mm，巷道底鼓量明显大于顶板下沉量，且底板底鼓持续时间长，25 d 后，底板才逐渐趋于稳定。巷道整体变形不大，以后在长时间服务时间内不需要多次维修，满足巷道运输的要求。

4. 支护效果评价

综合分析矿压监测结果及对比井下新旧方案支护效果可知，新支护方案有效控制了巷道冲击破坏，及时抑制了围岩早期变形，保证了服务期间巷道的稳定和安全，高预应力强力锚杆支护系统是一种安全、有效和经济的支护方式。

采用基于高冲击韧性锚杆的高预紧力强力锚杆锚索支护系统，大大降低了巷道的变形量，显著提高了锚杆支护的可靠性，取得了明显技术效果；从巷道支护材料、巷道维护费用和人工费用三个方面降低了支护成本，提高了巷道掘进速度，实用性很强，能带来较大的经济和社会效益。

由于巷道受到强动载荷的持续影响，再加上钻孔卸压、断底炮卸压及注水卸压的影响，卸压破坏了钻孔附近煤体的完整性，卸压位置集中在巷道两帮和底板，从巷道变形破坏特征来看，两帮和底板变形量较大，底鼓量达到 500 mm，但整体来看，高冲击韧性锚杆支护下的巷道没有出现失稳破坏现象，也未出现锚杆破断，虽然试验巷道发生了多次大能量冲击事件，巷道仍然保持完整性，可以满足巷道正常运输的要求，新旧支护方案巷道整体效果对比如图 9.32 所示。

(a)旧支护方案巷道整体效果图

(b)新支护方案巷道整体效果图

图 9.32　新旧支护方案巷道整体效果对比

参 考 文 献

[1] 许胜铭, 李松营, 李德翔, 等. 义马煤田冲击地压发生的地质规律[J]. 煤炭学报, 2015, 40(9): 2015-2020.

[2] 焦建康, 鞠文君, 吴拥政, 等. 动载冲击地压巷道围岩稳定性多层次控制技术[J]. 煤炭科学技术, 2019, 47(12): 10-17.

[3] 王宏伟, 姜耀东, 邓代新, 等. 义马煤田复杂地质赋存条件下冲击地压诱因研究[J]. 岩石力学与工程学报, 2017, 36(S2): 4085-4092.

[4] 吕进国. 巨厚坚硬顶板条件下逆断层对冲击地压作用机制研究[D]. 北京: 中国矿业大学(北京), 2013.

[5] 张科学. 构造与巨厚砾岩耦合条件下回采巷道冲击地压机制研究[J]. 岩石力学与工程学报, 2017, 36(4): 1040.

[6] 焦振华. 采动条件下断层损伤滑移演化规律及其诱冲机制研究[D]. 北京: 中国矿业大学(北京), 2017.

[7] 曾宪涛. 巨厚砾岩与逆冲断层共同诱发冲击失稳机理及防治技术[D]. 北京: 中国矿业大学(北京),

2014.

[8] 李松营, 姜红兵, 张许乐, 等. 义马煤田冲击地压原因分析与防治对策[J]. 煤炭科学技术, 2014, 42(4): 35-38.

[9] 魏全德. 巨厚砾岩下特厚煤层冲击地压发生机理及防治研究[D]. 北京: 北京科技大学, 2015.

[10] 焦建康. 动载扰动下巷道锚固承载结构冲击破坏机制及控制技术[D]. 北京: 煤炭科学研究总院, 2018.

[11] 付玉凯. 高冲击韧性锚杆吸能减冲原理及应用[D]. 北京: 煤炭科学研究总院, 2015.

[12] 吕进国, 南存全, 张寅, 等. 义马煤田临近逆冲断层开采冲击地压发生机理[J]. 采矿与安全工程学报, 2018, 35(3): 567-574.

[13] 王宏伟, 邵明明, 王刚, 等. 开采扰动下逆冲断层滑动面应力场演化特征[J]. 煤炭学报, 2019, 44(8): 2318-2327.

[14] 王书文. 千秋煤矿爆破卸压防治冲击地压技术研究[D]. 北京: 煤炭科学研究总院, 2011.

[15] 王书文, 毛德兵, 潘俊锋, 等. 基于煤层围岩波速结构探测的工作面冲击危险性预评价技术[J]. 岩石力学与工程学报, 2014, 33(S2): 3847-3855.

[16] 王书文, 毛德兵, 杜涛涛, 等. 基于地震 CT 技术的冲击地压危险性评价模型[J]. 煤炭学报, 2012, 37(S1): 1-6.

[17] 王书文, 徐圣集, 蓝航, 等. 地震 CT 技术在采煤工作面的应用研究[J]. 煤炭科学技术, 2012, 40(7): 24-27, 84.

[18] 康红普, 吴拥政, 何杰, 等. 深部冲击地压巷道锚杆支护作用研究与实践[J]. 煤炭学报, 2015, 40(10): 2225-2233.

[19] 付玉凯, 鞠文君, 吴拥政, 等. 深部回采巷道锚杆(索)防冲吸能机理与实践[J]. 煤炭学报, 2020, 45(S2): 609-617.

[20] 付玉凯, 鞠文君, 吴拥政, 等. 高冲击韧性锚杆吸能减冲原理及应用研究[J]. 煤炭科学技术, 2019, 47(11): 68-75.

第10章 高瓦斯多巷布置冲击地压防治实践

我国煤矿采煤工作面多采用"一面两巷"布置方式,即工作面两侧各布置一条回采巷道。在陕西彬长矿区、山西潞安矿区、内蒙古呼吉尔特矿区的部分冲击地压矿井,出于瓦斯治理、水害防范或高产高效等目的,采用了"一面三巷",甚至"一面四巷"的布置方式,巷间煤柱宽度一般为20~40m[1]。工作面回采后,采空区侧巷道将继续为下一工作面服务,由于宽煤柱承载能力较强,在侧向采空区形成过程中逐步积聚弹性能,在一定条件下可诱发冲击地压[2-5]。本章以山西某矿为例介绍由于多巷布置宽煤柱受多次采动影响而诱发的冲击机理和防治。

10.1 多巷布置工作面冲击地压显现特点

山西长治某矿为高瓦斯矿井,为满足瓦斯治理需要,北二采区 N2105 首采工作面采用了"一面四巷"布置方式,巷间煤柱 35 m,其进风巷计划为相邻工作面继续服务。该工作面回采过程中,进风巷留巷段先后两次发生强烈冲击地压,发生位置如图 10.1 所示。

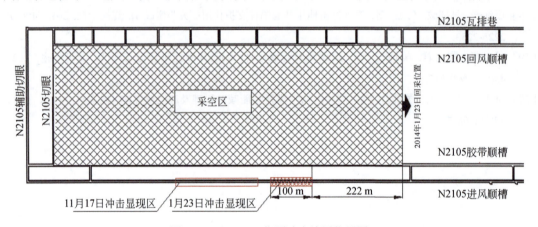

图 10.1 N2105 工作面冲击地压位置图

2013 年 11 月 17 日,进风巷破坏区滞后工作面 127~327 m,破坏现场情况见表 10.1。本次冲击破坏以底板为主,煤柱帮次之,实体煤帮和顶板变形不明显。进风顺槽采用了对称的锚网索支护,但现场破坏形式表现出明显非对称性。该巷道在掘进期间未见任何动力现象。冲击发生前 2 h 内,瓦斯浓度稳定在 0.23%左右。冲击发生后,瓦斯浓度迅速增长,50 min 后达到最大值(1.34%),之后瓦斯浓度缓慢下降,24 h 后降至 0.46%,48 小时后降至 0.38%,72 小时后降至 0.30%,如图 10.2 所示。

表 10.1　2013 年 11 月 17 日 N2105 工作面冲击破坏情况

方位	底板	煤柱帮	实体煤帮	顶板
现场情况				
描述	底板被震裂，大块煤弹起，最大底鼓增量约 1.5 m	整体外移 0.5 m，表面新生裂隙密布，未出现片帮或破网	变形不明显	变形不明显

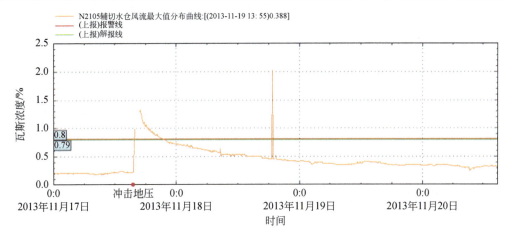

图 10.2　2013 年 11 月 17 日 N2105 工作面冲击前后瓦斯浓度曲线

　　2014 年 1 月 23 日 22：40，进风顺槽留巷段再次发生冲击地压，破坏区域滞后工作面 222～322 m。冲击发生后的巷道变形情况如图 10.3 所示。巷道总底鼓量 1.2～1.5 m，其中冲击导致瞬间底鼓增量 0.7～1.0 m（原底鼓量 0.5 m）。煤柱侧巷帮瞬间变形增量 0.4 m（原变形量 0.4 m），该侧巷帮虽未形成显著网兜，但相对非煤柱侧而言更为破碎，裂隙极为发育且杂乱。非煤柱侧巷帮变形未明显增加（原变形量 0.2 m）。冲击发生前 10 h 内，瓦斯浓度稳定在 0.28%左右。冲击发生后，瓦斯浓度迅速增长，90 min 后达到最大值（0.96%），突破预警值（0.8%），之后瓦斯浓度逐渐下降，但下降速度远小于增长速度，48 h 后稳定在 0.3%左右，如图 10.4 所示。

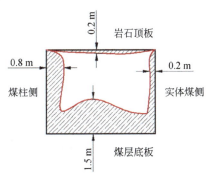

图 10.3　2014 年 1 月 23 日 N2105 工作面冲击位置巷道断面素描

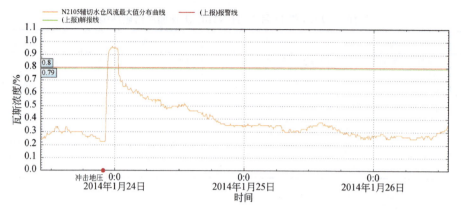

图 10.4　2014 年 1 月 23 日 N2105 工作面冲击前后瓦斯浓度曲线

上述冲击地压显现具有 3 个特点。一是冲击显现具有方向性，进风巷冲击显现区破坏以底板为主，煤柱帮次之，非煤柱帮和顶板变形量很小，表明冲击能量释放时具有显著的方向性或者非对称性。二是冲击显现具有滞后性，包括时间滞后性和位置的滞后性。主要是指冲击显现位置一般不紧随回采工作面，而是在滞后工作面约 100～300 m 发生，滞后工作面回采时间可达 2～3 个月。三是构造控制作用明显，如图 10.5 所示，N2105 工作面内发育一条宽缓背斜，背斜轴沿"东南-西北"方向延展，直至回风巷内侧，进风巷从背斜中部穿越。进风巷两次冲击显现均位于背斜轴部 250 m 范围内。

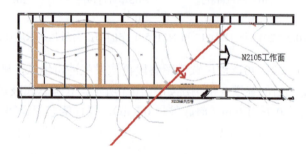

图 10.5　N2105 工作面背斜构造与冲击显现区相对位置关系

10.2　多巷布置工作面冲击地压载荷源演化全过程

10.2.1　采空区侧向支承压力演化全过程

1. 应力监测方案

煤层回采后，采空区顶板压力不断向周边煤层传递，形成采空区侧向支承压力，其演化特征与顶板活动及煤层塑性破坏规律密切相关，而两者皆为时间的函数。为获取 N2105 工作面回采过程中侧向煤层支承压力演化规律，超前于工作面在煤柱内及进风巷外侧沿工作面倾向布置 KJ21 采动应力监测系统，共 12 台 KSE-II 型钻孔应力计，初始压力约为 4 MPa，可在线监测采空区侧向 56 m 范围内煤层垂直应力的变化情况，如图 10.6 所示。

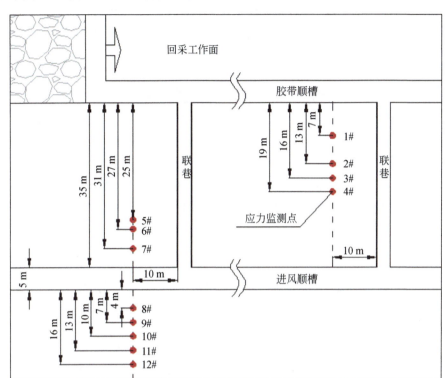

图 10.6　采空区侧向煤层应力监测点布置平面图[6]

1#~7#应力计在联巷内施工，沿走向钻孔安装，孔深均为 10 m，监测线路由联巷引出至进风巷。8#~12#应力计在进风巷内施工，沿倾向钻孔安装，测点走向间距不大于 1.5 m。由于应力计的安装、供电时间有差异，各测点监测时间不完全一致。

2. 采空区侧向压力分阶段、分区特征

提取 2014 年 3 月至 2014 年 9 月期间各测点有效监测数据进行分析，发现受工作面回采及采空区顶板活动影响，采空区侧向 53 m 范围内煤层垂直应力不同程度调整，直至工作面后方约 300 m 才趋于稳定。临空宽煤柱及留巷（进风巷）帮部受力演化在走向上呈阶段性特征，在倾向上呈区间性特征。依据以上特征绘制出该工作面采空区侧向煤层弹塑性区全程演化过程，如图 10.7 所示，并结合垂直应力变化规律，将侧向煤层沿走向划分为 5 个阶段，沿倾向划分为 5 个区间，各区间测点应力监测曲线如图 10.8~图 10.12 所示。

1）阶段一

图 10.8~图 10.12 表明，除 12#测点外，其他测点应力超前于工作面 50~60 m 时开始明显增长。由此得出工作面超前支承压力影响范围约 60 m，侧向支承压力影响范围约 53 m。

如图 10.7 所示，阶段一范围为工作面前方 60 m 处以外区域。该阶段侧向煤层不受回采扰动影响，仅受胶带巷和进风巷两侧的巷道支承压力影响。

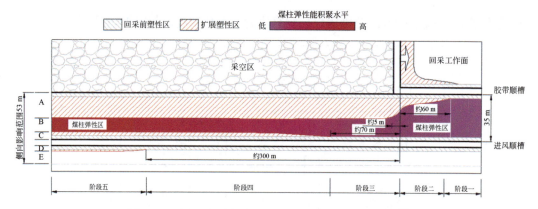

图 10.7　采空区侧向煤层弹塑性区演化全过程示意图[6]

A. 煤柱内侧塑性区；B. 煤柱弹性区；C. 煤柱外侧塑性区；D. 留巷外侧塑性区；E. 留巷外侧弹性区

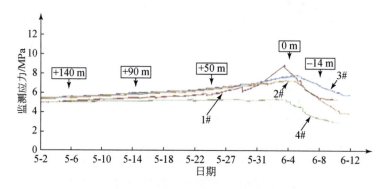

图 10.8　A 区测点应力监测曲线

+140 m 表示测点位于工作前方 140 m 处，−14 m 表示测点位于工作面后方 14 m 处，下同

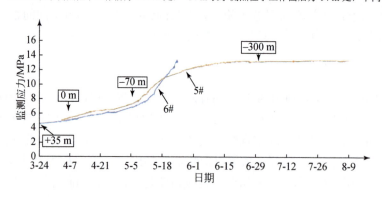

图 10.9　B 区测点应力监测曲线

2）阶段二

阶段二范围为工作面至前方 60 m 以内区域。受工作面超前支承压力和侧向支承压力叠加影响，煤柱及留巷外帮（13 m 以内）垂直应力整体增高，且距离胶带巷越近，增幅越大。

3）阶段三

阶段三范围为工作面至后方 70 m 以内区域。由图 10.8 可知，1#～4#测点在工作面推采过 5 m 后，监测点应力全部由峰值开始下降。这表明受采空区顶板下沉影响，煤柱内侧（距采空区 19 m 范围内）应力超过其强度极限而发生塑性破坏，承载能力下降。煤柱内侧塑性区扩大导致采空区顶板载荷进一步向煤柱外侧和留巷外侧转移。由图 10.9～图 10.12 可知，该阶段内 5#～11#测点应力持续增加。

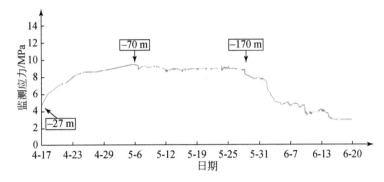

图 10.10　C 区测点（7#）应力监测曲线

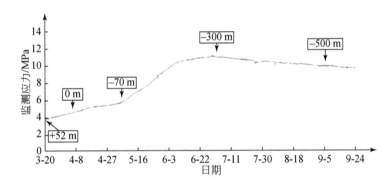

图 10.11　D 区测点（8#）应力监测曲线

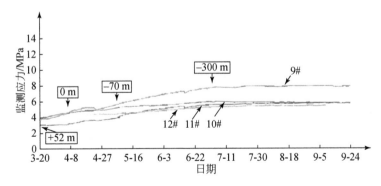

图 10.12　E 区测点（9#）应力监测曲线

4）阶段四

阶段四范围为工作面后方 70 m 至后方 300 m 范围区域。随着高位厚硬岩层的断裂、回转，采空区顶板向侧向煤层的压力传递作用进一步增强。测点滞后工作面约 70 m 时，测点垂直应力增速加大，5#测点垂直应力平均增幅由 0.08 MPa/d 剧增至 0.23 MPa/d；6#测点垂直应力平均增幅由 0.07 MPa/d 剧增至 0.33 MPa/d；8#测点垂直应力平均增幅由 0.04 MPa/d 剧增至 0.15 MPa/d。

虽然该阶段内 5#、6#、8#测点应力均持续增加，但 7#测点开始出现下降趋势（图 10.10）。分析认为，7#测点位于进风巷原侧向支承压力峰值区（距巷道约 4 m），叠加采空区侧向支承压力之后，相对于周边测点更早的超过强度极限而发生塑性破坏，使得进风巷煤柱帮塑性区进一步扩展。虽然 8#测点同样处于进风巷原侧向支承压力峰值区，但其距离采空区更远，叠加采空区侧向支承压力后仍未超过其强度极限，因此，该测点应力继续保持增长。

5）阶段五

阶段五范围为工作面后方 300 m 至切眼范围区域。该阶段内 5#、7#、9#~11#测点应力基本不变，表明侧向煤层受力在工作面回采 300 m 后基本稳定。8#测点煤层应力超过强度极限而向塑性发展，垂直应力缓慢下降，平均降幅仅 0.02 MPa/d，对侧向煤层整体受力影响较小。

表 10.2 详细描述了各阶段、各区间大致范围及煤层受力变化、塑性区扩展情况。

表 10.2　采空区侧向各区间煤层受力及弹塑性特征

区间	稳定后大致侧向宽度/m	区间宽度演化过程	回采所致应力最大增长倍数	回采所致应力最大增长倍数出现位置
A. 煤柱内侧塑性区	19	超前于工作面 60 m 处开始扩展，工作面后方 5 m 处扩展至 19 m	1.6	工作面附近
B. 煤柱弹性区	11	超前于工作面 60 m 处开始缩减，工作面后方 5 m 处缩减至 16 m，工作面后方 70 m 处缩减至 11 m	>3.0*	工作面后方 300 m 以外
C. 煤柱外侧塑性区	5	工作面后方 70 m 处开始扩展	2.4	工作面后方 70 m 附近
D. 留巷外侧塑性区	4	工作面后方 300 m 处开始扩展	2.8	工作面后方 300 m 附近
E. 留巷外侧弹性区	9	工作面后方 300 m 处开始缩减	2.0	工作面后方 300 m 以外

*B区6#监测点于5月25日中断，中断前应力呈增长趋势，推断其实际应力最大增长倍数大于3。

表 10.2 表明，工作面回采后，侧向煤层应力集中主要发生在 B、C、D 等 3 个区间，由于 C、D 区位于巷道两侧，易发生变形破坏，极限承载能力低于 B 区，最终使得 B 区成为可持续积聚能量的弹性核区，直至滞后工作面约 300 m。

依据前述监测数据分析，以倾向剖面的形式将不同阶段采空区侧向支承压力分布变化及其与塑性区扩展的对应关系用图 10.13 表示。可见，工作面回采后，侧向煤层受力经历了复杂的演变过程，尤其煤柱垂直应力先后呈现出"内外同高→内高外低→内低外高"的分布规律。

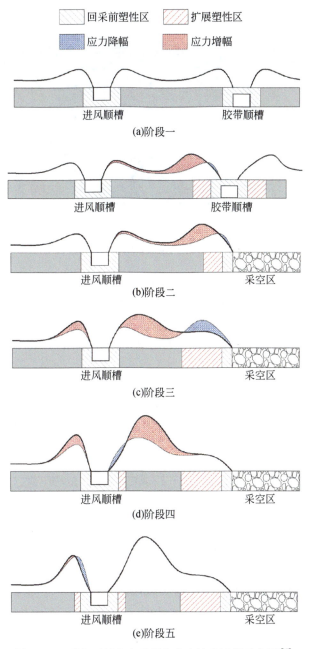

图 10.13　采空区侧向支承压力分布演化过程示意图[6]

10.2.2　采空区侧向微震活动全过程

1. 微震监测方案及可靠性分析

为增强对工作面后方及侧向煤岩层微震事件的监测效果,将 ARAMIS M/E 微震系统探头布置在工作面外圈巷道内,同时使得工作面在走向上位于各探头包络范围的中部,如

图 10.14 所示。

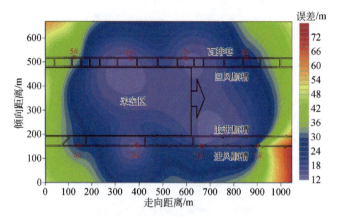

图 10.14　N2105 工作面微震台网布置及震中定位误差

图 10.14 同时显示了该台网布置对应的震中定位误差，该指标可反映微震事件平面定位的精确度。可见，工作面后方 400 m 范围的震中误差基本在 20 m 以内，而处于探头包络范围外的区域震中误差迅速增高。显然，对于常见的单巷布置工作面而言，探头只能布置在工作面超前巷道内，对采空区微震事件的定位误差必然较高，影响分析结论[7,8]。

2. 采空区周边微震分布总体规律

图 10.15 为 5 月 25 日～6 月 8 日微震事件的平面投影，实心圆直径越大，表明微震能量越大。图 10.16 统计了 6 月 4 日～6 月 8 日不同区域微震频次与工作面的相对位置关系。

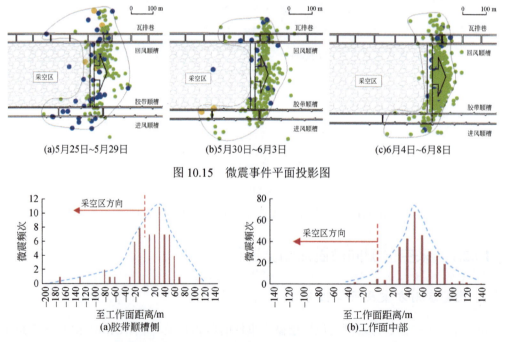

图 10.15　微震事件平面投影图

图 10.16　不同区域微震频次与工作面相对位置关系（6 月 4 日～6 月 8 日）

综合分析 6 个月的微震数据，可得以下规律：

（1）微震事件主要分布在采空区边缘煤岩层内，采空区中部微震事件很少，整体呈现反 "C" 形。工作面中部微震超前于工作面距离最大，随着靠近两侧顺槽，超前距离逐渐变小。

（2）工作面前方微震事件数量远大于工作面后方，且后方微震事件频次总体与滞后工作面距离成反比。

（3）工作面中部微震活跃区位于工作面前方 50 m 处，微震活动持续至工作面后方 30～50 m。巷道侧微震活跃区位于工作面前方 30 m 处，微震活动持续至工作面后方 140～370 m。

（4）采空区侧向背斜构造影响区的微震活动持续时间可达 3 个月，滞后工作面距离一般大于 300 m，显著大于非背斜构造影响区。

（5）大能量微震事件在工作面前、后方均可能发生。5 月 9 日 00：06，N2105 工作面后方 311 m 处回风巷侧曾发生 6×10^4 J 微震事件，而该能量级别事件在 N2105 工作面较为罕见。

（6）采空区侧向微震活跃规律与煤层垂直应力变化规律差异较大。如图 10.17 所示，微震活跃区集中在工作面附近，采空区后方微震事件急剧减少。而侧向煤层受力随着远离工作面而逐渐增加，煤柱弹性区（B 区）最大应力值出现在滞后工作面 300 m 以外。

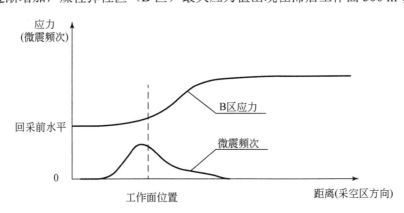

图 10.17　工作面侧向煤层垂直应力及微震沿走向分布规律

3. 采空区侧向微震活动特征及机制分析

1）采空区中部与两侧顶板活动性差异

图 10.15 表明，采空区微震活动主要集中在采空区边缘附近，这表明与采空区中部顶板相比，采空区边缘附近顶板稳定所需时间更长。采空区边缘顶板在断裂、回转过程中受到下部煤层的支撑作用，易形成暂时稳定的组合结构（如砌体梁结构），随着结构内各岩块变形、破坏程度的不断加剧，组合结构可再次失稳，继续引起覆岩活动。该现象在采空区中部出现概率相对较低。

2）采空区侧向背斜构造区顶板活动性异常

地应力实测及理论研究均表明，褶皱影响区水平构造应力一般较高。利用三维离散单元法程序（3DEC）模拟了 N2105 工作面水平构造应力与垂直应力比值 γ 不同时的采空区边缘覆岩结构形态，如图 10.18 所示。结合微震数据分析认为，水平构造应力对采空区边缘坚硬岩层断裂长度、铰接特性、活动时间均具有一定影响。原始水平构造应力使得采空区边缘顶板岩块断裂后水平挤压力较大，坚硬岩块易铰接形成大跨度结构，限制了上覆岩层活动空间，覆岩达到最终稳定所需时间更长，结构失稳形成的动载荷更为滞后。

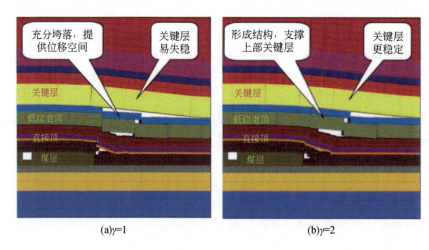

图 10.18　不同地应力场条件下采空区边缘覆岩结构模拟结果

3）采空区侧向覆岩结构与前方的差异及影响

采空区侧向和前方存在相似的覆岩结构，两者最大的区别在于，随着工作面不断推进，超前区域覆岩结构不断前移，其实质为原结构不断失稳、回转，最终进入采空区。同时，超前顶板不断破裂成新的岩块，新结构亦不断形成。该过程伴随剧烈岩层活动，对采场和超前巷道的动载影响较为明显。与之不同的是采空区侧向覆岩结构的组成、位置均相对稳定，采空区一旦形成，覆岩结构的组成岩块基本不变，并向趋于稳定的方向发展，活动性逐渐减弱。随着采场的远离，受本工作面的影响程度不断减小。

覆岩结构的位态与活动性控制着下部采场或巷道的矿压显现。工作面前方煤体受上覆岩层下沉影响而产生应力集中，但由于工作面一直在推进，下沉幅度和影响时间有限，超前区域煤层只经历了覆岩结构下沉初期的影响。与之不同的是，采空区侧向煤层将经历覆岩结构由形成至稳定的整个周期，该过程中上覆岩层下沉量随时间持续增大，煤层应力不断增加，直至覆岩趋于稳定。

实践表明，回采工作面若长期不推进，支架压力将不断增长，此时支架受力与采空区侧向煤层受力变化规律及形成机制类似。现场观测表明，N2105 工作面胶带巷超前区域顶板和帮部变形量均在 300 mm 以内，远小于采空区侧向进风巷变形量，两个方向上覆岩结构特征差异是其重要原因之一。简言之，煤岩破断主要发生在工作面附近，造成微震活跃。但顶板下沉主要在工作面后方完成，从而造成采空区侧向煤层压力持续增高。

10.3　多巷布置工作面冲击地压发生机制

10.3.1　可能的冲击地压主导力源

通过对矿井煤岩特性及采掘状态分析，N2105 工作面进风巷底板冲击地压主导力源有两种可能的情形。

1. 底板水平应力集中导致底板冲击

该情形下，冲击主导力源为底板水平应力峰值区，载荷源为高度集中的底板水平应力 σ_x，如图 10.19（a）所示。这种类型冲击地压经常出现在冲击地压矿井褶曲构造区的掘进巷道，受构造应力及巷道掘进在顶底板引起的次生水平应力叠加作用影响，冲击显现以底板或顶底板同时破坏为主，帮部破坏程度往往很小。

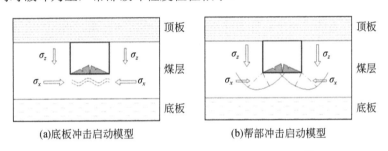

图 10.19　底板冲击地压可能的冲击启动模型[9]

2. 煤柱垂直应力集中导致煤柱冲击

巷道围岩是由巷帮、顶板、底板构成的有机整体，各方位煤岩体的应力调整及稳定性演变相互影响。图 10.19（b）显示了另外一种可能的情形：工作面回采后，临空煤柱垂直应力 σ_z 集中程度不断升高直至帮部发生冲击启动，冲击能量向四周传播，对围岩形成强烈的瞬间动态加载，巷道各方位破坏程度主要取决于各自抗冲击能力。由于进风巷帮部支护强度较高，而裸露的底煤承载能力差，底板成为破坏的主体。

可围绕采空区形成过程中侧向煤柱及留巷围岩各向应力及位移的演化规律进行深入分析，以判定留巷底板冲击地压的主导应力源。

10.3.2　底板"卸压通道"的机制及验证

为研究 N2105 工作面回采对进风巷围岩的影响，利用 FLAC3D 建立巷道侧向大范围开挖数值计算模型，如图 10.20 所示，留巷及内圈巷道的高×宽尺寸均为 5 m×4 m，右侧开挖后最终形成 15 m×4 m 的开挖空间，用于模拟侧向煤层回采。上部边界施加等效垂向载荷14.25 MPa，模型范围施加渐变水平应力，其中模型底部施加水平应力为 10 MPa。模拟过程为：原始应力平衡→开挖两条巷道（留巷及内圈巷道）并计算平衡→右侧大范围开挖并计算 1000 时步→计算 2000 时步。

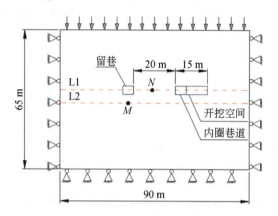

图 10.20　留巷侧向煤层开挖数值计算模型

图 10.21～图 10.23 为不同模拟阶段煤柱及留巷围岩应力变化曲线。可见，右侧煤层开挖前，煤柱的垂直应力曲线呈"对称双峰"分布，开挖后则逐渐过渡至"左高右低"的"偏单峰"分布。而此时，尽管煤柱的垂直应力峰值逐渐增加，但留巷底板水平应力则不断降低，且右侧开挖空间底板应力降幅更大。

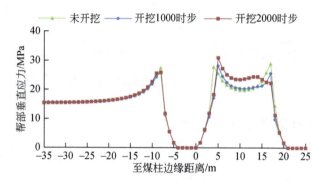

图 10.21　不同模拟阶段帮部垂直应力分布曲线（沿图 10.20 中 L1 提取，底板以上 2 m）

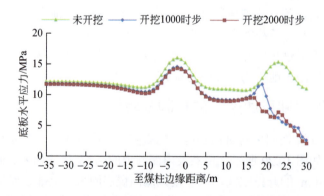

图 10.22　不同模拟阶段底板水平应力分布曲线（沿图 10.20 中 L2 提取，底板以下 4 m）

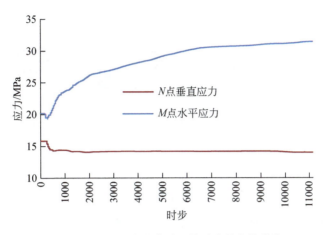

图 10.23　M、N 点应力随计算时步的变化曲线

　　图 10.24～图 10.26 为模型右侧煤层开挖后围岩运动规律及矢量图。可见，右侧大范围开挖后，临空煤柱及其顶底板整体向右移动。向左移动区域仅存在于留巷右帮及其右底角。分析认为，留巷掘进后，留巷底板形成了水平应力集中区，而右侧煤层开挖后，开挖空间底板形成了更大范围的塑性破坏区（右侧底板破坏深度 8 m，留巷底板破坏深度 3 m），从而为留巷及煤柱底板 8 m 以浅的煤岩体提供了"卸压通道"。留巷底板原水平集中应力通过该"卸压通道"向右侧底板破坏区域释放。类似地，由于煤柱右侧底角破坏深度显著大于左侧，煤柱下沉引起的底板水平应变主要往右释放。

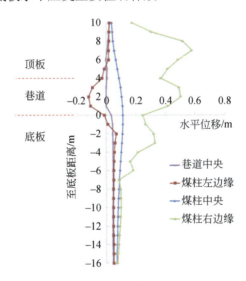

图 10.24　侧向开挖后煤柱及其顶、底板水平位移分布曲线

　　为验证以上推断，在模型基础上设置强化区，如图 10.27 所示。强化区的强度参数（体积模量、剪切模量、内摩擦角、抗拉强度等）提高至原来的 3 倍，将强化区上部边缘与底板的距离 d 称为"卸压通道"宽度，目的在于考察"卸压通道"对留巷底板水平应力调整规律的影响。模型中 d 分别取 1 m、3 m、5 m、10 m。提取巷道底板的水平应力峰值（M

点）和煤柱中部垂直应力峰值（N 点）。

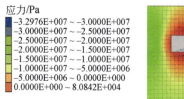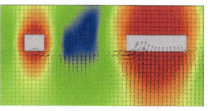

图 10.25　侧向开挖后垂直应力分布云图及速度矢量图

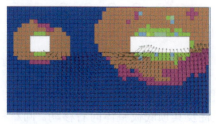

图 10.26　侧向开挖后塑性区分布图及速度矢量图

None：弹性；shear：剪切屈服；tension：拉伸屈服；-n：极限平衡状态；-p：屈服过，但当前应力不在屈服面，脱离了极限平衡状态

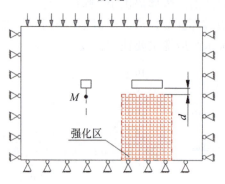

图 10.27　"卸压通道"机制验证模型

　　分析图 10.28、图 10.29 模拟结果可知，"卸压通道"宽度 d 较小时，右侧的应力释放通道被部分"封锁"，煤柱整体下沉过程中，其底板主要向左侧位移，对留巷底板形成水平挤压，水平应力更加集中。反之，"卸压通道"宽度 d 较大时，右侧的应力释放通道"通畅"，煤柱下沉主要引起底板发生向右的位移，对留巷底板水平应力起到释放作用。

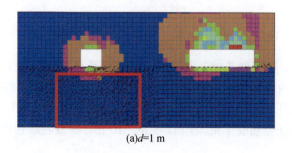

(a)d=1 m

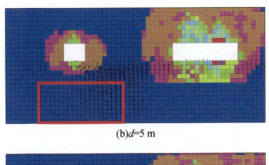

(b)d=5 m

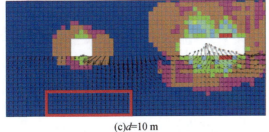

(c)d=10 m

图 10.28 不同 d 值对应的塑性区和速度矢量分布图（红框内为强化区）

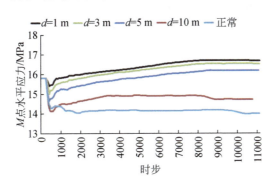

图 10.29 不同 d 值对应的底板水平应力峰值变化曲线

简言之，留巷侧向发生更大范围开挖后，其底板水平应力受到两种机制的共同影响：煤柱下沉引起的底板增压机制和侧向底板大范围破坏引起的疏压机制。两种机制综合作用结果决定了留巷底板水平应力的变化趋势和幅度。当增压机制强于疏压机制时，留巷底板水平应力更为集中；当增压机制小于疏压机制时，留巷底板水平应力部分释放。

10.3.3 冲击地压发生的力学模型

采空区形成后留巷围岩应力源演化模型如图 10.30 所示。进风巷掘进及 N2105 工作面开挖后，底板下方依次形成各自的破坏区、水平应力集中区，而采空区底板破坏深度 d_c 远大于巷道底板破坏深度 d_0。在垂直方向上，留巷底板水平应力集中区与处于同一高度的右侧采空区底板相比，后者的强度更低，完整性更差，水平应力更低。采空区底板破坏区的形成相当于降低了留巷底板水平应力集中区右侧的约束，最终导致巷道留巷水平应力的下降。该过程中，煤柱和留巷帮部垂直应力整体增大。综合分析认为，虽然 N2105 工作面底板破坏最为剧烈，但底板并不是冲击启动区。因为倘若底板水平集中应力主导冲击地压的发生，那么发生时间应该在煤层开挖之前或掘进期间，此时的底板水平应力集中程度是最高的。

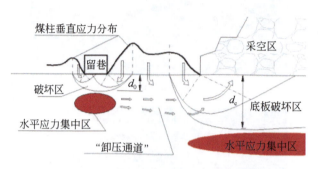

图 10.30　采空区形成后留巷围岩应力源演化模型[10]

采空区形成后，侧向煤层垂直应力整体增加，但煤柱弹性区（B 区）增幅最大，应力集中系数可达 3.0 以上，成为最接近临界失稳状态的区域，在采空区动载荷的扰动作用下优先发展为冲击启动区，其不断增长的垂直应力为主导应力源。如图 10.31 所示，冲击启动后，冲击启动区瞬间释放大量弹性能并向周围传播过程中，对留巷帮部冲击作用最为强烈，但由于巷帮支护强度较高，整体性较好，因此只发生了整体变形。巷道顶板为相对坚硬的岩层，且有锚网索支护，抗冲击能量更强，无明显变形。而巷道底板为早已发生塑性破坏的底煤，抗冲击能力差，成为震动能向裂纹表面能、动能集中转化的主体，最终导致底板破坏最为剧烈。

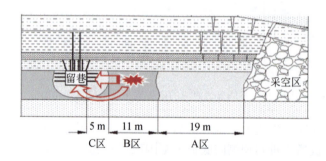

图 10.31　临空留巷底板冲击地压能量传递模型

10.4　多巷布置工作面冲击地压分步防治技术

冲击地压防治首要目标为阻止冲击地压启动，而一旦无法阻止冲击启动，应设法降低冲击显现强度。针对本类型底板冲击地压发生条件，可通过 4 个步骤来实现以上目标。

1）步骤一：超前预裂采空区边缘顶板

采空区悬露顶板引起的压力传递是煤柱内冲击启动区应力源持续增长根本原因。可通过超前预裂采空区边缘顶板促进采空区顶板垮落，削弱向煤柱传递压力作用。根据上覆岩层"两带"发育高度探测结果，综放开采冒落带高度为 27～32 m[10]，该范围顶板的悬露对侧向煤柱应力影响最为显著。由图 10.32 可知煤层上方 20.3 m 处发育单层厚度 9.2 m 的坚硬砂岩,作为本步骤重点预裂层位。为便于施工并保证顶板安全,在胶带顺槽超前支护区外端施工,爆破完成后预裂段能够及时进入超前支护区,以免导致顶板过度变形而影响生产。

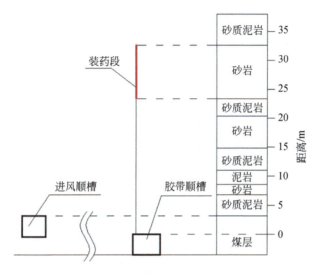

图 10.32　爆破钻孔在倾向垂直剖面上的投影

2) 步骤二: 冲击启动区钻孔耗能

超前预裂顶板可以削弱但很难根本上消除采空区引起的叠加应力。可针对煤柱潜在冲击启动区施工大直径钻孔,破坏其煤层结构,耗散弹性核区积聚的弹性应变能。如图 10.33 所示,采空区形成后,侧向煤层 B 区的垂直应力集中水平最高,最有可能发生冲击启动。B 区至留巷最远 16m,考虑安全系数,将帮部钻孔长度设计为 20 m,以充分穿透潜在冲击启动区。钻孔直径 113 mm,间距 1 m。

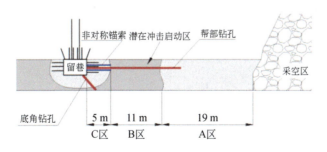

图 10.33　煤柱大直径钻孔及非对称锚索布置示意图

图 10.34 为施工帮部钻孔前后,利用钻孔应力计监测的相对垂直应力变化情况。自 5 月 14 日,受工作面超前支承压力影响,测点应力持续跳跃式增加。6 月 11 日,应力增幅急剧增大。6 月 15 日,钻孔施工后应力骤降,但之后应力再次出现反弹。这表明煤层钻孔之后应力能够恢复,应持续跟踪监测,以判断是否需要再次钻孔。

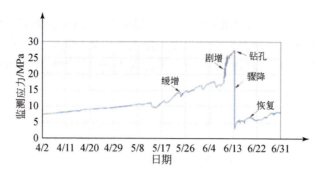

图 10.34　煤柱大直径钻孔施工前后应力变化曲线

3）步骤三：煤柱底角设置缓存钻孔

若前两步的人工干预不足以充分破坏潜在冲击启动区形成条件，冲击启动仍将发生，启动区释放的弹性能将向周围传播，对附近煤岩体形成强烈冲击载荷。前文分析可知，底板抵抗冲击载荷的能力最小，可通过在其传播路径上设置缓冲结构，以减小对底板岩层的冲击作用。为便于底板钻孔排粉，俯角设置为 45°。

4）步骤四：煤柱帮非对称支护

采空区形成后，顶板下沉对留巷围岩形成偏载作用，两帮垂直应力差异较大。留巷掘进期间采用的是两帮对称支护方式，帮部锚杆长度均为 2.4 m，无锚索。图 10.35 为 N2105 工作面回采前后留巷内同一断面各方位锚杆受力变化曲线。可见，工作面回采前，留巷两帮锚杆受力同步变化，表明两侧煤帮受力、变形规律基本一致。回采后，两帮锚杆受力差异逐渐扩大。外帮锚杆受力持续快速增长，测站滞后工作面 150 m 时，增长至 190 kN，之后增幅下降，滞后工作面 300 m 时，受力维持在 200 kN 左右。回采后，煤柱帮锚杆受力增幅不断减小，测站滞后工作面 150 m 时，增长至 140 kN，之后受力开始下降，滞后工作面 300 m 时，受力仅维持在 75 kN 左右。分析认为，侧向煤层回采导致留巷煤柱帮破坏程度较外帮更为严重（由图 10.33 可知煤柱帮塑性区可扩展至 5 m 处），导致锚杆锚固段围岩部分破坏，支护强度下降，煤柱帮抗冲击能力降低。然而，由于冲击启动区位于煤柱内，对煤柱帮的冲击作用更为强烈。

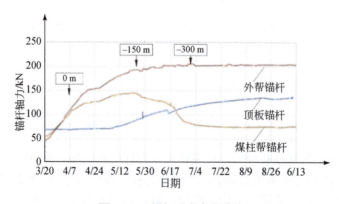

图 10.35　锚杆受力变化曲线

可见，留巷采取的对称支护方式并不适应于围岩的非对称应力演化及破坏特征。针对此问题，在原有对称支护方式基础上，于煤柱帮添加锚索支护，锚索长度 5.0 m，每排 2 根，排距 900 mm，间距 1300 mm。为保证锚索使用效果，应在回采工作面扰动前完成非对称锚索补打工作。

通过应用以上分步技术措施，N2105 工作面没有再次发生冲击地压。系统分析上述 4 个步骤可知，对于煤层回采引起采空区周边巷道底板冲击地压的情形，由于冲击启动区位于巷帮，且压力传递源于采空区顶板，因此只有针对性处理顶板和巷帮才可能阻止冲击启动，而对底板弱化处理仅起到缓和冲击显现强度的辅助作用，这与一般条件下掘进巷道底板冲击地压的防治原则有所不同。

参 考 文 献

［1］闫帅, 陈勇, 张自政. 高瓦斯多巷系统回采巷道布置方法研究[J]. 煤炭学报, 2013, 38(9): 1557-1562.

［2］马宏源, 潘俊锋, 席国军, 等. 坚硬顶板强冲击工作面多巷交叉区域防冲技术[J]. 工矿自动化, 2022, 48(4): 121-127.

［3］潘一山. 煤与瓦斯突出、冲击地压复合动力灾害一体化研究[J]. 煤炭学报, 2016, 41(1): 105-112.

［4］李铁, 蔡美峰, 王金安, 等. 深部开采冲击地压与瓦斯的相关性探讨[J]. 煤炭学报, 2005, (5): 20-25.

［5］姜福兴, 王存文, 杨淑华, 等. 冲击地压及煤与瓦斯突出和透水的微震监测技术[J]. 煤炭科学技术, 2007, (1): 26-28, 100.

［6］王书文, 毛德兵, 潘俊锋, 等. 采空区侧向支承压力演化及微震活动全过程实测研究[J]. 煤炭学报, 2015, 40(12): 2772-2779.

［7］曹安业. 采动煤岩冲击破裂的震动效应及其应用研究[D]. 徐州: 中国矿业大学, 2009.

［8］巩思园, 窦林名, 曹安业, 等. 煤矿微震监测台网优化布设研究[J]. 地球物理学报, 2010, 53(2): 457-465.

［9］王书文, 鞠文君, 潘俊锋. 临空留巷底板冲击地压启动区判定与分步防治技术[J]. 煤炭学报, 2017, 42(11): 2799-2807.

［10］高保彬, 王晓蕾, 朱明礼, 等. 复合顶板高瓦斯厚煤层综放工作面覆岩"两带"动态发育特征[J]. 岩石力学与工程学报, 2012, 31(S1): 3444-3446.

第 11 章　西部矿区巷道冲击地压防治实践

随着我国煤炭资源开发逐步向西部转移，西部煤炭开采的深度和强度快速增加，同时在部分矿区出现冲击地压现象，严重影响矿井的安全高效生产。本章主要介绍蒙陕矿区深部矿井及新疆地区近直立煤层开采中冲击地压特点、发生机理及防治技术。

11.1　蒙陕矿区典型深部巷道冲击地压防治

蒙陕矿区是近年来我国规划的大型矿区，在埋深、顶板特性、采掘部署、煤柱尺寸等因素影响下，开发过程中多次出现冲击现象，给矿区高产高效带来了一定困扰，影响矿区优质煤炭产能的释放。近年来相关研究学者及现场工程技术人员针对矿区冲击特点开展了大量研究[1-6]，研发多项防治技术和工艺，初步解决了部分难题。本章以典型蒙陕深部矿井葫芦素煤矿为研究背景，在分析冲击地压发生特点的基础上，采取采掘部署调整、区域防范、局部卸压、监测预警等综合手段，实现有效防治。

11.1.1　矿井概况

葫芦素井田位于东胜煤田呼吉尔特矿区，地处内蒙古自治区鄂尔多斯市境内，行政区划隶属乌审旗图克镇及伊金霍洛旗台格苏木管辖。井田南北走向长约 7.4 km，东西倾斜宽约 13.0 km，面积 92.76 km²，矿井核定生产能力为 8.0 Mt/a。

井田内含可采煤层 8 层，编号为 2-1、2-2 中、3-1、4-1、4-2 中、5-1、5-2、6-2 号煤，其中 3-1 和 6-2 煤层为全区可采的稳定煤层，2-1、2-2 中、5-1、5-2 为全区大部分可采的稳定煤层，4-1 为全区大部分可采的较稳定煤层，4-2 中为局部可采的较稳定煤层，矿井现回采 2-1 煤层。

葫芦素矿目前主采 2-1 煤层埋深达 650 m，根据《葫芦素矿井 2-1 煤煤岩冲击倾向性鉴定报告》，2-1 煤层具有强冲击倾向性，顶板及底板具有弱冲击倾向性。2-1 煤层自然厚度为 0~6.37 m，平均 2.63 m，煤层可采厚度为 1.06~5.61 m，平均 2.52 m。煤层总体上呈大型的宽缓波状起伏，为背斜构造，背斜走向为北向西，煤层倾角为 1°~3°。该煤层结构简单，一般不含夹矸或局部含 1~3 层夹矸。2-1 煤层为对比可靠、基本全区可采的较稳定~稳定煤层。2-1 煤层与 2-2 中煤层间距为 0.87~43.84 m，平均 20.13 m。顶板岩性多以粉砂岩、砂质泥岩为主，底板岩性多为砂质泥岩及粉砂岩。

葫芦素煤矿目前开采的 2-1 煤层有 5 个盘区，由西向东依次为西翼四盘区、西翼二盘区、东翼一盘区及东翼三盘区，四个盘区南边为南翼五盘区，各盘区位置如图 11.1 所示。其中，东翼一盘区为 2-1 煤东翼首采区，采区东西宽约 3770 m，南北长约 4970~5730 m，一盘区地面标高+1304.50~+1341.20 m，井下标高+655~+680 m，埋深 624~685 m。目前，葫芦素煤矿生产工作面为一盘区 21104 工作面和四盘区 21405 工作面。采掘工程平面图如图 11.1 所示。工作面采煤方法为倾斜长壁一次采全高综采，顶板管理采用全部垮落法。

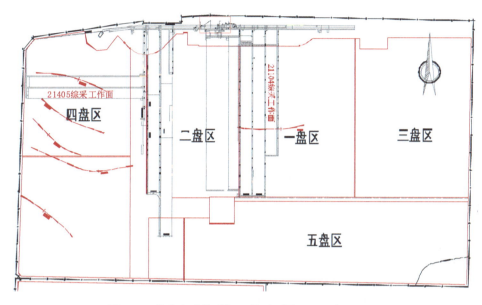

图 11.1　葫芦素矿井采掘工程平面图（2020 年 11 月）

11.1.2　巷道布置及支护状况

1. 巷道布置

1）开拓巷道布置

根据矿井开拓部署，2-1 煤大巷兼作一、二盘区巷道，利用大巷直接布置工作面进行回采。初期 2-1 煤布置三条大巷，分别为带式输送机大巷、辅助运输大巷及回风大巷。三条大巷均沿煤层布置，大巷间距为 40～60 m。初步评价，一、二盘区 2-1 煤具有中等冲击危险性，2-1 煤大巷均沿煤层布置。

2）回采巷道布置

一盘区首采工作面 21102 工作面共布置四条巷道，均沿 2-1 煤层布置，即两条回风巷、一条带式输送机运输巷和一条辅助运输巷。其中辅助运输巷与带式输送机运输巷平行布置于工作面一侧，两条回风巷平行布置于另一侧，两条巷道间留设 30 m 的隔离煤柱，两巷道之间用联络巷进行联络。上一个工作面的辅助运输巷可作为下一个工作面的回风巷，即后续工作面（包括 21103 及 21104 工作面）共有三条巷道：一条回风巷，一条带式输送机运输巷和一条辅助运输巷。从 21105 工作面开始，每个工作面布置两条巷道：一条运输巷和一条回风巷，相邻工作面之间为 6 m 宽小煤柱。

四盘区东部平行布置三条为整个盘区服务的大巷，分别为 2-1 煤四盘区运输大巷、2-1 煤四盘区辅运大巷和 2-1 煤四盘区回风大巷，三条大巷均为全煤巷道，为满足采空区泄水需要，沿北部和西部盘区边界设置有 2-1 煤四盘区泄水巷。四盘区首采工作面为盘区中部

21405 工作面。21405 工作面与其接续 21406 工作面之间留设了宽度为 240 m 的承载煤柱,其余工作面之间为跳采接替,从中部向两侧交替回采,区段煤柱宽度 6 m。

2. 巷道支护

1）大巷支护

2-1 煤四盘区大巷均采用矩形断面。带式输送机大巷、辅助运输大巷、盘区泄水巷均采用锚网索喷+钢带支护形式;回风大巷利用 21205 工作面辅运巷,并进行刷扩,考虑受一次采动影响,采用锚网索喷+钢带+底锚索支护形式,构造破碎或压力显现强烈的区域增设金属支架和反底拱。

2）工作面巷道支护

工作面巷道均采用矩形断面,工作面运输巷、回风巷均为锚网索+钢筋梯子梁支护形式;工作面辅运巷采用锚网索+钢筋梯子梁+钢带支护形式;开切眼采用锚网索+钢带联合支护。开切眼形成后及时安装工作面设备,不能及时安装时需架设单体液压支柱,保证支护强度。

工作面回风巷（辅运巷）靠近采空区,矿压显现剧烈,在正常支护的基础上,在一次采动影响前,超前回采工作面位置 200 m 以上,再进行补强支护。顶板采用每排两根 Φ21.6 mm 的钢绞线,长度为 8000 mm,排距 2000 mm,并配合 π 形钢带进行补强支护;巷道靠近回采侧增加玻璃钢锚杆,锚杆直径 27 mm,长度 2.4 m,间距 0.7 m,排距 1.0 m,每排布置三根,进行补强支护;巷道非回采侧增加锚索和 W 形钢带,锚索采用 Φ17.8 mm 的钢绞线,长度 5 m,帮部布置一根,排距 2.0 m。同时在过断层等构造时采取补强锚索等加强支护方式。

3）工作面超前支护

主要采用 DW40 型单体液压支柱,工作面运输巷超前支护范围为 20 m,工作面回风巷超前支护范围为 80 m,根据超前压力显现情况进行调整,支护方式采用单体液压支柱或迈步式支架。

后续工作面开采时靠近采空区的回风巷进行超前支护优化,超前支护范围增加到 120 m,根据超前压力显现情况进行调整,支护方式采用单体液压支柱、迈步式支架或单元支架支护。

11.1.3　冲击地压发生情况

截至目前,葫芦素矿发生一起轻微冲击显现事件,"2·6"冲击事件具体情况如下:

（1）发生时间:2018 年 2 月 6 日凌晨 4 时 13 分。

（2）震源信息:能量 2.1×10^4 J,位置距回采面煤壁 197.87 m,距回风巷 60.6 m,为顶板事件,顶板以上 1.15 m。

（3）显现位置:工作面回风顺槽超前 85～133 m,破坏范围 48 m,显现位置如图 11.2 所示。

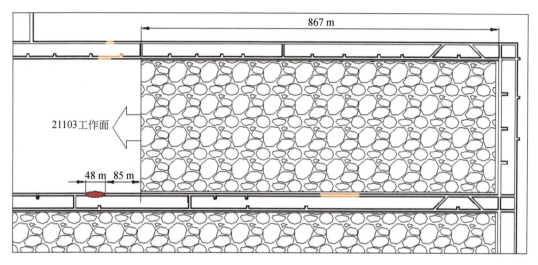

图 11.2　"2·6"冲击事件位置

（4）事件描述：工作面累计推进 867 m；现场显现情况为①123～133 m：离回采帮 2 m 处底板被冲开，大块底板鼓起，相互叠加，煤柱帮肩窝破碎，帮鼓 0.5 m；②113～123 m：表现不明显；③107～113 m：道木垛翻倒，17 根道木零散在距回采帮 4 m 之内的巷道中；④101～107 m：10 根单体支柱从煤柱帮抛到巷道中，3～5 根最远抛到回采帮，帮鼓 0.5 m，煤柱帮 1 根锚索退出，1 根退掉；底板有煤粉喷出，中间水泥路面鼓起 0.7 m，大块立起约70°；⑤95～101 m：两根单体抛出巷道 4 m 左右，帮鼓 0.5 m；⑥85～95 m：1 根锚索退掉，1 根将要退出，底鼓 0.7 m。现场显现情况如图 11.3 所示。

(a)煤柱帮单体被抛向回采帮　　　　　　　　　　(b)底板开裂、鼓起

图 11.3　"2·6"冲击事件现场破坏情况

11.1.4　冲击地压防治方法

针对冲击地压灾害，葫芦素煤矿在冲击地压监测预警、区域防范、局部卸压等方面开展了防治工作，并进行了预警后解危、效果检验等工作。

1. 监测预警

根据冲击地压启动理论，可以由引起冲击地压的两种类型的动、静载荷能量源特性选择合理的监测手段，监测两种能量源的分布规律及运移情况。葫芦素矿目前针对区域动载荷监测采用微震监测方法，针对局部静载荷采用巷道帮部煤体应力监测方法，针对局部点区域采用钻屑检测方法。

1）微震监测

微震监测法就是采用微震网络进行现场实时监测，通过提供震源位置和发生时间来确定一个微震事件，并计算释放的能量；进而统计微震活动性的强弱和频率，并结合微震事件分布的位置判断潜在的矿山动力灾害活动（冲击地压）规律，通过识别矿山动力灾害活动（冲击地压）规律实现危险性评价和预警。微震系统用来监测大范围的煤岩层断裂所产生的动载荷，监测范围可覆盖到整个井田区域，适用于区域大范围远场监测，实现长期危险趋势预测。

葫芦素矿微震监测采用 32 通道 ARAMIS M/E 微震监测系统，目前共布置 26 个测点，其中拾震器 16 台、探头 10 个，实现了矿井所有采掘区域全覆盖，采掘活动区域需覆盖 4 个以上监测通道可满足微震事件的精确定位。采煤工作面两巷布置 4～5 个测点，随工作面推进向前挪移，测点间距 200～800 m，确保可覆盖工作面受动压影响区域。掘进工作面迎头 200 m 范围布置 1 个测点，往后 200～500 m 布置第 2 个测点，再配合其他巷道的测点，完成对掘进巷道的区域监测。

2）煤体应力监测

煤体应力在线监测已广泛用于冲击地压的监测预报，这种方法具有连续监测的特点，能直接获得煤岩体的相对应力，因此能更直观地反映监测位置的冲击危险程度。针对矿井划分的冲击危险区域可安装冲击地压应力在线监测系统，通过在煤体内埋设高精度应力传感器，实时监测采动围岩近场系统内静载荷的积聚及变化，从冲击地压发生的内因角度监测并警示应力或能量状态，从而为减灾避灾提供指导。

葫芦素矿采用 KJ24 煤体应力监测系统对回采工作面两顺槽帮部煤体应力进行监测，安装位置为工作面两巷超前 300 m 范围，随工作面推进及时补充安装测点设备，每 20～30 m 布置一组测点，每组包含深、浅两个基点，深、浅基点孔深分别为 15 m、9 m。煤体应力系统初始安装压力均为 5 MPa，应力监测预警值为：①黄色预警 15 MPa，红色预警 20 MPa；②日增幅 1 MPa 黄色预警，日增幅 2 MPa 红色预警。

3）钻屑监测

钻屑法是通过在煤层中打直径为 42～45 mm 的钻孔，根据排出的煤粉量及其变化规律和有关动力效应，鉴别冲击危险的一种方法。监测范围为：①根据微震、应力在线等监测系统确定的工作面冲击地压预警区域；②现场出现明显变形或动力显现等异常情况区域。

钻屑法监测孔一般布置在采掘工作面巷道两帮，每次检测 3～5 个钻孔，钻孔距底板 1.2～1.5 m。

在综采工作面两巷超前 100 m 范围采取钻屑法监测，孔深 10～15 m，钻孔间距 30 m，每钻进 1 m，称一次钻粉量。对临空宽煤柱进行检测：煤壁以里 5～12 m 为应力集中区，峰值区位于 8～9 m，因此确定了 5～12 m 位置是宽煤柱的关键卸压区。

2019 年 10 月进行了矿井钻屑标准值测定，重新修订了 2-1 煤层一盘区、四盘区及 2-2 中煤层一盘区的钻屑监测预警临界值，实现了"一区一策"。

2. 区域防范

1）盘区开拓布局调整及开采解放层

确定"2-1 煤一盘区、四盘区和 2-2 中煤一盘区"三区联合开采的布局，实现"让压布置、低压掘进、卸压开采"，由被动治理向主动预防转变。目前 2-1 煤四盘区首采面 21405 工作面已进入回采阶段，2-1 煤一盘区 21104 工作面已进入回采阶段，首采面 22103 工作面巷道正在进行掘进工作。

2）煤柱尺寸

2-1 煤层一盘区当前工作面留设的 30 m 煤柱，存在应力集中影响，甚至导致冲击地压的发生。从防冲角度考虑，一盘区从 21105 工作面开始调整为 6 m 小煤柱，新开辟的四采区从首采面开始，也继续采用 6 m 小煤柱开采，能够大幅降低沿空巷道的应力集中程度。

3）回采顺序

在采一盘区原设计采用顺序开采的方式，导致临空巷道应力集中程度较高，从 21104 工作面开始采用盘区内东西跳采的方式；另外，新开辟的四采区也调整采用盘区内跳采的方式，即首采中部 21405 工作面，后续工作面南北跳采，降低临空巷道冲击地压危险程度。

4）支护方式

葫芦素煤矿盘区大巷及硐室均布置在煤层之中，根据大巷围岩变形及矿压显现情况，当巷道变形剧烈，底鼓严重时，对巷道顶板和帮部进行有效支护外，针对底板采用注浆锚索等方式进行加固，两帮和顶板较为破碎区域，提前采取注浆措施，以缓解后期大巷变形情况。

各盘区工作面回采巷道目前主要采用常规的锚网索支护，在回采过程中应当对受采动影响的巷道支护质量进行检测。对冲击危险区域或支护失效位置提前采取锚索补强，有利于降低冲击地压发生的危险。为了减小巷道变形尤其是底鼓，提高巷道抵抗冲击变形的能力，对于回采巷道重点防护区域采用锚网带索加可缩性棚复合支护结构，并预留一定的断面系数。另外，对于回采工作面巷道超前影响区域，在超前 120 m 范围内安设液压单体支柱、迈步式支架或单元支架。

3. 局部卸压

1）掘进期间卸压方案

根据掘进工作面的冲击危险性评价情况，在划定的中等及强冲击危险区域掘进时，掘进前采用大直径钻孔卸压方法，卸压区域为迎头前方及巷道两帮。

（1）迎头施工 3 个大孔径钻孔，正倒"三花"布置，孔深 20 m，孔径 150 mm。当掘进至距卸压孔底部距离小于 10 m 时，按照倒三花方式补打下一轮钻孔，如此循环，即始终保证掘进迎头前方 10 m 处于卸压范围。

（2）掘进迎头后方在巷道两帮单排布置大孔径钻孔，孔深 15 m，间距 1.0 m，孔径

150 mm，沿煤层倾向布置，卸压孔滞后迎头距离不大于 20 m。

2）回采期间卸压方案

根据回采工作面的冲击危险性评价情况，在划定的冲击危险区域掘进时，在超前工作面一定范围内开展帮部大直径钻孔卸压、顶板水力压裂或爆破预裂、底板大直径钻孔卸压措施。

（1）两帮大直径钻孔卸压：超前卸压范围始终控制在两顺槽超前工作面两顺槽 300 m 以外，钻孔深度 20 m，孔径 150 mm，垂直巷帮顺煤层单层布置，距离底板 0.5～1.5 m，中等、强冲击危险区域孔间距分别为 2 m、1 m。

针对传统钻孔卸压效果相对较差的难题，为提升卸压效果，开发了扩槽孔和排渣孔分离的双孔布置掏槽技术[7]，有效地解决了排渣、卡钻问题。通过对现场 3 个测点的试验研究表明，掏槽后的空洞大小可达 150 mm 钻孔的 45～60 倍，其有效卸压半径能达到 4 m 以上。

（2）顶板水力压裂卸压：采用钻孔—分段射流割缝—分段压裂施工流程，施工时确保超前工作面两顺槽 500 m 以外，回风、运输顺槽各布置两个钻孔，两帮各 1 个，回采帮钻孔朝向工作面方向偏移 45°、仰角 45°施工，目的为处理工作面后方顶板，非回采帮垂直巷道走向仰角 60°施工，目的为处理侧向顶板，孔深 20～50 m，具体孔深依据附近钻孔柱状厚硬顶板层位来确定，孔间距 15 m，孔径 65 mm，每个压裂孔切缝、压裂 3 次，缝间距 10m，每一次压裂持续时间 30 min，或者周边出现出水后 5 min。

为了提高坚硬顶板的预裂卸压效果，开发了孔内磨砂射流轴线切顶压裂防冲新技术[8,9]。即施工完顶板钻孔后，在预设位置操作钻杆匀速前进或后退，同时采用磨砂射流系统对钻孔孔壁进行定向切割，使孔壁形成一定深度的轴线裂缝，再采用封隔器封孔后压裂，在高压水的作用下，人造裂缝沿着预设方向定向扩展，从而达到精准切顶卸压的目的。现场切缝试验表明，在射流压力为 50 MPa，切缝速度为 0.1 m/min 的条件下，孔内切缝半径可达 300～500 mm。切缝后压裂试验表明，预制裂缝具有较好的导向作用，裂缝扩展主要沿着预制裂缝深度方向，试验泵压为 40 MPa，压裂时间为 20 min，裂缝扩展距离可达 22 m 以上。该技术可提高水力压裂裂缝方向的可控性，使裂缝沿着最佳切顶方向扩展，从而提高卸压效果。

顶板预裂孔一方面切断临空巷道上覆坚硬岩层，降低采空区侧悬臂对临空巷道的影响，削弱工作面回采对宽煤柱的动载影响；另一方面将坚硬厚层砂岩顶板通过切缝压裂分层，降低了顶板的蓄能能力，减小了坚硬厚层顶板难垮落、易造成大面积来压的风险。

4.特殊时期或区域防冲措施

1）留设底煤区域

对于巷道留有底煤区域，采用底板大直径钻孔卸压措施，以降低煤层中的应力积聚，减少巷道底板冲击及底鼓现象发生，保护巷道安全，钻孔直径不小于 120 mm，在巷道每个断面两个底角布置两个钻孔，钻孔俯角 45°，钻孔间距 1 m，钻孔深度达到底板岩石即可，部分巷道的钻孔布置方式可根据巷道具体情况优化调整。

2）其他特殊时期

当采掘工作面临近大型地质构造、采空区、遗留煤柱、巷道贯通、错层交叉位置时，或回采工作面在初次来压、周期来压、采空区"见方"等期间，首先需要加强监测，提高监测频率，加大单位区域的监测密度。然后，根据监测结果开展专项卸压措施，当冲击危险等级为中等及以下时，按照采掘期间卸压方案的中等冲击危险区域参数实施卸压解危措施；当冲击危险等级为强时，按照采掘期间卸压方案的强冲击危险区域防治参数实施卸压解危措施。

5. 预警后解危

当应力监测发出预警、钻屑法检测孔煤粉超标或现场有动力现象时，对预警区域及时开展解危措施，在预警测点周围前后 10 m 范围采取帮部大直径卸压钻孔或煤层小孔径爆破进行解危。

1）帮部大直径解危钻孔

当掘进迎头发现冲击危险时，采用加密钻孔的方式进行解危卸压，即迎头钻孔增加至5 个，其他参数与强冲击危险区域卸压参数一致。

当巷道两帮监测到冲击危险时，首先利用钻屑法确定危险范围，然后采取解危措施，大直径钻孔解危参数与强及中等冲击危险区卸压参数一致，钻孔施工时要与之前的卸压钻孔交错布置。

2）小孔径爆破解危

孔径 75 mm，孔深 15 m，孔间距 5 m，垂直巷道走向顺煤层倾角布置，单孔装药量 5 kg（可根据实际爆破效果动态调整），封孔长度 8 m。制作成爆破筒，爆破筒长度根据调整的装药量确定；正向装药，每孔两支雷管，利用黄泥和水泥药卷封孔，一次最多允许同时起爆 3 个孔。

6. 效果检验

解危措施实施后，必须进行解危效果检验，检验手段可以采用钻屑法、和煤体应力法等。

1）大孔径钻孔卸压效果检验

大孔径钻孔卸压主要在煤体中，检验方法主要是钻屑法和煤体应力法判断钻孔实施后的煤体应力是否出现降低的趋势。

2）顶板卸压效果检验

对于顶板采取的预裂措施，可根据预裂施工时水压、流量等判断顶板压裂效果，也可通过对顶板预裂前后微震事件变化情况或现场压裂的顶板断裂发生的声响进行对比分析，判断顶板压裂效果。

3）卸压爆破效果检验

卸压爆破检验方法同大孔径钻孔的检验方法基本一致，主要通过钻屑法和煤体应力法判断钻孔实施后的煤体应力是否出现降低的趋势。另外，可以通过微震对爆破前后的能量和频次等监测数据进行对比，分析其卸压效果。

若仍监测到危险，应加密卸压钻孔或进行二次爆破卸压，直至监测值达到正常，方可确认危险解除，进行正常作业。

11.2 新疆地区近直立煤层巷道冲击地压防治

我国急倾斜煤层矿井有 100 多处，其中近直立煤层是指倾角为 85°～90°的煤层，主要分布在内蒙古、新疆等地。近期新疆地区近直立煤层矿井冲击地压开始凸显，且埋深不足 300 m。近年来针对西部地区近直立煤层出现的冲击地压难题，很多学者开展了相关研究[10-18]，取得了一定的效果。本节以新疆地区最典型开采近直立煤层的乌东煤矿为例，开展冲击发生机制及防治技术研究。

11.2.1 矿井概况

乌东煤矿井田位于准南煤田东南段，乌鲁木齐市东北部约 34 km，行政区划属乌鲁木齐市米东区管辖。井田面积约 20.28 km²，井田地质资源量 13.2 亿 t，设计可采储量 6.94 亿 t。

乌东煤矿南采区位于八道湾向斜南翼，含煤地层是中侏罗统的西山窑组，西山窑组地层呈北东—南西向带状展布，地层总厚度 818.07 m。含煤 54 层，煤层总厚度 169.81 m，含煤系数 20.76%，经编号的煤层有 46 层，自上而下编号为 B_0～B_{46} 号煤层，平均总厚度为 166.63 m，含煤系数为 20.37%。其中可采、局部可采煤层 25 层，为 B_{34}、B_{33}、B_{32}、B_{30}、B_{28-29}、B_{27}、B_{25-26}、B_{21-24}、B_{20}、B_{19}、B_{18}、B_{17}、B_{16}、B_{15}、B_{14}、B_{13}、B_{12}、B_{11}、B_{10}、B_9、B_8、B_7、B_{4-6}、B_{3-4}、B_{1+2} 号煤层，平均可采总厚度为 135.48 m。含煤系数为 16.56%，其余煤层不可采或零星可采。井田范围内可采与局部可采的煤层共 25 层，目前开采煤层为 B_{1+2} 煤层和 B_{3-6} 煤层（B_{3-4}、B_{4-6} 煤层），煤层倾角 85°～89°。B_{1+2} 煤层：位于 J_2x 的底部，煤层最大厚度 39.45 m，最小厚度 31.83 m，煤层平均厚度 37.45 m，含夹矸 4～11 层，夹矸单层厚 0.06～2.43 m。直接顶为粉砂岩及砂质泥岩，直接底为粉砂岩。B_{3-6} 煤层：位于 B_{1+2} 煤层北部，与 B_{1+2} 煤层相距 53～110 m，煤层最大厚度 52.3 m，最小厚度 39.85 m，平均厚度 48.87 m。内含夹矸 4～20 层，夹矸总厚 0.08～4.40 m。直接顶为粉砂岩，直接底亦为粉砂岩。

图 11.4 所示为+500 水平 B_{1+2} 煤层综放工作面布置情况。+500 水平 B_{1+2} 煤层综放工作面位于矿井工业广场保护煤柱以东，其东界与原大梁煤矿相接，西部为小红沟煤矿保安煤柱，南部为煤层底板，北部为 B_{3-6} 煤层，上部采空区已基本塌实；下部为+475 水平准备工作面，尚未回采，+450 水平正在进行掘进工作。B_{1+2} 煤层赋存稳定，为单斜构造，构造简单。无大、中型断层和褶皱，也无岩浆侵入。但煤质有变软的趋势并且压力增大，开采期间南北两帮仍会有鼓帮现象，+500 水平 B_{1+2} 煤层由西向东逐渐增厚，中间伴有夹矸。

图 11.5 所示为+500 水平 B_{3-6} 煤层综放工作面布置情况。+500 水平 B_{3-6} 煤层综放工作面位于+500 水平东翼采区的北采面，其阶段高度为 22 m，其中距离水平石门 1420～1980 m，阶段高度为 34 m，工作面北部是 B_6 煤层的顶板，工作面南部是 B_3 煤层的底板，B_{3-6} 煤层与 B_{1+2} 煤层之间的岩柱从西往东逐渐变窄，图 11.6 所示为示意岩柱图。+500 水平 B_{3-6} 综放工作面回采过程中穿过原五一煤矿和大洪沟煤矿，其中+500 分层石门以东 970 m 为原小红沟煤矿井田范围，上部为+522 分层 B_{3-6} 煤层综放放顶煤工作面，现工作面已回采完毕，其采空区采用全部陷落法管理。距石门以东 970～1380 m，为原五一煤矿井田范围，小红

沟煤矿+522 水平贯穿该范围，通过地面观测，已经全部垮落。距石门以东 1380～1982 m，为原大洪沟煤矿井田范围，其回采标高在+535 m 左右，通过地面观测，已经全部垮落。工作面下部为+475 水平 B$_{3-6}$ 准备工作面，尚未回采，+450 水平正在进行掘进工作。

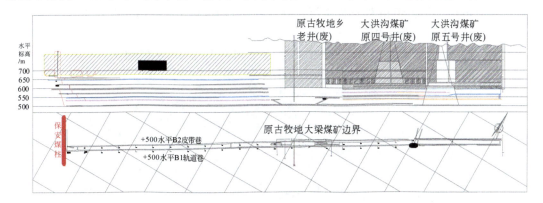

图 11.4　B$_{1+2}$ 工作面布置情况

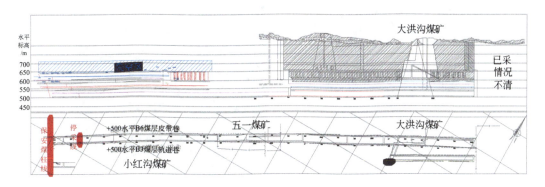

图 11.5　B$_{3-6}$ 工作面布置情况

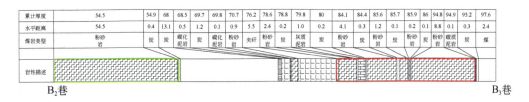

累计厚度	54.5		54.9	68	68.5	69.7	69.8	70.7	76.2	78.6	78.8	79.8	80	84.1	84.4	85.6	85.7	85.9	86	94.8	94.9	95.2	97.6
水平距离	54.5		0.4	13.1	0.5	1.2	0.1	0.9	5.5	2.4	0.2	1.0	0.2	4.1	0.3	1.2	0.1	0.2	0.1	8.8	0.1	0.3	2.4
煤岩类型	粉砂岩		炭	炭	碳化泥岩	炭	碳化泥岩	粉砂岩	夹矸	粉砂岩	炭	灰质泥岩	炭	粉砂岩	炭	粉砂岩	炭	粉砂岩	炭	粉砂岩	炭	碳质泥岩	煤
岩性描述																							

B$_2$巷　　　　　　　　　　　　　　　　　　　　　　　　　　　　　　　　B$_3$巷

图 11.6　示意岩柱图

第一排数字为累计厚度，m；第二排数字为单层厚度，m

11.2.2　冲击地压显现特征

2013 年 2 月 27 日 7 时 38 分，乌东煤矿南采区+500 水平 B$_{3-6}$ 煤层综放工作面发生冲击地压，现场情况如图 11.7 所示。

（1）+500 水平 B$_{3-6}$ 煤层综放工作面两巷道，受冲击地压影响范围 150 m；

（2）B$_{3-6}$ 煤层综放工作面 B$_3$ 巷道串车掉道，串车上部防雨棚大部分被损坏，顶板下沉并出现底鼓，端头处顶板下沉 300 mm，底鼓 100 mm，巷道全宽仅剩 2.7 m。

（3）B_{3-6} 煤层综放工作面 B_6 巷道变形较 B_3 巷更为明显，转载机整体向巷道北帮位移 30 cm；工作面超前 75 m 区域巷道帮鼓最严重段，南帮帮鼓 600 mm、北帮帮鼓 50 mm，巷道底鼓 640 mm；巷道 50 m 处顶板下沉、巷道高仅为 1.9 m（原巷道高度为 3 m），B_6 巷道 20 m 段皮带被掀翻，巷道内管路被破坏。

(a)B_6巷帮变形严重　　　　　　　　　　　(b)B_3巷帮变形严重

(c)B_3巷串车被震掉道　　　　　　　　　　(d)B_6巷皮带架被抬起

图 11.7　+500 水平 B_{3-6} 工作面"2·27"冲击地压显现情况

乌东煤矿冲击地压发生特征：赋存条件特殊，煤层倾角平均为 88°，属于近直立特厚煤层；埋深浅，第一次冲击地压发生在埋深 350 m 以浅。

11.2.3　冲击地压成因

1. 开采结构效应

+522 水平分层开采范围自分层石门至 1380 m 区域，1420～1980 m 属于另一矿井开采区域；+500 水平分层开采范围自分层石门至 1980 m 区域。由此 1380～1420 m 之间形成了"高阶段"，阶段高度达到 100 m。因此，近直立特厚煤层开采+500 水平分层煤体应力受 1380～1420 m 区域"高阶段"影响。

"7·2"冲击地压发生后，通过 PASAT-M 便携微震仪对 1380～1420 m"高阶段"区域进行应力异常致灾因素辨识，辨识结果如图 11.8 所示。1380～1420 m 区域的冲击地压危险性指数 C 为 0.5～0.75，具有中等冲击危险。冲击地压发生后该区域煤体仍然为高应力集中，表明冲击地压显现并未完全释放煤体的高应力集中，由此确定"7.2"冲击地压显现发生前，煤体已经形成的高应力集中成为主要致灾因素[19-20]。

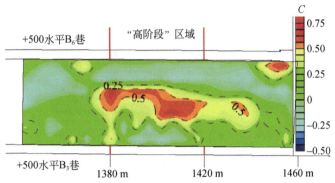

图 11.8　应力异常致灾因素辨识结果

2. 近直立岩柱活动

近直立特厚煤层的空间结构为近直立的"顶板-煤层-底板"平衡结构，回采过程引起的岩层弯曲变形、破裂过程释放的能量传播至采掘空间，引起煤体应力、位移急剧变化，甚至诱发冲击地压显现[19]。围岩活动目前最有效的识别手段是微震监测系统，矿井采用 ARAMIS M/E 微震监测确定近直立特厚煤层冲击地压致灾主要关键岩层。

通过微震监测揭示近直立特厚煤层顶板-煤层-底板结构的活动特征，辨识主要诱发冲击地压显现的岩层及层位。

近直立特厚煤层开采过程中围岩活动产生的微震事件，按发生位置、能量等级进行统计，结果表明：70.4%的能量事件发生在岩柱，18.5%发生在 B_1 底板，9.3%发生在 B_6 顶板，1.8%发生在煤层中；矿井 0.7%的高能量事件诱发过冲击显现，诱发冲击显现的微震事件能级一般大于 1×10^6 J，且主要发生在 B_2 与 B_3 煤层之间的岩柱，1×10^6 J 以下的能级事件尚未诱发冲击地压显现，统计结果如图 11.9 所示。通过开采期间动态冲击地压危险源辨识，确定了近直立特厚煤层 B_2 与 B_3 煤层间岩柱活动是主要动载源。

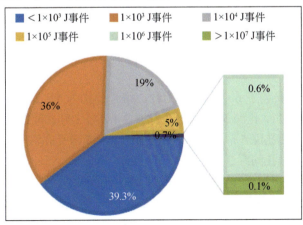

(a)不同能级微震事件统计结果

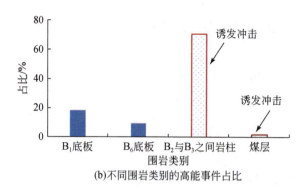

(b)不同围岩类别的高能事件占比

图 11.9　微震监测分析结果

通过开采期间"诱冲关键层"的识别，如图 11.10 所示，发现"诱冲关键层"主要发生在 B_2 与 B_3 煤层之间的岩柱，从而确定了 B_2 与 B_3 煤层间岩柱活动是近直立特厚煤层的"诱冲关键层"。

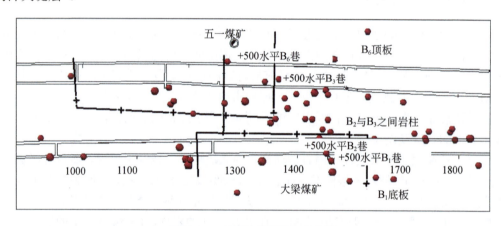

图 11.10　"诱冲关键层"分布图

直立岩柱内部的微震活动揭示了近直立特厚煤层"诱冲关键层"冲击地压致灾过程。"诱冲关键层"易产生"诱冲关键层"，在"诱冲关键层"的作用下，煤体应力突然升高释放的过程，造成冲击地压显现。

3.矿震响应

如图 11.11 所示，安装了 6 个钻孔应力计，编号分别为 1、2、3、4、5、6。2 号孔距离煤门右帮 5 m 开始施工，孔深 5 m；1 号孔孔深 3 m，与 2 号孔间距 2 m；3 号孔孔深 5 m，距轨道巷帮 8 m；4 号孔孔深 5 m，与 3 号孔间距 3 m；5 号孔孔深 5 m，距轨道巷帮 8 m；6 号孔孔深 5 m，与 5 号孔间距 3 m。

顶板离层仪编号分别为 7、8、9。7 号在煤门中，距离轨道巷帮 8 m；8 号孔距煤门 6 m，深基点深度为 9 m，浅基点深度为 3 m；9 号装在岩柱中，钻孔倾角 10°，深基点深度为 30 m，浅基点深度为 15 m。

锚杆测力计编号分别为 10、11。10 号锚杆测力计安装在轨道巷中，距离煤门右帮 6 m，

11 号锚杆测力计安装在煤门中。

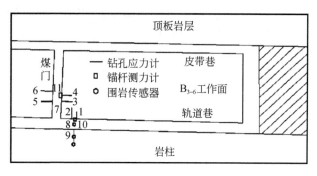

图 11.11　响应监测布置

矿震单参量响应过程。经 ARAMIS M/E 微震监测系统监测与定位，矿震发生在岩柱，工作面后方 65 m，距轨道巷帮 3 m 处，矿震震源与响应监测位置水平距离为 75 m，震源埋深为 364 m，矿震震级为 2 级。

如图 11.12 所示，矿震响应引起了煤体应力升高。矿震使距震源 75 m 的煤体应力最大升高 0.9 MPa，震动前后煤体应力变化 0.5 MPa。

由图 11.13 可知，震动发生时刻在 182 ms，煤体应力响应时刻在 450 ms，历时 368 ms，震动传播至响应区域仅需几十毫秒，因此，震动发生至响应过程，经历了震动的传播与煤体应力响应启动。共有效捕捉到 6 次煤体应力响应数值，记录数据表明一旦煤体应力响应启动，再次响应的时间大大减少，响应时间为 3~30 ms，煤体应力响应变化为升高—降低，最终表现为煤体应力升高。

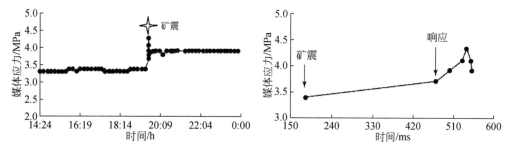

图 11.12　矿震前后煤体应力响应曲线　　　　　图 11.13　矿震响应过程

通过冲击地压多参量过程监测系统的监测，矿震并非每一次都会引起多参量同时响应，本次响应为煤体应力的突然升高，锚杆受力与围岩位移无响应变化。

矿震引起多参量响应。捕捉到一次矿震多参量响应过程，经 ARAMIS M/E 微震监测系统监测与定位，矿震发生在岩柱，工作面前方 105 m，距轨道巷帮 50 m 处，矿震震源与响应监测位置水平距离为 150 m，震源埋深为 367 m，震级为 1.4 级。本次矿震不仅引起煤体应力响应，同时引起锚杆、围岩位移响应，受篇幅限制，图 11.14 仅列出部分传感器响应曲线。

本次监测震动响应不同于上述的毫秒响应。震动发生引起煤体应力整体下降的响应，但煤体应力响应时间不同，1、2 号煤体应力计响应时间为 10 min，煤体应力降低 0.7 MPa；4、6 号煤体应力计响应时间为瞬时，煤体应力降低 0.7 MPa；5 号煤体应力计响应时间为 10 min，煤体应力降低 0.8 MPa，响应曲线如图 11.14（a）所示。矿震引起了顶煤的位移增加，顶煤位移增加 4 mm，响应时间为 10 min，顶煤在震动响应后逐渐平稳，如图 11.14（b）所示。岩柱发生矿震前，曾产生岩层移动，表明矿震的发生与岩柱变形运动有关，岩层位移造成变形能积聚，当积聚到一定程度就会释放，约 10 h 后，发生了矿震，如图 11.14（c）所示。图 11.14（d）捕捉的岩层运动信息可作为本次矿震的前兆信号。

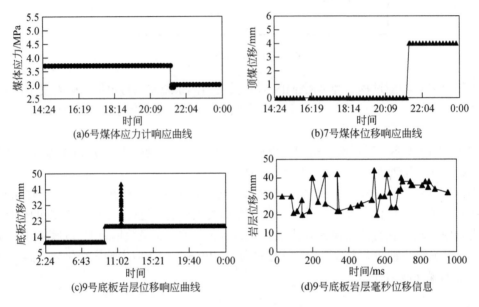

图 11.14　矿震多参量响应曲线

现场冲击地压发生过程案例表明，距离震源近的区域，冲击地压显现剧烈，破坏严重。矿震发生时刻，瞬间响应是煤体应力升高—降低—升高的过程，且引起垂向的应力升高明显；同时，矿震发生时引起了锚杆的受力瞬间增加。

根据冲击地压发生过程监测及动静载冲击地压致灾因素识别，发生冲击地压的主要原因为 B_2、B_3 煤层之间岩柱的"撬杆效应"作用到煤体应力异常区。而高能微震事件的产生与采矿活动致使围岩的活动的空间范围加大，能量大幅积聚。围岩失稳时释放出高能量。

11.2.4　冲击地压防治技术

1. 防治思路

针对近直立特厚煤层不同冲击地压危险源及各自诱发冲击地压的过程，后续开采过程随着水平分层数量和采深增加，煤体应力异常程度与"诱冲关键层"活动剧烈程度将会加剧，冲击地压危险性也将升高。冲击地压危险区域受"诱冲关键层"影响动态变化，其他因素如推进度、放煤量的影响，冲击地压危险区域也将动态变化；致灾因素相互叠加的区域，即"诱冲事件"频发的煤体应力异常区冲击地压危险性更高，更易诱发冲击地压，在冲击地压控制过程应加强监测与解危工程。

因此，近直立特厚煤层冲击地压灾害的控制技术思路为采用多手段、多参量的冲击地压危险源辨识，确定冲击地压危险源后，针对不同的冲击影响因素及危险源可采取煤层注水、顶底板深孔爆破卸压、水平联合处理岩柱及控制采动扰动的解危措施[19-22]。

实践过程中采用 PASAT-M 便携微震仪进行煤体应力异常探测，以及微震监测系统对"诱冲关键层"实时监测；针对应力异常区域采用煤体卸压爆破和煤层注水方式进行煤层冲击倾向性弱化，降低应力集中程度；针对监测微震活动异常区域，实施多水平分层联合岩层爆破和注水方法进行处理，经实践检验效果明显，冲击地压灾害得到有效控制。

2. 防治技术

以里程 1380～1420 m "高阶段" 区域为例，在+500 水平 B$_{3-6}$ 工作面回采至该区域前，提前对该区域的煤体进行卸压处理，避免冲击地压发生。

（1）煤层注水。在+500 水平 B$_{3-6}$ 煤层里程 1500 m 煤门向西侧煤体施工 3 个注水孔，注水孔孔径 100 mm，水平角度为 10°，孔长 152 m，封孔长度为 20 m，高分子材料封孔，如图 11.15 所示。注水方式采用动压注水，注水泵泵压控制在 5～10 MPa，直至煤壁出现一定程度的渗水。

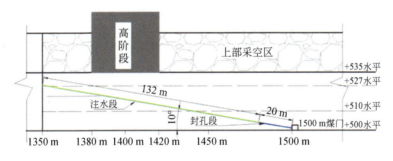

图 11.15　煤体注水孔布置

（2）煤层卸压爆破。针对位置里程 1380～1420 m "高阶段" 区域，从+500 水平 B$_3$ 巷 1380～1400 m 巷道北帮垂直于煤壁每隔 4 m 布置 1 排Φ113 mm 爆破孔，每排 6 个，成扇形布置，其中每排的①③⑤号炮孔与②④⑥炮孔错开 1 m 的间距，共计 6 排，如图 11.16 所示。

（3）效果检验。"高阶段" 区域煤体卸压前，里程 1360～1460 m 波速出现异常，煤体中波速超过 3 m/ms，煤体形成高应力集中，卸压后，煤体波速降低至 1.8 m/ms，表明煤体卸压改变了煤体的完整性，降低了煤体应力集中程度，探测结果如图 11.17 所示。

针对 B$_2$ 与 B$_3$ 煤层之间岩柱厚度、高度大，易弯曲产生弹性能积聚，单一水平难有效处理的问题，提出多水平联合岩柱处理方法，即"地面岩柱处理+井下岩柱处理"的控制方法。

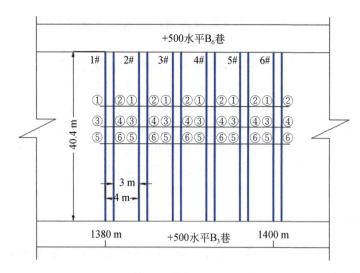

图 11.16 煤体卸压方案

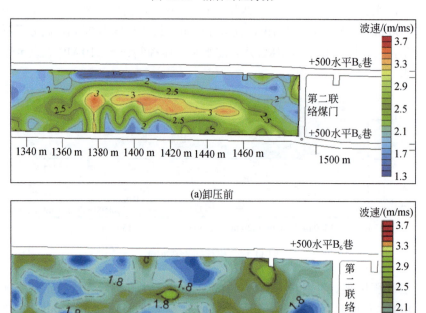

图 11.17 煤体卸压效果

（1）地面岩柱爆破控制实践。地面岩柱爆破孔布置在里程 1400 m 处，共布置 4 个爆破孔（图 11.18）。该位置为特定区域：五一煤矿保护煤柱边界及"高阶段"区域，在该区域实施岩柱控制具有重要意义。

岩柱地面爆破孔使用潜孔钻机施工，倾角 90°、直径 300 mm、钻孔深度分别为 1 号孔

240 m、2 号孔 248 m、3 号孔 245 m、4 号孔 254 m，每孔装药 125 m，采用分段装药，如图 11.18；Ⅱ段：装药段，装药长度 60 m；Ⅴ段：装药段，装药长度 60 m，4 个爆破孔，每孔平均装药 11.5 t，共计装药 46 t；Ⅲ、Ⅳ：隔离段，长度 5 m，为充填物；Ⅰ：封孔段，封孔长度 113 m，采用黄土封孔。

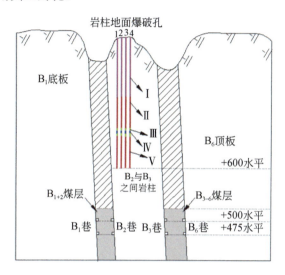

图 11.18　岩柱地面爆破孔布置

（2）井下岩柱弱化控制实践。为了有效降低邻近采掘空间岩柱活动强度，在+500 水平 B₂ 巷里程 1355 m 处，垂直巷道帮沿岩体倾向施工石门及卸压硐室。石门长度 20 m，断面 4 m²，卸压硐室断面 18 m²。

卸压硐室分别沿走向和倾向布置扇形孔，走向方向共布置 4 排孔，分别是 1~4 排，每排布置 5 个扇形孔，倾向方向布置 4 排孔，分别是 5~8 排，每排布置 2 个扇形孔，平面布置如图 11.19 所示。

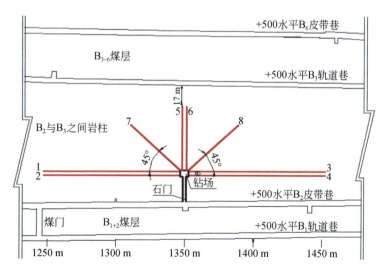

图 11.19　井下岩柱处理方案

（3）效果检验。如图 11.20 所示，通过震波 CT 探测，爆破后岩柱平均波速由 3.8 m/ms 降低至 3.6 m/ms。通过爆破前后波速对比可知，爆破对改变岩柱应力分布、降低应力集中程度有明显效果。

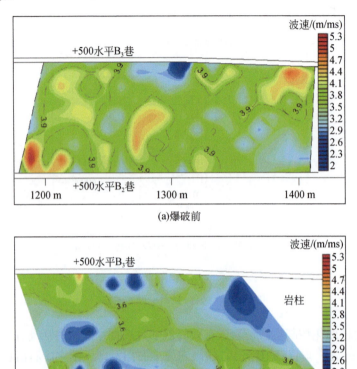

图 11.20　岩柱处理效果

微震监测表明，岩柱爆破处理前，日释放能量达到 $3.5×10^7$ J 以上，岩柱活动剧烈，爆破后，日释放能量明显降低，低于 $5×10^6$ J，岩柱活动强度有效降低，如图 11.21 所示。

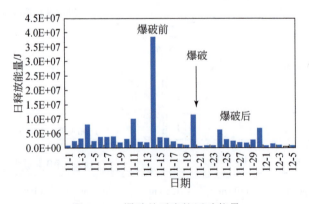

图 11.21　爆破前后岩柱活动能量

参 考 文 献

［1］李晓鹏, 李海涛, 齐庆新, 等. 鄂尔多斯地区冲击地压矿井类型划分与防治途径[J]. 煤炭工程, 2023, 55(6): 60-66.

［2］吕涛, 陈运, 闫振斌. 蒙陕地区冲击地压防治策略探讨[J]. 煤炭工程, 2018, 50(6): 105-107, 111.

［3］王朝引. 回采速度对厚煤层综采工作面冲击显现的影响[J]. 煤炭科学技术, 2019, 47(8): 96-101.

［4］翁明月, 苏士杰, 孙如达, 等. 多关键层窄煤柱冲击地压发生机理与三级协同防治技术[J/OL]. 煤炭学报. https://doi.org/10.13225/j.cnki.jccs.2023.0478.

［5］丛利, 翁明月, 秦子晗, 等. 坚硬顶板三次强扰动临空宽煤柱诱冲机制及防治[J]. 煤炭学报, 2022, 47(S1): 125-134.

［6］解嘉豪, 韩刚, 吕玉磊, 等. 蒙陕地区工作面冲击危险的增量叠加法评价[J]. 煤炭科学技术, 2020, 48(S1): 59-65.

［7］夏永学, 鞠文君, 苏士杰, 等. 冲击地压煤层水力扩孔掏槽防冲试验研究[J]. 采矿与岩层控制工程学报, 2020, 2(1): 013022.

［8］夏永学, 陆闯, 杨光宇, 等. 坚硬顶板孔内磨砂射流轴向切缝及压裂试验研究[J]. 采矿与岩层控制工程学报, 2020, 2(3): 033522.

［9］马文涛, 潘俊锋, 刘少虹, 等. 煤层顶板深孔"钻-切-压"预裂防冲技术试验研究[J]. 工矿自动化, 2020, 46(1): 7-12.

［10］蓝航. 近直立特厚两煤层同采冲击地压机理及防治[J]. 煤炭学报, 2014, 39(S2): 308-315.

［11］来兴平, 刘彪, 陈建强, 等. 急倾斜特厚煤层层间岩柱动力学失稳诱灾倾向预测[J]. 西安科技大学学报, 2015, 35(3): 277-283.

［12］杜涛涛, 李国营, 陈建强, 等. 新疆地区冲击地压发生及防治现状[J]. 煤矿开采, 2018, 23(2): 5-10.

［13］刘昆轮, 闫瑞兵. 基于地音监测的近直立煤层冲击地压前兆特征研究[J]. 煤炭工程, 2020, 52(4): 48-51.

［14］李东辉, 何学秋, 陈建强, 等. 乌东煤矿近直立煤层冲击地压机制研究[J]. 中国矿业大学学报, 2020, 49(5): 835-843.

［15］吴振华, 潘鹏志, 赵善坤, 等. 近直立特厚煤层组"顶板-岩柱"诱冲机理及防控实践[J]. 煤炭学报, 2021, 46(S1): 49-62.

［16］何学秋, 陈建强, 宋大钊, 等. 典型近直立煤层群冲击地压机理及监测预警研究[J]. 煤炭科学技术, 2021, 49(6): 13-22.

［17］袁崇亮, 王永忠, 施现院, 等. 近直立特厚煤层分段综放夹持煤柱冲击机理[J]. 采矿与安全工程学报, 2023, 40(1): 60-68.

［18］钟涛平, 李振雷, 陈建强, 等. 近直立特厚煤层应力调控防冲方法及机制[J]. 中国矿业大学学报, 2024, 53(2): 291-306.

［19］杜涛涛, 李康, 蓝航, 等. 近直立特厚煤层冲击地压致灾过程分析[J]. 采矿与安全工程学报, 2018, 35(1): 140-145.

［20］林军, 杜涛涛, 刘旭东. 近直立特厚煤层冲击危险源辨识及控制研究[J]. 煤炭科学技术, 2021, 49(6): 119-125.

［21］王建, 杜涛涛, 刘旭东, 等. 急倾斜特厚煤层冲击地压防治技术实践研究[J]. 煤矿开采, 2015, 20(4): 101-103.

［22］杨磊, 蓝航, 杜涛涛. 特厚近直立煤层上覆煤柱诱发冲击地压的机制研究及应用[J]. 煤矿开采, 2015, 20(2): 75-77.